高等职业教育新业态新职业新岗位系列教材

用微课学·

数据网组建与维护
——基于华为 eNSP
（工作手册式）

周继彦　郑婵娟　黄　东　主编

電子工業出版社
Publishing House of Electronics Industry
北京•BEIJING

内 容 简 介

本书面向网络工程岗位，对接华为认证路由交换工程师（HCIA）的相关内容，通过24个任务介绍了企业网络工程分析、网络抓包分析、IP子网划分、华为网络设备的开局配置、组建VLAN、企业内网组建与优化、安全有效接入互联网、与分公司互联互通、异地互联组建VPN、升级到IPv6局域网和IPv6网络互联共11个项目。

本书采用项目化方式组织教学内容，工作手册式编写技能训练部分，融入工程伦理、网络工匠、科技报国等思政元素，使学生获得数据网络工程岗位应具备的职业能力和素养。每个项目和技能点配有在线教学课件及微课视频的数字资源二维码，所扫所读即所用，方便学生学习。

本书可作为高职高专院校现代通信技术、计算机网络技术及相关专业的教材，也可作为华为认证路由交换工程师的培训教材，还可供网络工程技术人员参考使用。

图书在版编目（CIP）数据

用微课学·数据网组建与维护：基于华为eNSP：工作手册式 / 周继彦，郑婵娟，黄东主编. —北京：电子工业出版社，2023.9

ISBN 978-7-121-46415-7

Ⅰ. ①用… Ⅱ. ①周… ②郑… ③黄… Ⅲ. ①数据通信－通信网 Ⅳ. ①TN919.2

中国国家版本馆CIP数据核字（2023）第184373号

责任编辑：王昭松
印　　刷：河北鑫兆源印刷有限公司
装　　订：河北鑫兆源印刷有限公司
出版发行：电子工业出版社
　　　　　北京市海淀区万寿路173信箱　　　邮编：100036
开　　本：787×1 092　1/16　印张：17.75　字数：478千字
版　　次：2023年9月第1版
印　　次：2023年9月第1次印刷
定　　价：58.00元

凡所购买电子工业出版社图书有缺损问题，请向购买书店调换。若书店售缺，请与本社发行部联系，联系及邮购电话：（010）88254888，88258888。

质量投诉请发邮件至zlts@phei.com.cn，盗版侵权举报请发邮件至dbqq@phei.com.cn。

本书咨询联系方式：（010）88254015，wangzs@phei.com.cn，QQ83169290。

前 言

随着数字技术的发展与其应用的范围不断扩大，网络已经深度融入百姓生活、经济发展、科技进步、国家治理等各个环节。党的二十大报告提出："坚持把发展经济的着力点放在实体经济上，推进新型工业化，加快建设制造强国、质量强国、航天强国、交通强国、网络强国、数字中国。"

IP 网络是通信网络的主要承载网络，为了培养具备 IP 网络组建与调试技能、工程伦理意识、科技报国志向和永攀科学高峰精神的新一代网络工匠，使其满足面向 5G、工业互联网等企业网络工程岗位的要求，我们组织编写了此书。

本书根据当前高职高专院校学生的职业需求和教学环境的现状，采用"岗课赛证"融通的设计思路，基于网络工程岗位要求，对标华为认证路由交换工程师的标准，对接"5G 全网建设技术"大赛内容，增加 IPv6 等新技术，引入电信企业真实项目，融入课程思政，遵循职业成长和学习规律，校企合作开发了 11 个真实项目。项目 1～项目 5 介绍了网络基本概念、网络分层与协议、子网划分、设备管理和 VLAN 技术等，融入了安全可靠、以人为本的工程伦理意识；项目 6～项目 9 介绍了网络组建与优化、VPN、网络安全等内容，融入了严谨细致、追求卓越的网络工匠精神；项目 10、项目 11 介绍了 DHCPv6、OSPFv3、IPv6 over IPv4 等网络新技术，融入了科技报国、永攀科学高峰的使命担当。

本书通过数据通信实际工程项目的具体实施，将知识、能力、素质教育融入其中，着重培养学生的专业能力、方法能力和社会能力。本书主要特色和创新点如下：

（1）采用项目化方式组织教学内容，工作手册式编写技能训练部分，融入工程伦理、网络工匠、科技报国等思政元素，使学生获得数据网络工程岗位应具备的职业能力和素养。

（2）与企业建立深度合作，项目内容来自实际工程项目。

（3）每个项目和技能点配有在线教学课件及微课视频的数字资源二维码，所扫所读即所用，方便学生学习。

本书建议教学学时不少于 72，教学场地宜采用理实一体化教室。在教学过程中，可以采用分组教学法，将 3 个或 4 个学生分成一个小组，每个项目教学时，让学生积极参与项目内容的讨论、规划、实施和测试，充分培养学生的综合素养和专业技能。

本书由广东科学技术职业学院的周继彦、郑婵娟、黄东担任主编。其中项目 1、项目 3、项目 7 由周继彦编写，项目 2、项目 4、项目 5、项目 6、项目 11 由郑婵娟编写，项目 8、项目 9、项目 10 由黄东编写，周继彦和郑婵娟对全书进行了统编和校对。

本书在编写过程中，参考了大量的同类书籍和行业相关资料，并得到了华为的合作伙伴泰克教育的工程技术人员谢嘉彦的大力支持，在此表示谢意。

由于编者水平有限，本书不足之处在所难免，恳请广大读者批评指正，主编的电子邮箱为 79608818@qq.com。

编　者

目录

项目 1

企业网络工程分析

21 世纪是一个以网络为核心的信息时代，数字化、网络化已经成为 21 世纪的主要特征，现在人们的生活、工作、学习和交往都已离不开网络。本项目通过认识数据通信网和绘制企业网络工程拓扑图两个任务来了解数据通信网的基本概念和发展历史、理解网络架构、掌握常用网络设备的作用及命名规则。项目 1 任务分解如图 1-1 所示。

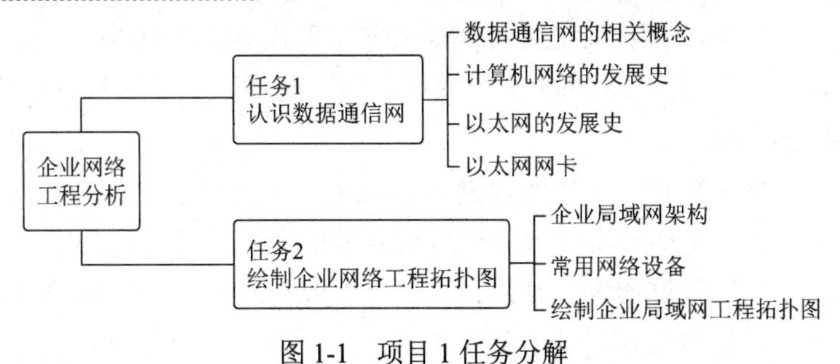

图 1-1　项目 1 任务分解

任务 1　认识数据通信网

任务目标

知识目标：

- 描述局域网和广域网的区别。
- 说出计算机网络发展的四个阶段。
- 归纳以太网发展各个阶段的特点。

技能目标：

- 会查看自己计算机的 MAC 地址。
- 能根据网络拓扑图填写交换机的 MAC 地址表内容。
- 能判断冲突域和广播域。

素养目标：

- 初步具备社会责任感。
- 初步形成发展创新思维。

任务分析

为了带领大家快速进入数据通信网的新天地，了解数据通信网相关基础知识，本任务从介绍数据通信网的概念开始，用简洁的语言和图形化的形式讲述了数据通信和计算机通信的关系、数据通信网的组成分类和拓扑结构，嵌入的视频展现了计算机网络和局域网的发展史，让大家直观了解网络技术的变革。

1.1.1　数据通信网的相关概念

1. 数据通信的概念

数据通信是通信技术和计算机技术相结合产生的一种新的通信方式。要在两地间传输信息必须有传输信道，根据传输媒体的不同，数据通信可分为有线数据通信与无线数据通信。它们都是通过传输信道将数据终端设备（DTE）与计算机相连，从而使不同地点的数据终端设备实现软件、硬件和信息资源共享的。

2. 数据通信和计算机通信的关系

计算机通信主要指的是计算机与计算机之间、计算机与终端之间的数据通信。广义而言，数据通信就是计算机通信，为实现通信而构成的网络就是计算机网络，只是计算机网络侧重于解决计算机资源共享和负荷分担问题，而数据通信网则侧重于解决数据的传输和交换问题。

3. 数据通信网的组成

数据通信网是一个由分布在各地的数据终端设备、数据交换设备和数据传输链路构成的网络，用于在网络协议的支持下实现数据终端设备间的数据传输和交换。

数据通信网的硬件包含数据终端设备、数据交换设备及数据传输链路，如图 1-2 所示。

数据终端设备的主要功能是向网络输出数据和从网络中接收数据，具有一定的数据处理和数据传输控制功能。

数据交换设备是数据通信网的核心，主要功能是完成对接入交换节点的数据传输链路的汇集、转接、接续和路径分配。

数据传输链路是数据信号的传输通道，包括数据终端设备到数据交换设备的链路和数据交换设备之间的链路。

4. 数据通信网的分类

可以从不同的角度对数据通信网进行分类。

（1）根据网络覆盖地理范围的大小，数据通信网可以分为局域网、城域网和广域网。

① 局域网（Local Area Network，LAN）。局域网是指网络覆盖范围在几十米至几千米的网络，网络覆盖的地理范围较小，如校园网、企事业单位内部网、家庭网络等，某企业局域网拓扑图如图 1-3 所示。局域网的特点是传输距离短、延迟小、数据传输速率高且传输安全可靠。

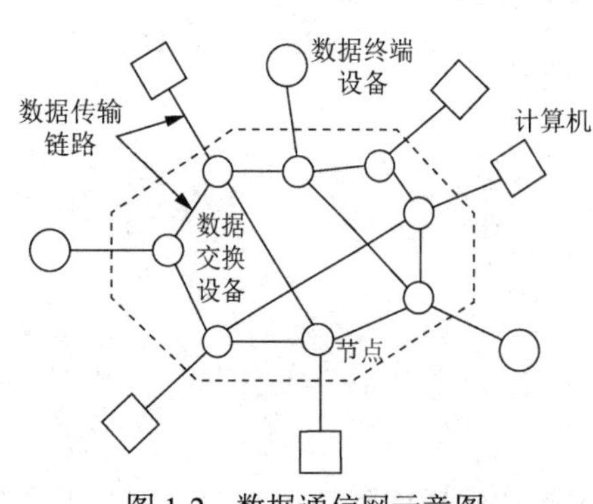

图 1-2　数据通信网示意图

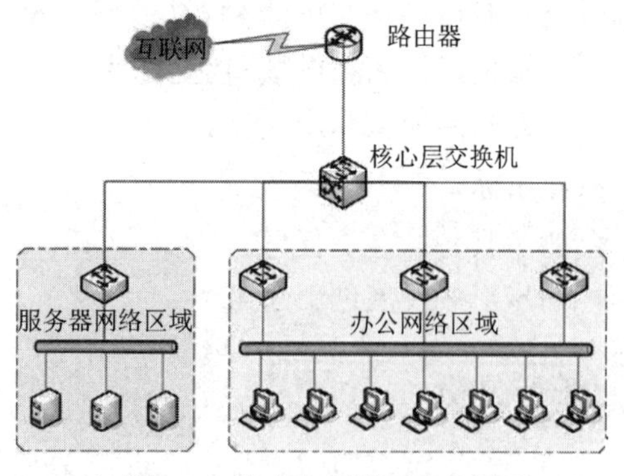

图 1-3　某企业局域网拓扑图

② 城域网（Metropolitan Area Network，MAN）。城域网是指网络覆盖范围在几千米至几十千米的网络，其作用范围为一个城市。城域网主要指中大型企业、集团、因特网服务提供方（ISP）、电信部门、有线电视台和政府构建的专用网络、共用网络。图1-4所示为某市教育城域网拓扑图。

城域网的基本特征是业务类型多样化。它不仅是传统广域网与局域网的桥接区，也是底层传送网、接入网与上层各种业务网的融合区，还是传统电信网与数据网的交叉融合地带及三网融合区。

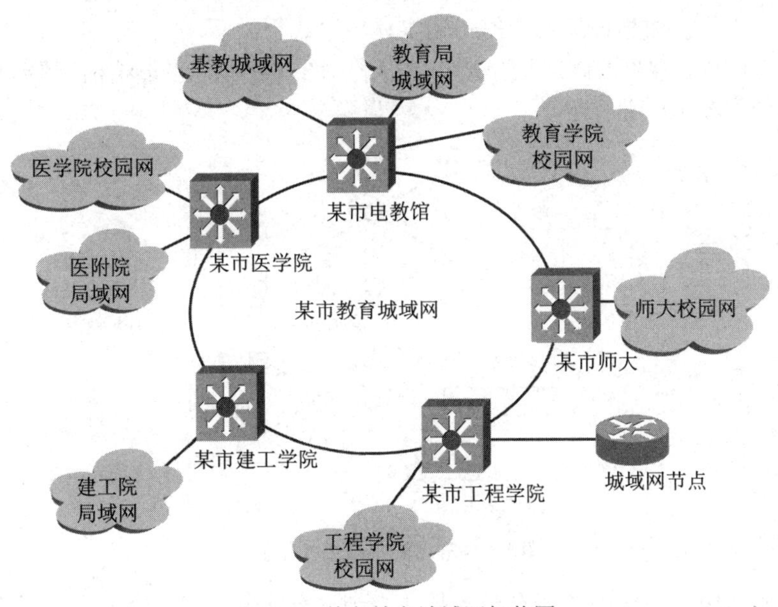

图1-4 某市教育城域网拓扑图

③ 广域网（Wide Area Network，WAN）。广域网连接地理范围大，它由ISP将不同城市、省区甚至国家之间的局域网、城域网利用远程数据通信网连接起来。因特网就是典型的广域网，虚拟专用网络（Virtual Private Network，VPN）也可以算作广域网。某企业VPN拓扑图如图1-5所示。

综上所述，局域网通常是企业或学校购买网络设备自行组建、自己维护的，覆盖范围小。广域网是连接不同地区局域网与城域网数据通信的远程网，通常跨接很大的地理范围。常见的广域网为因特网，由ISP运营、建设和维护，用于长距离通信。换个角度说，不能完全按照距离上划分局域网和广域网，若计算机通信经过了ISP的线路，则其是广域网。

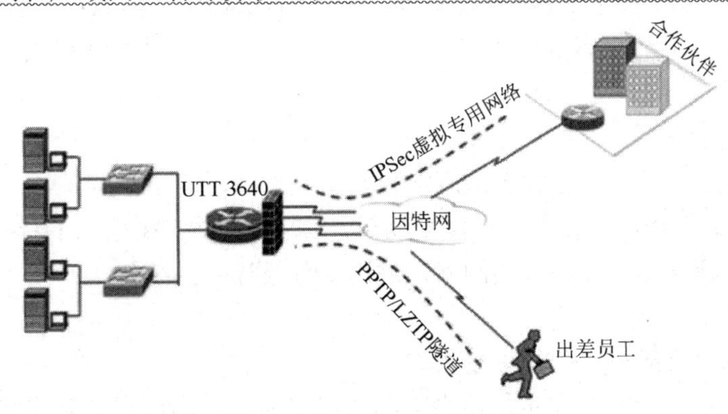

图1-5 某企业VPN拓扑图

（2）根据网络交换功能的不同，数据通信网可分为电路交换网、报文交换网、分组交换网。

（3）根据网络的使用者不同，数据通信网可分为公用网络和专用网络。

（4）根据网络的传输技术不同，数据通信网可分为广播网络和点到点网络。

5．数据通信网的拓扑结构

为了使抽象的数据通信网直观化，通常利用数据通信网的拓扑结构来描述物理网络设备与线路的物理连接关系。在具体描述中，将数据通信网中的工作站、服务器、网络设备等网络单元用“点”表示，数据传输网中的传输媒体用“线”表示。

在数据通信网中，常见的网络拓扑结构主要有总线型结构、星形结构、环形结构、树形结构和网状结构，如图 1-6 所示。

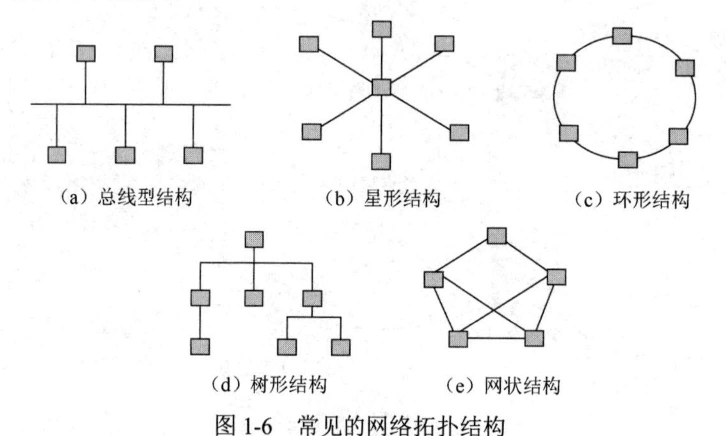

图 1-6　常见的网络拓扑结构

（1）**总线型结构**：网络中的所有设备都连接到一个线性的网络介质上，这个线性的网络介质称为总线。总线型结构网络可靠性差、速率慢（10Mbit/s），目前已经很少使用。

主要优点：结构简单。

主要缺点：故障诊断和隔离较困难，可靠性差，传输距离有限，共享带宽，传输速率慢。

（2）**星形结构**：网络中的设备都连接到中心交换设备上，从而实现各节点间的相互通信，中心交换设备主要采用交换机。

主要优点：控制简单，故障诊断和隔离容易，易于扩展，可靠性好。

主要缺点：中心交换设备负荷较重。

（3）**环形结构**：使用一个连续的环将每台设备连接在一起，它能够保证一台设备上发送的信号可以被环上其他所有设备看到。在简单的环形结构中，网络中任何部件的损坏都会导致系统出现故障，从而阻碍整个系统正常工作。高级的环形结构在很大程度上改善了这一缺陷。

主要优点：易于安装和监控。

主要缺点：可靠性差，一个设备故障会引起全网故障，难以扩容。

（4）**树形结构**：树形结构很像一棵倒置的树，顶端是树根，树根以下带分支，每个分支还可以进行分支。树形网络是一种分层网络，适用于分级控制系统。

主要优点：易于扩展。

主要缺点：各分支对树根的依赖性太大。

（5）**网状结构**：任意一台设备均至少与两条线路相连，当任意一条线路发生故障时，数据通信可由其他线路完成。网状结构又称为分布式结构，主要用于骨干网，在局域网中使用较少。较有代表性的网状结构的网络就是全连通网络。

主要优点：具有较高可靠性。

主要缺点：网络控制机构复杂，线路增多使成本增加。

在实际组网应用中，可能采用多种结构从而形成复合型拓扑，如图 1-7 所示。

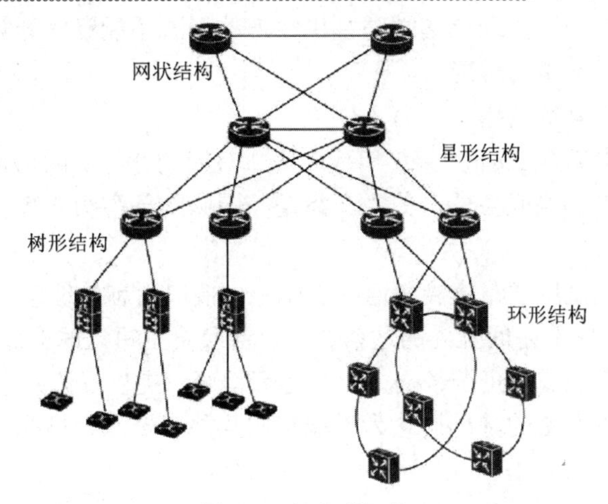

图 1-7　复合型拓扑

任务训练

1. 说一说数据通信网的定义，查找网络资源，举例（三个以上）说明数据通信网的应用。
2. 举例说明局域网和广域网如何区分。
3. 归纳描述常见的网络拓扑结构有哪些。

1.1.2　计算机网络的发展史

视频：数据通信网的发展史

计算机网络的形成与发展是一个从简单到复杂，从单机系统到多机系统的过程，计算机网络的发展大致可分为四个阶段。

第一阶段：单主机联机系统。

早期的计算机由于功能不强，体积庞大，是单机运行的，需要用户到机房使用计算机。为了解决使用不便的问题，人们在距离计算机较远的地方设置远程终端，并在计算机上增加通信控制功能，经线路连接传输数据并成批处理，这就产生了具有通信功能的单主机联机系统，如图 1-8 所示。

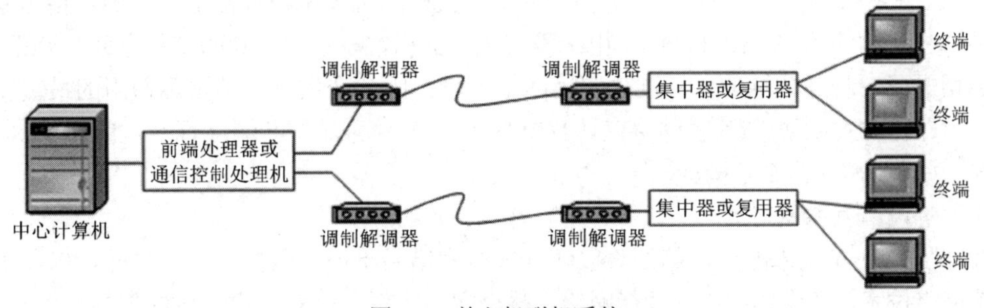

图 1-8　单主机联机系统

20 世纪 60 年代初，美国航空公司与 IBM 公司共同研究并建成了由一台计算机和全美范围内 2000 多个终端组成的飞机订票系统。终端是一台计算机，外部设备包括显示器和键盘，无中央处理器（CPU）和内存。

随着远程终端的增多，主机前增加了前端处理器（FEP），采用实时、分时、分批处理的方式，提高了线路的利用率。

严格意义上讲，第一阶段面向终端与主机相连的形式不能算作计算机网络，但这样的通信系统已具备了计算机网络的雏形。

第二阶段：多主机互联网络。

20 世纪 60 年代中期至 20 世纪 70 年代，第二阶段的计算机网络是由多个主机通过数据通信网互联起来为用户提供服务的，典型产品是美国国防部高级研究计划局协助开发的阿帕网（ARPANET）。

主机与主机之间不是用线路直接相连的，而是由接口消息处理器（IMP）转接后互连的，如图 1-9 所示。IMP 和它们之间互连的通信线路一起负责主机之间的通信，构成了通信子网。与通信子网互联的主机组成了资源子网，负责运行程序，提供资源共享。

这个时期，计算机网络的基础概念为以能够相互共享资源为目的互联起来的具有独立功能的计算机的集合体。

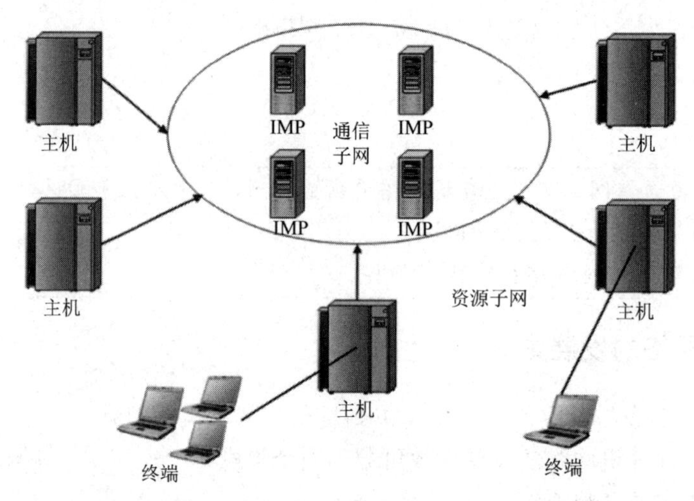

图 1-9　多主机互联网络

第三阶段：标准化网络阶段。

20 世纪 70 年代末至 20 世纪 90 年代，第三阶段的计算机网络是具有统一的网络体系结构并遵循国际标准的开放式、标准化的网络。

ARPANET 兴起后，计算机网络发展迅猛，各大计算机公司相继推出自己的网络体系结构及实现这些结构的软件、硬件产品。由于没有统一的标准，不同厂商的产品之间互联很困难，人们迫切需要一种开放性的、标准化实用网络环境，因此产生了两种国际通用的最重要的体系结构，即传输控制协议/互联网协议（TCP/IP 协议）体系结构和国际标准化组织（ISO）开放系统互联（OSI）体系结构。

第四阶段：互联网时代。

20 世纪 90 年代末至今，第四阶段的计算机网络由于局域网技术发展成熟，出现了光纤及高速网络技术、多媒体网络、智能网络，整个网络就像一个对用户透明的大的计算机系统，发展为以因特网为代表的互联网。

任务训练

1. 说一说计算机网络发展经历了哪几个阶段。
2. 查找网络资源，说明未来网络有什么特点。

1.1.3　以太网的发展史

以太网（Ethernet）是一种为实现局域网而设计的技术标准，是全球使用最广泛的局域网技术。最先是由美国的Xerox公司与前DEC公司设计的一种通信方式，当时命名为以太网。后来由IEEE 802.3标准将其规范化。以太网的传输媒体有同轴电缆、双绞线、光纤等有线介质。

视频：局域网发展史

1．同轴电缆组建的以太网

早期的以太网一般由一根同轴电缆连接多台终端构成，通过这种连接方式形成的网络叫作共享介质网络，如图1-10（a）所示。IEEE802.3标准中使用两种同轴电缆，分别为10BASE5（又名粗缆）和10BASE2（又名细缆），都可保持10Mbit/s的传输速率。同轴电缆结构示意图如图1-10（b）所示。

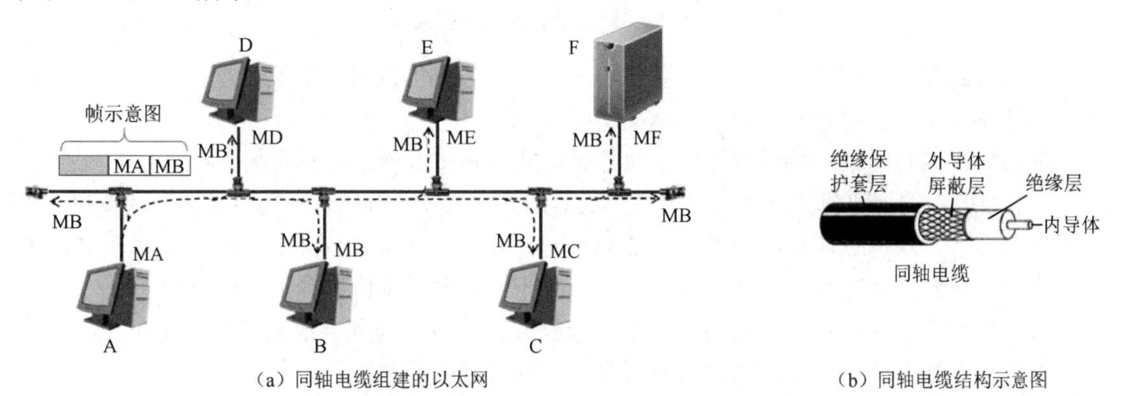

（a）同轴电缆组建的以太网　　（b）同轴电缆结构示意图

图1-10　同轴电缆组建的以太网及其结构示意图

计算机之间的通信信号会被同轴电缆传送到所有计算机中，所以同轴电缆是广播信道，同轴电缆组建的以太网是一个广播域。

在这样的广播信道里，如何实现点对点通信呢？这就需要通信的这些计算机都有一个地址，这个地址就是网卡的MAC（Media Access Control，媒体访问控制）地址，MAC地址又称为局域网地址、以太网地址、物理地址，用来确认网络设备的位置。如果计算机发现收到的数据帧的目标MAC地址和本身网卡的MAC地址不同，就会丢弃这个数据帧。

这时，若多台计算机同时发送数据，发送信号会叠加，造成不能正确识别数据，所以这个阶段的局域网采用了带冲突检测的载波监听多路访问（Carrier Sense Multiple Access with Collision Detection，CSMA/CD）协议。在采用这种协议的网络中，每台计算机发送数据的机会均等，这给多路访问的实现带来可能，数据发送之前要检测链路是否有信号在传输，这就是载波监听，即便数据开始发送了，也要检测是否会在链路上产生冲突，这就是冲突检测机制，若发生冲突，则延迟一定时间后再传输，可以看出这种数据传输机制是共享介质网络，整个网络是一个冲突域，传输效率非常低。

2．集线器组建的以太网

20 世纪 80 年代，以太网发展日益繁荣。但随着联网的计算机越来越多，早期同轴电缆介质固有的问题变得越来越尖锐。在建筑物中安装同轴电缆是一项艰巨的任务，让计算机连接这些同轴电缆更是一个不小的挑战。

双绞线组建的以太网出现于 20 世纪 80 年代末，以太网系统可以搭建在更可靠的星形结构电缆上。在这个系统中，所有计算机都连接到一个以集线器（HUB）为中心点的设备上，如图 1-11（a）所示，使用双绞线可以很方便地将计算机接到网络。双绞线如图 1-11（b）所示。

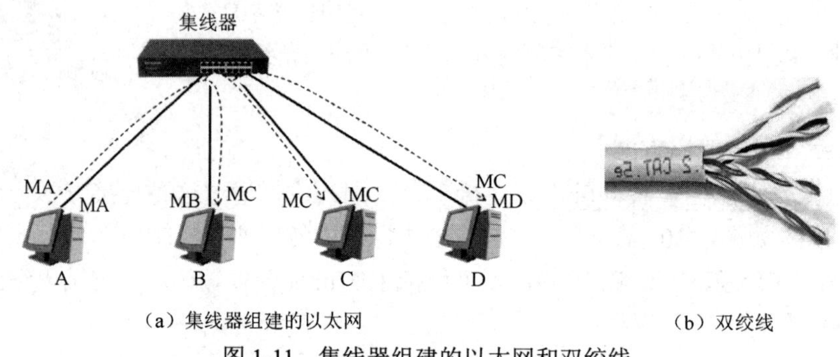

（a）集线器组建的以太网　　（b）双绞线

图 1-11　集线器组建的以太网和双绞线

集线器的功能和同轴电缆一样，负责将一个接口收到的信号扩散到全部接口，计算机通信依然共享介质，使用的依然是 CSMA/CD 协议。

使用集线器和同轴电缆组建的以太网都属于共享介质型网络，具有如下特点：

（1）网络中的计算机共享带宽。如果集线器的带宽为 10Mbit/s，网络中有 4 台计算机，那么理想状态下平均每台计算机的带宽为 2.5Mbit/s，由此可见以太网中计算机的数量越多，平均到每台计算机的带宽越少。理想状态是不考虑产生冲突后重传数据浪费的时间。

（2）安全性低。由于集线器会把一个接口收到的信号传播到全部接口，只要在一台计算机上安装抓包软件就能够捕获以太网中所有计算机的通信流量。

（3）使用集线器联网的计算机处于一个冲突域。为了避免冲突，使用 CSMA/CD 协议进行通信。

（4）每个接口的带宽相同。

3．网桥优化的以太网

如果网络中的计算机数量太多，就先将计算机接入多个集线器，再将集线器连接起来。集线器相连可以扩大以太网的规模，但随之而来的问题就是冲突的增加。在图 1-12 中，集线器 1 和集线器 2 相连，形成了一个大的以太网，这两个集线器就形成了一个大冲突域。计算机 A 与计算机 B 通信的数据也被传输到集线器 2 的全部接口，计算机 D 和计算机 E 之间就不能通信了，冲突域变大，冲突增加。

为了解决集线器级联冲突域增大的问题，研究人员研发了网桥这种设备，用网桥的每个接口连接一个集线器，如图 1-13 所示。

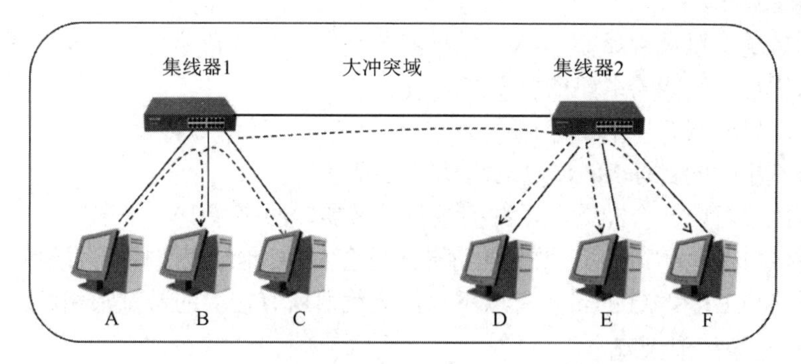

图 1-12 扩展的以太网

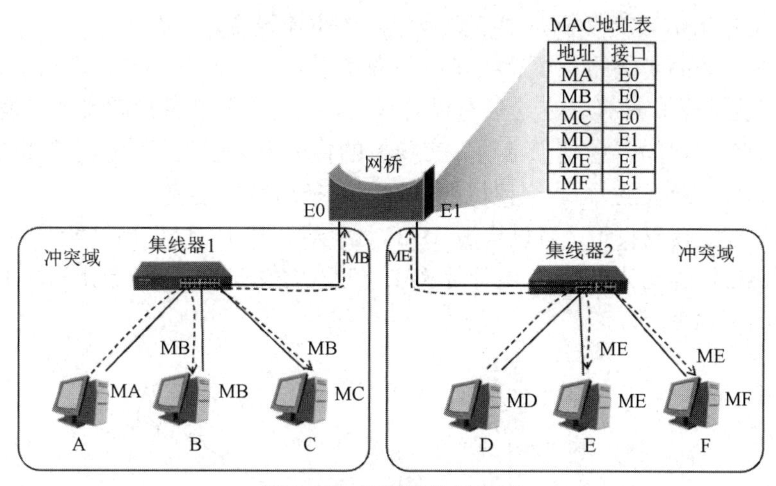

地址	接口
MA	E0
MB	E0
MC	E0
MD	E1
ME	E1
MF	E1

图 1-13 网桥优化以太网

网桥能自动构建 MAC 地址表。在计算机通信过程中利用自学习算法自动构建 MAC 地址表，记录每个接口对应的 MAC 地址，主要过程如下。

初状态：当网桥接入以太网时，MAC 地址表是空的。

自学习：当网桥接口收到一个帧时，检查 MAC 地址表中有无与收到的帧的源 MAC 地址匹配的项目，若没有，则在 MAC 地址表中添加该接口和该帧的源 MAC 地址的对应关系；若有，则对原有的项目进行更新。

转发帧：检查 MAC 地址表中有没有该帧目标 MAC 地址对应的端口，若有，则将该帧转发到对应的端口；若没有，则将该帧转发到全部端口（接收端口除外）。

在图 1-13 中，网桥的接口 E0 连接集线器 1，集线器 1 上连接了 3 台计算机，这 3 台计算机的 MAC 地址分别为 MA、MB 和 MC，于是网桥就在 MAC 地址表中记录 E0 接口对应的 MA、MB 和 MC 这 3 个 MAC 地址。网桥的 E1 接口连接集线器 2，集线器 2 连接的 3 台计算机的 MAC 地址分别是 MD、ME 和 MF，于是在 MAC 地址表中记录 E1 接口对应的 MD、ME 和 MF 这 3 个 MAC 地址。

网桥是存储转发设备。网桥的每个接口都可以接收缓存和发送缓存，帧可以在缓存中排队，接收到的帧先进入接收缓存，再查找 MAC 地址表以确定转发端口，放到转发端口的发送缓存，排队等待发送。计算机 A 发送给计算机 B 的帧被传输到网桥的接口 E0，网桥查 MAC 地址表后发现目标 MAC 地址对应的接口就是 E0，该帧就不会转发到接口 E1。这时计算机 D 就可以向计算机 E 发送数据了。

这样，网桥基于自动构建的 MAC 地址表和存储转发机制把一个大冲突域划分为两个小冲突域，从而优化了集线器组建的以太网。

网桥优化的以太网有以下特点：

（1）网桥基于帧的目标 MAC 地址选择转发端口。

（2）一个接口对应一个冲突域，冲突域数量增加，冲突减少。

（3）网桥接口收到一个帧后，先接收存储，再查 MAC 地址表选择转发端口，增加了时延。

（4）网桥接口 E1 和 E2 的带宽可以不同，集线器所有接口的带宽都相同。

4．交换机组建的以太网

随着通信技术的发展，网桥接口越来越多，数据交换能力也越来越强。这种高性能网桥被称为交换机（Switch），交换机是现在企业组网的主流设备。

交换机拥有一条高带宽的背板总线和内部交换矩阵，并为每个端口设立了独立的通道和带宽，交换机的所有端口都挂接在这条背板总线上，通过内部交换矩阵实现高速的数据转发，因此交换机每一个端口的带宽是独享的。交换机的背板带宽越大（背板带宽指的是交换机在无阻塞情况下的最大交换能力），交换机的处理和交换速度就越快。

交换机也是存储转发设备，可以构造 MAC 地址表，基于 MAC 地址转发帧。由于交换机与计算机直接连接，因此计算机 A 给计算机 B 在发送数据时不会影响计算机 D 给计算机 C 发送数据，如图 1-14 所示。

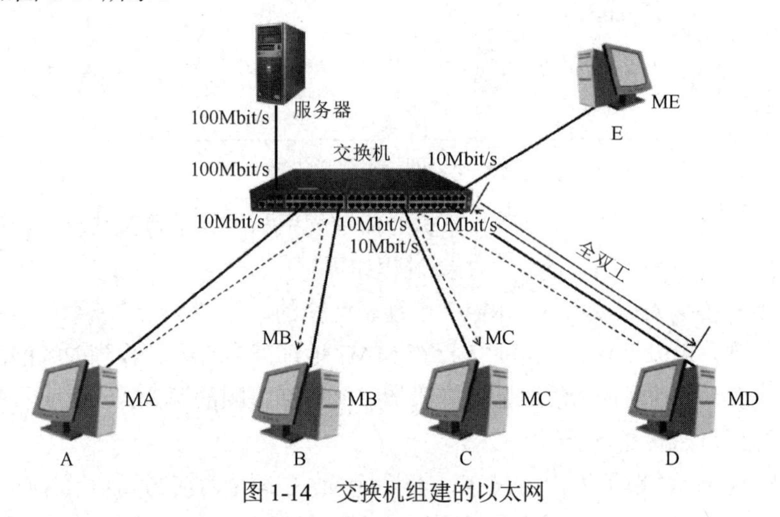

图 1-14　交换机组建的以太网

使用交换机组网比使用集线器和同轴电缆组网更安全，如图 1-14 所示，计算机 E 即便安装了抓包软件，也不能捕获计算机 A 给计算机 B 发送的帧，因为交换机根本不会将帧转发给计算机 E。如果交换机收到一个广播帧，即目标 MAC 地址是 ff-ff-ff-ff-ff-ff 的数据帧，交换机会将该帧发送到交换机的所有端口（发送端口除外），因此交换机组建的以太网是一个广播域。

计算机的网卡直接连接交换机的接口，可以工作在全双工模式，即可以同时发送和接收帧而不用进行冲突检测，因此也不需要使用 CSMA/CD 协议，因为交换机转发的帧和以太网的帧格式相同，我们依然习惯说交换机组建的网络是以太网。

总而言之，交换机组建的以太网有以下特点：

（1）交换机端口带宽独享。

（2）比集线器安全。

（3）交换机接口直接连接计算机，可以工作在不同速率及全双工模式下。

（4）不再使用 CSMA/CD 协议。

（5）交换机所有接口是一个广播域。

如图 1-15 所示，路由器连接两台交换机，交换机连接计算机和集线器，路由器隔绝广播，图中标明了广播域和冲突域。例如，一个四口的集线器所处的广播域是 1 个，冲突域是 1 个；一个四口的交换机所处的广播域是 1 个，冲突域是 4 个；一个四口的路由器所处的广播域是 4 个，冲突域是 4 个。

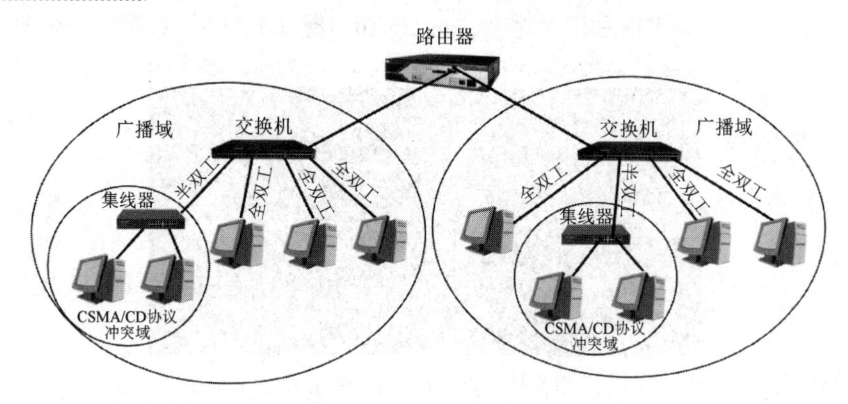

图 1-15　广播域和冲突域示意图

任务训练

1. 简单描述以太网（局域网）的发展过程。
2. 说一说交换机组建以太网的特点。
3. 若以四口交换机组网，判断有几个广播域，几个冲突域。

1.1.4　以太网网卡

在以太网中，每一个网络中的计算机都有一个硬件地址，这个硬件地址又称为 MAC 地址。IEEE 802.3 标准为局域网规定了一种 48 位的地址，局域网中的每台计算机都在网卡中固化了这个 MAC 地址，用以表示局域网内不同的计算机。MAC 地址有 48 位，它可以转换成 12 位的十六进制数，如 00-50-56-C0-00-08。

MAC 地址分为两部分：生产商 ID（标识）和设备 ID。前三个字节是由美国电气与电子工程师学会（IEEE）的注册管理机构给不同厂家分配的代码（高位 24 位），也称为组织唯一标识符（Organizationally Unique Identifier，OUI），后三个字节（低位 24 位）由各厂家自行指派给生产的适配器接口，称为扩展标识符（唯一性）。

在生产网卡时，MAC 地址被固化在网卡的可擦可编程只读存储器（EPROM）中。当把这块网卡插入某台计算机后，网卡上的 MAC 地址就成为这台计算机的 MAC 地址。

连接在以太网上的路由器和网卡一样，也有 MAC 地址。

网卡有帧过滤功能，网卡从网络上每收到一个 MAC 帧，先用硬件检查 MAC 帧中的目的 MAC 地址。如果是发往本站的 MAC 帧，就先收下，再进行其他处理；否则就将此 MAC 帧丢弃，不再进行其他处理。这样做不浪费计算机的 CPU 和内存资源。这里的 MAC 帧包括以下三种。

（1）单播（Unicast）帧：收到的帧的 MAC 地址与本站的硬件地址相同。

（2）广播（Broadcast）帧：发送给本局域网上所有计算机的帧。

（3）多播（Multicast）帧：发送给本局域网上一部分计算机的帧。

所有网卡至少能识别前两种帧，即能够识别单播地址和广播地址。有的网卡可用编程方法识别多播地址。当操作系统启动时，它就把网卡初始化，使网卡能够识别某些多播地址。显然，只有目的 MAC 地址才能使用广播地址和多播地址。

在 Windows 系统中，可以利用命令“ipconfig/all”查看本地 MAC 地址，如图 1-16 所示。

图 1-16　查看本地 MAC 地址

任务训练

1. 说一说 MAC 地址的作用。
2. 查看自己计算机的 MAC 地址，并记录地址内容。

任务评价

1. 自我评价

☐ 举例说明局域网和广域网的区别。

☐ 说出计算机网络发展的四个阶段。

☐ 归纳以太网发展各个阶段的特点。

☐ 会查看自己计算机的 MAC 地址。

☐ 能根据网络拓扑图填写交换机 MAC 地址表内容。

☐ 能判断冲突域和广播域。

2. 教师评价

☐ 优　☐ 良　☐ 合格　☐ 不合格

任务 2　绘制企业网络工程拓扑图

任务目标

知识目标：

- 描述企业局域网的二层结构和三层结构。

- 比较二层交换机和三层交换机的区别。
- 归纳三层交换机和路由器的性能及其应用。

技能目标：

- 能绘制企业局域网工程拓扑图。
- 能识别网络拓扑中的交换机、路由器和服务器。
- 能根据设备名称识别设备位置。

素养目标：

- 养成规范操作的良好习惯。
- 形成可持续发展的工程伦理意识。

任务分析

本任务从介绍企业局域网结构开始，用简洁的语言和图形化的形式讲述了二层结构的局域网和三层结构的局域网的应用和常用网络设备的特点，通过绘制一个真实的企业网工程拓扑图，让大家直观了解企业局域网需求、施工规范、逻辑拓扑和命名规则。

1.2.1　企业局域网结构

视频：企业局域网结构

企业局域网结构千变万化，网络的规划与园区环境、应用类型密不可分。目前来说，企业的局域网可以设计成二层结构或三层结构。

1．二层结构的局域网

二层结构网络模型分为核心层和接入层。

某小型企业网络拓扑图如图 1-17 所示，接入层交换机为各楼层的交换机，用来接入研发部和办公室的计算机，企业机房部署两台核心层交换机和一台企业服务器，并通过路由器接入互联网，核心层交换机的端口带宽比接入层交换机的带宽高。

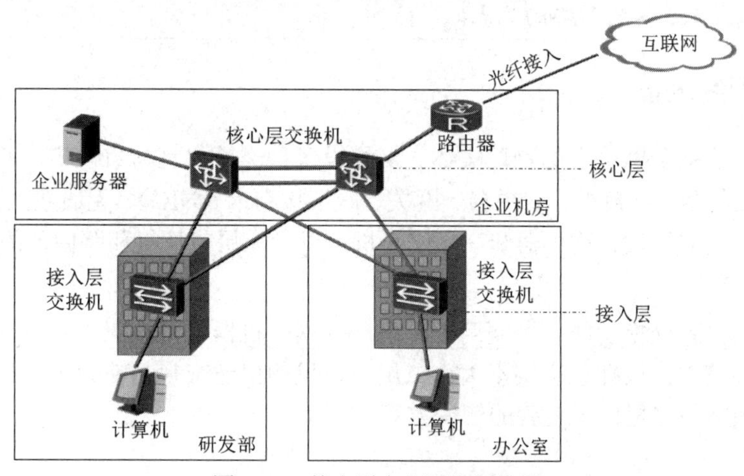

图 1-17　某小型企业网络拓扑图

二层结构的网络组网能力非常有限，所以一般只是用来搭建小型局域网。

2．三层结构的局域网

在网络规模较大的企业或校园，局域网可能采用三层结构，三层结构网络模型分为核心层、汇聚层和接入层。

某大型企业网络拓扑图如图 1-18 所示，由于终端接入点较多，为了减轻核心层的数据负荷，在核心层和接入层之间增加了汇聚层。在接入层各行政部门独立划分，业务分离。在汇聚层和核心层之间采用冗余结构，分担数据负荷，提高系统的可靠性。核心层主要功能是在网络的各个汇聚层设备之间提供高速的连接。

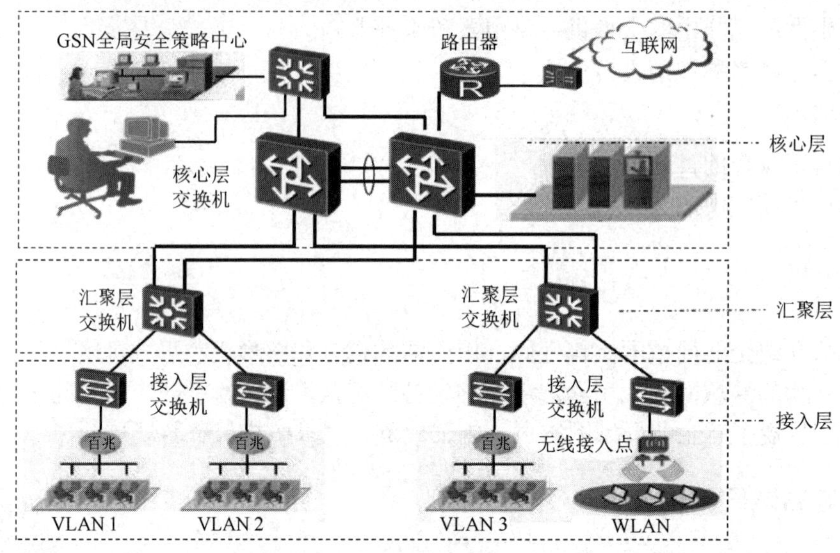

图 1-18　某大型企业网络拓扑图

三层结构中的交换机有三个级别：接入层交换机、汇聚层交换机和核心层交换机。层次模型可以用来帮助设计、实现和维护可扩展的、可靠性和性价比高的层次化网络。

任务训练

1. 说一说二层结构和三层结构的局域网分别应用在什么场合。
2. 归纳说出三层结构网络的优点。

1.2.2　常用网络设备

网络设备是连接到网络中的物理实体。网络设备种类繁多且与日俱增。基本的网络设备有：计算机、服务器、交换机、路由器、网关、网络接口卡（NIC）、无线接入点（WAP）等，这里主要介绍二层交换机、路由器和三层交换机，以及三层交换机和路由器的区别。

1．二层交换机

二层交换机只有交换功能，主要用于小型局域网、机器数量在三十台以下的网络环境。在这样的网络环境中，广播包影响不大，二层交换机的快速交换功能、多个接入端口和低廉的价格为小型网络用户提供了完善的解决方案。

2．路由器

路由器的一个重要功能就是隔离广播域（同时隔离冲突域）。当路由器判断一个数据帧没有携带可路由的第三层数据时，便丢弃该数据帧。这样，广播流量只会局限在本地网络中而不会扩散到另一个网络中，从而保障了连接在路由器各端口的远程网络的带宽。这对于因特网来说是至关重要的，如果某个计算机发送的广播包会到达全球范围的计算机，那么因特网早已瘫痪。

路由器的另一个更重要的功能就是路由。所谓路由，就是把需要传输的数据从一个网络通过合理的传输路径传输到指定的网络中。路由器的主要工作就是为经过路由器的每个数据包寻找一条最佳的传输路径，并将该数据有效地传输到一个网络或其他路由器中，并且在数据传输过程中对来自网络的数据流量及拥塞情况进行控制。

3．三层交换机

三层交换机同时具有路由和交换功能，但不是把路由器的硬件、软件简单地叠加在二层交换机上。

从硬件上看，二层交换机的接口模块都是通过高速背板总线（速率可高达几十吉比特每秒）交换数据的。与二层交换机相同，在三层交换机中，与路由器有关的第三层路由硬件模块也插接在高速背板总线上。这种方式使得路由模块可以与需要路由的其他模块间进行高速的数据交换，从而突破了传统的外接路由器接口速率的限制。在软件方面，三层交换机也有重大改进，它将传统的基于软件的路由器通过硬件得以实现，对于三层路由软件（如路由信息的更新、路由表的维护、路由计算、路由路径的确定等功能），用优化、高效的软件来实现。

4．三层交换机和路由器的区别

三层交换机和路由器都具有路由功能。三层交换机的主要功能仍是数据交换，它的路由功能通常比较简单，因为它所面对的主要是简单的局域网连接，路由路径远没有路由器那么复杂，它用在局域网中的主要用途还是提供快速的数据交换功能，满足局域网数据交换频繁的应用特点。

路由器的主要功能还是路由功能，它的路由功能更多地体现在不同类型网络之间的互联上，如局域网与广域网之间的连接、不同协议的网络之间的连接等，所以路由器主要用于不同类型的网络之间。它最主要的功能就是路由转发，解决各种复杂路由路径的连接问题就是它的最终目的，所以路由器的路由功能通常非常强大，不仅适用于同种协议的局域网之间，还适用于不同协议的局域网与广域网之间。它的优势在于最佳路由路径选择、负荷分担、链路备份，以及和其他网络进行路由信息的交换等。为了与各种类型的网络连接，路由器的接口类型非常丰富，而三层交换机的接口类型比较简单，一般仅是同类型的局域网接口。

正因如此，从整体性能上比较的话，三层交换机的性能远远优于路由器，非常适用于数据交换频繁的局域网；而路由器虽然具有非常强大的路由功能，但它的数据转发效率远低于三层交换机，更适合于数据交换不是很频繁的不同类型网络的互联，如局域网与互联网的互联。若把路由器，特别是高档路由器用于局域网，这在很大程度上是一种浪费（就其强大的路由功能而言），也不能很好地满足局域网通信需求，影响子网间的正常通信。

任务训练

1．说出三层交换机和路由器的适用范围和区别。
2．说出二层交换机和三层交换机的适用范围和区别。

1.2.3　绘制企业局域网工程拓扑图

以某公司的网络工程项目为例进行介绍，项目规划书包括项目概述、网络拓扑说明、网络设备命名及使用亿图图示软件绘制行政楼网络拓扑图等内容。

1．项目概述

该公司总部设在广州，分公司设在珠海。公司总部概况（包括建筑物、楼层、部门及接入点）如表 1-1 所示，珠海分公司概况如表 1-2 所示，网络工程拓扑图如图 1-19 所示。

表 1-1　公司总部概况（包括建筑物、楼层、部门及接入点）

建筑物	楼层	部门	接入点
行政楼	1 楼	大厅接待台	8
		办公室	8
		产品展示中心	6
	2 楼	人事部	10
		财务部	10
		会议室	2
	3 楼	市场部	15
		经理室	2
		小会议室	5
科技楼	1 楼	技术部	20
		测试部	22
	2 楼	研发一部	60
	3 楼	研发二部	40

表 1-2　珠海分公司概况

建筑物	楼层	部门	接入点
办公楼	1 楼	销售部	60
		客服部	60
	2 楼	财务部	4
		管理部	8

2．网络拓扑说明

本工程网络采用了当前流行的网络结构：层次化的网络模型，双核心网络架构，双出口的网络接入模式，使用路由器接入互联网。

（1）信息中心：集中公司所有信息数据，建立统一的服务平台，将全公司的信息资源进行统一分配和管理。集中互联网出口，汇聚多家互联网运营商的互联网出口，做到互联网出口互为备份，并根据目的网络的不同做到数据负载均衡。通过广域网专线与珠海分公司互联。

（2）核心层：核心层交换机一般都是三层交换机或三层以上的交换机，是整个企业局域网的灵魂。在进行网络规划设计时核心层设备通常要占据大部分投资，因为核心层设备对于冗余能力、可靠性和传输速度方面要求较高，它对整个网络的性能、可靠性起决定性的作用。核心层链路带宽要进行统一规划，也可以根据实际情况进行改动，两台核心层设备之间采用链路聚合（Link Aggregation）来增加数据通信带宽，这样也实现了数据链路的备份。

（3）汇聚层：汇聚层交换机是多台接入层交换机的汇聚点，一般采用三层交换机。它必须能够处理来自接入层交换机的所有通信数据，并提供到核心层交换机的上行链路。因此，汇聚层交换机与接入层交换机相比，需要更高的性能、更少的接口和更高的交换速率。

（4）接入层：接入层有时也称为桌面层，是企业局域网的边缘区域，它控制用户和工作组对互联网的访问。接入层的功能是连续的访问控制和访问策略（汇聚层的延续），创建分隔的冲突域，确保工作组到汇聚层的连通性。接入层交换机是楼层工作组级二层交换机，为每个用户提供 100～1000Mbit/s 以太网接入端口，负责将用户数据联入网络，直接完成本地数据的交换，将其他网段数据传送到汇聚层。通过虚拟局域网（VLAN）的合理划分，方便用户在网络中移动，保证部门信息安全。

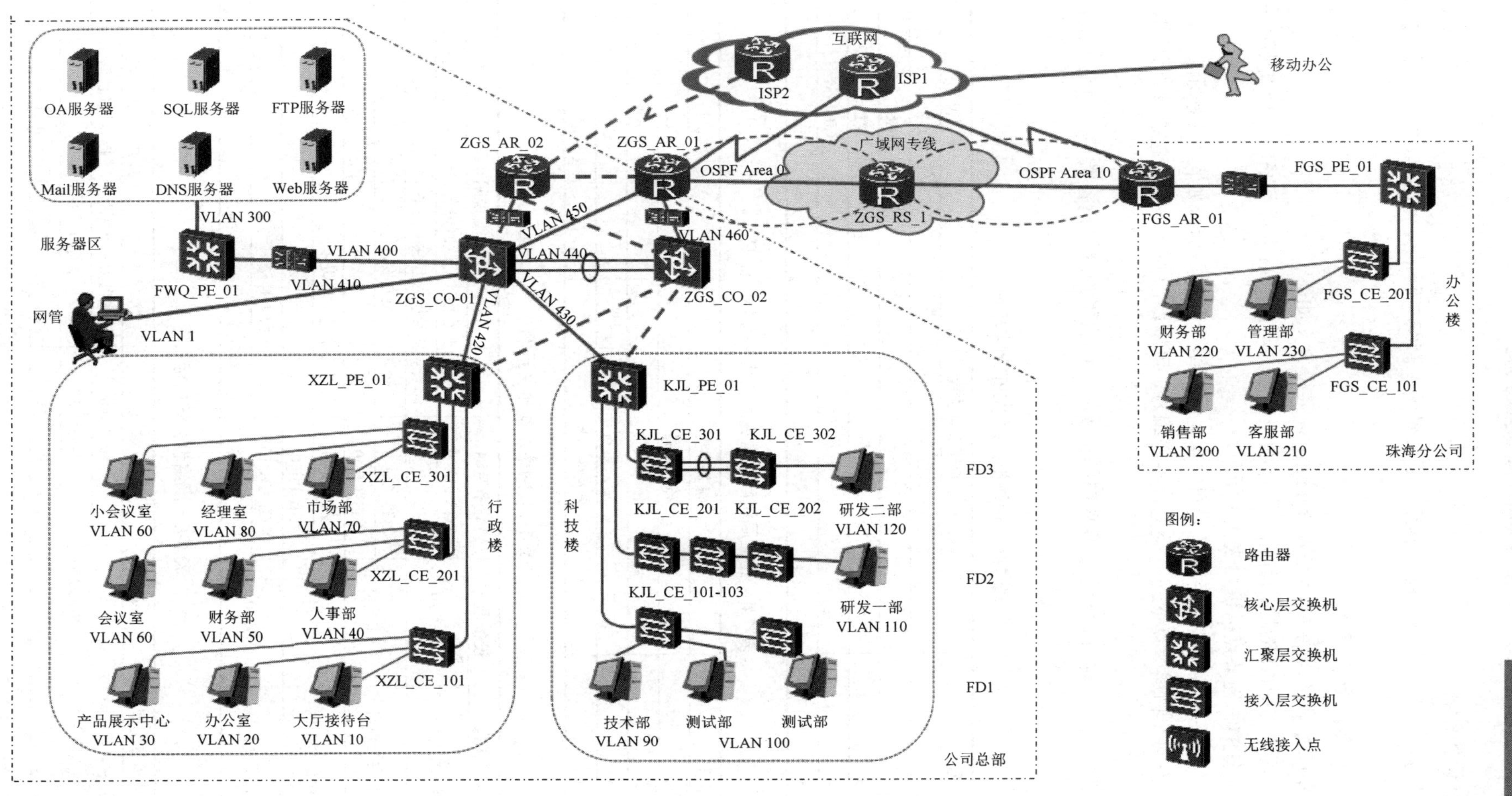

图 1-19 网络工程拓扑图

3. 网络设备命名

为了方便施工、用户管理、维护网络，要求对整个网络工程的设备名称、端口名称进行统一命名。

（1）网络设备的命名原则。

网络设备的命名格式为 AAA_BB_mmnn，各字段含义如下。

AAA：标识设备所在的物理节点，为该物理节点大写的汉语拼音首字母，长度固定为三位。本网络设备的物理节点标识如表 1-3 所示。

BB：标识网络设备类型。企业局域网中常见的网络设备类型标识如表 1-4 所示。

mm：标识同一物理节点下同一类型设备的编号，可用范围为 01～99，按需递增使用，如表 1-5 所示。

nn：标识网络设备端口。网络设备端口的标识符，按照华为网络设备端口的命名方式，如表 1-6 所示。

表 1-3　本网络设备的物理节点标识

序号	网络设备物理节点位置	标识符
1	总公司	ZGS
2	分公司	FGS
3	行政楼	XZL
4	科技楼	KJL
5	广域网专线	ZHX

表 1-4　企业局域网中常见的网络设备类型标识

序号	设备类型	标识符
1	核心设备	CO
2	汇聚设备	PE
3	接入设备	CE
4	接入路由器	AR

表 1-5　网络设备命名示例

序号	设备类型	设备型号	设备名称	说明
1	接入路由器	AR2220	ZGS_AR_01	总公司 1 号接入互联网设备
2			ZGS_AR_02	总公司 2 号接入互联网设备
3	核心层交换机	CE12800	ZGS_CO_01	总公司 1 号核心设备
4			ZGS_CO_02	总公司 2 号核心设备
5	汇聚层交换机	S5700	XZL_PE_01	行政楼 1 号汇聚设备
6			KJL_PE_01	科技楼 1 号汇聚设备
7	接入层交换机	S3700	XZL_CE_101	行政楼 1 楼 1 号接入设备
8			KJL_CE_302	科技楼 3 楼 2 号接入设备

表 1-6　网络设备端口标识符

序号	设备类型	设备型号	端口	说明
1	接入路由器	AR2220	GE 0/0/0	千兆以太网 0 槽位 0 子板 0 接口
2			Se 3/0/0	串口 3 槽位 0 子板 0 接口
3			Eth 4/0/0	百兆以太网 4 槽位 0 子板 0 接口

续表

序号	设备类型	设备型号	端口	说明
4	核心层交换机	CE12800	GE 1/0/4	千兆以太网 1 槽位 0 子板 4 接口
5	汇聚层交换机	S5700	GE 0/0/6	千兆以太网 0 槽位 0 子板 6 接口
6	接入层交换机	S3700	Eth 0/0/1	百兆以太网 0 槽位 0 子板 1 接口

（2）互连接口描述。

为了便于网络工程师调试和维护，也为了在网管系统中得到清晰直观的显示，需要设计对网络设备互连接口进行统一描述。

设计原则：TO-对端设备名称-对端设备端口号。互连设备接口描述示例如表 1-7 所示。

表 1-7　互连设备接口描述示例

对端设备名称	端口	互连方向接口描述
ZGS_CO_01	GE 1/0/0	TO-ZGS_CO_01-GE 1/0/0
XZL_PE_01	GE 1/0/1	TO-XZL_PE_01- GE 1/0/1

4．使用亿图图示软件绘制行政楼网络拓扑图

绘制网络拓扑图是网络工程中的一项重要内容，对于工程设计、实施和维护来说是非常必要的。绘制网络拓扑图的工具有很多种，这里选用亿图图示软件绘制行政楼网络拓扑图，当然也可以选择其他绘图工具，如 Microsoft Visio 软件或 Word、PPT 等办公软件。

亿图图示软件是一款跨平台的全类型图形、图表设计软件。使用它可以非常容易地创建专业水准的流程图、组织结构图、网络拓扑图等，该软件在官方网站下载安装即可使用。

1）任务要求

利用亿图图示软件绘制行政楼的网络拓扑图，如图 1-20 所示。

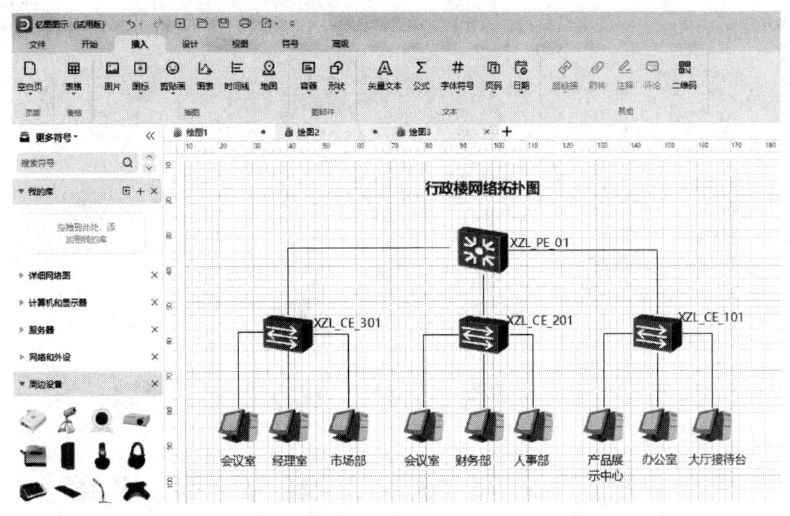

图 1-20　行政楼网络拓扑图

2）任务步骤

（1）新建网络图。

（2）绘制图形。

（3）连接图形。

（4）标注说明。

（5）保存。

3）任务实施

（1）新建网络图。

启动亿图图示软件，单击“新建”按钮，选择“网络图”选项，双击右方的“基本网络图”图标，如图 1-21 所示。

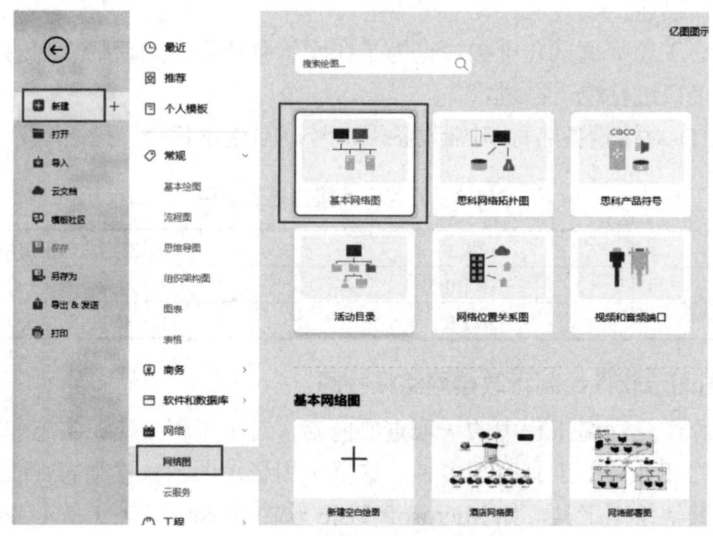

图 1-21　新建网络图

（2）绘制图形。

在本书提供的华为数通图标库文件中找到个人计算机（PC）、接入层交换机、汇聚层交换机的图标，复制图标到亿图图示软件的绘图区，如图 1-22 所示。

文档：华为数通图标库

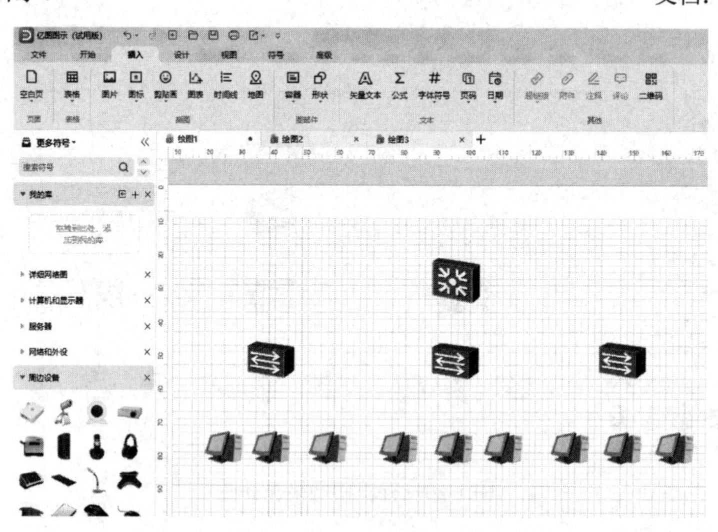

图 1-22　绘制图形

（3）连接图形。

将相互之间有关系的图形连接起来，构建行政楼网络拓扑图，如图 1-23 所示。

（4）标注说明。

用文本工具给所有图形加上必要的文字说明，如图 1-24 所示。

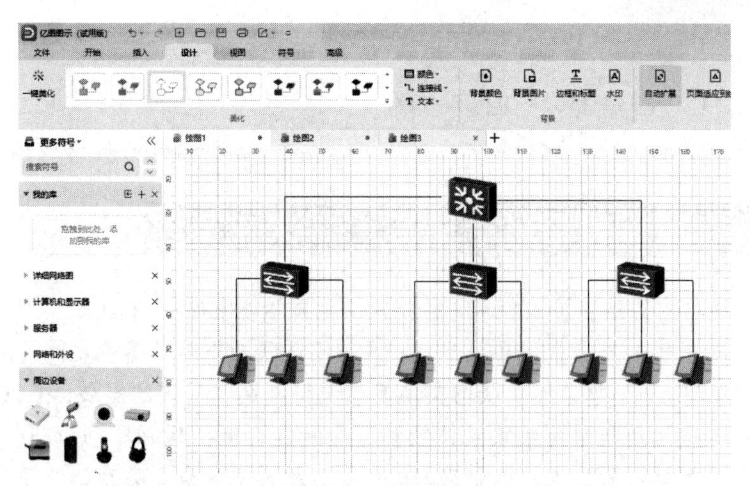

图 1-23　连接图形

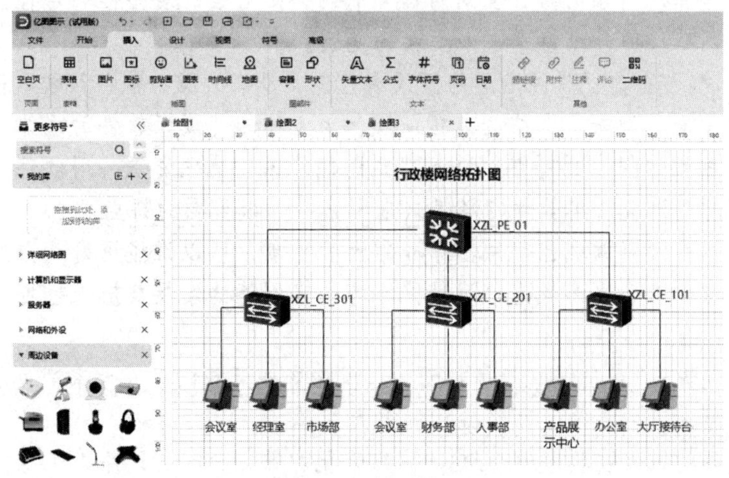

图 1-24　标注说明

（5）保存。

对绘图文件进行美化处理并保存。

任务训练

利用亿图图示软件绘制如图 1-19 所示的网络工程拓扑图中的珠海分公司的网络拓扑图。

任务评价

1．自我评价

□ 描述企业网二层结构和三层结构的应用。

□ 归纳二层交换机和三层交换机的区别。

□ 辨析三层交换机和路由器的区别。

□ 解释企业局域网的设备部署逻辑和连接方法。

□ 能识别网络拓扑图中的交换机、路由器和服务器。

□ 能根据设备名称识别设备位置。

2．教师评价

□ 优　□ 良　□ 合格　□ 不合格

拓展阅读：互联网发展的新阶段——未来网络

中国工程院院士刘韵洁在访谈栏目《科技前沿大师谈》中说："中国互联网从 20 世纪 90 年代发展至今，在 30 多年的发展中经历了三代：第一代互联网作为计算机之间的通信工具主要应用于研究机构和大学之间；第二代互联网在消费领域得到突飞猛进的发展；在 2010 年前后进入第三代互联网，这一代互联网开始跟实体经济深度融合，第三代互联网也叫作未来网络。"

未来网络将不断催生新技术、新业态、新产业、新模式，为人类政治、经济、文化和信息社会的发展注入全新的科学动力，面对目前互联网的延展性、安全性、可控性和可管性等方面的问题，未来网络价值升级将是一个全新的挑战。

刘韵洁院士说："当前互联网的网络里没有控制，没有大脑，整个互联网是一个傻瓜式的网络，智能在用户端，而未来网络的架构从硬件为主体转变成以软件为主体，这对人类来说是一个非常大的进步，因为所有硬件设备都要消耗地球的物理资源，用软件实现大大降低了对地球的物理资源的消耗。用软件定义是未来网络一个很重要的特点。"

传统的互联网在消费领域已经做出了非常大的贡献，所以谁能更好地把握未来网络的发展方向、科学标准和全新网络生态，谁就能掌控未来网络的发展契机，也可获取未来网络丰富的资源并创造财富。

刘韵洁院士还说："互联网原来是封闭的，现在变成开放的了，大家都可以参与设计，大家都可以做出贡献，这一点是互联网架构的很大变革。"

未来网络发展的重点在物联网、5G、网络云化、数据分析、网络人工智能等多个领域，这是场面向"互联网+""产业互联网"的发展浪潮，更是全球互联网竞争舞台的焦点。未来网络的发展将引导我们走向信息化时代新的巅峰。

读后思考：

1．你心目中的未来网络是什么样的？

2．面对未来网络，你可以做什么？

课后练习

1．集线器是一种（　　）设备，交换机是一种（　　）设备。

A．单工　B．半双工　C．全双工　D．以上都不对

2．以下关于冲突域和广播域的说法错误的是（　　）。

A．集线器的所有端口连接组成的整个网络属于同一个冲突域和广播域

B．交换机的不同端口属于不同的广播域

C．交换机的不同端口属于不同的冲突域，因为交换机可以隔离冲突域

D．利用路由器可以隔离广播域

3．以太网交换机中的端口 MAC 地址表（　　）。

A．是由交换机的生产厂商建立的

B．是交换机在数据转发过程中通过学习动态建立的
C．是由网络管理员建立的
D．是由网络用户利用特殊命令建立的

4．共享式以太网使用（　　）协议在数据传输链路上传输数据帧。
A．HTTP　　B．UDP　　C．CSMA/CD　　D．ARP

5．（多选）关于交换机组网，以下说法错误的是（　　）。
A．交换机端口带宽独享，比集线器安全
B．交换机接口工作在全双工模式下，不再使用 CSMA/CD 协议
C．交换机能够隔绝广播
D．交换机接口可以工作在不同的速率下

6．解决计算机网络间互联的标准化的问题是在计算机网络发展的（　　）阶段。
A．第一　　B．第二　　C．第三　　D．第四

7．（多选）关于集线器，以下说法错误的是（　　）。
A．网络中的计算机共享带宽，不安全
B．使用集线器联网的计算机在一个冲突域中
C．接入集线器的设备需要有 MAC 地址，集线器基于帧的 MAC 地址转发
D．集线器使用 CSMA/CD 协议进行通信，每个集线器接口带宽相同

8．二层交换机根据端口接收到的报文的（　　）生成 MAC 地址表选项。
A．源 MAC 地址　　B．目的 MAC 地址
C．源 IP 地址　　D．目的 IP 地址

9．如图 1-25 所示，MA、MB、MC、MD、ME 和 MF 是计算机网卡的 MAC 地址，在图中写出网桥 1 和网桥 2 的 MAC 地址表的内容。

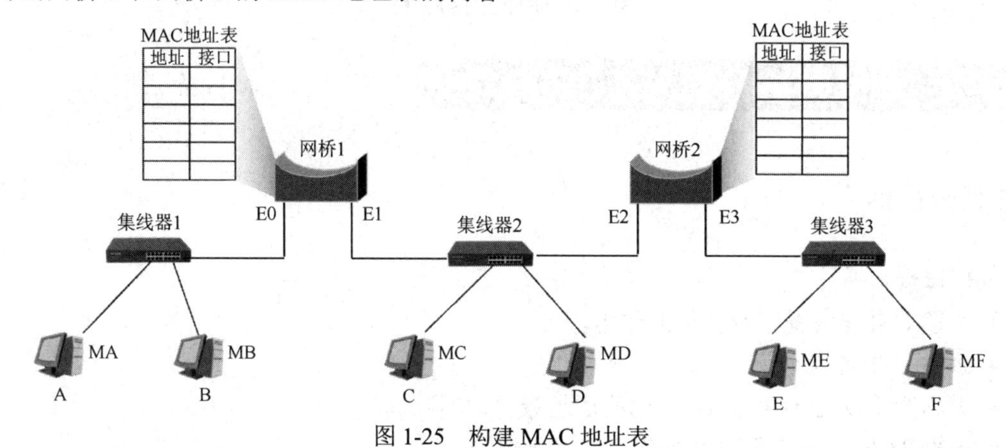

图 1-25　构建 MAC 地址表

10．若集线器、交换机和路由器各有 4 个端口，请把它们所在广播域和冲突域的个数填写在表 1-8 中。

表 1-8　冲突域和广播域统计表

设备类型	冲突域/个	广播域/个
集线器		
交换机		
路由器		

项目 2

网络抓包分析

数据通信网是一个非常复杂的系统，相互通信的数据终端设备必须高度协调才能工作。本项目通过学习 OSI 参考模型、TCP/IP 协议和协议中的各层协议来了解数据通信网是如何高度协调工作的，并掌握在 eNSP 模拟器上搭建基础 IP 网络的操作步骤，同时会使用抓包工具 Wireshark 来捕获和观察数据包，从而更好地理解网络分层与 TCP/IP 协议。项目 2 任务分解如图 2-1 所示。

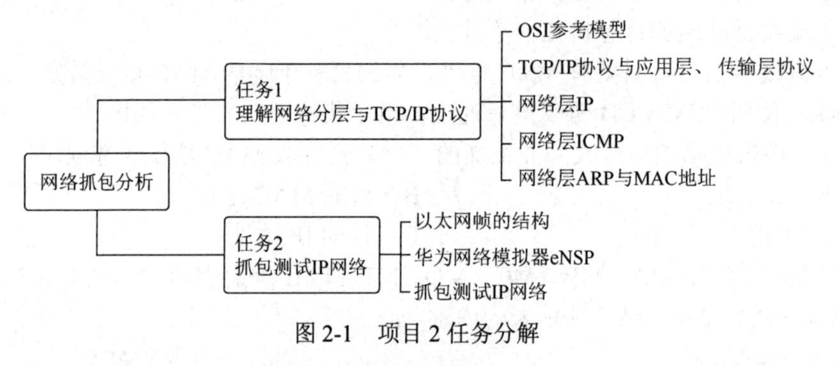

图 2-1 项目 2 任务分解

任务 1 理解网络分层与 TCP/IP 协议

任务目标

知识目标：

- 描述 OSI 参考模型及各层的作用。
- 画出 TCP/IP 协议。
- 说出两个以上 TCP 和 UDP 的应用场景。
- 根据 TCP 首部描述 TCP 如何实现可靠传输。
- 画出数据在各层之间的传递过程。

技能目标：

- 能查找自己计算机的 ARP 表。

素养目标：

- 认同互联网求同存异的理念。
- 培养和谐、包容、尊重差异的价值观。
- 拥有一定的分析问题的能力。

任务分析

本任务先介绍 OSI 参考模型的由来及各层的作用，再介绍 TCP/IP 协议及其每一层的重要协议，旨在帮助大家理解协议的概念及网络的运行规律。

2.1.1 OSI 参考模型

视频：OSI 参考模型

1. OSI 参考模型的中文名称

OSI 参考模型，即 OSI/RM（Open Systems Interconnection/ Reference Model，开放系统互联参考模型）。它由 ISO 于 1984 年提出。

2. OSI 参考模型的由来

在网络发展的初期，计算机网络飞速发展。许多研究机构、计算机厂商和公司为了在数据通信领域占据主导地位，纷纷推出了各自的网络体系架构和协议标准，如 IBM 公司的 SNA 体系、Novell 公司的互联网分组交换协议/序列分组交换协议（IPX/SPX）、Apple 公司的 AppleTalk 协议、DEC 公司的 DECNTE 协议及广泛使用的 TCP/IP 协议。

然而，这些网络体系架构和协议标准之间并不兼容。若将两台不同厂商生产的计算机连接起来，它们由于采用的网络体系架构和协议不同，依然无法实现真正的通信。因此，为了解决网络之间的兼容性问题，ISO 提出了 OSI 参考模型。它很快成为计算机网络通信的基础模型，被称作“网络世界的法律”。

注意：OSI 参考模型并不是协议，它是为了解和设计灵活的、稳健的、可互操作的网络体系结构而提炼的一种模型。

3. OSI 参考模型的层次结构

ISO 在设计 OSI 参考模型时，采用了分层体系结构。层是一个看不见、摸不着的抽象概念。下面以物流系统的分层为例为大家讲述网络体系结构为什么要分层，从而帮助大家理解 OSI 参考模型的分层体系结构。

1）分层原因

我们知道，在计算机网络中，若要让不同设备之间能够互相通信，收发双方都必须遵守同样的约定，但计算机网络如此复杂，我们很难使用一个单一协议来实现网络中的所有通信。

ISO 在对计算机网络通信的相关问题进行充分讨论后，最终决定将通信问题划分为许多小问题，为每个小问题设计一个单独的协议，从而使得每个协议的设计、分析、编码和测试都变得容易。

2）物流系统分层实例

为了便于理解，以物流系统的工作过程为例进行说明。为了保证包裹的高效、快捷地运输、投递，物流系统一般会有五个层次，物流系统分层模型如图 2-2 所示，每一层都有相对独立的功能。

（1）用户层：提供或接收包裹内的物品（毛衣）。

（2）收件员、派件员层：负责协助用户填写快递面单信息、物品打包、通知收件人取件等。

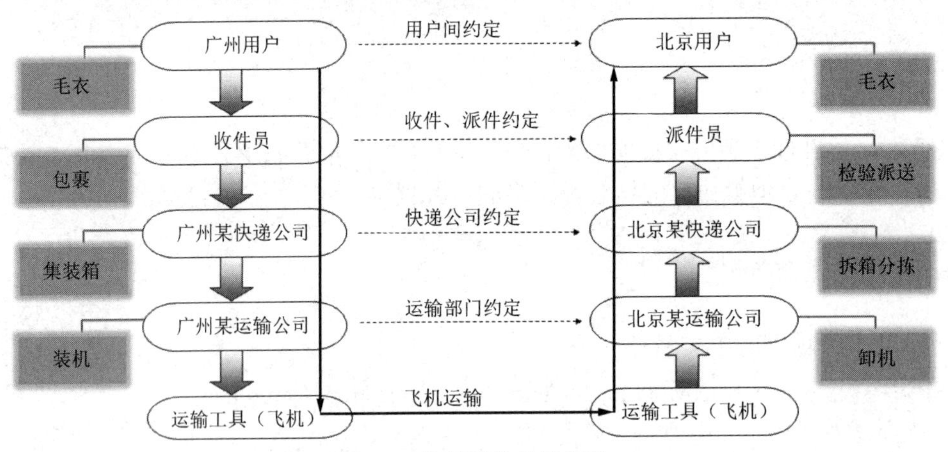

图 2-2　物流系统分层模型

（3）快递公司层：负责将收件员收集的包裹分类整理，装箱交给运输公司；将运输公司运送过来的集装箱拆箱分拣，交给派件员。

（4）运输公司层：负责交通工具调度，将包裹安全、高效地送达目的地。

（5）运输工具层：负责运输，运输过程可能采用不同的运输工具，如空运、陆运或航运。

网络采用层次化结构的优点如下。

（1）各层之间相互独立。高层不必深究低层的实现细节，只需要知道低层所提供的服务及本层向上层所提供的服务即可，能真正做到各司其职。由于每一层只实现一种相对独立的功能，因此可将一个复杂的问题分解为若干个较容易处理的小问题。

（2）系统的灵活性好。某个层次细节的变化，只要它和上层、下层的接口保持不变，就不会对其他层产生影响。

（3）易于实现标准化。每层的功能及其所提供的服务都有明确的说明，就像一个被标准化的部件，只要符合要求就可以使用。

3）OSI 参考模型的分层

OSI 参考模型将计算机网络按照功能划分为七个层次，从下至上依次为物理层、数据链路层、网络层、传输层、会话层、表示层、应用层，如图 2-3 所示。其中，第一层为物理层，第二层为数据链路层，第三层为网络层……依此类推，第七层为应用层。下三层负责数据在网络中的传输，第四层（传输层）负责面向连接或无连接传输通道的建立，上三层主要面向用户，负责端到端的数据传输。

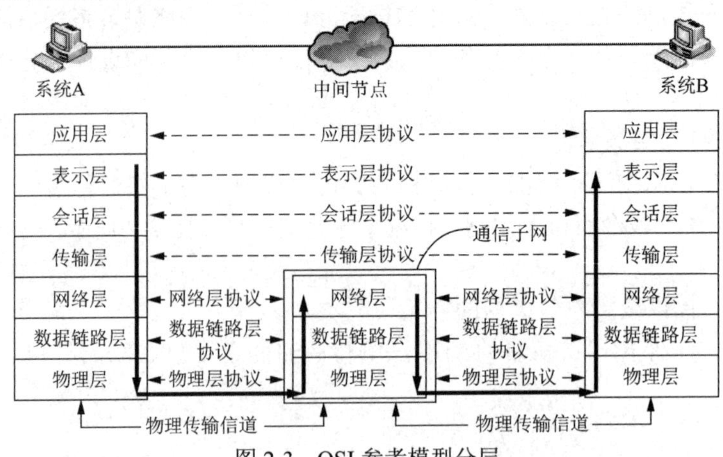

图 2-3　OSI 参考模型分层

4）OSI 参考模型各层的功能

计算机网络中的“层”可以通俗地理解成一个功能模块。一层等同于一个功能模块，实现一个或一类功能，如同上面的物流系统中的每一层都负责一类工作一样。

（1）应用层：应用层是 OSI 参考模型中的最高层，直接为应用进程提供服务。这一层有许许多多的协议，它们提供的服务直接面向用户，如最常见的超文本传输协议（HTTP），是我们享受万维网（WWW）服务的基础。此外，常用的协议还有文件传输协议（FTP）、远程登录（Telnet）协议、域名系统（DNS）协议、邮局协议第 3 版（POPv3）、简单邮件传送协议（SMTP）、简单网络管理协议（SNMP）等。

（2）表示层：表示层位于应用层下方，功能是将应用层产生的交互信息表示成各种计算机终端都熟悉并认可的格式，主要表现以下三方面。

第一，数据编码和解码。之所以需要这种类型的服务，是因为不同的计算机体系结构使用的数据表示法不同。例如，IBM 公司的主机使用 EBCDIC 编码，而大部分 PC 使用的是 ASCII 码。在这种情况下，需要表示层来完成这种转换。

第二，数据加密和解密。为了安全起见，数据在发送前要进行加密处理，在数据到达目的端后，网络另一端的表示层将对接收到的数据进行解密，变成用户能识别的信息。

第三，数据压缩和解压缩。数据压缩就是对信息中所包含的位数进行压缩。在传输多媒体信息（如文本、声音和视频）时，数据压缩显得特别重要。

（3）会话层：会话层位于表示层的下方，功能是在不同用户、节点之间建立和维护通信通道（会话），主要表现在以下两方面。

第一，建立会话。在会话建立阶段确定传输模式（单工模式、半双工模式和全双工模式）。

第二，维护会话。决定通信是否被中断，以及中断后从何处重新传送。

例如，从互联网上下载文件，就与想要下载的文件所在的服务器（提供下载文件的网站）建立了联系，即建立了一个会话，这个下载的通道是由会话层来控制的，下载的时候如果网络由于某种原因断掉了，待网络恢复正常后，仍然可以通过会话层来执行断点续传。

（4）传输层：传输层位于 OSI 参考模型中的第四层，作为承上启下的一层，是 OSI 参考模型中非常重要的一层，其功能是使数据从报文端准确、可靠地传输到源端和目的端。如何保证可靠传输呢？主要表现在以下五方面。

第一，分配端口号。计算机往往在同一时间运行多个进程，如果不区分不同进程间的数据，就会产生通信错误。因此，必须明确指明数据由某台计算机上的特定进程传输到另一台计算机上的特定进程。传输层通过给每个进程分配一个端口号来解决这个问题，即在传输层的首部必须包含某一特定的地址，称为端口地址。

第二，分段和重组。若从会话层传递下来的报文过大，需将一个报文根据网络的处理能力划分成若干个可传输的报文段，在目的端传输层再将报文重组起来。为了保证重组时正确排序，每个报文段应包含序号。

第三，连接控制。传输层可以是面向连接的，也可以是面向无连接的。

面向连接的传输层在发送分组之间，要先与目的主机的传输层建立一条虚连接，等数据传送完毕，再通过一定的机制断开连接。这与生活中的打电话有相似之处，当我们给别人打电话时，必须等线路接通了才能相互通话，通话完毕要挂机结束通话。

面向无连接就是在传输前不必与目的主机建立连接，不管对方是否准备好接收都直接发送，这与手机发短信的方式非常相似。

第四，流量控制。如果发送端和接收端之间速度存在很大差异，在数据的传送与接收过程当中很可能出现数据丢失现象（如同一个人喝水，若饮水速度过快则容易溢出或呛咳），故有必要采取相应的流量控制措施，保证传输可靠。

注意： 在 OSI 参考模型的其他层也会存在流量控制，传输层的流量控制是在端到端的意义上实现的，其意义在于保证发送端的发送速率对于接收端是可接受的。这一点其实不难理解，从物流系统中也可以找到共性，物流系统中的快递公司层可以对快递进行流量控制，而运输部门也可以对交通工具进行流量控制。

第五，差错控制。发送端的传输层必须保证整个报文在到达对端传输层时是没有差错的（无损伤、无丢失、无重复），如果发现差错，通常通过重传来纠错。这里的传输层差错控制也是在端到端意义上的，一旦有差错就由收发两端互相协商，与中间节点不进行协商。

（5）网络层：网络层是 OSI 参考模型中的第三层，介于传输层和数据链路层之间，主要负责在网络间将数据包分组、寻址和路由。

网络层的功能是在通信子网中实现的，如图 2-4 所示，即源主机和目的主机位于不同网络，分组可能要经过若干个中间节点才到达目的地，这需要网络层通过逻辑地址编址和路由选择等具体功能来实现源主机到目的主机的数据传输。网络层的具体功能如下。

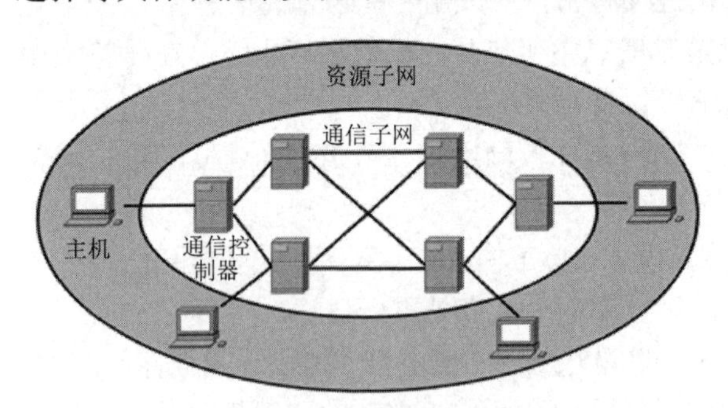

图 2-4　网络层在通信子网中的功能

第一，逻辑地址编址功能。逻辑地址就是通常所说的互联网协议（IP）地址，如果分组要穿过网络的边界到达目的端，就需要 IP 地址来帮助我们寻找路径。网络层对上层传递下来的数据段添加首部，其中包括源端 IP 地址和目的端 IP 地址。

第二，路由选择功能。通信子网源节点和目的节点之间提供了多条传输路径。网络节点在收到一个分组后，要确定向下一个节点传输的路径，这就是路由选择。路由选择决定了分组从源端传输到目的地的路径。

网络层功能也可以类比于物流系统中某一层的功能，在远距离运输时，包裹之所以能够顺利中转到达目的地，是因为运输公司这一层按照快递的目的地址进行了正确分流。网络层常见的设备是路由器。

（6）数据链路层：数据链路层是 OSI 参考模型的第二层，主要功能是为网络层提供一条无差错的数据传输链路。在两个相邻节点间传输数据时，数据链路层在发送端将网络层传输下来的数据包封装成数据帧，在接收端将物理层传输来的比特流还原为数据帧。

帧是数据链路层传输数据的最小单位。每一帧都必须包括要传输的数据及必要的控制信息，如帧头、同步信息、地址信息、帧检验序列（FCS）、帧尾等。接收端必须知道帧从哪里开始，到哪里结束，根据 FCS 判断传输过程中是否出现差错，若出现差错，就丢弃该帧。数据帧是根据物理地址（MAC 地址）进行寻址的。

（7）物理层：物理层是 OSI 参考模型的底层，主要负责在物理媒体上透明地传输比特流。例如，当发送方发送 1 时，接收方收到的应该也是 1，而不是 0。

物理层定义了与传输媒体有关的各种电气的或机械的接口标准，如 RS-232、RS-485，串行线路接口标准 V.24、V.25 等。

5）OSI 参考模型各层间的联系

OSI 参考模型中“层”的概念非常抽象，对于初学者来说，理解每一层功能的同时，还需关注两件事：一是 OSI 参考模型中各层传输数据的格式，二是通信过程中传输数据的流向，这样会帮助我们高效、正确地理解 OSI 参考模型。

（1）数据封装和解封装机制。

在物流系统中，邮寄的物品在每一层都被包装成不同的形式。以用户邮寄的毛衣为例，在用户层的形式为毛衣，在收件员、派件员层被打包成包裹，在快递公司层包裹被装入集装箱，在运输公司层包裹被装上飞机，如图 2-5 所示。

在 OSI 参考模型中，存在与物流系统中物品包装类似的数据封装和解封装的过程。

① 数据的封装。OSI 参考模型中，每层接收到上层传递过来的数据后都要将本层的控制信息加入数据单元的头部，一些层还要将校验和等信息附加到数据单元的尾部，这个过程称为封装。每层封装后的数据单元的叫法不同，在应用层、表示层、会话层的协议数据单元统称为数据（Data），在传输层的协议数据单元称为数据段（Data Segment），在网络层的协议数据单元称为数据包（Packet），在数据链路层的协议数据单元称为数据帧（Data Frame），在物理层的协议数据单元称为比特流（Bit Stream），如图 2-6 所示。

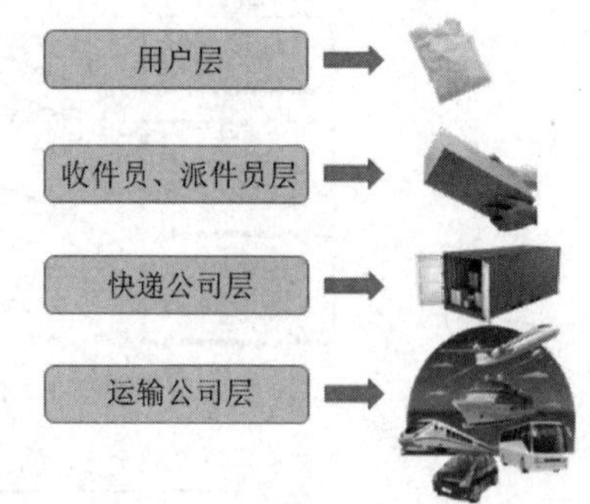

图 2-5 物流系统中各层物品包装示意图

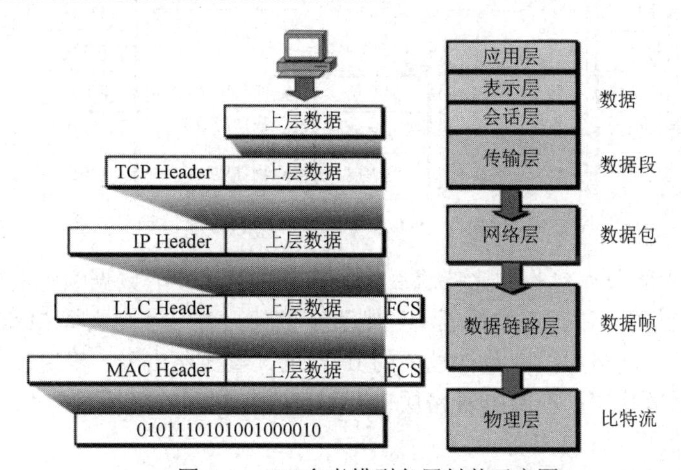

图 2-6 OSI 参考模型各层封装示意图

② 数据的解封装。当数据到达接收端时，每一层读取相应的控制信息，并根据控制信息中的内容向上层传递数据单元，在向上层传递之前去掉本层的控制头部信息和尾部信息（如果有），这个过程称为解封装，如图 2-7 所示。这个过程逐层执行直至将对端应用进程产生的数据发送给本端的相应的应用进程。

（2）数据在 OSI 参考模型各层的传递过程。

如图 2-8 所示，每一个终端系统（计算机等）都包含完整的七层，而中间节点（路由器等）只有下面三层。下面以用户浏览网站为例说明数据在各层的传递过程。

① 发送端。当用户输入要浏览的网站信息后就由应用层将产生相关的数据传递到表示层；通过表示层转换成计算机可识别的 ASCII 码后传递到会话层；由会话层添加会话建立、维护和管理等信息后传递到传输层；传输层将以上信息作为数据并加上相应的端口号信息等形成数据段，传递到网络层；数据段在网络层加上 IP 地址等信息形成数据包，递交到数据链

路层；数据包在数据链路层加上 MAC 地址等信息形成数据帧，传递到物理层；在物理层数据帧转变成比特流，在网络中传输。

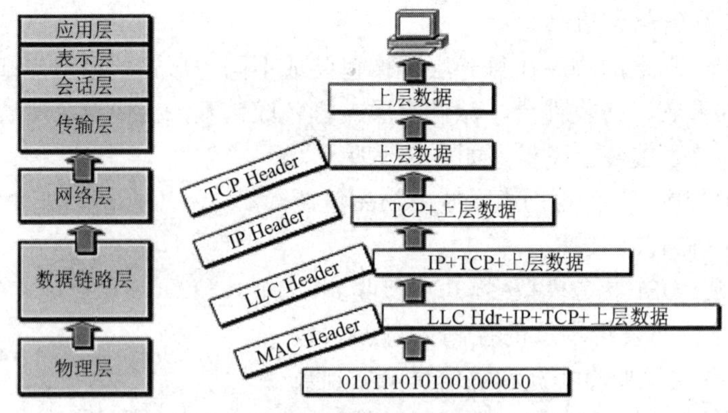

图 2-7　OSI 参考模型各层解封装示意图

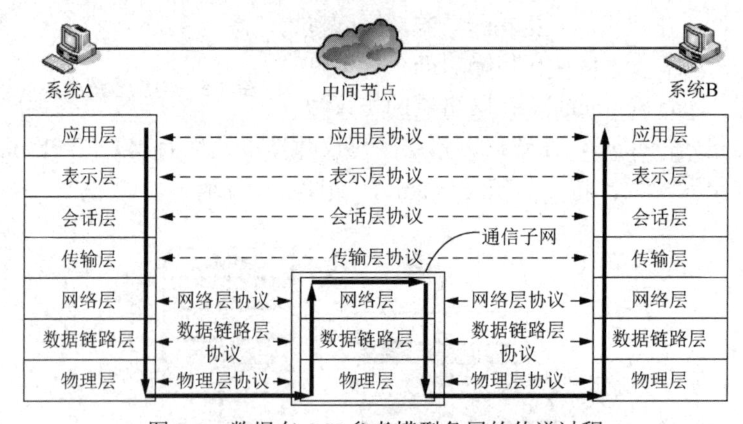

图 2-8　数据在 OSI 参考模型各层的传递过程

② 中间节点。中间节点接收到比特流后恢复成数据帧，读取数据帧中的地址信息，判断 MAC 地址是否与自己的一致，若发现不一致则丢弃该帧，若一致则去掉 MAC 地址信息形成数据包传送给网络层；网络层读取数据包中的 IP 地址，查找路由表，确定转发端口，并再次把数据包递交回数据链路层；在数据链路层重新封装数据帧，并更新目的 MAC 地址信息后，转换成比特流，继续在网络中传输。

③ 接收端。接收端接收到比特流，形成数据帧，读取相应的控制信息，并根据控制信息中的内容向上层传递数据单元，反向执行发送端的过程。

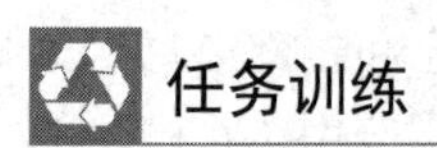

任务训练

1. 请说出 OSI 参考模型的每一层及其功能。
2. 请说说 OSI 参考模型中每一层最小的数据单位。

2.1.2　TCP/IP 协议与应用层、传输层协议

视频：认识传输层协议

OSI 参考模型是定义了计算机网络体系结构的七层模型，提出了每一层要实现的功能，但它并未定义每一层具体使用的接口和协议。由于它的设计太过复杂，因此它仅仅成为计算机网络技术理论上的

国际标准。

现在网络上使用最广泛的通信协议是 TCP/IP 协议，它被称为计算机网络技术的事实标准或工业标准。TCP/IP 协议是随着 ARPANET 的研发而诞生和独立出来的。由于实现了低成本通信并且解决了在多个平台间通信的问题，TCP/IP 协议迅速发展并流行起来。

1．协议的概念

对很多初学计算机网络的人来说，协议是一个很抽象、很难理解的概念。虽然现在我们每天都在网上冲浪，但是实际上没有人见过 TCP/IP 协议，这使得很多人认为协议就是一个高深莫测、难以想象的东西。因此，为了帮助大家更好地理解协议的概念，首先给大家展示一份房屋租赁协议，如图 2-9 所示，大家可以通过房屋租赁协议来更进一步地理解计算机网络通信中使用的协议。

房屋租赁协议

出租方：__________身份证号码：______________（以下简称甲方）

承租方：__________身份证号码：______________（以下简称乙方）

甲、乙双方就房屋租赁事宜，达成如下协议：

一、甲方将位于________市________区__________________________建筑面积________平方米的房屋出租给乙方________使用，租赁期限自____年________月________日至________年________月________日，计________个月。

二、租金每月为人民币________元整（小写：________元），押金为人民币________元整（小写：________元），以后每月________日交房租。租赁期满后，甲方将房屋租赁押金全额退还给乙方。甲方足额收取（房屋租金）（房屋押金）应向乙方开具收款凭证。

三、水________元/吨，气________元/立方米，电________元/度，按照实际使用数缴费。

四、因不可抗力原因导致该房屋毁损和造成损失的，双方互不承担责任。

五、修缮房屋是甲方的义务。甲方对出租房屋及其设备应定期检查，及时修缮，做到不漏、不淹、三通（户内上水、下水、照明电路）和门窗完好，以保障乙方安全正常使用。

六、本协议一式两份，自双方签字之日起生效，具有法律效力。

甲方签字：______________　　　　乙方签字：______________

_____年_____月_____日　　　　_____年_____月_____日

图 2-9　房屋租赁协议

从上面的房屋租赁协议中，我们可以很容易地看到出租方和承租方，房子的位置及其具体信息，每月租金和押金，交房租日期，水费、电费、气费各为多少等信息。双方都关心的事情协商一致并且全部写到房屋租赁协议中，确认后签字，一式两份，可以最大限度地保护双方的利益，避免产生不必要的纠纷。

在计算机网络中，通信协议类似于上面的房屋租赁协议，它也需要约定好通信双方需要共同遵守的规则，还要定义该协议简化后和规范后的格式，如网络层的 IP，它被简化后成为网络层 IP 数据包的首部，如图 2-10 所示。网络中的计算机通信只要按照图 2-10 所示的表格填写内容，通信双方的计算机就能够按照 IP 的约定工作。

0	4	8	16		31
版本	首部长度	区分服务	总长度		
标识			标志	片偏移	
生存时间		协议	首部校验和		
源 IP 地址					
目标 IP 地址					
可选字段（长度可变）					填充

图 2-10　IP 数据包的首部

有的协议需要定义多种报文格式，如我们最熟悉的 HTTP，它定义了两种报文：HTTP 请求报文、HTTP 响应报文。

概括来讲，协议就是计算机与计算机之间通信时事先商量好的“约定”。这样的“约定”使得由不同厂家生产的 CPU、不同公司开发的操作系统和不同品牌的设备组成的计算机之间，只要遵守相同的协议就能互相通信。

2．TCP/IP 协议与 OSI 参考模型的比较

与 OSI 参考模型一样，TCP/IP 协议也采用分层体系结构进行开发，每一层都有不同的功能。但是，TCP/IP 协议简化了层次设计，自上而下分别是应用层、传输层、网络层和网络接口层，如图 2-11 所示。每一层的功能如下。

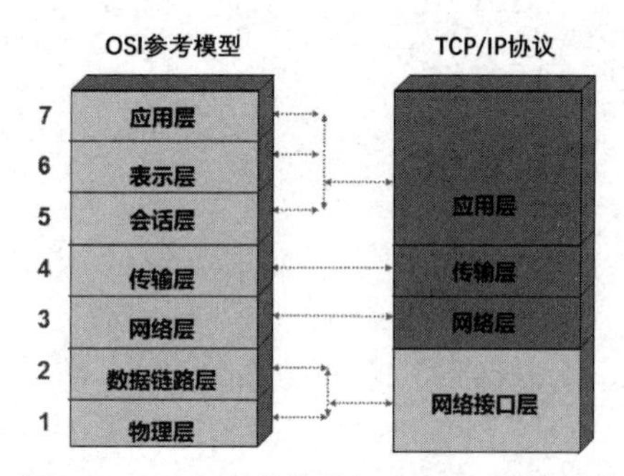

图 2-11　OSI 参考模型与 TCP/IP 协议比较

应用层：涵盖了 OSI 参考模型中高三层（应用层、表示层和会话层）的功能，负责处理高层协议和相关的表示、编码及会话控制等问题。

传输层：对应于 OSI 参考模型的传输层，提供源主机到目的主机之间端到端的传输服务。

网络层：对应于 OSI 参考模型的网络层，负责数据包的寻址、路由。

网络接口层：对应于 OSI 参考模型的最低两层（数据链路层和物理层），主要负责在进行数据帧传送时，建立与网络介质的物理连接。

实际上，TCP/IP 协议只定义了应用层、传输层和网络层，最下面的网络接口层并没有具体定义，它支持所有现有的标准和专用的协议。

3．TCP/IP 协议

TCP/IP 协议实际上是一组协议，如图 2-12 所示，并不是只有传输控制协议（TCP）和 IP 两个协议，因此它是一个协议簇。

TCP/IP协议簇

应用层		HTTP	DHCP	DNS协议	FTP	SNMP	POPv3	SMTP
传输层		TCP			UDP			
网络层		ARP	RARP	IP			ICMP	IGMP
网络接口层	数据链路层	CSMA/CD协议		PPP	HDLC协议	Frame Relay协议		X.25协议
	物理层	RJ-45接口		RS-232接口		RS-485接口		

图 2-12　TCP/IP 协议

1）应用层协议

应用层协议有很多，如 HTTP、动态主机配置协议（DHCP）、DNS 协议、FTP、SNMP、

POPv3、SMTP、Telnet 协议等。应用层协议定义了互联网上各种应用（服务器端和客户端通信）的规范。每个应用层协议都规定了客户端能够向服务器端发送何种请求，请求报文中有哪些字段，每个字段是什么意思，也规定了服务器端能够向客户端返回的响应，响应报文的格式等。

2）传输层协议

传输层有两个协议，TCP 和用户数据报协议（User Datagram Protocol，UDP）。

TCP 提供面向连接的服务，主要用于可靠传输，如文件传输。通过 TCP 传输的数据无差错、不丢失、不重复，并且可以按序到达。

UDP 提供无连接的服务，主要用于实时通信，如语音、视频的传输。若出现丢包，对要传输的数据影响也不大。

3）网络层协议

网络层协议包括 IP、互联网控制报文协议（Internet Control Message Protocol，ICMP）、地址解析协议（Address Resolution Protocol，ARP）、反向地址解析协议（Reverse Address Resolution Protocol，RARP）等。IP 是这一层最核心的协议。网络层协议负责为数据包挑选最合适的传输路径，将数据包从源端传输到目的地。

4）网络接口层

网络接口层对应 OSI 参考模型中的数据链路层和物理层。

数据链路层定义的协议有以太网协议、高级数据链路控制（High-Level Data Link Control，HDLC）协议、点对点协议（Point-to-Point Protocol，PPP）、帧中继（Frame Relay，FR）协议等。数据链路层常见的设备有以太网交换机、网桥。

物理层定义的标准很多，有局域网常用的以太网标准 IEEE 802.3、令牌总线标准 IEEE 802.4、令牌环网标准 IEEE 802.5，有广域网常用的公共物理层接口标准 RS-232、串行线路接口标准 V.24 和 V.35 等。物理层常见的设备有中继器、集线器等，但随着网络的发展，目前这两种设备已渐渐消失在大众的视野中。

4. TCP/IP 协议中的应用层协议

互联网有各种各样的应用，如访问网页、收发电子邮件、聊天、下载文件、下载视频等，每一种应用都必须遵循相关的协议才能正常进行。每一种应用都涉及不同的应用程序。在数据通信网中，通信实际上指的是计算机上的应用程序之间的通信。

应用程序一般分为服务器端程序和客户端程序，当需要通信时，客户端程序会向服务器端程序发送请求，服务器端程序在收到请求后向客户端程序返回响应，提供相应的服务。服务器端程序运行后会一直等待客户端程序的连接请求。例如，访问淘宝的主页，不管有没有人打开淘宝网站，淘宝万维网服务器（Web 服务器）会一直等待客户端的连接请求，如图 2-13 所示。

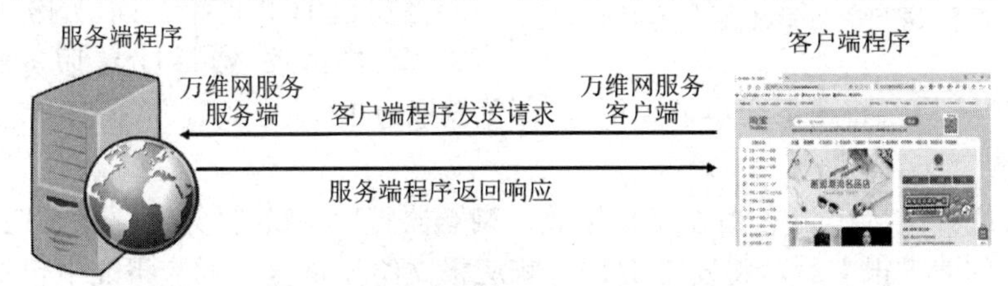

图 2-13　客户端程序和服务器端程序通信

在客户端程序和服务器端程序通信的过程中，双方必须遵守事先约定好的规则，如客户端程序能够向服务器端程序发送哪些请求报文，请求报文包括哪些字段，每个字段是什么意思，请求报文的顺序是怎样的；服务器端程序可以返回哪些响应报文，响应报文的格式是怎样的，等等。

上述事先约定好的规则，就是应用程序通信双方需要遵守的协议，即应用层协议。在互联网中，各种各样的应用层出不穷，如访问网页的应用、即时沟通的应用、文件传输的应用、收发电子邮件的应用、域名解析的应用等。每种应用都要对应一个应用层协议，这说明我们需要很多应用层协议。在应用层协议中，服务器端程序是协议中的甲方，客户端程序是协议中的乙方。

TCP/IP 协议中常见的应用层协议如下。

HTTP：超文本传输协议，用于从 Web 服务器传输超文本到本地浏览器。

HTTPS：超文本传输安全协议，能够对 HTTP 的通信提供安全保障。

FTP：文件传输协议，用于上传文件和下载文件。

DNS 协议：域名系统协议，用于域名解析。

DHCP：动态主机配置协议，用于给计算机自动分配 IP 地址。

SNMP：简单网络管理协议，用于管理和监控网络中的节点。

SMTP：简单邮件传输协议，用于发送电子邮件。

POPv3：邮局协议第 3 版，用于接收电子邮件。

Telnet 协议：远程登录协议，用于用户登录到远程主机系统。

1）HTTP

HTTP 是将超文本标记语言（HTML）文档从 Web 服务器传输到本地浏览器的一种应用层协议。

HTTP 几乎是每个人上网时使用的第一个协议，也是经常被忽略的一个协议。

HTTP 的通信双方是本地浏览器和 Web 服务器，它工作在客户端/服务器模式。浏览器作为 HTTP 的客户端，通过统一资源定位符（Uniform Resource Locator，URL）向 HTTP 服务器端，也就是 Web 服务器发送各种请求。Web 服务器根据接收到的请求，向客户端发送对应的响应信息。

下面以访问某网站 http://www.∗∗∗.com 为例，详细讲解 HTTP 的工作过程，如图 2-14 所示。

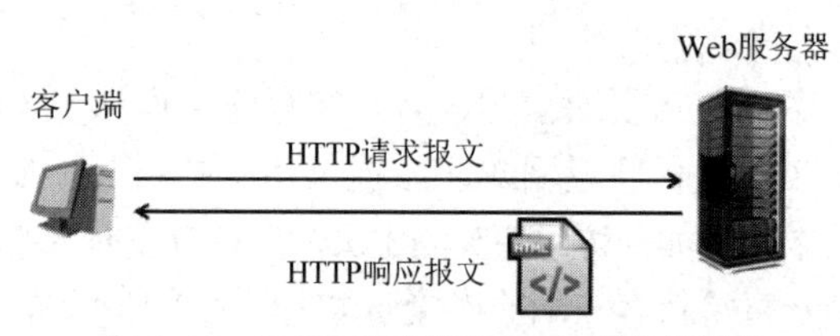

图 2-14　HTTP 客户端与 Web 服务器通信

（1）用户打开浏览器，在地址栏中输入网址：http://www.∗∗∗.com。上述的 URL 就是指这里的网址。网址指出了资源所在的位置，用来定位资源文档。

（2）HTTP 是基于 TCP 的，此时，浏览器将发起 TCP 连接，向 DNS 服务器发出域名解析的请求，然后 DNS 服务器解析出相应的 IP 地址（DNS 协议将在下一小节介绍）。浏览器通过 IP 地址找到 Web 服务器，与 Web 服务器建立连接。

（3）当浏览器与 Web 服务器建立连接后，浏览器将向 Web 服务器发送 HTTP 请求报文。Web 服务器收到请求报文后，将发送 HTTP 响应报文给浏览器，响应报文中包括了浏览器所请求的页面。浏览器收到 HTTP 响应报文后，显示对应的网页，本次访问结束，拆除双方之间的连接。

HTTP 在工作过程中有两类报文：HTTP 请求报文和 HTTP 响应报文。其中，HTTP 请求报文的格式如图 2-15 所示，HTTP 响应报文的格式如图 2-16 所示。

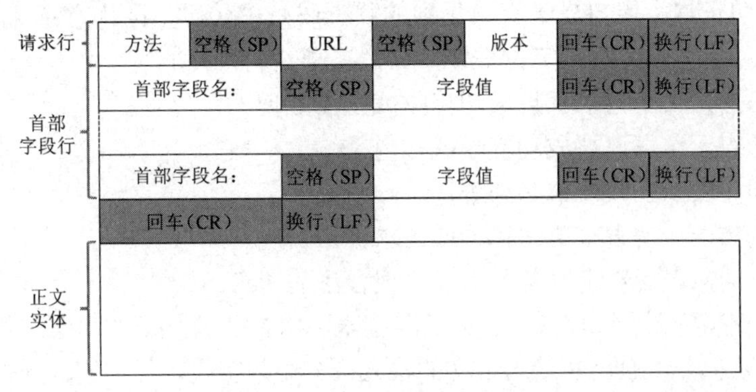

图 2-15　HTTP 请求报文的格式

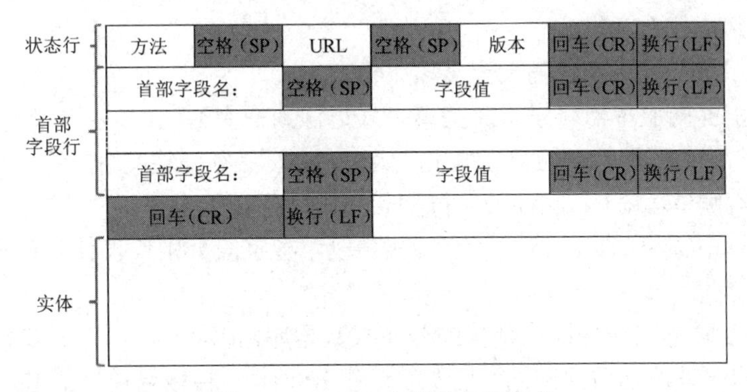

图 2-16　HTTP 响应报文的格式

HTTP 请求报文由请求行、首部字段行和正文实体组成，响应报文由状态行、首部字段行和实体组成。

请求行：说明请求方要求的操作、URL 及 HTTP 的版本。

状态行：说明 HTTP 的版本、状态码及解释状态码的简单短语。

首部字段行：说明浏览器、服务器或报文主体的一些信息，如浏览器的类型、服务器应该响应的媒体类型等。

正文实体：存放报文首部定义的信息内容。请求报文中一般不用该字段，响应报文中也可能没有实体字段。

在 HTTP 请求报文中，“方法”指的是对 URL 所指向资源的不同操作方式，HTTP 共定义了 8 种方法，如表 2-1 所示。

表 2-1　HTTP 定义方法

序号	方法	描述
1	POST	要求被请求服务器接收附在请求后面的数据，常用于提交表单
2	GET	获取指定的 URL 资源
3	HEAD	仅获取指定 URL 资源的首部信息
4	OPITIONS	设置选项
5	PUT	请求服务器向指定资源位置上传最新信息
6	DELETE	请求服务器删除指定的 URL 页面
7	TRACE	回显服务器收到的请求，用于测试或诊断
8	CONNECT	用于代理服务器

在 HTTP 响应报文中，状态码反映 HTTP 请求的结果。用户最喜欢见到的状态码是“200”，因为它意味着一切正常。用户最不喜欢见到的状态码是“404”，因为它意味着服务器找不到我们想要的资源。状态码一般是三位数字，共有五类 33 种。

1xx：指示信息，表示请求已被成功接收或正在处理。

2xx：成功，表示请求已被成功接收或知道了。

3xx：重定向，表示完成请求必须进行进一步操作。

4xx：客户端错误，请求有语法错误或请求无法实现。

5xx：服务器端错误，表示服务器未能实现合法的请求。

从上文中，我们可以看到 HTTP 定义了浏览器访问 Web 服务器的步骤，能够向 Web 服务器发送哪些请求（方法），HTTP 请求报文的格式（有哪些字段，各字段分别是什么意思），也定义了 Web 服务器能够向浏览器发送哪些响应（状态码）和 HTTP 响应报文的格式（有哪些字段，各字段分别是什么意思）。

同样地，应用层其他协议也需要定义以下内容。

（1）客户端能够向服务器端发送哪些请求（方法或命令）。

（2）客户端与服务器端命令的交互顺序，如 POPv3，必须先验证用户的身份才能接收邮件。

（3）服务器有哪些状态码（响应），每种状态码所代表的意思。

（4）定义协议中每种报文的格式（有哪些字段，各字段分别代表什么意思等）。

2）DNS 协议

DNS 协议是互联网上一种层次结构的分布式数据库，记录了各种主机域名与 IP 地址的映射关系，能够让用户方便地访问网站，且无须记住 IP 地址。将域名转换成 IP 地址的过程就叫作域名解析（主机名解析）。

DNS 协议的通信双方是本地浏览器和 DNS 服务器，它也工作在客户端/服务器模式，如图 2-17 所示。

图 2-17　DNS 协议客户端和服务器通信

那么 DNS 协议如何将域名解析成 IP 地址呢？下面以访问 www.taobao.com 为例，详细讲解域名解析的过程，如图 2-18 所示。

（1）DNS 客户端一般是我们平时使用的计算机，在浏览器的地址栏中输入域名 www.taobao.com，此时就向本地 DNS 服务器发送了一个请求。本地 DNS 服务器首先会查询缓存，看缓存中是否有 www.taobao.com 与 IP 地址的映射关系，如果有，就直接返回给 DNS 客户端；如果没有，就要执行下一步操作。本地 DNS 服务器一般是网络服务提供商，如中国电信、中国联通等。

（2）本地 DNS 服务器向根域名服务器发送请求，根域名服务器没有记录具体的域名和 IP 地址的对应关系，而是告诉本地 DNS 服务器，请求的域名是由.com 区域管理的，可以到.com 域名服务器上去查询，并给出.com 域名服务器的地址。

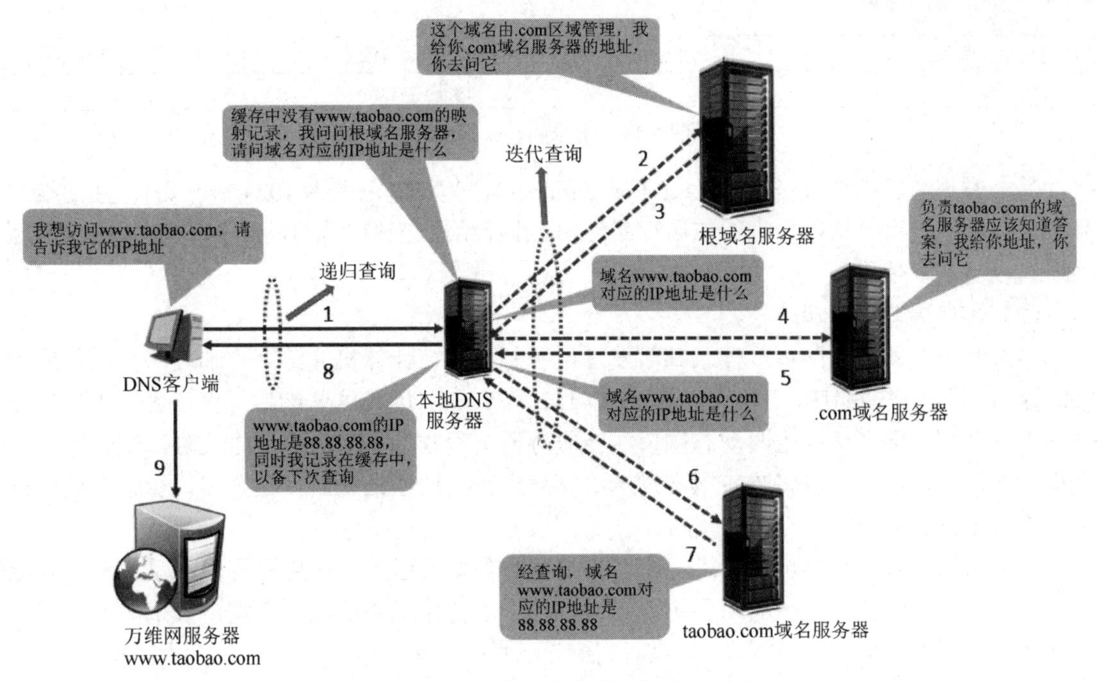

图 2-18　DNS 协议客户端和服务器通信

（3）本地 DNS 服务器继续向.com 域名服务器发送请求，.com 域名服务器收到请求后，也不会直接给出要查询的域名与 IP 地址的对应关系，而是告诉本地 DNS 服务器可以到 taobao.com 域名服务器上去查询，并给出其地址。

（4）本地 DNS 服务器向 taobao.com 域名服务器发出请求，此时它才能收到要查询的域名与 IP 地址的对应关系，同时，它会将该映射关系保存在缓存中，以便下次其他客户端查询时，可以直接给出结果。

5．TCP/IP 协议的传输层协议

在 TCP/IP 协议中，传输层在应用层和网络层之间，为终端主机提供端到端的连接，同时向应用层提供主机到主机间的进程通信服务。

在实际应用中，一台主机通常会运行很多应用程序，如浏览器、QQ、E-mail、电影播放软件等。同样的，一台服务器会同时提供多种服务，如传输文件的服务、万维网服务等。

当服务器收到不同请求时，它该如何区分不同请求，将服务提供给正确的客户端呢？显然，IP 地址无法完成此任务，此时需要给每个应用进程分配一个端口号来进行区分。

如前文所述，传输层主要有两个协议：TCP 和 UDP。但在 TCP/IP 协议中，应用层协议非常多，怎样使用端口号来区分不同的应用进程呢？下面我们先介绍端口号，再介绍 TCP 和 UDP。

1）端口号

TCP/IP 协议制定了一套有效的端口分配和管理办法，端口号采用十六位二进制数表示，取值范围为 0～65 535，端口号可以分为两大类。

（1）服务器端使用的端口号。

服务器端使用的端口号又可以分为两类。一类是公认端口号（Well-Known Port Number）或系统端口号，取值范围是 0～1023。因特网编号分配机构（Internet Assigned Numbers Authority，IANA）将这些端口号分配给 TCP/IP 协议中的一些重要的应用程序或服务并公之于众。常见的公认端口号如图 2-19 所示。

应用程序或服务	FTP	Telnet	SMTP	DNS	HTTP	SNMP
公认端口号	21	23	25	53	80	161

图 2-19　常见的公认端口号

另一类是注册端口号（Registered Port Number），其取值范围为 1024～49 151。注册端口号一般分配给没有公认端口号的应用程序使用。在使用注册端口号前，要按照规定先在 IANA 注册，以免重复使用。

（2）客户端使用的端口号。

当打开浏览器访问网页或登录邮箱发送电子邮件时，计算机会给客户端程序分配相应的临时端口，即客户端端口，其取值范围为 49 152～65 535。因为这些端口号仅在客户进程运行时才进行动态分配，所以也叫动态端口。当服务器进程收到客户进程的报文时，就知道客户进程的端口号，因此可以将响应报文发送给客户进程。通信结束后，这个端口号就会被释放掉，下次还可以供别的客户进程使用。

从上面的内容中我们可以知道，在客户端和服务器端运行的应用进程中，系统都会分配对应的端口号。因此，一个应用层协议可以使用一个传输层协议加一个端口号来一一对应。图 2-20 所示为常见的应用层协议和传输层协议的对应关系。

应用层协议	HTTP	FTP	SMTP	Telnet 协议	RDP	DNS 协议	DHCP	TFTP
端口号	80	21	25	23	3389	53	67	69
传输层协议	TCP					UDP		

图 2-20　常见的应用层协议与传输层协议的对应关系

2）TCP

TCP 是面向连接的协议，可以为主机提供可靠的数据传输。所谓面向连接是指在发送数据前双方需要建立连接，数据传输结束后需要拆除连接。TCP 连接的建立是一个三次握手过程，如图 2-21 所示。

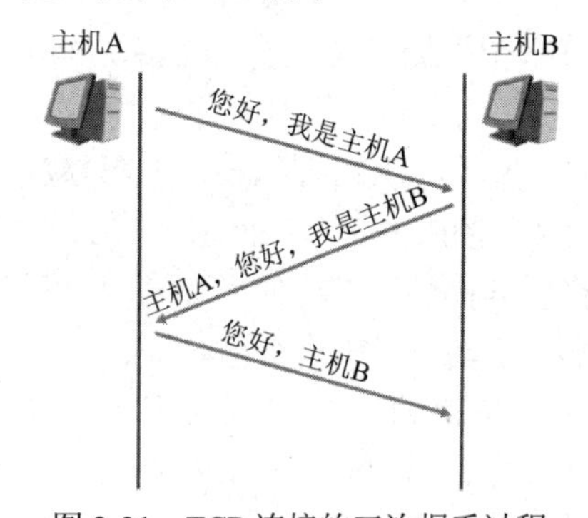

图 2-21　TCP 连接的三次握手过程

三次握手能够保证主机 A 与主机 B 都知道对方已经收到自己发出的报文了，知晓对方与自己建立了连接，并且做好了数据传输的准备。三次握手成功后，双方就可以开始传输数据了。

发送方在发送数据前，会先给每个数据包按照顺序编号，接收方在接收到对应的数据包后需要发送“确认”信息给发送方。如图 2-22 所示，发送方发送了 5 个报文，接收方回应了 1 号、2 号、5 号的确认报文。发送方发现接收方没有对 3 号和 4 号报文进行确认，说明接收方没有收到这两个报文，就会重新发送这两个报文。

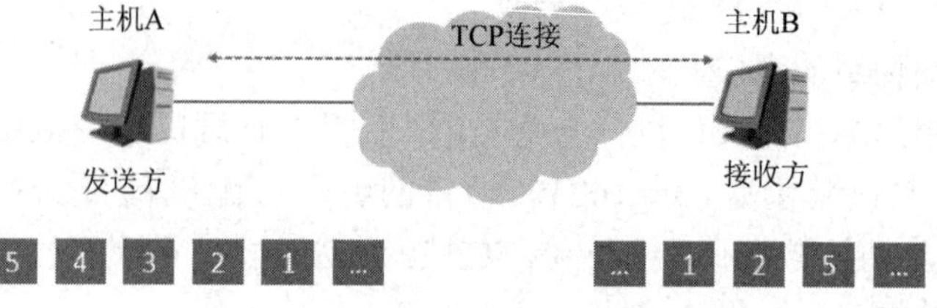

图 2-22　TCP 发送和确认过程

其实上面描述的数据发送过程只是一个基本模型，在实际应用中，数据发送是双向的。为了提高传输效率，确认编号和数据编号包含在同一个数据包中，且数据包的确认并不是对每一个数据包都进行确认，而是只对最后收到的数据包进行确认。如图 2-23 所示，假设主机 A 先发送数据，当前数据包是 6 号，确认编号是 30，表示主机 A 已经收到主机 B 前面发的 29 号数据包，希望下一个收到的数据包是 30 号。主机 B 收到这个报文后，发送一个报文，数据包编号是 30，确认编号是 7，表示主机 B 已经收到主机 A 发送的 6 号数据包，希望下一个接收到的数据包是 7 号。

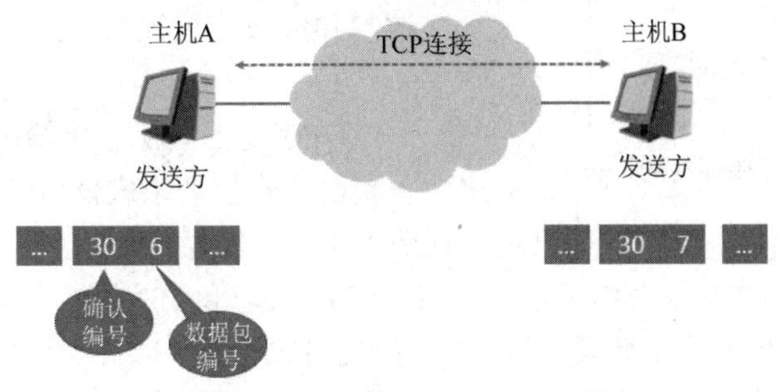

图 2-23　确认编号与数据包编号

下面介绍 TCP 报文格式，TCP 报文格式如图 2-24 所示。

TCP首部　TCP数据

比特0　比特15 比特16　比特31

<table>
<tr><td colspan="3">源端口（16位）</td><td>目的端口（16位）</td></tr>
<tr><td colspan="4">序列号（32位）</td></tr>
<tr><td colspan="4">确认号（32位）</td></tr>
<tr><td>TCP偏移量（4位）</td><td>保留（6位）</td><td>标志（6位）</td><td>窗口（16位）</td></tr>
<tr><td colspan="3">校验和（16位）</td><td>紧急（16位）</td></tr>
<tr><td colspan="4">选项（0或32位）</td></tr>
<tr><td colspan="4">数据（可变）</td></tr>
</table>

图 2-24　TCP 报文格式

TCP 首部包括源端口、目的端口、序列号、确认号、TCP 偏移量等字段。其中，源端口表示发送方的端口，占 16 位，也就是十六位二进制数，可以取 1024～65 535 之间的随机值。目的端口表示目标端口号，不同的应用进程采用不同的端口号，如 HTTP 是 80。序列号是当前要发送的数据包的编号，占 32 位。确认号是对当前已经收到的数据包的确认编号，值为当前收到的数据包编号加 1。窗口字段供 TCP 进行流量控制，TCP 通过滑动窗口机制限制发送的数据包的数量来达到流量控制和拥塞控制的目的。校验和字段供 TCP 进行差错检验，若发现错误数据包，TCP 将丢弃出错的数据包，并且不会给发送方发送应答确认，当发送定时器超时后，将会重发该数据包。

数据传输完毕后，需要拆除通信双方的连接，以释放本次传输占用的资源。拆除连接采用了四次握手机制，如图 2-25 所示。

数据传输完毕后，主机 A 首先向主机 B 发送一个拆除连接的报文，告诉对方数据传输已经结束，主机 B 收到这个报文后，会发送一个确认报文给主机 A，表示它已经收到拆除连接的请求，同时，告知主机 B 相应的应用程序，发送方要求结束传输。主机 B 的应用程序收到

主机A
主机B
主机B，数据发完了，我关闭连接了
我知道了，你关闭吧
主机A，我也收完数据了，我关闭了
主机B，你关闭吧

图 2-25　TCP 释放连接的过程

该消息后，确认已经接收完所有数据，通过 TCP 发送一个确认收完所有数据包的报文给主机 A，主机 A 收到该报文，发送一个确认应答报文给主机 B，确认传输完成。这样经过四次握手后，双方的连接拆除，释放所有资源。

综上所述，我们知道 TCP 在通信的过程中主要实现了连接建立、可靠传输、拥塞避免、流量控制和释放连接等功能。

3）UDP

UDP 是面向无连接的协议。如果应用程序对传输的可靠性要求较低，但是对传输的速度和延时要求较高时，可以使用 UDP，如语音、直播等实时传输场合。

如图 2-26 所示，UDP 报文由两部分组成，UDP 头部和 UDP 数据。UDP 头部由源端口、目的端口、报文长度和校验和组成。与 TCP 报文格式相比，UDP 报文格式非常简单，因此 UDP 报文传输效率更高、成本更低，但是它不能保证数据传输的可靠性。

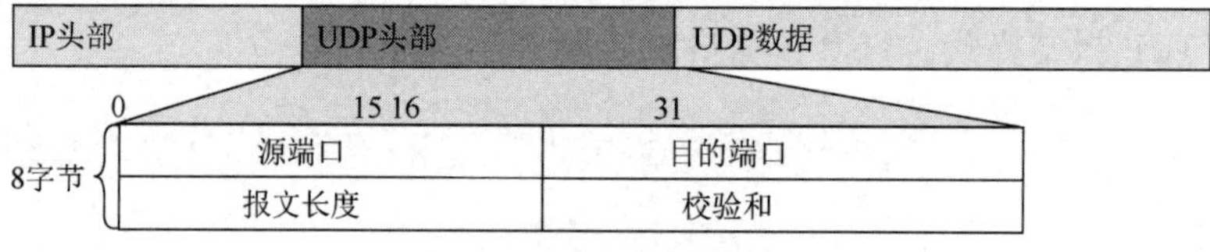

图 2-26　UDP 报文的格式

任务训练

1. 请根据 TCP 首部描述 TCP 的功能。
2. 请说出几个常见的应用层协议。
3. 请画出 TCP/IP 协议。

2.1.3　网络层 IP

视频：IP 与 IP 地址

IP 是 TCP/IP 协议中最为核心的协议。所有的 TCP 报文、UDP 报文等数据都以 IP 数据包的格式传输。IP 会提供不可靠、面向无连接的数据包传输服务。

IP 只是尽最大的努力传输数据包，无论传输正确与否，都会将分组往目的地传输，既不做验证，也不发确认，更不保证分组的顺序正确。IP 是面向无连接的协议，意思是它并不维护任何关于后续数据包的状态信息。这就表示每一个数据包的分组将进行独立的处理，而每一个分组可能使用不同的路由传输到终点。因此，若源端向同一目的端发送多个数据包，这些数据包有可能不按顺序到达，还有一些数据包可能丢失或出现差错，这时，TCP/IP 协议要依靠更高层的协议来解决这些问题。对网络的可靠性要求较高时，IP 必须与可靠的协议（如 TCP）配合使用。

IP 定义了 TCP/IP 协议在互联网上传输数据所用的基本单元——IP 数据包。认识 IP 数据包的格式对我们理解 IP 有重要的意义。IP 数据包由 IP 首部和 IP 数据两部分组成，最大长度为 65 536B。IP 数据包首部长度不固定，由 20B 的固定部分和任选字段的可变部分组成，具体格式如图 2-27 所示。

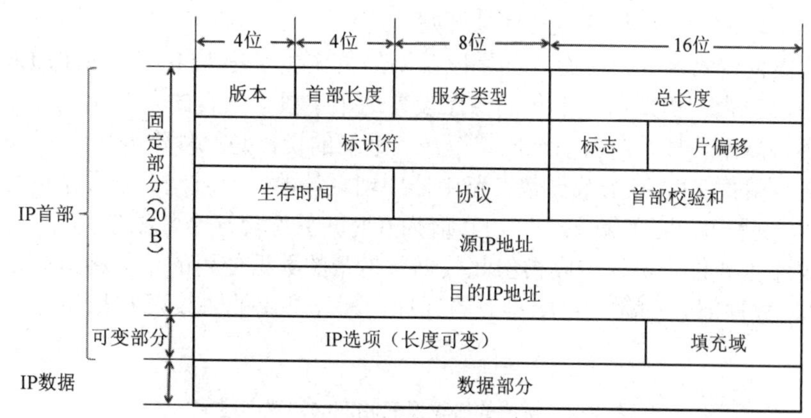

图 2-27 IP 数据包格式

IP 数据包中包含的主要内容如下。

（1）版本：占 4 位，指 IP 的版本。通信双方使用的 IP 版本必须一致。目前广泛使用的 IP 版本号是 IPv4，IPv6 还处于试用阶段。

（2）首部长度：占 4 位，可表示的最大十进制数为 15。请注意，这个字段所表示数的单位是 32 位（32 位=4B）字长，因此，当 IP 的首部长度为 1111（十进制数 15）时，首部长度达到 60B。

当 IP 数据包的首部长度不是 4B 的整数倍数时，必须利用最后的填充字段加以填充。因此数据部分永远在 4B 的整数倍数处开始，这样在使用 IP 时较为方便。首部长度最大为 60B，这样做的目的是希望用户尽量减少开销，缺点是长度空间可能不够用。最常用的首部长度是 20B（首部长度为 0101）。

（3）服务类型：占 8 位，用来获得更好的服务。这个字段在旧标准中称为服务类型，但实际上一直没有被使用过。1998 年因特网工程任务组（IETF）把这个字段改名为区分服务（Differentiated Service，DS）。只有在使用区分服务时，这个字段才起作用。

（4）总长度：占 16 位，总长度指首部长度及数据部分长度之和，单位为 B。因为总长度字段占 16 位，所以数据包的最大长度为 65 535B。

在 IP 层下面的每一种数据链路层都有自己的帧格式，其中包括帧格式中数据字段的最大长度，即最大传送单元（Maximum Transmission Unit，MTU）。当一个数据包封装成链路层的帧时，此数据包的总长度（首部长度加上数据部分）一定不能超过下面的数据链路层的 MTU（就像卡车运输货物时，货物体积不能比车厢体积大）。

针对数据包的总长度比互联网中的 MTU 还要大的问题，TCP/IP 协议设计人员提供了分片机制，并利用 IP 数据包中的标志和片偏移字段来实现。

（5）标识符（Identifier）：占 16 位。IP 软件在存储器中维持一个计数器，每产生一个数据包，计数器就加 1，并将此值赋给标识符字段。但这个标识符并不是序号，因为 IP 是无连接的服务，数据包不存在按序接收问题。当数据包由于长度超过网络的 MTU 而必须分片时，这个标识符字段的值就被复制到所有数据包的标识符字段中。相同的标识符字段的值使分片后的各数据包片能正确地重装成原来的数据包。

（6）标志：占 3 位，但目前只有两位有意义。标志字段中的最低位记为 MF（More Fragment）。MF=1 表示后面还有分片的数据包。MF=0 表示这已是若干数据包片中的最后一个。标志字段中间的一位记为 DF（Don't Fragment），意思是不能分片。只有当 DF=0 时才允许分片。

（7）片偏移：占 13 位。较长的分组在分片后，某片在原分组中的相对位置。也就是说，相对用户数据字段的起点，该片该从何处开始。

（8）生存时间：占 8 位，生存时间字段常用的英文缩写是 TTL（Time To Live），表示数据报在网络中的寿命。由发出数据包的源点设置这个字段，其目的是防止无法交付的数据包无限制地在因特网中传播，白白消耗网络资源。最初的设计是以秒作为 TTL 的单位。每经过一个路由器时，就把 TTL 减去数据包在路由器中消耗掉的一段时间。若数据包在路由器消耗的时间小于 1s，就把 TTL 值减 1。当 TTL 值为 0 时，就丢弃这个数据包。

（9）协议：占 8 位，协议字段指出此数据包携带的数据使用的是何种协议，以便使目的主机的 IP 层将数据部分正确上交给对应的处理过程。常用的协议及其相应的协议字段值如表 2-2 所示。

表 2-2　常用的协议及其相应的协议字段值

协议	ICMP	IGMP	IP	TCP	UDP	IPv6	OSPF
协议字段值	1	2	4	6	17	41	89

（10）首部检验和：占 16 位。这个字段只检验数据包的头部，不包括数据部分。这是因为数据包每经过一个路由器，都要重新计算一下报头检验和（生存时间、标志、片偏移等都可能发生变化）。不检验数据部分可减少计算量。

（11）源 IP 地址：占 32 位，用来指明数据包的发送者。

（12）目的 IP 地址：占 32 位，用来指明数据包的接收者。

IP 报头的可变部分就是一个可选字段。选项字段支持排错、测量及安全等措施，内容很丰富。此字段的长度可变，从 1B 到 40B 不等，取决于所选择的项目。有些选项只需要一个字节，它只包括 1B 的选项代码。有些选项需要多个字节，这些选项一个个拼接起来，中间不需要有分隔符，最后用全 0 的填充字段补齐，使其长度为 4B 的整数倍。

增加报头的可变部分是为了增加 IP 数据包的功能，但这也使得 IP 数据包的首部长度成为可变的，这就增加了每一个路由器处理数据包的开销。实际上这些 IP 选项很少被使用。新的 IPv6 将 IP 数据包的首部长度做成固定的。

IP 提供了统一的 IP 数据包格式，消除了通信子网的差异，从而为信息的发送和接收提供了透明的传输通道。

任务训练

1. 请描述 IP 的功能。
2. 请说出目前网络中主流的 IP 版本。

2.1.4　网络层 ICMP

视频：ICMP

在前面的介绍中，我们知道 IP 是面向无连接的协议，它提供的是不可靠的传输，并且不提供任何差错检测。为了解决数据包传输过程中可能出现的问题，TCP/IP 协议引入了 ICMP。ICMP 是网络层非常重要的协议之一，用于在 IP 主机与路由器之间传输控制信息，判断网络是否通畅，诊断网络故障。控制信息是指数据包的错误信息、网络状况信息、主机状况信息等。

我们应该还记得在介绍 IP 首部时，当协议字段的值为 1，说明 IP 报文内部传输的是 ICMP 报文，也就是说 ICMP 报文是封装在 IP 报文内部进行传输的。ICMP 报文的封装如图 2-28 所示。

ICMP 报文由 ICMP 首部（包括类型、代码、校验和）与 ICMP 数据组成，如图 2-29 所示。ICMP 报文主要有两种：ICMP 查询报文和 ICMP 差错报告报文。

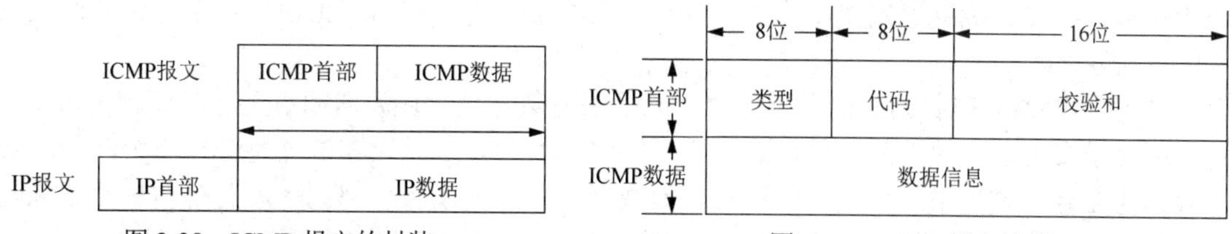

图 2-28　ICMP 报文的封装　　　　图 2-29　ICMP 报文结构

ICMP 查询报文可分为回送请求或应答报文、时间戳请求或应答报文、路由器询问与通告、地址掩码请求或应答报文、信息请求或应答报文，其中使用最频繁的是回送请求或应答报文。ping 命令是 ICMP 的常见应用之一，它常常用来测试网络中两台主机或两个节点之间是否能通信，而它在测试的过程中发送的 ICMP 请求报文就是回送请求报文，接收到的 ICMP 响应报文就是应答报文。ICMP 请求报文类型字段的值为 8，如图 2-30 所示；ICMP 响应报文类型字段的值为 0，如图 2-31 所示。

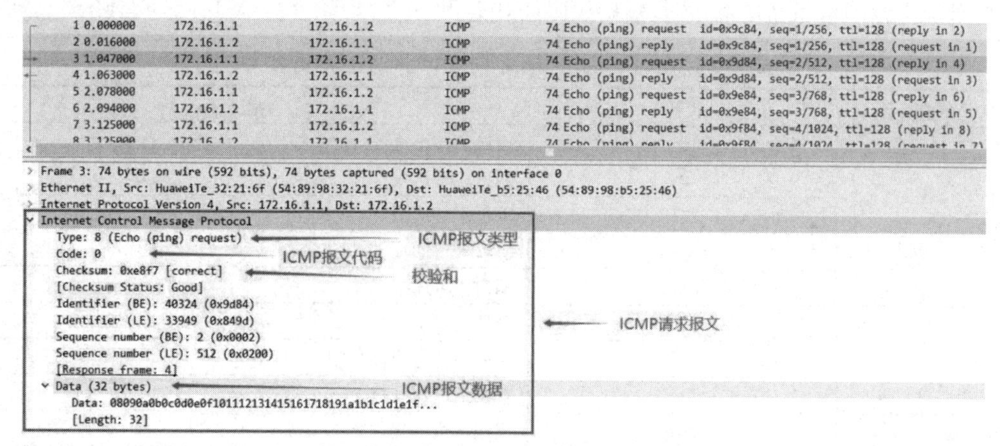

图 2-30　ICMP 请求报文

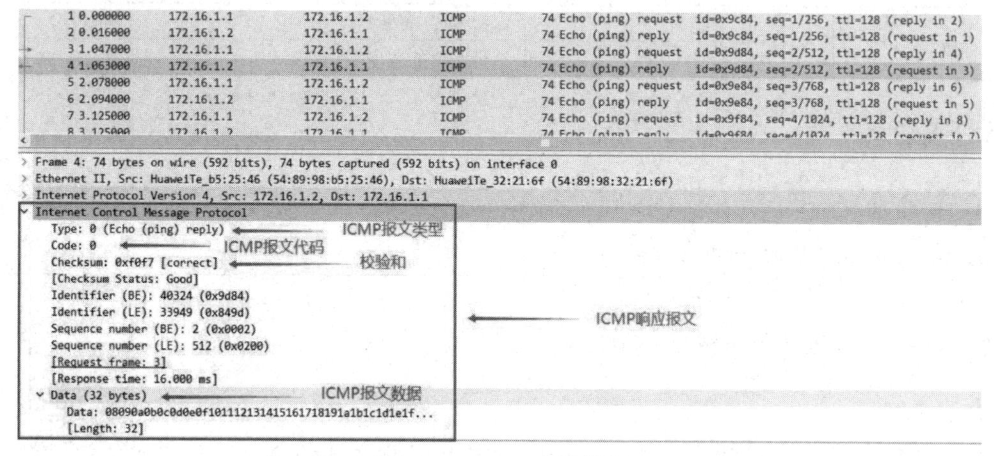

图 2-31　ICMP 响应报文

ICMP 差错报告报文可分为终点不可达报文、源点抑制报文、时间超时报文、重定向（改变路由）报文、数据包参数错误报文。

当路由器找不到合适的路由路径给数据包，或者主机无法将数据包传递给上层协议时，就丢弃该数据包，并给源点发送一个终点不可达报文。

当路由器或主机因拥塞而丢弃数据包时，它就会向源点发送源点抑制报文，这个报文就是告诉源点：你的数据包发得太快了，我已经丢弃了。现在网络中出现了拥塞，请降低数据包的发送速率。

当路由器收到 TTL 为 0 的数据包时，除了丢弃数据包，还要向源点发送时间超时报文。时间超时报文可以有效地防止数据包一直在网络中循环。另外，在数据包分片重组时，若某个数据包在重组过程中的重组时间超时，而数据包分片还没有全部到达，此时与该数据包相关的所有分片都将被删除，同时发送一个时间超时报文给源主机。

当路由器知道某个数据包可以通过更好的路由路径转发出去时，它会向源点发送重定向（改变路由）报文，告诉源点：你可以将数据包直接发送给另外一台路由器，不用通过我转发了，这样你的数据包传输效率会更高。

在路由器或目的主机收到数据包的首部中，若出现了字段丢失或二义性，路由器会直接丢弃该数据包，并向源点发送数据包参数错误报文。

总之，ICMP 报文类型很多，每种类型又使用代码来进一步指明 ICMP 报文的不同含义，表 2-3 所示为常见的 ICMP 报文类型和代码所代表的含义。

表 2-3　常见的 ICMP 报文类型和代码所代表的含义

ICMP 报文类型	代码	描述
0	0	回送应答报文
3	0	网络不可达报文
	1	主机不可达报文
	2	协议不可达报文
	3	端口不可达报文
4	0	源抑制报文
5	0	对网络重定向报文
	1	对主机重定向报文
8	0	回送请求报文
11	0	时间超时报文
12	0	坏的 IP 首部报文
	1	缺少必要的选项报文

任务训练

1. 请归纳 ICMP 的功能。
2. 请说出 ICMP 的一个应用实例。

2.1.5　网络层 ARP 与 MAC 地址

视频：网络层 ARP 与 MAC 地址

1. ARP

ARP 是网络层的协议之一，在以太网中它的作用是将 IP 地址解析成 MAC 地址。而 RARP 是将 MAC 地址解析成 IP 地址。

ARP 是如何将 IP 地址解析成 MAC 地址的呢？如图 2-32 所示，假设主机 A 要向同一网段的主机B发送IP数据包，主机A的IP地址为172.16.1.1/24，主机B的IP地址为172.16.1.2/24，但它们之前没有通信过，所以不知道对方的 MAC 地址。

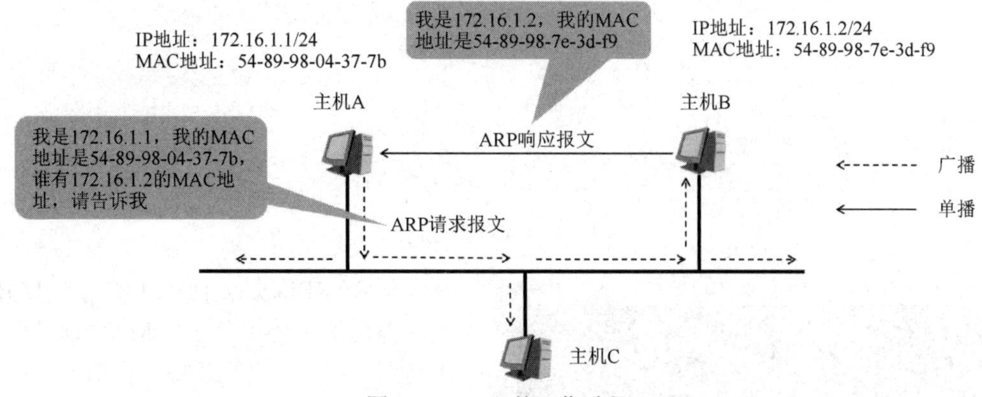

图 2-32　ARP 的工作过程

在以太网中，主机 A 在向主机 B 发数据包前，首先要获得它的 MAC 地址，主机 A 会通过广播发送一个 ARP 请求报文，这个报文中包含了主机 A 的 IP 地址和 MAC 地址，同时包含了它想通信的对方主机的 IP 地址，内容为“我是 172.16.1.1，我的 MAC 地址是 54-89-98-04-37-7b，谁有 172.16.1.2 的 MAC 地址，请告诉我”。因为 ARP 请求报文是以广播的形式在网络中传输的，因此这个网络内的所有主机和路由器都能收到这个广播包，并且都会对其进行解析。接收到 ARP 请求报文的主机或路由器，若发现自己的 IP 地址不是主机 A 请求通信的主机 B 的 IP 地址，则不予理会；若是，则将自己的 MAC 地址放到 ARP 响应报文中返回给主机 A，ARP 响应报文中的内容为“我是 172.16.1.2，我的 MAC 地址是 54-89-98-7e-3d-f9”。主机 A 收到主机 B 的响应报文后，就可以给主机 B 发送后面的数据包了。

如图 2-33 和图 2-34 所示，主机 A 第一次 ping 主机 B 的时候发出 ARP 请求报文，然后主机 B 返回一个 ARP 响应报文。

```
 1 0.000000  HuaweiTe_04:37:7b  Broadcast          ARP   Who has 172.16.1.2?  Tell 172.16.1.1
 2 0.000000  HuaweiTe_7e:3d:f9  HuaweiTe_04:37:7b  ARP   172.16.1.2 is at 54:89:98:7e:3d:f9
 3 0.015000  172.16.1.1         172.16.1.2         ICMP  Echo (ping) request  (id=0xb817, seq(be/le)=1/256, ttl=128)
 4 0.015000  172.16.1.2         172.16.1.1         ICMP  Echo (ping) reply    (id=0xb817, seq(be/le)=1/256, ttl=128)
 5 1.014000  172.16.1.1         172.16.1.2         ICMP  Echo (ping) request  (id=0xb917, seq(be/le)=2/512, ttl=128)
 6 1.014000  172.16.1.2         172.16.1.1         ICMP  Echo (ping) reply    (id=0xb917, seq(be/le)=2/512, ttl=128)
 7 2.028000  172.16.1.1         172.16.1.2         ICMP  Echo (ping) request  (id=0xba17, seq(be/le)=3/768, ttl=128)
 8 2.028000  172.16.1.2         172.16.1.1         ICMP  Echo (ping) reply    (id=0xba17, seq(be/le)=3/768, ttl=128)
 9 3.026000  172.16.1.1         172.16.1.2         ICMP  Echo (ping) request  (id=0xbb17, seq(be/le)=4/1024, ttl=128)
10 3.026000  172.16.1.2         172.16.1.1         ICMP  Echo (ping) reply    (id=0xbb17, seq(be/le)=4/1024, ttl=128)

⊞ Frame 1: 60 bytes on wire (480 bits), 60 bytes captured (480 bits)
⊟ Ethernet II, Src: HuaweiTe_04:37:7b (54:89:98:04:37:7b), Dst: Broadcast (ff:ff:ff:ff:ff:ff)
  ⊞ Destination: Broadcast (ff:ff:ff:ff:ff:ff)
  ⊞ Source: HuaweiTe_04:37:7b (54:89:98:04:37:7b)
    Type: ARP (0x0806)
    Trailer: 000000000000000000000000000000000000
⊟ Address Resolution Protocol (request)
    Hardware type: Ethernet (0x0001)
    Protocol type: IP (0x0800)
    Hardware size: 6
    Protocol size: 4
    Opcode: request (0x0001)
    [Is gratuitous: False]
    Sender MAC address: HuaweiTe_04:37:7b (54:89:98:04:37:7b)
    Sender IP address: 172.16.1.1 (172.16.1.1)
    Target MAC address: Broadcast (ff:ff:ff:ff:ff:ff)
    Target IP address: 172.16.1.2 (172.16.1.2)
```

图 2-33　ARP 请求报文

从图 2-33、图 2-34 中，我们可以看到 ARP 请求报文是以广播的形式发送的，报文的目的 MAC 地址是 ff-ff-ff-ff-ff-ff，而 ARP 响应报文只需要返回给请求方，因此以单播的形式发送。

在 Windows 操作系统下，打开命令行窗口，输入命令“arp –a”，就可以查看到本机保留的 ARP 缓存表，如图 2-35 所示。其中，“类型”列的“动态”表示使用 ARP 请求广播动态获取到的条目，“静态”表示手工配置和维护 ARP 表。

```
 1 0.000000  HuaweiTe_04:37:7b  Broadcast          ARP   Who has 172.16.1.2?  Tell 172.16.1.1
 2 0.000000  HuaweiTe_7e:3d:f9  HuaweiTe_04:37:7b  ARP   172.16.1.2 is at 54:89:98:7e:3d:f9
 3 0.015000  172.16.1.1         172.16.1.2         ICMP  Echo (ping) request  (id=0xb817, seq(be/le)=1/256, ttl=128)
 4 0.015000  172.16.1.2         172.16.1.1         ICMP  Echo (ping) reply    (id=0xb817, seq(be/le)=1/256, ttl=128)
 5 1.014000  172.16.1.1         172.16.1.2         ICMP  Echo (ping) request  (id=0xb917, seq(be/le)=2/512, ttl=128)
 6 1.014000  172.16.1.2         172.16.1.1         ICMP  Echo (ping) reply    (id=0xb917, seq(be/le)=2/512, ttl=128)
 7 2.028000  172.16.1.1         172.16.1.2         ICMP  Echo (ping) request  (id=0xba17, seq(be/le)=3/768, ttl=128)
 8 2.028000  172.16.1.2         172.16.1.1         ICMP  Echo (ping) reply    (id=0xba17, seq(be/le)=3/768, ttl=128)
 9 3.026000  172.16.1.1         172.16.1.2         ICMP  Echo (ping) request  (id=0xbb17, seq(be/le)=4/1024, ttl=128)
10 3.026000  172.16.1.2         172.16.1.1         ICMP  Echo (ping) reply    (id=0xbb17, seq(be/le)=4/1024, ttl=128)

⊞ Frame 2: 60 bytes on wire (480 bits), 60 bytes captured (480 bits)
⊟ Ethernet II, Src: HuaweiTe_7e:3d:f9 (54:89:98:7e:3d:f9), Dst: HuaweiTe_04:37:7b (54:89:98:04:37:7b)
  ⊞ Destination: HuaweiTe_04:37:7b (54:89:98:04:37:7b)
  ⊞ Source: HuaweiTe_7e:3d:f9 (54:89:98:7e:3d:f9)
    Type: ARP (0x0806)
    Trailer: 000000000000000000000000000000000000
⊟ Address Resolution Protocol (reply)
    Hardware type: Ethernet (0x0001)
    Protocol type: IP (0x0800)
    Hardware size: 6
    Protocol size: 4
    Opcode: reply (0x0002)
    [Is gratuitous: False]
    Sender MAC address: HuaweiTe_7e:3d:f9 (54:89:98:7e:3d:f9)
    Sender IP address: 172.16.1.2 (172.16.1.2)
    Target MAC address: HuaweiTe_04:37:7b (54:89:98:04:37:7b)
    Target IP address: 172.16.1.1 (172.16.1.1)
```

图 2-34　ARP 响应报文

```
管理员: C:\windows\system32\cmd.exe
C:\Users\Administrator>arp -a

接口: 10.10.97.254 --- 0xb
  Internet 地址         物理地址              类型
  10.10.97.193          80-05-88-ca-2c-3d     动态
  10.10.97.231          3c-52-82-c0-c5-a7     动态
  10.10.97.255          ff-ff-ff-ff-ff-ff     静态
  224.0.0.22            01-00-5e-00-00-16     静态
  224.0.0.251           01-00-5e-00-00-fb     静态
  224.0.0.252           01-00-5e-00-00-fc     静态
  224.205.236.222       01-00-5e-4d-ec-de     静态
  239.255.255.250       01-00-5e-7f-ff-fa     静态
  255.255.255.255       ff-ff-ff-ff-ff-ff     静态

接口: 192.168.56.1 --- 0xd
  Internet 地址         物理地址              类型
  192.168.56.255        ff-ff-ff-ff-ff-ff     静态
  224.0.0.22            01-00-5e-00-00-16     静态
  224.0.0.251           01-00-5e-00-00-fb     静态
  224.0.0.252           01-00-5e-00-00-fc     静态
  224.205.236.222       01-00-5e-4d-ec-de     静态
  239.255.255.250       01-00-5e-7f-ff-fa     静态

C:\Users\Administrator>
```

图 2-35　ARP 缓存表

那 RARP 又是如何工作的呢？RARP 是反向地址解析协议，它将 MAC 地址解析成 IP 地址。例如，我们要将一台新的打印机设备接入网络时就会用到 RARP。因为像打印机这样的小型嵌入式设备，一般不能通过 DHCP 自动获取 IP 地址。

在这种情况下，RARP 就要开始工作了。首先，在局域网中应至少有一台主机能够充当 RARP 服务器，在这台服务器上注册设备的 MAC 地址和 IP 地址。其次，将这台设备接入网络，插电启动设备，设备会发送一条 RARP 请求报文，类似于“我的 MAC 地址是 54-89-98-05-38-7c，我的 IP 地址是多少”。RARP 服务器接收到设备的请求信息后，会返回一条类似于“MAC 地址为 54-89-98-05-38-7c 的设备，你的 IP 地址为 172.16.18.1”的 RARP 响应报文给这台设备。最后该设备就根据这条信息来设置自己的 IP 地址，如图 2-36 所示。

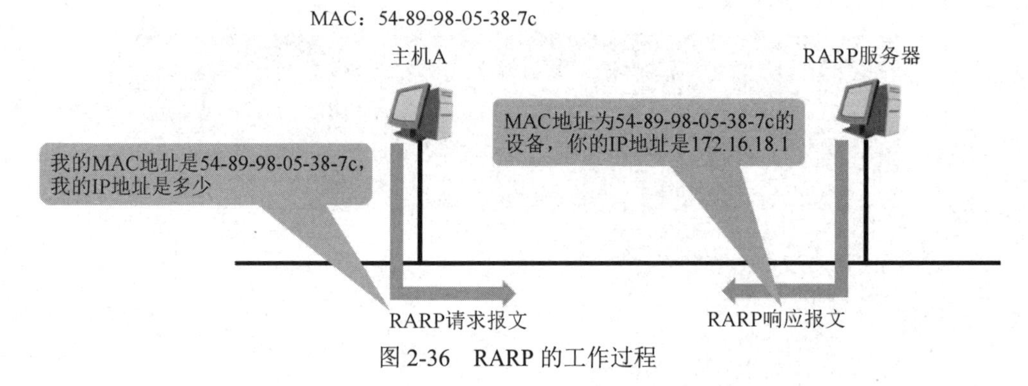

图 2-36　RARP 的工作过程

2．MAC 地址

MAC 地址实际上是主机物理网卡的地址。在生产网卡时，MAC 地址已经被固化在只读存储器（ROM）中了。

MAC 地址占 6B，共 48 位，由两部分组成，分别是供应商代码（也就是 OUI）和序列号。前 24 位是 OUI，由 IEEE 管理和分配；后 24 位是序列号，由供应商自己分配，如图 2-37 所示。

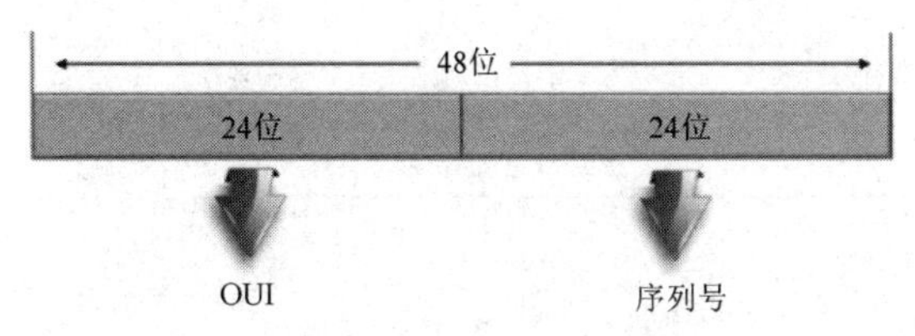

图 2-37 MAC 地址的组成

MAC 地址有三种不同类型，分别是单播 MAC 地址、广播 MAC 地址和组播 MAC 地址。

单播 MAC 地址的最左边字节的最低位为“0”，如图 2-38 所示。目标 MAC 地址为单播 MAC 地址的数据帧，只能被 MAC 地址与目标 MAC 地址相匹配的主机接收。单播 MAC 地址通常用于主机间点对点的通信。

广播 MAC 地址的每一位都是“1”，如图 2-39 所示。目标 MAC 地址为广播 MAC 地址的数据帧将发往本局域网内的所有主机，如 ARP 请求报文。

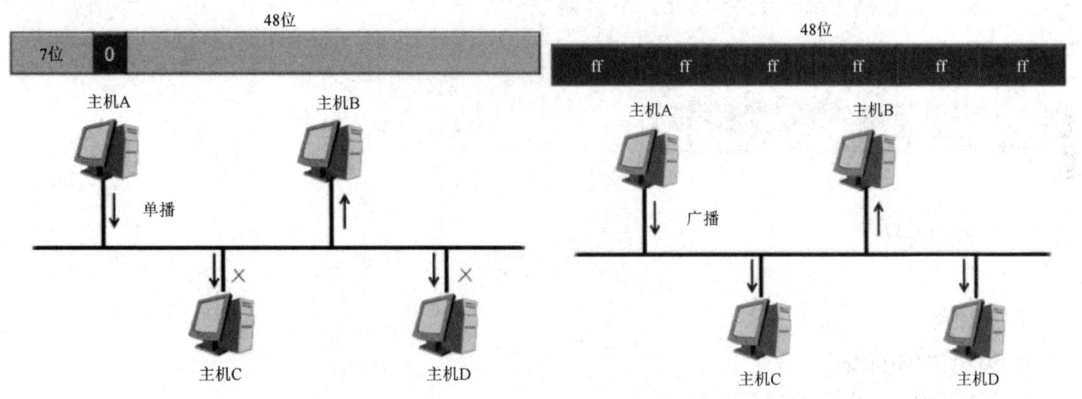

图 2-38 单播 MAC 地址的格式及应用　　图 2-39 广播 MAC 地址的格式与应用

组播 MAC 地址的最左边字节的最低位为“1”，如图 2-40 所示。组播 MAC 地址主要用于同一组内设备之间的通信。

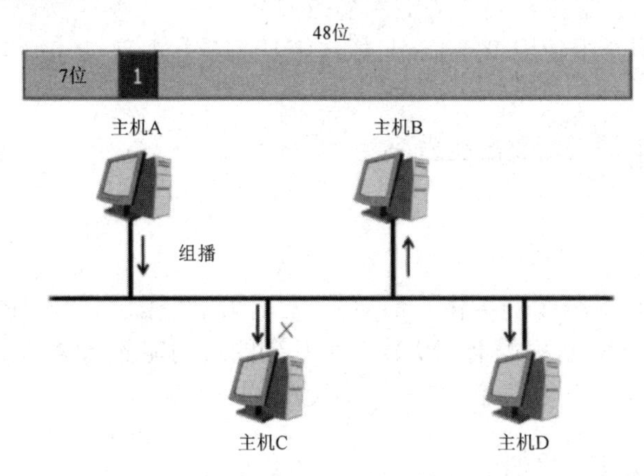

图 2-40 组播 MAC 地址的格式与应用

任务训练

1. 请说出 ARP 的作用。
2. 请归纳 MAC 地址的类别。

任务评价

1．自我评价

☐ 描述 OSI 参考模型各层的作用。

☐ 画出 TCP/IP 协议。

☐ 说出两个以上 TCP 和 UDP 应用的场景。

☐ 根据 TCP 首部描述 TCP 如何实现可靠传输。

☐ 能根据网络拓扑图填写交换机 MAC 地址表。

☐ 画出数据在各层之间传递的过程。

☐ 能查看自己计算机的 ARP 表。

2．教师评价

☐ 优　☐ 良　☐ 合格　☐ 不合格

任务 2　抓包测试 IP 网络

任务目标

知识目标：

- 说出链路的概念。
- 指明数据链路层协议的有效范围。
- 画出以太网帧的结构。

技能目标：

- 能使用 eNSP 模拟器搭建简单的端到端的网络。
- 能在 eNSP 模拟器中使用 Wireshark 抓包工具捕获并观察 IP 报文。

素养目标：

- 形成分析问题、解决问题的能力。

任务分析

本任务首先分析以太网帧的结构，然后介绍华为网络操作系统 VRP 和华为网络模拟器 eNSP 的安装，最后在 eNSP 模拟器上搭建一个基础的端到端的网络，并用 Wireshark 抓包工具捕获 IP 数据包，以便进一步理解 TCP/IP 协议。

2.2.1　以太网帧的结构

视频：以太网帧的结构

在数据链路层，不同的数据链路使用不同的链路层协议。如图 2-41 所示，计算机 A 若想与计算机 B 通信，要经过三段链路：以太网链路、PPP 链路、以太网链路，其中，以太网链路使用 CSMA/CD 协议，PPP 链路使用 PPP。

不同的数据链路层协议定义的数据帧格式也不相同，因此，在不同的链路中，数据包要被封装成不同的格式。如图 2-41 所示，计算机 A 给计算机 B 发送一个数据包，首先经过一段以太网链路，此时需将该数据包封装成以太网帧。当数据包到达路由器 R1 后，路由器 R1 需将数据包转发给路由器 R2，这段链路为 PPP 链路，使用的是 PPP 帧。路由器 R1 首先去掉以太网链路的数据帧封装，然后将数据包封装成 PPP 帧，再转发给路由器 R2。路由器 R2 收到 PPP 帧后将数据包转发给计算机 B，这段链路为以太网链路，因此需要将数据包封装成以太网帧。

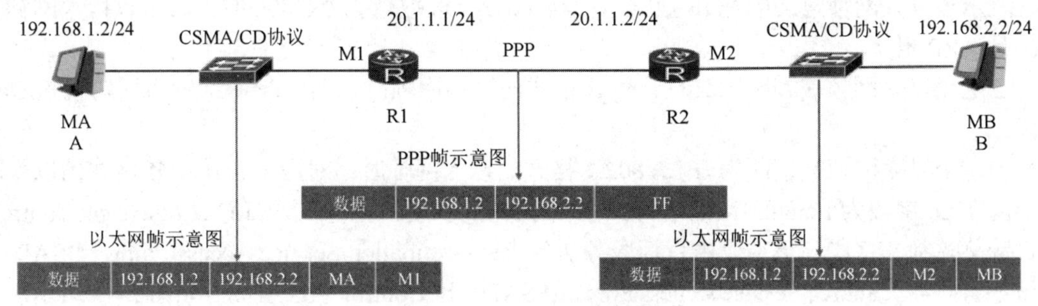

图 2-41 数据链路层封装

下面将重点介绍以太网帧的结构，如图 2-42 所示。

从图 2-42 中可以看出，以太网帧由帧头、数据、帧尾组成。帧尾是以太网帧独有的，又被称为 FCS，主要目的是判断数据帧在传输过程中是否出现错误，若出现错误则重传。

以太网帧有两种格式：Ethernet_II 和 IEEE 802.3。Ethernet_II 格式用于封装实际业务报文，如 IP 报文、ARP 报文；IEEE 802.3 格式用于封装二层协议报文，如生成树协议（STP）报文，如图 2-43 所示。

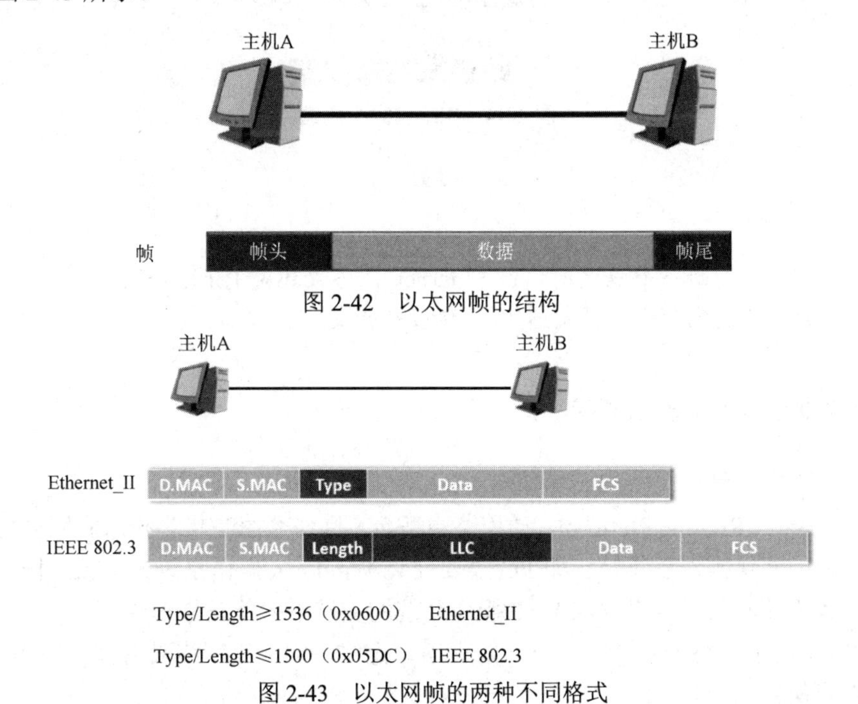

图 2-42 以太网帧的结构

图 2-43 以太网帧的两种不同格式

这两种以太网帧的前两个字段都是目标 MAC（Destination MAC）地址和源 MAC（Source MAC）地址，分别表示数据帧的接收方和发送方。

从第三个字段开始，这两种以太网帧的格式出现了差异。那么当主机收到一个数据帧后，如何判断收到的数据帧是哪种格式呢？

主机主要是通过第三个字段，即 Ethernet_II 格式的以太网帧的 Type 值或 IEEE 802.3 格式的以太网帧的 Length 值来进行判断的。若 Type/Length≥1536（十六进制数 0x0600），则该以太网帧为 Ethernet_II 格式；若 Type/Length≤1500（十六进制数 0x05DC），则该以太网帧为 IEEE 802.3 格式。

在 Ethernet_II 格式的以太网帧中，Type 表示该数据帧的类型。当 Type 字段取值为 0x0800 时，表示该以太网帧封装的是 IP 数据包；当 Type 字段取值为 0x0806 时，表示该以太网帧封装的是 ARP 报文。

当这个以太网帧被判断为 Ethernet_II 格式的以太网帧时，跟在 Type 字段后面的就是 Data 字段。

当这个以太网帧被判断为 IEEE 802.3 格式的以太网帧时，对应 Ethernet_II 格式的以太网帧中的 Type 字段为 Length 字段，它表示该数据帧的长度。接下来是 LLC（Logic Link Control，逻辑链路控制）字段，该字段由目标服务访问点（Destination Service Access Point，DSAP）、源服务访问点（Source Service Access Point，SSAP）和 Control 字段组成，如图 2-44 所示。当 DSAP 和 SSAP 取特定值 0xaa 时，IEEE 802.3 格式的以太网帧就变成了 Ethernet-SNAP 格式的以太网帧，这种格式的以太网帧可用于传输多种协议。

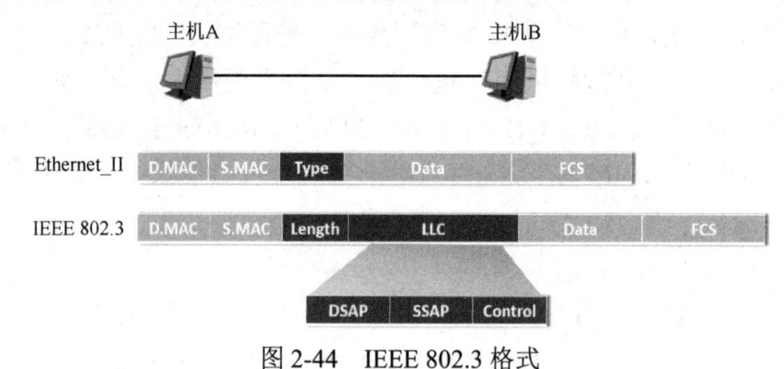

图 2-44　IEEE 802.3 格式

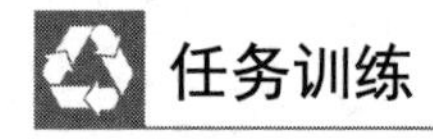

任务训练

1. 请说说如何判断一个以太网帧是 Ethernet_II 格式还是 IEEE 802.3 格式。
2. 在以太网帧的结构中，请描述 FCS 字段的意义。

2.2.2　华为网络模拟器 eNSP

1．VRP 操作系统

VRP（Versatile Routing Platform，通用路由平台）操作系统是华为技术有限公司具有完全自主知识产权的网络操作系统。正如 PC 需要安装 Windows 操作系统或 Linux 操作系统才能工作一样，华为的网络设备需要在 VRP 操作系统的支持下才能正常运转。

如图 2-45 所示，路由器、交换机、防火墙、无线、网管等网络设备都使用 VRP 操作系统，命令格式保持统一。

VRP 操作系统以 TCP/IP 协议为核心，支持数据链路层、网络层和应用层的多种协议，并在操作系统中集成了路由交换技术、服务质量（QoS）技术、安全技术和 IP 语音技术等数据通信技术，以 IP 转发引擎技术为基础，为网络设备提供出色的数据转发服务。

2．eNSP 模拟器的介绍

eNSP（Enterprise Network Simulation Platform）模拟器是由华为技术有限公司提供的一款免费的、可扩展的、图形化操作的网络模拟器，主要对路由器、交换机等企业网络设备进行软件仿真，完美呈现真实设备场景，支持大型网络模拟，让广大用户有机会在没有真实设备的情况下进行模拟训练，学习网络技术。

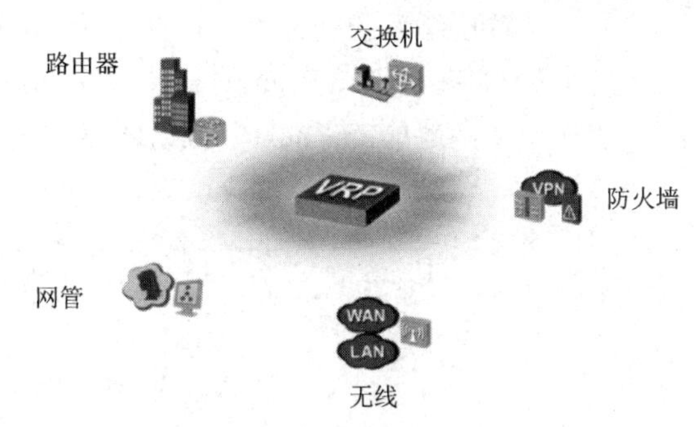

图 2-45　通用的操作系统平台

eNSP 模拟器的最大特点是高度仿真：

（1）可模拟华为 AR 系列路由器、华为 X7 系列交换机的大部分特性。

（2）可模拟 PC 终端、集线器、云、帧中继交换机。

（3）可仿真设备配置命令行，快速学习华为命令行。

（4）可模拟大型网络。

（5）可通过网卡实现与真实设备的通信。

（6）可抓取任意接口的数据包，直观展示协议交互的过程。

3．eNSP 模拟器的安装

安装 eNSP 模拟器前，请关闭防火墙及其他安全软件（如 360 安全卫士），否则容易出现安装失败的情况。

下面的安装步骤是在 Windows 10 操作系统下进行的。

（1）在计算机中找到 eNSP 模拟器的安装包文件，如图 2-46 所示。

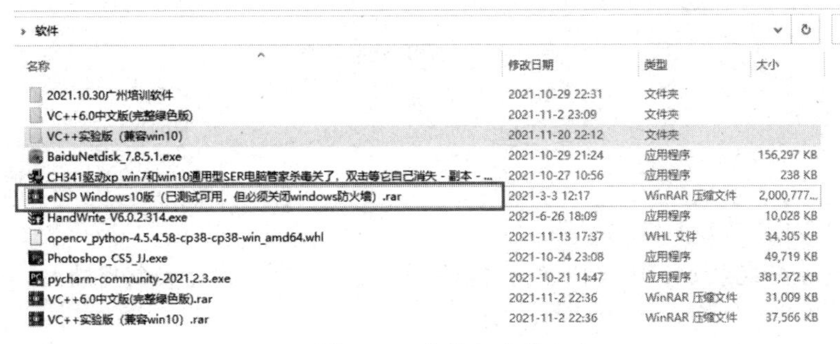

图 2-46　安装包文件

（2）右击该安装包，将其解压缩到同名文件夹下，如图 2-47 所示。

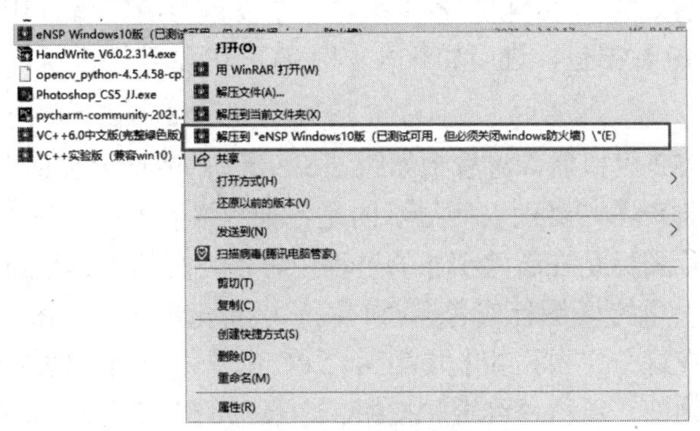

图 2-47　解压缩文件

（3）打开解压缩后的文件夹，如图 2-48 所示，双击打开“WinPcap_4_1_3_WIN7 以上需安装”文件夹，将看到 WinPcap 的安装程序 WinPcap_4_1_3.exe，双击安装程序开始安装，按照默认选项一步步地单击“next”按钮即可。

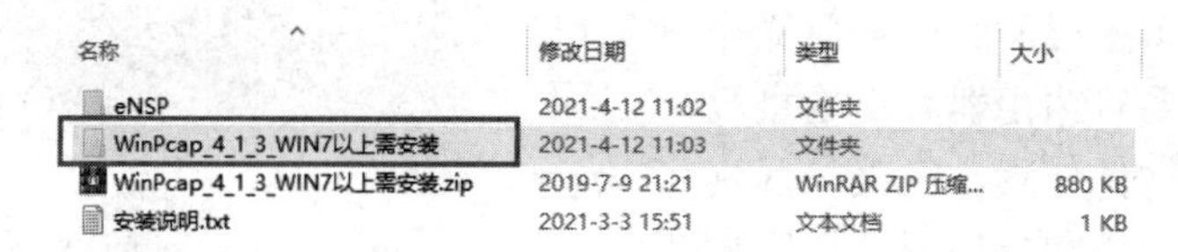

名称	修改日期	类型	大小
eNSP	2021-4-12 11:02	文件夹	
WinPcap_4_1_3_WIN7以上需安装	2021-4-12 11:03	文件夹	
WinPcap_4_1_3_WIN7以上需安装.zip	2019-7-9 21:21	WinRAR ZIP 压缩...	880 KB
安装说明.txt	2021-3-3 15:51	文本文档	1 KB

图 2-48　选择安装程序

（4）双击打开 eNSP 文件夹，如图 2-49 所示，先双击①处的 VirtualBox 安装包，进行虚拟机的安装，再双击②处的 Wireshark 安装包，进行 Wireshark 抓包工具的安装。

名称	修改日期	类型	大小
3--eNSP%20V100R003C00SPC100%20Setup	2023-2-13 15:03	文件夹	
3--eNSP%20V100R003C00SPC100%20Setup.zip	2019-5-23 11:59	WinRAR ZIP 压缩...	555,543 KB
VirtualBox-5.2.26-128414-Win.exe ①	2019-11-8 23:59	应用程序	111,781 KB
Wireshark-win64-2.6.6.exe ②	2019-1-18 14:12	应用程序	58,610 KB

图 2-49　安装 VirtualBox 和 Wireshark

（5）双击打开 eNSP 安装程序所在的文件夹，如图 2-50 所示，将看到 eNSP 的安装程序，如图 2-51 所示，双击“eNSP-Setup.exe”安装程序，按照提示一步步安装即可。

名称	修改日期	类型	大小
3--eNSP%20V100R003C00SPC100%20Setup	2023-2-13 15:03	文件夹	
3--eNSP%20V100R003C00SPC100%20Setup.zip	2019-5-23 11:59	WinRAR ZIP 压缩...	555,543 KB
VirtualBox-5.2.26-128414-Win.exe	2019-11-8 23:59	应用程序	111,781 KB
Wireshark-win64-2.6.6.exe	2019-1-18 14:12	应用程序	58,610 KB

图 2-50　打开 eNSP 安装程序所在的文件夹

名称	修改日期	类型	大小
eNSP_Setup.exe	2019-3-6 16:33	应用程序	555,442 KB

图 2-51　eNSP 安装程序

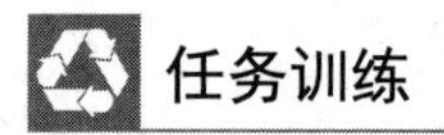

任务训练

1. 请说说 VRP 操作系统的应用。
2. 请说说你在安装 eNSP 模拟器的过程中出现的问题，你是如何解决的。

2.2.3　抓包测试

本次任务将在安装好的 eNSP 模拟器上搭建一个简单的端到端的 IP 网络，并用 Wireshark 抓包工具捕获和观察 IP 数据包，进而加深大家对 TCP/IP 协议的理解。

1．新建拓扑

（1）双击打开 eNSP 模拟器，将看到如图 2-52 所示的界面。界面左侧显示的是 eNSP 模拟器中可以使用的各种设备，界面右侧显示的是各种网络场景的样例、最近打开的拓扑文件及学习信息。上面一行图标是在新建拓扑的过程中可以使用的工具按钮。

（2）单击界面左上角的图标或者界面右侧的“新建拓扑”按钮，都可以新建一个空白拓扑。接下来我们将在这个空白拓扑上使用两台 PC 创建一个简单的端到端的网络。

（3）在左侧面板顶部，单击“终端”按钮。在显示的终端设备中，选中“PC”图标，将其拖动到空白界面上，如图 2-53 所示。用同样的方法，将第二台 PC 也拖动到空白界面上，

PC 模拟的是终端主机，可以再现真实的实验场景。

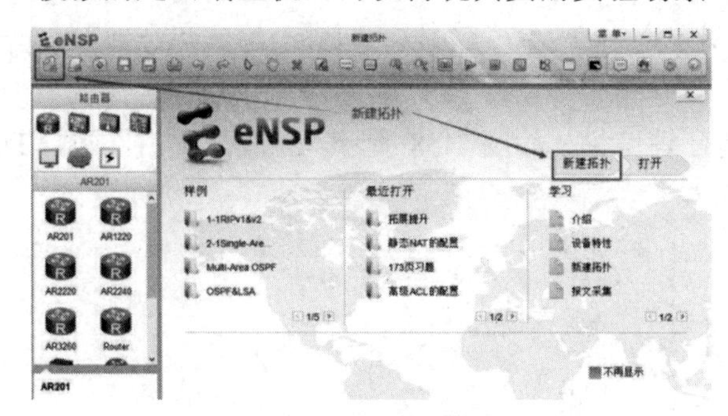

图 2-52　eNSP 模拟器的主界面

图 2-53　拖动 PC 图标到空白界面上

（4）在界面左侧顶部，单击“设备连线”按钮。在显示的连接线中，选择“Copper”图标。单击“Copper”图标后，光标代表一个连接器。单击“PC1”图标，会显示该设备包含的所有端口。选择“Ethernet 0/0/1”端口，光标将变成一条线缆，连接此端口，如图 2-54 所示。单击“PC2”图标并选择“Ethernet 0/0/1”端口作为该连接线的终点，至此，两台 PC 间的连接就完成了。此时，我们可以看到如图 2-55 所示的结果，连接线的两端显示的是两个点，表示该连线连接的两个端口都处于 Down 状态。

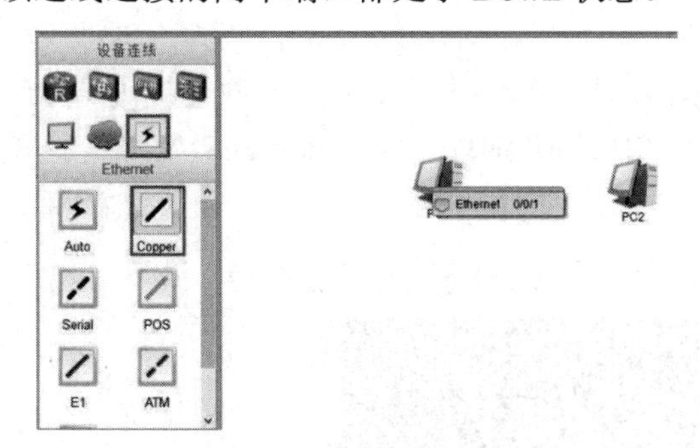

图 2-54　用铜线连接 PC

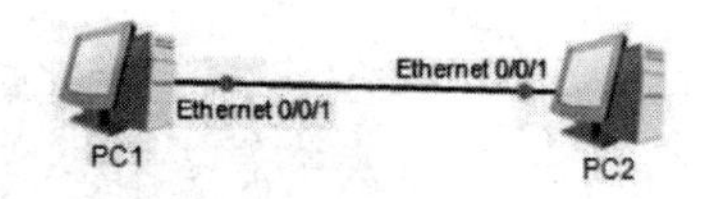

图 2-55　连接成功的 PC

（5）先拖动鼠标选择两台 PC，再右击，在弹出的快捷菜单中选择“启动”选项，如图 2-56 所示。

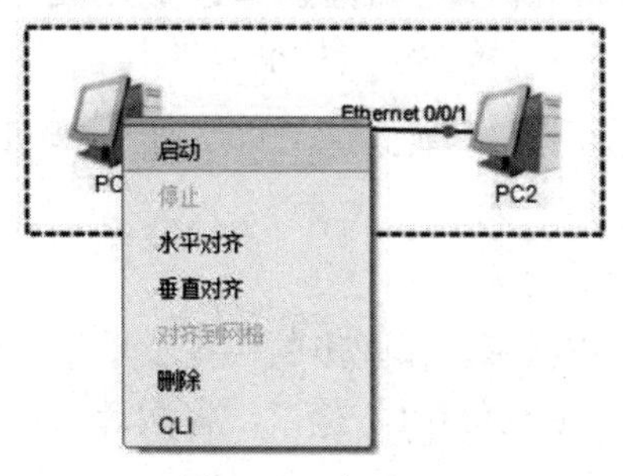

图 2-56　启动 PC

2. 配置 IP 地址

（1）双击“PC1”图标，弹出的“PC1”对话框，在“PC1”对话框中可以看到“基础配置”“命令行”“组播”“UDP 发包工具”等选项卡，它们可以用于不同需求下 PC1 的配置。

（2）选择“基础配置”选项卡，在“主机名”后的文本框中输入主机名称“PC-1”。在“IPv4 配置”选区中，选择“静态”单选按钮，在“IP 地址”后的文本框中输入 IP 地址“192.168.1.1”，在“子网掩码”后的文本框中输入子网掩码“255.255.255.0”，如图 2-57 所示。先单击“应用”按钮，再关闭窗口。若忘记了单击“应用”按钮就关闭了窗口，可能会导致两台 PC 之间无法通信。

（3）按照同样的方法为 PC2 配置 IP 地址等信息，如图 2-58 所示。完成配置后，两台 PC 之间就成功建立了端到端的通信。

图 2-57 PC1 的基础配置

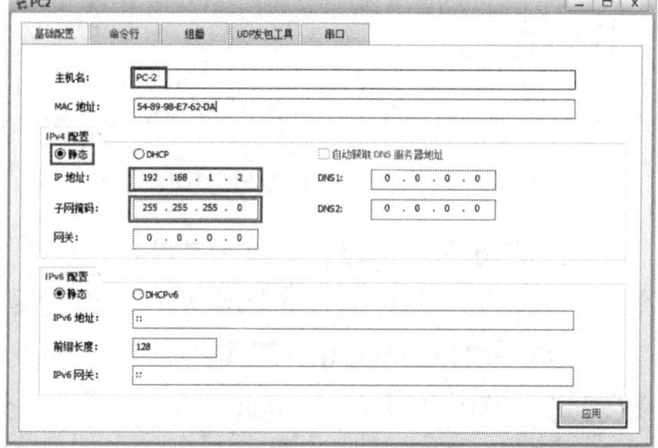

图 2-58 PC2 的基础配置

3. 验证两台 PC 之间的连通性

（1）双击“PC1”图标，弹出“PC1”对话框，选择“命令行”选项卡，在光标闪烁处输入命令 ping <ip address>，其中<ip address>为对端 PC 的 IP 地址，PC1 ping PC2 如图 2-59 所示。ping 命令是 ICMP 的典型应用。

图 2-59 PC1 ping PC2

（2）图 2-59 显示，PC1 发送了 5 个数据包，并收到了 5 个数据包，也就是 PC1 能够 ping 通 PC2。

4. 抓包分析 IP 数据包

（1）选中“PC1”图标，右击鼠标，在弹出的快捷菜单中选择“数据抓包”选项，将弹出该设备所有接口列表，选择“Ethernet0/0/1”接口，将激活 Wireshark 抓包工具，监控 PC1 的 Ethernet 0/0/1 接口，如图 2-60 所示。

（2）激活 Wireshark 抓包工具后，因为目前网络中没有数据流量产生，所以 Wireshark 界面并无变化。此时，我们可以在 PC1 的命令行界面，按下键盘上的向上的方向键“↑”重复输入 ping 对端主机的命令来产生数据流量，可以看到 Wireshark 捕获了选中接口发送和接收的所有报文，如图 2-61 所示。

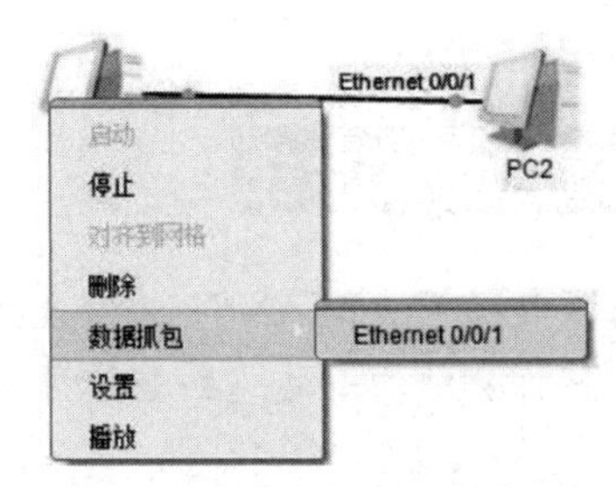

图 2-60　选择要抓包的接口

```
1 0.000000  HuaweiTe_7c:69:b6  Broadcast          ARP   60 Who has 192.168.1.2? Tell 192.168.1.1
2 0.015000  HuaweiTe_fc:18:2e  HuaweiTe_7c:69:b6  ARP   60 192.168.1.2 is at 54:89:98:fc:18:2e
3 0.047000  192.168.1.1        192.168.1.2        ICMP  74 Echo (ping) request  id=0x3995, seq=1/256, ttl=128 (reply in 4)
4 0.062000  192.168.1.2        192.168.1.1        ICMP  74 Echo (ping) reply    id=0x3995, seq=1/256, ttl=128 (request in 3)
5 1.078000  192.168.1.1        192.168.1.2        ICMP  74 Echo (ping) request  id=0x3a95, seq=2/512, ttl=128 (reply in 6)
6 1.093000  192.168.1.2        192.168.1.1        ICMP  74 Echo (ping) reply    id=0x3a95, seq=2/512, ttl=128 (request in 5)
7 2.125000  192.168.1.1        192.168.1.2        ICMP  74 Echo (ping) request  id=0x3b95, seq=3/768, ttl=128 (reply in 8)
8 2.140000  192.168.1.2        192.168.1.1        ICMP  74 Echo (ping) reply    id=0x3b95, seq=3/768, ttl=128 (request in 7)

> Frame 3: 74 bytes on wire (592 bits), 74 bytes captured (592 bits) on interface 0
> Ethernet II, Src: HuaweiTe_7c:69:b6 (54:89:98:7c:69:b6), Dst: HuaweiTe_fc:18:2e (54:89:98:fc:18:2e) ——→ 数据链路层数据帧的源MAC地址、目的MAC地址
> Internet Protocol Version 4, Src: 192.168.1.1, Dst: 192.168.1.2 ——→ 网络层数据包的源IP地址、目的IP地址
v Internet Control Message Protocol ——→ ICMP请求报文
    Type: 8 (Echo (ping) request)
    Code: 0
    Checksum: 0x4ce8 [correct]
    [Checksum Status: Good]
    Identifier (BE): 14741 (0x3995)
    Identifier (LE): 38201 (0x9539)
    Sequence number (BE): 1 (0x0001)
    Sequence number (LE): 256 (0x0100)
    [Response frame: 4]
  > Data (32 bytes)
```

图 2-61　Wireshark 抓包工具捕获的数据包

（3）Wireshark 抓包工具包含许多针对所捕获报文的管理功能。在本例中，Wireshark 抓取了 ARP 和 ICMP 两种协议的报文。我们可以看到，在图 2-61 中显示的是 ICMP 请求报文。另外，我们还能看到该请求报文在数据链路层和网络层的详细信息。

Wireshark 抓包工具的界面有三个面板，分别显示的是数据包列表、每个数据包的内容明细及数据包对应的十六进制数据格式。报文内容明细对理解协议报文格式十分重要，同时显示了基于 OSI 参考模型的各层协议的详细信息。

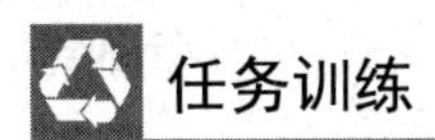

任务训练

请在 eNSP 模拟器中完成基础 IP 网络的搭建，并用 Wireshark 抓包工具捕获其中一个节点的数据包，查看并分析数据包的结构。

任务评价

1．自我评价

□ 说出链路的概念。

□ 指明数据链路层协议的有效范围。

□ 画出以太网帧的结构。

□ 能使用 eNSP 模拟器搭建简单的端到端的网络。

□ 能在 eNSP 模拟器中使用 Wireshark 抓包工具捕获并观察 IP 报文。

2．教师评价

□ 优　□ 良　□ 合格　□ 不合格

拓展阅读：TCP/IP 协议的前世今生

在前文中，我们说 TCP/IP 协议是随着 ARPANET 的研发而诞生和独立出来的。若没有了解过 TCP/IP 协议的发展历程，也许你会认为它是一件一蹴而就的事情。实际上，TCP/IP 协议的诞生经历了漫长而曲折的过程。

1962 年，正值美苏冷战时期，苏联向古巴运送导弹，企图在古巴建立导弹发射场，被美国 U-2 侦察机发现。时任美国总统的肯尼迪下令对古巴实行军事封锁，并进行战争威胁，苏联被迫撤走导弹，危机才平息。古巴核导弹危机导致美国和苏联之间的冷战状态随之升温，核毁灭的威胁成了人们日常谈论的话题。美国国防部认为，如果仅有一个集中的军事指挥中心，一旦这个中心被苏联的核武器摧毁，全国的军事指挥就会处于瘫痪状态，其后果将不堪设想，因此有必要设计一个分散的指挥系统——它由一个个分散的指挥点组成，当部分指挥点被摧毁时，其他指挥点仍能正常工作，而这些分散的指挥点又能通过某种形式的通信网取得联系。

1969 年，在美国国防部的资助下，一群天才的科学家们建立了一个只有 4 台计算机互联的 ARPANET，这 4 台计算机分别位于洛杉矶的加利福尼亚分校、圣巴巴拉的加利福尼亚分校、斯坦福大学、盐湖城的犹他州立大学。此时的 ARPANET 主要用于军事研究。

20 世纪 70 年代，连接到 ARPANET 的计算机达几十台，可是大部分计算机之间不能互相兼容。这些计算机有些是 DEC 系列产品，有些是 Honeywell 公司中标机器，有些是 IBM 公司中标机器，虽然它们在各自的系统中运行良好，却无法与其他网络互联互通，实现资源共享。为了解决这个问题，美国国防部又启动了一项新的研究计划，设法实现不同网络中计算机的互联。互联网由此应运而生。

ARPANET 最初采用的协议是网络控制协议（Network Control Protocol，NCP），但随着网络的发展和用户对网络需求的提高，NCP 渐渐不能满足需要。因为 NCP 有一个很大的弊端——不能跨系统通信，这意味着如果一台计算机安装的是 Windows 系统，那它不能与 macOS 系统进行通信，很明显这非常妨碍互联网的发展，用户体验感也很差。因此 ARPANET 的设计师们，亟须开发和设计一种新的协议来改变这一局面。

当时作为美国国防部高级研究计划局信息技术办公室主任的罗伯特·卡恩和他的合作伙伴温顿·瑟夫接下了这个光荣而艰巨的任务，他们绞尽脑汁，不停地争论，不停地在一个黄色的便签本上打着草稿。直到 1974 年，他们共同在 IEEE 期刊上发表了一篇题为“关于分组交换的网络通信协议”的论文，正式提出了 TCP/IP 协议，用以实现异构网络间的互联。

为了验证 TCP/IP 协议的可用性，罗伯特·卡恩和温顿·瑟夫做了一个实验：将一个数据包从一端发出，经过 10 万千米的旅程后到达服务端。这个传输过程，数据包没有丢失一个字节。

尽管实验证明了 TCP/IP 协议完全可用，但与绝大部分新技术或新标准一样，TCP/IP 协议诞生之初受到了很多人的强烈抵制。特别是 ISO 提出了著名的七层 OSI 参考模型后，简陋的 TCP/IP 协议又被狠狠地嘲笑了一番。但罗伯特·卡恩和温顿·瑟夫依然没有放弃，一直在对 TCP/IP 协议进行完善和改进，经过 4 年的努力，终于完成了 TCP/IP 协议基础结构的搭建。IP 主要负责网络层的工作，TCP 主要负责传输层的工作。

TCP/IP 协议的发展一直困难重重，罗伯特·卡恩和温顿·瑟夫进行了长期的努力奋斗。

1983 年 1 月 1 日，美国国防部高级研究计划局终于决定淘汰 NCP，由 TCP/IP 协议取而代之。TCP/IP 协议从此成为网络世界共同遵循的传输控制协议。从 TCP/IP 协议提出到正式被采用，过去了将近 10 年的时间。罗伯特·卡恩和温顿·瑟夫并没有将 TCP/IP 协议据为己有，而是大方地共享给所有的计算机生产厂家免费使用。到 20 世纪 90 年代，TCP/IP 协议已大范围流行，诞生了真正的互联网。因此，罗伯特·卡恩和温顿·瑟夫被后人尊称为“互联网之父”，他们是现代全球互联网发展史上最著名的两位科学家。

为了表彰罗伯特·卡恩对互联网的卓越贡献，2004 年享有计算机界诺贝尔奖的“图灵奖”颁给了罗伯特·卡恩。

读后思考：

从本案例中，你能得出什么结论？

课后练习

1．ARP 的作用是（　　）。

A．将 IP 地址解析成 MAC 地址　　B．将 MAC 地址解析成 IP 地址

C．域名解析　　D．可靠传输

2．在 Windows 系统中，命令 ping 使用的协议是（　　）。

A．IGMP　　B．ICMP　　C．DNS　　D．HTTP

3．在数据链路层上，以太网使用（　　）发送数据帧。

A．ARP　　B．PPP　　C．HDLC 协议　　D．CSMA/CD 协议

4．在下列网络协议中，默认使用 TCP 的 80 端口的是（　　）。

A．HTTP　　B．FTP　　C．Telnet 协议　　D．POPv3

5．在下列网络协议中，默认使用 TCP 的 23 端口的是（　　）。

A．HTTP　　B．FTP　　C．Telnet 协议　　D．POPv3

6．在下列网络协议中，默认使用 TCP 的 25 端口的是（　　）。

A．HTTP　　B．SMTP　　C．Telnet 协议　　D．POPv3

7．数据链路层的数据块常被称为（　　）。

A．帧　　B．分组　　C．比特流　　D．信息

8．TCP/IP 协议中，哪一层没有协议？（　　）

A．网络接口层　　B．网络层　　C．传输层　　D．应用层

9．在 OSI 参考模型中，能够完成端到端差错检测和流量控制的是（　　）。

A．物理层　　B．数据链路层　　C．网络层　　D．传输层

10．TCP/IP 协议按什么分层？请写出每一层协议实现的功能。

11．请写出 OSI 参考模型的 7 个层次并描述每一层的功能。

12．写出网络层的 4 个协议及每个协议的功能。

13．请写出应用层常见的协议。

项目 3

IP 子网划分

项目描述

某公司总部行政楼主机分布概况如表 3-1 所示，请采用合适的子网划分方案，在 172.16.2.0/24 这个大网段下划分子网。

表 3-1　某公司总部行政楼主机分布概况

建筑与网段	楼层	部门	主机数
行政楼 172.16.2.0/24	1 楼	大厅接待台	8
		办公室	10
		产品展厅	10
	2 楼	人事部	8
		财务部	8
		会议室	10
	3 楼	市场部	60
		经理室	2
		小会议室	10

本项目的目的是掌握 IP 子网的划分方法。具体任务是为企业局域网规划 IP 地址，项目 3 任务分解如图 3-1 所示。

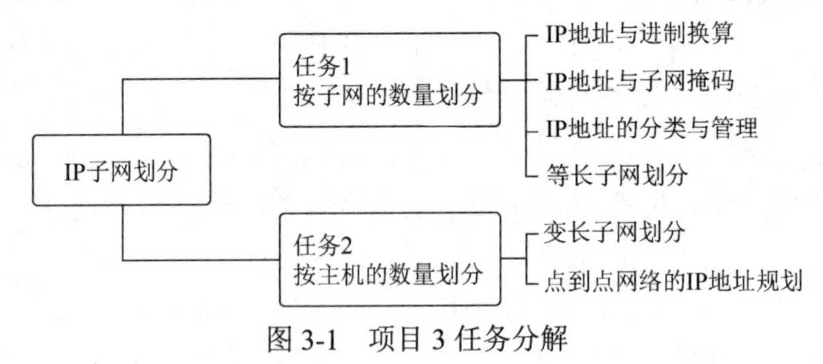

图 3-1　项目 3 任务分解

任务 1　按子网的数量划分

任务目标

知识目标：

- 按正确的格式书写 IP 地址。

- 描述子网掩码的作用。
- 归纳IP地址的类型与特点。
- 说出特殊IP地址的用途。
- 分辨公有地址和私有地址。
- 归纳按子网数量划分子网的方法。

技能目标：

- 能区分IP地址中的网络地址和主机地址。
- 能按照子网的数量划分子网。

素养目标：

- 认同全局观念的重要性。
- 具备资源节约的工程伦理意识。

任务描述

本任务通过学习IP地址的编制方法、子网掩码的作用、IP地址的分类、一些特殊的IP地址及公有地址和私有地址的应用等内容，带领大家快速掌握IP地址的基本知识。

另外，可以按照某公司的IP规划需求，根据子网的数量为每个部门分配IP地址。

任务分析

在一个网络上，通信量不仅和主机的数量成比例，还和每个主机产生的通信量的和成比例。随着网络规模越来越大，这种通信量超出介质的能力时，网络性能就开始下降。这时，可以基于IP地址将网络分成更小的网络以减小通信量。

3.1.1 IP地址与进制换算

1. IP地址的编制方法

每台联网的计算机都需要有全网唯一的IP地址才能实现正常通信。我们如果把“一台计算机”比作“一台手机”，那么“IP地址”就相当于“电话号码”，通过拨打电话号码实现端对端的通信，如图3-2所示。

按照TCP/IP协议规定，IPv4的IP地址由32位的二进制数组成。为了提高IP地址的可读性，在书写IP地址时，往往每隔8位插入一个空格，但这样还是不方便。于是，我们常常将32位的IP地址按每8位用其等效的十进制数表示，并且在这些数字之间加上一个点，称为点分十进制表示法，如图3-3所示。

图3-2 IP地址的应用示意图

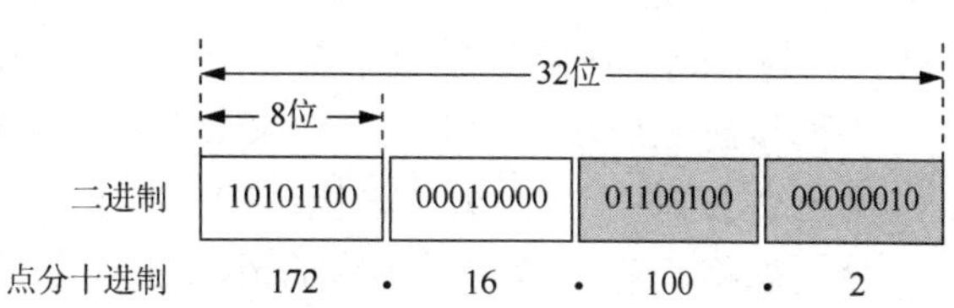

图3-3 IP地址的点分十进制表示法

IP 地址的编址方法经过了三个发展阶段：

第一阶段，分类的 IP 地址，这是最基本的编址方法，在 1981 年通过了相应的标准。

第二阶段，子网的划分，这是基于最基本的编址方法的改进，其标准在 1985 年通过。

第三阶段，构成超网，这是无分类编址方法，1993 年提出后很快就得到了推广应用。

2．IP 地址中二进制数和十进制数的快速转换

IP 地址由 32 位的二进制数组成，我们后面学习的 IP 地址和子网划分需要将二进制数转换成十进制数，还需要将十进制数转换成二进制数。因此能快速地在二进制数和十进制数之间转换是学习后续知识的基础。

二进制是计算机技术中广泛采用的一种数制，二进制数是用 0 和 1 两个数码来表示的数。它的基数为 2，进位规则是“逢二进一”，当前的计算机系统使用的数制基本上都是二进制。

下面列出二进制数和十进制数的对应关系，要求找出规律并记住这些对应关系，二进制数中的 1 每向前移 1 位，对应的十进制数就乘以 2。

二进制数	十进制数
1	1
10	2
100	4
1000	8
1 0000	16
10 0000	32
100 0000	64
1000 0000	128

下面列出的二进制数和十进制数的对应关系，也需要记住，要求给出下面任意一个十进制数，立即就能写出对应的二进制数，给出任意一个二进制数，能立即写出对应的十进制数，后面给出了记忆规律。

二进制数	十进制数	记忆规律
1000 0000	128	
1100 0000	192	128+64=192
1110 0000	224	128+64+32=224
1111 0000	240	128+64+32+16=240
1111 1000	248	128+64+32+16+8=248
1111 1100	252	128+64+32+16+8+4=252
1111 1110	254	128+64+32+16+8+4+2=254
1111 1111	255	128+64+32+16+8+4+2+1=255

由此可见，当 8 位二进制数全是 1 时，对应的十进制数是 255，也就意味着 IP 地址每个字段的最大值是 255。也可以用最大字段是 255 这个特点来识别 IP 地址是否合法，如 202.112.260.36 这个 IP 地址就不是一个合法的 IP 地址，因为它的第三个字段超过了 255。

下面给出一个数制转换的案例来说明十进制数和二进制数的快速转换过程。

案例 3-1： 将十进制数 238 快速转换为 8 位二进制数。

分析思路： 若 8 位二进制数的最高位为第一位，最低位为第八位，则按照下面步骤得出相应的二进制数。

第一步：因为238>128，所以第一位二进制数为1。

第二步：238-128=110，因为110>64，所以第二位二进制数为1。

第三步：110-64=46，因为46>32，所以第三位二进制数为1。

第四步：46-32=14，14<32，但14>8，所以第四位二进制数为0，第五位二进制数为1。

第五步：14-8=6，因为6=4+2，所以第六位、第七位二进制数为1，第八位二进制数为0。

第六步：综上可得十进制数238对应的二进制数为1110 1110。

任务训练

1. 说一说202.112.258.36这个IP地址合法吗？为什么？
2. 将192.168.0.20这个IP地址用二进制数来表示。

3.1.2　IP地址与子网掩码

1．IP地址的作用

IP地址属于网络层的地址，是逻辑地址，用来定位网络中的计算机等终端和网络设备。在前面我们已经学习过，计算机的网卡有物理层地址（MAC地址），为什么还需要IP地址呢？

下面通过一个数据包在网络中转发的过程来说明MAC地址和IP地址的区别和应用。图3-4所示为IP地址和MAC地址的应用网络拓扑图，网络中有两个网段，一台交换机代表一个网段，使用路由器连接两个网段。图中MA、MB、MC、MD与M1、M2代表计算机和路由器接口的MAC地址。

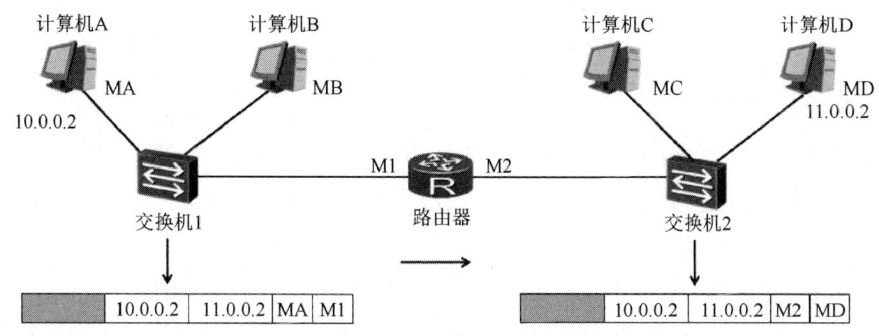

图3-4　IP地址和MAC地址的应用网络拓扑图

若计算机A给计算机D发送一个数据包，数据包传输要经历以下过程：

（1）计算机A在网络层给数据包添加源IP地址（10.0.0.2）和目的IP地址（11.0.0.2）。

（2）计算机A在数据链路层给数据包添加源MAC地址（MA）和目的MAC地址（M1）。这里目的MAC地址之所以是M1，是因为数据包若想到达计算机D，需要先到达路由器进行转发和路由。

（3）路由器收到数据包，会先去掉帧的封装并读出IP数据包中的目的地址，查询路由表，决定转发接口与下一跳地址。并对数据包重新封装，这次封装的源MAC地址是M2，封装的目的MAC地址是MD。

（4）交换机2收到该帧后转发给计算机D。

从以上数据包传输过程可以看出，IP地址工作在网络层，MAC地址工作在数据链路层。数据包的目标IP地址决定了数据包最终到达哪一台计算机，而目标MAC地址决定了数据包的下一跳由哪台设备接收，并不一定是终端设备。

2. IP 地址的组成

如同电话号码是由区号和市内号码组成的一样，IPv4 地址也由两部分组成，一部分是网络位，另一部分是主机位，其结构如图 3-5 所示。

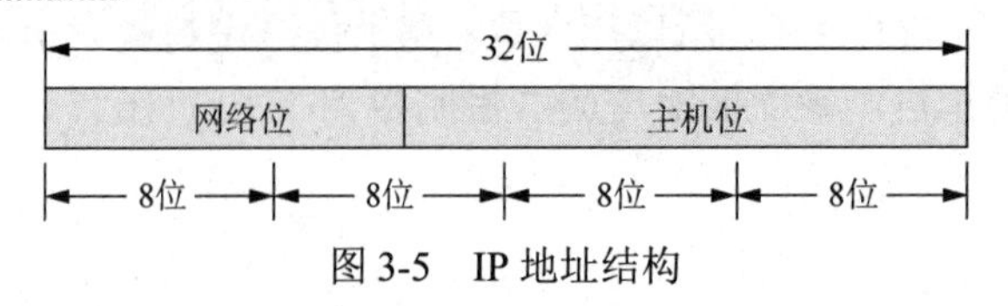

图 3-5　IP 地址结构

网络位表示互联网中的某个网络，而同一网络中的许多主机，就用主机位来区分。网络位在互联网中是唯一的，主机位在同一网络中是唯一的。图 3-6 所示为 IP 地址应用网络示意图，路由器连接不同网段，同一网段中的计算机 IP 网络位相同。交换机连接的是同一网段中不同的计算机，同一网段中的计算机 IP 主机位不同。

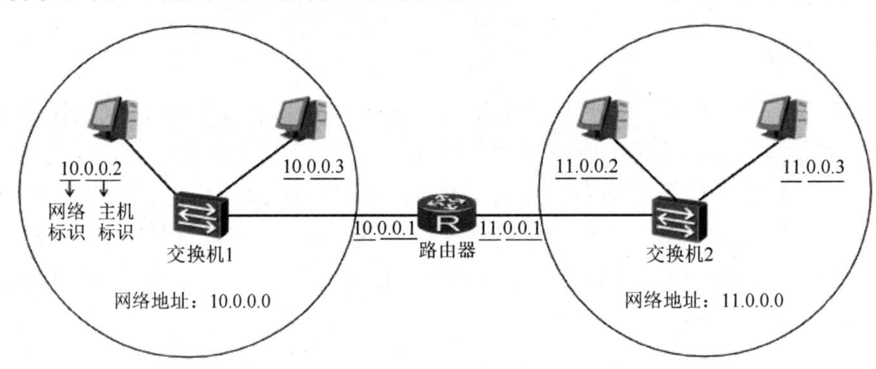

图 3-6　IP 地址应用网络示意图

3. 子网掩码的作用

子网掩码又叫作网络掩码、地址掩码，它与 IP 地址一一对应，也是一个 32 位的地址，由连续的二进制数 1 和连续的二进制数 0 组成，子网掩码为 1 表示网络位，子网掩码为 0 表示主机位。所以，子网掩码主要作用是指明 IP 地址的网络位和主机位。

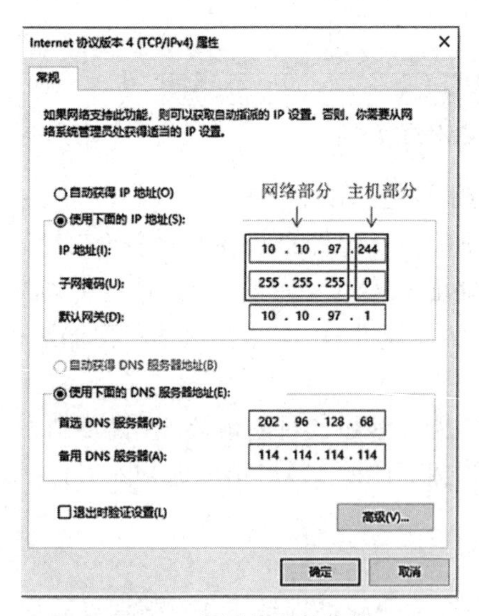

图 3-7　子网掩码的作用

如图 3-7 所示，计算机的 IP 地址是 10.10.97.244，子网掩码是 255.255.255.0，所在网段是子网掩码二进制数 1 所对应的部分 10.10.97.0（主机部分归零）。若该计算机要和远程计算机通信，目标 IP 地址只要前面三个字段是 10.10.97，就认为本机和远程计算机在同一网段。

计算机如何使用子网掩码计算自己所在网段呢？

计算方法是将 IP 地址中的二进制数与子网掩码的二进制数按二进制位一一对应，进行与运算，其结果就是网络地址，即子网掩码中 1 所对应的 IP 地址部分。图 3-8 所示为网络地址计算过程，IP 地址 172.16.2.160 和子网掩码 255.255.0.0 的二进制位进行与运算后得到的网络地址为 172.16.0.0。

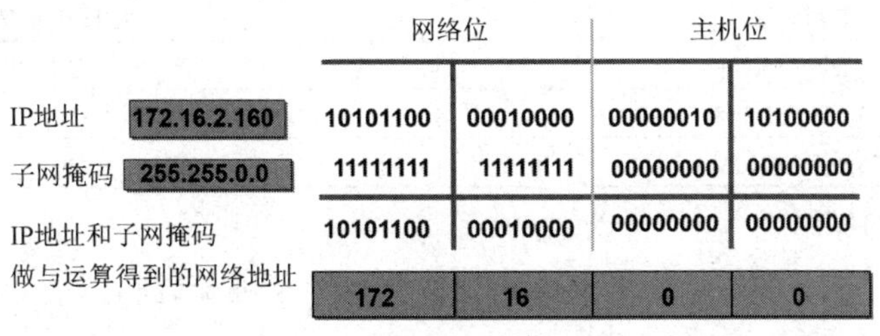

图 3-8　网络地址计算过程

子网掩码很重要，若配置错误会造成计算机通信故障。当计算机和其他计算机通信时，会先判断目的 IP 地址和自己本身的 IP 地址是否在同一个网段，方法是先对自己的子网掩码和 IP 地址进行与运算，得到自己所在的网段，再对对方的子网掩码和目标 IP 地址进行与运算，看看得到的网络地址与自己所在网段是否相同。如果不相同，说明不在同一网段，那么在封装帧时目标 MAC 地址使用网关的 MAC 地址，交换机会将帧转发给路由器接口；如果相同，就直接使用目标 IP 地址的 MAC 地址进行封装，直接把帧发给目标计算机。

4．子网掩码相应的 CIDR 前缀表示法

CIDR（Classless Inter-Domain Routing，无类别域间路由选择）是一个在互联网上创建附加地址的方法，这些地址先提供给 ISP，再由 ISP 分配给客户。

如果从 ISP 那里获得的地址为 192.168.10.32/28，这里/28 就属于子网掩码相应的 CIDR 前缀表示法，它指出了子网掩码中有 28 位为 1，表 3-2 所示为所有的子网掩码及其 CIDR 前缀值。

表 3-2　所有的子网掩码及其 CIDR 前缀值

子网掩码	CIDR 前缀值
255.0.0.0	/8
255.128.0.0	/9
255.192.0.0	/10
255.224.0.0	/11
255.240.0.0	/12
255.248.0.0	/13
255.252.0.0	/14
255.254.0.0	/15
255.255.0.0	/16
255.255.128.0	/17
255.255.192.0	/18
255.255.224.0	/19
255.255.240.0	/20
255.255.248.0	/21
255.255.252.0	/22
255.255.254.0	/23
255.255.255.0	/24
255.255.255.128	/25
255.255.255.192	/26
255.255.255.224	/27

续表

子网掩码	CIDR 前缀值
255.255.255.240	/28
255.255.255.248	/29
255.255.255.252	/30

5. 网关地址的作用

通常情况下，一台计算机上网时必须设置 IP 地址、子网掩码和网关地址，其 IP 地址和网关地址必须属于同一网段，如图 3-9 所示。

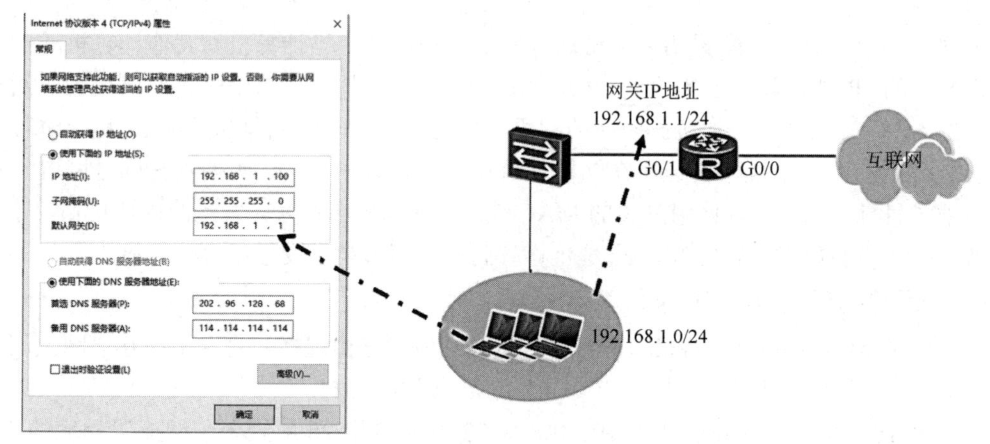

图 3-9　网关地址的设置

众所周知，我们从一个房间到另一个房间，必须经过一扇门。同样由一个网络向另一个网络发送和接收数据，也需要经过一道“关口”，这个“关口”就是网关。也可以这样理解，网关就是一个网络连接另一个网络的“关口”。

网关地址是一个网络通向其他网络的一个 IP 地址。举例说明，假设这里有两个网络，分别是网络 A 和网络 B。网络 A 的 IP 地址范围为 192.168.1.1～192.168.1.254，子网掩码为 255.255.255.0，网关地址为 192.168.1.1；网络 B 的 IP 地址范围为 192.168.2.1～191.168.2.254，子网掩码为 255.255.255.0，网关地址为 192.168.2.1，如图 3-10 所示。

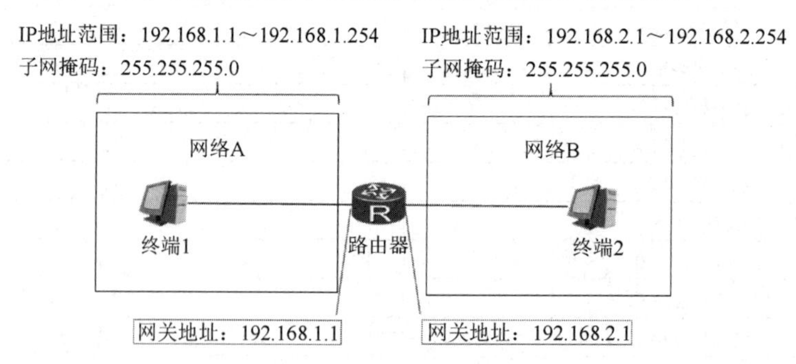

图 3-10　网关地址的应用

网络 A 和网络 B 之间相互通信，必须要经过网关，如果网络 A 中的终端 1 与网络 B 中的终端 2 相互通信，终端 1 会将数据首先转发给网络 A 的网关（192.168.1.1），然后转发到网络 B 的网关（192.168.2.1），最后才能将数据转发到终端 2。

总之，网关地址是终端访问其他网段终端的第一跳，而且通常将网关地址设置于路由器的接口。

任务训练

1. 某主机的IP地址为175.140.136.86，子网掩码为/19，计算该主机所在子网的网络地址。
2. 说一说网关地址的作用。

3.1.3 IP地址的分类与管理

视频：IP地址的分类与管理

1. IP地址的分类

最初的网络设计者根据网络规模的大小规定了地址类别，把IP地址分为A、B、C、D、E五类，如图3-11所示。

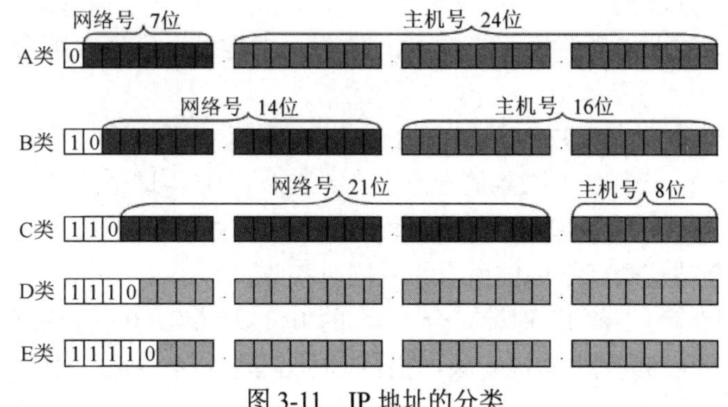

图3-11 IP地址的分类

（1）A类IP地址。A类IP地址主要用于超大规模的网络，它规定前八位表示网络位，后二十四位表示主机位。A类IP地址的最高位为0，其IP地址范围为1.0.0.1～127.255.255.254（网络位和主机位全为0或全为1的地址因特殊需要而被保留），因此，全世界的A类网络数量为$2^7-1=127$个。但网络位127被预留而无法分配给网络和主机，因此实际的网络位范围为1～126，每个A类网络中可以容纳的主机数量为$2^{24}-2=16\ 777\ 214$个。

（2）B类IP地址。B类IP地址主要用于中等规模的网络，它规定前十六位表示网络位，后十六位表示主机位。B类地址的最高两位为10，其IP地址范围为128.0.0.1～191.255.255.254。不难看出，全世界B类网络的数量为$2^{14}=16\ 384$个，每个B类网络中可以容纳的主机数量为$2^{16}-2=65\ 534$个。

（3）C类IP地址。C类IP地址是普通用户最常使用的IP地址，它主要用于一些规模相对较小的网络。它规定用前二十四位表示网络位，后八位表示主机位。C类地址的前三位为110，其IP地址范围为192.0.0.1～223.255.255.254。全世界C类网络的数量为$2^{21}=2\ 097\ 152$个，每个C类网络中可以容纳的主机数量为$2^8-2=254$个。

（4）D类IP地址。D类IP地址以1110开始，IP地址范围为224.0.0.0～239.255.255.255。与前面的A、B、C三类IP地址不同，D类IP地址专门用作组播地址，不能分配给单独的主机使用，用来转发目的IP地址预定义的一组IP地址数据包。

（5）E类IP地址。E类IP地址是IETF规定保留的地址，专供研究使用。E类地址以11110开头，其IP地址范围为240.0.0.0～247.255.255.255。在上述IP地址中类中，A、B、C三类地址用于常规IP寻址，是学习和应用的重点。

2. 特殊 IP 地址

无论是 A 类 IP 地址、B 类 IP 地址还是 C 类 IP 地址，都不能将所有的 IP 地址全部分配给网络设备使用，一些特殊的 IP 地址被用于各种各样的特殊场景。

（1）环回（Loopback）地址。将网络位为 127 的 IP 地址保留当作 Loopback 地址，如 127.0.0.1。这个地址是为了对本地主机的 TCP/IP 协议网络配置进行测试。发送到这个地址的数据包不转发到实体网络，而是转发给系统的 Loopback 驱动程序来处理。

（2）网络地址。主机位全部为 0 的 IP 地址称为网络地址，网络地址用来标识属于同一个网络的主机或网络设备的集合。

例如：某个网络包含的主机 IP 地址范围为 172.16.0.1～172.16.255.254，由于它是一个 B 类 IP 地址，其网络位由前两个字节组成，主机位由后两个字节组成，将其主机位全部取 0，得到这个网络的网络地址为 172.16.0.0。

（3）广播地址。主机位全部为 1 的 IP 地址称为广播地址，广播地址用于向本网段所有的节点发送数据包。

例如：一个 C 类 IP 地址 192.168.1.2，由于它的网络位由前三个字节组成，主机位是最后一个字节，将其主机位全部取 1 得到的地址是 192.168.1.255，这个地址就是该网络的广播地址。在这个网络中，如果一台主机所发送的数据包所包含的目的 IP 地址是 192.168.1.255，那么这个数据分组将会被这个网络中的所有主机同时接收。

（4）全“0”和全“1”的 IP 地址。全“0”的 IP 地址 0.0.0.0 代表所有的主机；全“1”的 IP 地址 255.255.255.255 代表本地有限广播，该地址用于向本地网络中的所有主机发送广播消息。

3. IP 地址的管理

连接在互联网上的主机必须要保证其 IP 地址的唯一性和合法性，否则就会产生冲突。因此需要有一个授权机构来负责互联网上合法地址的分配与管理，以确保互联网的正常运行。这个任务由互联网名称与数字地址分配机构（Internet Corporation for Assigned Names and Numbers，ICANN）来完成，它是全球域名和数字资源分配机构。如果某台计算机想要接入互联网，就要向该机构申请 IP 地址，这些地址也称为公有地址（Public Address）。公有地址采用的是全球寻址方式，所以它必须是唯一的。

随着互联网的迅速发展，在全球出现了 IP 地址危机。为了解决这个危机，IANA 机构将 IP 地址划分了一部分出来，将其规定为私有地址，如表 3-3 所示，私有地址可以自己组网时重复使用，但不能访问互联网。若网络内的主机有访问互联网的需求，可通过网络地址转换（NAT）技术将私有地址转换成合法的公有地址。

表 3-3　私有地址空间

IP 地址类别	私有地址范围
A	10.0.0.0～10.255.255.255
B	172.16.0.0～172.31.255.255
C	192.168.0.0～192.168.255.255

任务训练

1. 判断 IP 地址 159.23.2.12 属于哪一类地址。

2. 说一说网络地址和广播地址的特点和作用。
3. 说一说私有地址的作用和范围。

3.1.4 等长子网划分

视频：等长子网划分

1. 为什么需要子网划分

IPv4当初设计的时候只是为了实验，只有2^{32}=4 294 967 296个地址。但现在随着PC、网络设备和移动设备越来越多，需要的IP地址也越来越多，IPv4地址资源已经枯竭，而IPv6地址又没有完全普及，所以只能尽量节省地址。但是，按照IP地址传统的分类方法，非常浪费IP地址。例如三层设备互联时，两端的互连接口需要各设置一个IP地址，总共需要两个IP地址，且这两个IP地址必须在同一个独立的网段中。最小的C类网段，一个网段可用的IP地址有254个，如果直接分配一个C类网段给互连接口使用，就会造成IP地址的严重浪费。为了缓解IP地址资源紧张的问题，出现了定义私有地址、NAT及子网划分等技术。

另外，将大型网络分成更小的网络有利于减小通信量。所以子网划分有以下作用：

（1）将A、B、C三个类别的地址利用掩码划分成更细的网段，可以尽量节约IP地址，避免浪费。

（2）减小广播量，提高网络传输速率和安全性。

2. 子网划分的基本思想

子网划分是将一个大型网络划分为若干个小的子网，每个子网需有一个子网号，也叫子网ID，该子网号的获取方法是将原来用于主机号的二进制位，从高位（左端）拿出一部分出来供子网号使用，即通过从主机位中借位来进行子网的划分，剩下的二进制位用于表达子网中的主机号，如图3-12所示。

划分子网后子网号的位数取决于具体的需要，并且子网位扩展为子网网络地址的一部分。若原网络地址为p位，子网号的位数为m，剩下的主机位数为n，则可以划分子网的个数为2^m，每个子网的主机数为2^n-2，网络地址的位数为$p+m$。

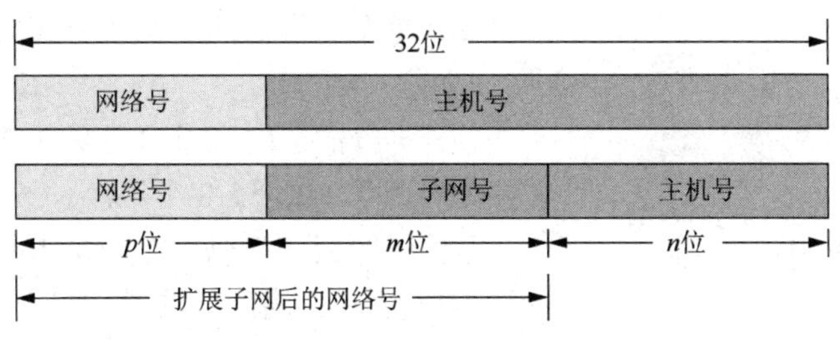

图3-12 子网划分后的IP地址结构

注意：采用子网划分之后所得到的IP地址由于从原来的主机位上借若干位作为子网位，因此已经不再是原来意义上的A类IP地址、B类IP地址和C类IP地址了。我们采用IP地址加子网掩码的方式来区分这种不同。

例如：130.15.97.0是划分子网后所得到的IP地址，在划分子网时从主机位上借了两位作为子网位。应将该IP地址表示为135.15.65.0/255.255.192.0，为了方便也可把它表示为135.15.65.0/18。

3．等长子网划分案例

等长子网划分就是将一个网段等分成多个网段，划分后各个子网的子网掩码长度相同、最大主机数量相等，一般用于知晓子网数的场合。下面以一个案例讲解子网划分过程。

案例 3-2： 某公司共有 4 个部门，上级给出一个 192.168.250.0/24 的网段，请给每个部门分配子网。

步骤一：根据子网数确定子网位数 m。

该公司有 4 个部门，就需划分 4 个子网，故 $2^m \geq 4$，取 $m=2$。需要把主机位的最高两位作为子网位，就可以从 192.168.250.0/24 这个大网段中划分出 $2^2=4$ 个子网。

步骤二：计算子网划分后子网的子网掩码。

未划分前的地址 192.168.250.0/24 的网络位为前二十四位，加上从主机位中借的两位作为子网位，这样网络地址共有 26 位，所以子网掩码为 11111111.11111111.11111111.11000000，用点分十进制法表示为 255.255.255.192，用 CIDR 前缀表示为/26。

步骤三：确定各子网的网络地址、广播地址及 IP 地址范围。

子网位的范围从全“0”变化到全“1”，每取一个值，就表示一个子网。如果主机位全部为 0，得到的就是网络地址；如果主机位全部为 1，得到的就是广播地址。处于这两个地址中间的其他地址均是合法的主机地址，由此计算出各子网的网络地址、广播地址、子网可用的 IP 地址范围，如表 3-4 所示。

表 3-4　各子网参数表

子网号	子网位	网络地址（主机位全为 0）	广播地址（主机位全为 1）	子网可用的 IP 地址范围
1	00	192.168.250.0/26	192.168.250.63/26	192.168.250.1～192.168.250.62
2	01	192.168.250.64/26	192.168.250.127/26	192.168.250.65～192.168.250.126
3	10	192.168.250.128/26	192.168.250.191/26	192.168.250.129～192.168.250.190
4	11	192.168.250.192/26	192.168.250.255/26	192.168.250.193～192.168.250.254

总结一下，等长子网划分方案的特点有三个：

（1）按照子网的数量来规划子网位。

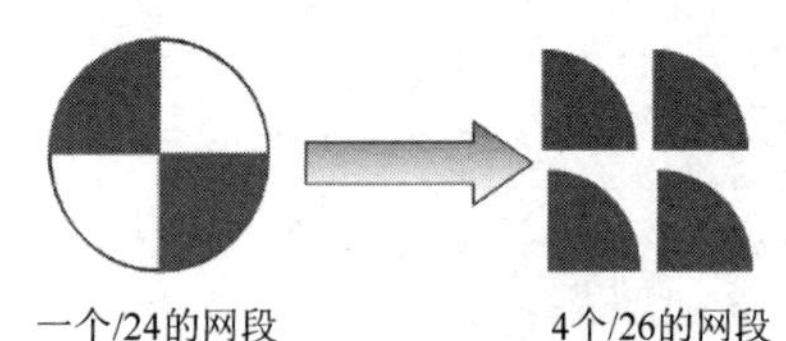

图 3-13　等长子网划分的理解

（2）每个子网内的主机数量相同，子网掩码长度相同，子网大小相同。

（3）平分的子网数量只能是 2 的数量级，即平分子网数量为 2 个、4 个、8 个等。

等长子网划分类似于把一个大的网络平分成几份，如图 3-13 所示。需注意的是，每个子网都有两个 IP 地址（主机位全为 0 和全为 1）损耗。

任务训练

1. 说一说子网划分为什么可以节约 IP 地址。
2. 归纳并说出等长子网划分的应用场合和实现步骤。
3. 某网络地址为 202.162.0.0/24，现需要划分 5 个子网，每个子网都有 40 台主机，采用等长子网划分方案可以实现吗？

任务评价

1．自我评价

☐ 能按正确的格式书写IP地址。

☐ 能描述子网掩码的作用。

☐ 能归纳IP地址的类型与特点。

☐ 能说出特殊IP地址的用途。

☐ 能分辨公有地址和私有地址。

☐ 能区分IP地址中的网络地址和主机地址。

☐ 能按照子网的数量划分子网。

2．教师评价

☐ 优 ☐ 良 ☐ 合格 ☐ 不合格

任务2 按主机的数量划分

任务目标

知识目标：

- 能说出变长子网划分技术的应用场合和特点。
- 能描述点到点网络的特点。
- 能归纳按主机数量划分子网的方法。

技能目标：

- 能使用VLSM技术划分子网。
- 能为点到点网络规划IP地址。

素养目标：

- 认同全局观念的重要性。
- 具备资源节约的工程伦理意识。

任务描述

本任务通过变长子网划分和点到点网络的IP地址规划这两个案例学习按主机数量划分子网的方法。

另外，要求按照公司的IP地址数量需求，在避免IP地址浪费的基础上，根据主机数量为每个部门合理分配IP地址。

任务分析

在各个子网主机数量不相同的场合，按照主机数量划分子网可以最大程度地节省IP地址，变长子网划分和点到点网络的IP地址规划这两个案例都是按照主机数量划分子网的。

3.2.1 变长子网划分

视频：变长子网划分

在实际应用中，通常会遇到这样的情况，用户的各个子网中的主机数量是不同的。如果按照子网数量划分子网，就会造成大量的 IP 地址被浪费。为了更加合理地分配和使用 IP 地址，1987 年 IETF 提出了可变长度子网掩码（Variable Length Subnet Mask，VLSM）的方案，该方案允许各个子网的主机数量不同，主机位数不同，相应使用的子网掩码也不同。

案例 3-3：某单位有 5 个部门，研发部有 75 台主机、人力资源部有 40 台主机、生产部有 25 台主机、财务部有 12 台主机、销售部有 10 台主机。现向网络信息中心（NIC）申请的 IP 地址为 192.38.0.0/24，请为该公司的各部门规划 IP 地址。

分析：若按照子网数量划分子网，需划分 5 个子网，占用 3 位子网位，剩余的主机位只有 5 位，每个子网主机的数量只有 30 台，不能满足该单位的需求。下面将采用 VLSM 方案进行 IP 地址规划，步骤如下。

步骤一：划分主机数量最多的子网。

主机数量最多的子网为研发部子网，有 75 台主机，所以进行子网划分时，要保留 7 位（$2^n \geq 75+2=77$，取 $n=7$）主机位，因此借来的子网位只能有 1 位。这样就划分为 2 个子网，其中一个分配给研发部，另一个继续划分为更小的子网。

192.38.0.0/24 ➡ 192.38.0.0/25 该子网分配给研发部
　　　　　　　　 192.38.0.128/25 继续划分为更小的子网

步骤二：继续划分，满足此时主机数量最多的子网。

此时，主机数量最多的子网为人力资源部子网，有 40 台主机，划分方法同步骤一。

192.38.0.128/25 ➡ 192.38.0.128/26 该子网分配给人力资源部
　　　　　　　　 192.38.0.192/26 继续划分为更小的子网

步骤三：继续划分，满足此时主机数量最多的子网。

此时，主机数量最多的子网为生产部子网，有 25 台主机，划分方法同步骤二。

192.38.0.192/26 ➡ 192.38.0.192/27 该子网分配给生产部
　　　　　　　　 192.38.0.224/27 继续划分为更小的子网

步骤四：继续划分，财务部和销售部的主机分别为 12 台和 10 台，所需主机位都是 4 位，故这两个子网可由 192.38.0.224/27 划分得到。

192.38.0.224/27 ➡ 192.38.0.224/28 该子网分配给财务部
　　　　　　　　 192.38.0.240/28 该子网分配给销售部

这样 IP 地址全部分配完成，将各子网参数填写在表 3-5 中。

表 3-5　用 VLSM 方案划分的子网参数

部门	网络地址	可用 IP 地址范围	容纳主机/台
研发部	192.38.0.0/25	192.38. 0.1/25～192.38.0.126/25	126

续表

部门	网络地址	可用 IP 地址范围	容纳主机/台
人力资源部	192.38.0.128/26	192.38.0.129/26～192.38.0.190/26	62
生产部	192.38.0.192/27	192.38.0.193/27～192.38.0.222/27	30
财务部	192.38.0.224/28	192.38.0.225/28～192.38.0.238/28	14
销售部	192.38.0.240/28	192.38.0.241/28～192.38.0.254/28	14

总结：VLSM 子网划分的核心思想是“按需分配”，这里的“需”指的是子网主机的需求，这种技术主要优势是最大可能地节省 IP 地址。

任务训练

1. 说一说用 VLSM 方案划分子网的核心思想。

2. 某单位有 4 个部门，需建立 4 个子网，其中部门 1 有 100 台主机，部门 2 有 60 台主机，部门 3 和部门 4 都只有 25 台主机。现有一个内部 C 类 IP 地址：192.168.1.0。请为该单位进行 IP 地址规划。

3.2.2　点到点网络的 IP 地址规划

点到点网络是指网络中两台主机或设备之间存在一条信道，在图 3-14 所示的网络中，路由器与路由器之间采用点到点的链路连接，所以该网络是点到点网络。

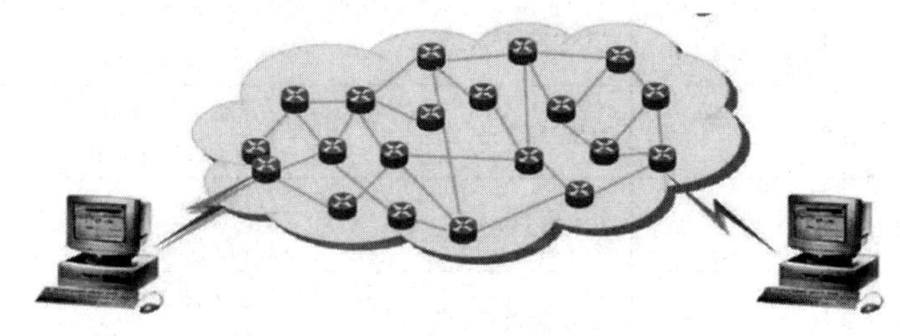

图 3-14　点到点网络示意图

路由器是网络互联设备，它的每个接口连接不同的网络，路由器互联的链路两端接口 IP 地址应在同一网络中，且该网络只需要两个 IP 地址，即链路两端接口 IP 地址。那么该网络的子网掩码是多少？根据网段两个 IP 地址的主机需求可以知道点到点网络网段的子网掩码是/30。

案例 3-4：某企业网络的核心层采用了路由器和三层交换机互联，网络拓扑图如图 3-15 所示，现有一个 172.16.3.0/24 的网络地址，请以最节省 IP 地址为原则，为路由器 AR1、AR2 和交换机 SW1、SW2 的接口分配 IP 地址。

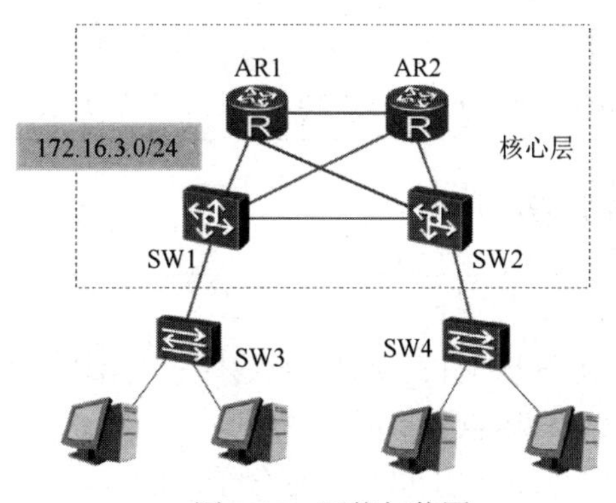

图 3-15　网络拓扑图

分析：在图 3-15 所示的网络核心层有 6 个点到点网络，6 个点到点网络的位置如表 3-6 所示。因为每个网络位于一条链路上，链路两端有两个 IP 地址，所以每一个点到点网络需要两个 IP 地址，规划步骤如下。

表 3-6　点到点网络分布表

序号	位置	序号	位置
网络 1	路由器 AR1 和交换机 SW1 之间的链路	网络 4	路由器 AR1 和路由器 AR2 之间的链路
网络 2	交换机 SW1 和交换机 SW2 之间的链路	网络 5	路由器 AR1 和交换机 SW2 之间的链路
网络 3	交换机 SW2 和路由器 AR2 之间的链路	网络 6	路由器 AR2 和交换机 SW1 之间的链路

步骤一：根据地址需求，确定子网掩码。

每一个点到点网络需要两个 IP 地址，子网的主机位是 2 位，网络位是 30 位，因此子网掩码是/30。

步骤二：计算子网位。

因为原网络的子网掩码是/24，若划分子网后子网掩码是/30，则子网位为 30−24=6 位。可划分 2^6=64 个子网，这里取前面 6 个子网分配给本案例中的点到点网络。

步骤三：确定各子网的网络地址、可用 IP 地址。

子网位的范围从全为 0 变化到全为 1，每取一个值，就表示一个子网。每个子网的网络地址、子网掩码和可用 IP 地址如表 3-7 所示。

表 3-7　点到点网络 IP 地址表

序号	网络地址	子网掩码	可用 IP 地址
网络 1	172.16.3.0	255.255.255.252	172.16.3.1/30 172.16.3.2/30
网络 2	172.16.3.4	255.255.255.252	172.16.3.5/30 172.16.3.6/30
网络 3	172.16.3.8	255.255.255.252	172.16.3.9/30 172.16.3.10/30
网络 4	172.16.3.12	255.255.255.252	172.16.3.13/30 172.16.3.14/30
网络 5	172.16.3.16	255.255.255.252	172.16.3.17/30 172.16.3.18/30
网络 6	172.16.3.20	255.255.255.252	172.16.3.21/30 172.16.3.22/30

任务训练

1. 说一说点到点子网的特点。

2. 有同学发现案例 3-4 采用等长子网划分方案也可实现，分配后子网掩码是/27，每个子网的可用 IP 地址有 30 个，请站在资源节约的工程伦理角度，评价一下这种方案。

任务评价

1. 自我评价

☐ 说出变长子网划分技术的应用场合和特点。

☐ 描述点到点网络的特点。

☐ 归纳按主机数量划分子网的方法。

☐ 能使用 VLSM 方案划分子网。

☐ 能为点到点网络规划 IP 地址。

2．教师评价

☐ 优　☐ 良　☐ 合格　☐ 不合格

项目实施：为企业局域网规划 IP 地址

实施步骤

（1）方案选择。

（2）具体划分。

（3）确定子网的网络地址和 IP 地址范围。

任务实施

1．方案选择

从表 3-1 中可以看出，各部门的主机需求不同，可选用________________方案，选择该方案的理由是________________。

2．具体划分

（1）首先满足__________部门需求划分子网，子网掩码是________________。

（2）然后满足__________部门需求划分子网，子网掩码是________________。

（3）最后满足__________部门需求划分子网，子网掩码是________________。

3．确定子网的网络地址和 IP 地址范围

IP 地址全部分配完毕，将各子网参数填写在表 3-8 中。

表 3-8　某公司总部行政楼网络 IP 地址分配表

网络编号	网络地址	子网掩码	IP 地址范围	归属部门
1				
2				
3				
4				
5				
6				
7				
8				
9				

拓展阅读：我国为什么大力推进 IPv6

2021 年 7 月 8 日，中华人民共和国工业和信息化部、中央网络安全和信息化委员会办公室联合印发《IPv6 流量提升三年专项行动计划（2021—2023 年）》，围绕 IPv6 流量提升的总体

目标，明确了我国未来三年的重点发展任务，标志着我国 IPv6 发展经过网络就绪、端到端贯通等关键阶段后，正式步入“流量提升”时代。

国家大力推进 IPv6 的最主要的原因是 IPv4 的地址数量不够用了。IPv4 迄今为止已经使用了 40 多年。早期互联网只供美国军方使用，没有考虑到会变得如此庞大，成为全球网络。尤其是进入 21 世纪后，随着计算机、智能手机、智能穿戴设备和各类智能家电的迅速普及，越来越多的上网设备接入互联网，IPv4 地址枯竭的问题日益严重。

IPv4 的地址数共有几十亿个，放在全球范围内，大约人均一个。但我国分配到的地址数量只有几亿个，这无疑限制了我国互联网的发展。此前采取的对策是在一个 IP 地址下构建若干个虚拟地址，如同一个树干上的多个分支，以此实现多台设备共享一个 IP 地址，这种方式不但复杂，而且没有统一的标准，因此增加了许多额外的管理工作。

IPv6 相比于 IPv4 具有明显优势，IPv6 最大的特点就是地址数量非常多，它可以给地球上的每一粒沙子都分配一个 IP 地址，同时，IPv6 的地址很长，能记录更加详尽的信息。对于国家来说，IPv6 规模部署和应用是互联网演进升级的必然趋势，是网络技术创新的重要方向，是网络强国建设的关键支撑，能有效提升我国在互联网领域的国际竞争力，提升我国在互联网领域的技术话语权。对个人来说，IPv6 能给我们带来更快的数据传输速度、更安全的数据传输方式和更安全的隐私保护。

读后思考：

1. 查找互联网资料，说一说 IPv6 技术的优势。
2. 查找互联网资料，说一说我国发展 IPv6 存在哪些机遇和挑战。

课后练习

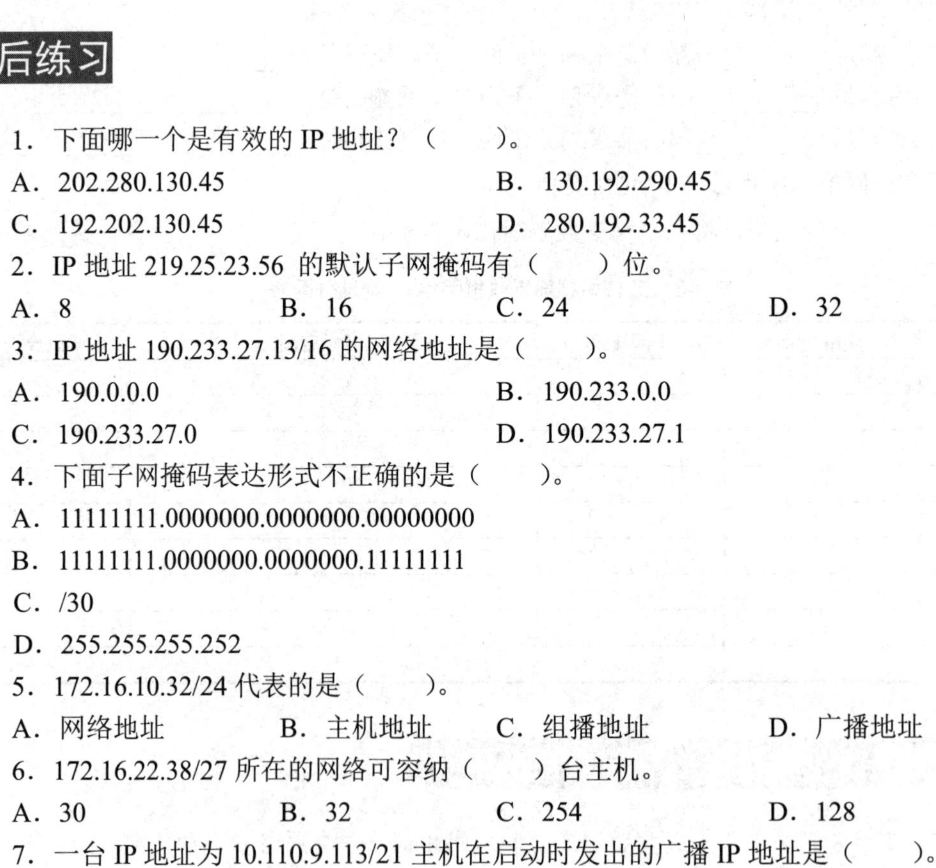

1．下面哪一个是有效的 IP 地址？（　　）。

A．202.280.130.45　　B．130.192.290.45

C．192.202.130.45　　D．280.192.33.45

2．IP 地址 219.25.23.56 的默认子网掩码有（　　）位。

A．8　　B．16　　C．24　　D．32

3．IP 地址 190.233.27.13/16 的网络地址是（　　）。

A．190.0.0.0　　B．190.233.0.0

C．190.233.27.0　　D．190.233.27.1

4．下面子网掩码表达形式不正确的是（　　）。

A．11111111.0000000.0000000.00000000

B．11111111.0000000.0000000.11111111

C．/30

D．255.255.255.252

5．172.16.10.32/24 代表的是（　　）。

A．网络地址　　B．主机地址　　C．组播地址　　D．广播地址

6．172.16.22.38/27 所在的网络可容纳（　　）台主机。

A．30　　B．32　　C．254　　D．128

7．一台 IP 地址为 10.110.9.113/21 主机在启动时发出的广播 IP 地址是（　　）。

A．10.110.9.255　　B．10.110.15.255
C．10.110.255.255　　D．10.255.255.255

8．若对192.168.1.0/24使用子网掩码255.255.255.240划分子网，其可用子网数及每个子网内可用主机数为（　　）。

A．14　14　　B．14　62
C．254　6　　D．16　14

9．对于C类IP地址，划分子网后，子网掩码为255.255.255.248，则子网数为（　　）。

A．16　　B．32　　C．30　　D．128

10．给定一个C类网络192.168.1.0/24，要在其中划分出3个60台主机的网段和2个30台主机的网段，则采用的子网掩码分别为（　　）。

A．255.255.255.128 和 255.255.255.224
B．255.255.255.128 和 255.255.255.240
C．255.255.255.192 和 255.255.255.224
D．255.255.255.192 和 255.255.255.240

11．如果对网络172.6.32.0/20划分子网，其中一个子网的地址为172.6.32.0/26，则下面的结论中正确的是（　　）。

A．划分为128个子网　　B．每个子网有64台主机
C．每个子网有62台主机　　D．划分为256个子网

12．以下属于私有地址的是（　　）。

A．192.178.32.0/24　　B．128.168.32.0/24
C．172.15.32.0/24　　D．192.168.32.0/24

13．某公司申请的网络地址为20.20.160.0/20，请等分成4个子网，并在表3-9中写出4个子网的网络地址（带子网掩码）和IP地址范围。

表3-9　子网参数表1

子网	网络地址	IP地址范围
1		
2		
3		
4		

14．某公司申请的网络地址为192.168.10.0/24，需要划分为3个子网，子网1有100台主机，子网2有50台主机，子网3有20台主机，请在表3-10中写出3个子网的网络地址（带子网掩码）和IP地址范围。

表3-10　子网参数表2

子网	网络地址	IP地址范围
1		
2		
3		

项目 4

华为网络设备的开局配置

项目描述

在网络工程配置的初期，需要对全新的网络设备进行初始化配置，这时就需要网络管理员采用 Console 管理方式对网络设备进行配置。为了方便交付后的用户管理和设备管理，需对网络设备进行 Telnet 配置。

本项目的目的是掌握华为网络设备的基本管理方法及步骤。项目 4 任务分解如图 4-1 所示。

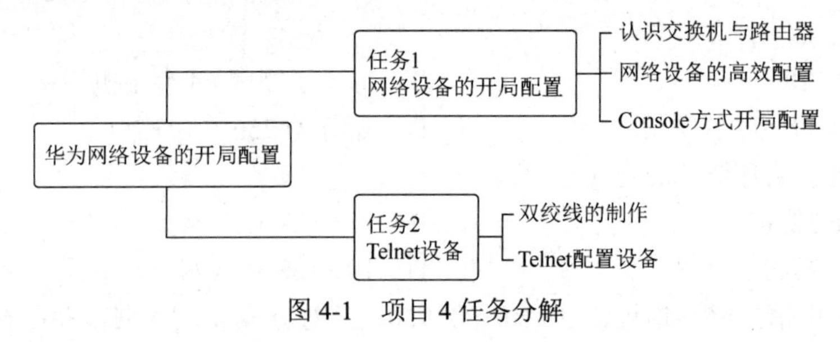

图 4-1　项目 4 任务分解

任务 1　网络设备的开局配置

任务目标

知识目标：

- 说出两种型号的 AR 系列路由器。
- 总结出 Console 配置的应用场合。
- 归纳 Console 配置的步骤。

技能目标：

- 能在 eNSP 模拟器中为路由器添加不同的模块。
- 会使用帮助命令和快捷键查看命令，进而高效配置网络设备。
- 能完成网络设备的开局配置。

素养目标：

- 增强民族自豪感。
- 形成一定的社会责任感。
- 培养严谨认真、一丝不苟的科学工作精神。

任务分析

本任务首先带领大家认识交换机与路由器的应用场景，然后介绍华为路由器的型号及接口命名规则，接着介绍高效配置网络设备的基本操作（命令行视图、命令行使用技巧、命令行在线帮助、用户界面及路由器的基本操作等），最后介绍通过 Console 方式对路由器进行开局配置的基本步骤。

4.1.1 认识交换机与路由器

视频：认识交换机和路由器

交换机可以隔离冲突域，路由器可以隔离广播域，这两种设备在数据通信网中的应用越来越广泛。

1．交换机的应用

交换机可以将一个共享式以太网分割为多个冲突域。链路层流量被隔离在不同的冲突域中进行转发，如此极大地提升了以太网的性能。通常主机与交换机之间、交换机与交换机之间都使用全双工模式进行通信，这时冲突现象会被彻底消除。如图 4-2 所示，因为交换机分割了冲突域，所以当主机 A 给主机 B 发送数据时，主机 C 和主机 D 之间也可以同时互相通信。

2．路由器的应用

交换机虽然能够隔离冲突域，但是当一台设备发送广播帧时，其他设备仍然会接收到该广播帧。随着网络规模的增大，广播会越来越多，这样就会影响网络的运行速率。路由器可以用来分割广播域，减少广播对网络运行速率的影响。

一般情况下，广播帧的转发被限制在广播域内。广播域的边缘是路由器，因为通常路由器不会转发广播帧，如图 4-3 所示。

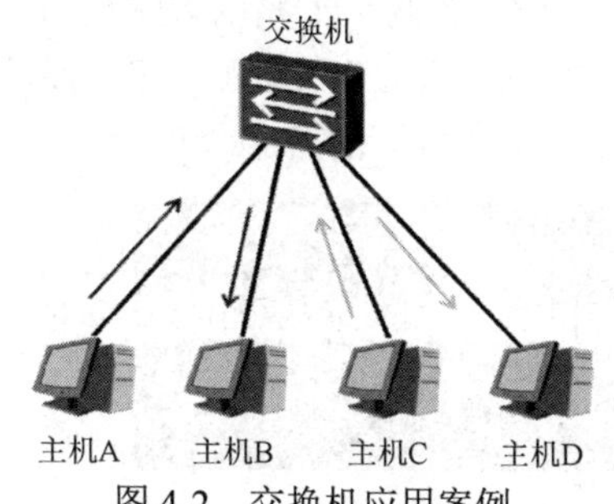

图 4-2 交换机应用案例

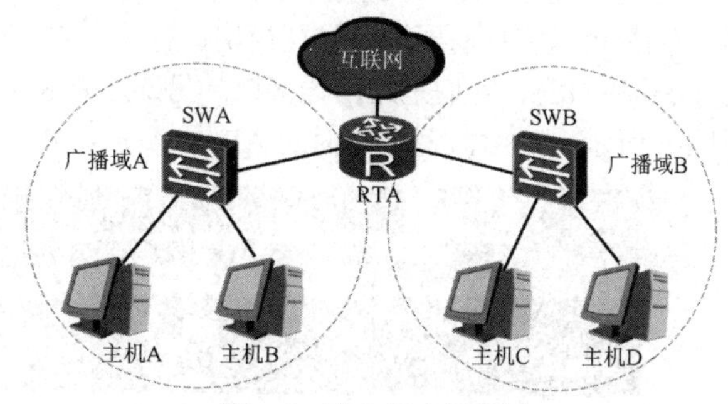

图 4-3 路由器应用案例

路由器负责在网络间转发数据包。它能够根据目的地址先在其路由表里查找去往目的地的下一跳地址，再将数据包转发给下一跳路由器，如此重复，最终将数据包送到目的地。

3．华为交换机和路由器

华为 X7 系列以太网交换机提供数据交换功能，满足企业网络中多业务的可靠接入、高质量传输等需求。这个系列的交换机定位于企业网络的接入层、汇聚层和核心层，提供大密度交换、高密度端口，实现高效的报文转发。华为 X7 系列以太网交换机的型号有 S1700、S2700、S3700、S5700、S7700、S9700 等。

打开 eNSP 模拟器，eNSP 模拟器界面如图 4-4 所示，可以看到华为交换机有不同的型号。在右侧的空白界面处，先新建拓扑，再拖动交换机“S5700”和“S3700”图标至空白界面处，选中“LSW1”（S5700）图标，右击该交换机，在弹出的快捷菜单中选择设置选项，可看到该交换机的接口。S5700 交换机接口如图 4-5 所示，S5700 交换机有 1 个 Console 接口、1 个管理接口、1 个 USB 接口、24 个 10/100/1000BASE-T 以太网接口。

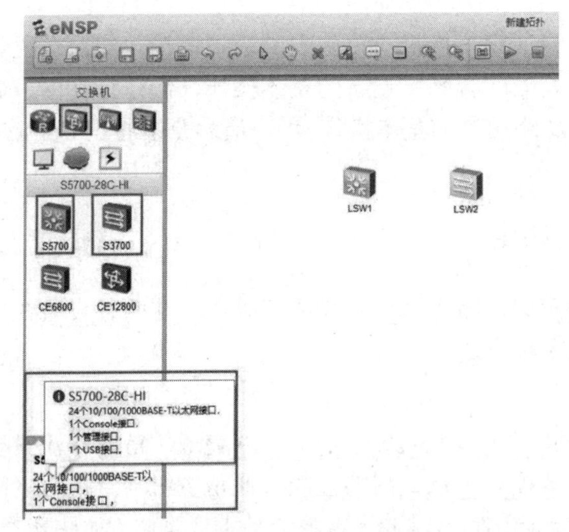

图 4-4　eNSP 模拟器界面

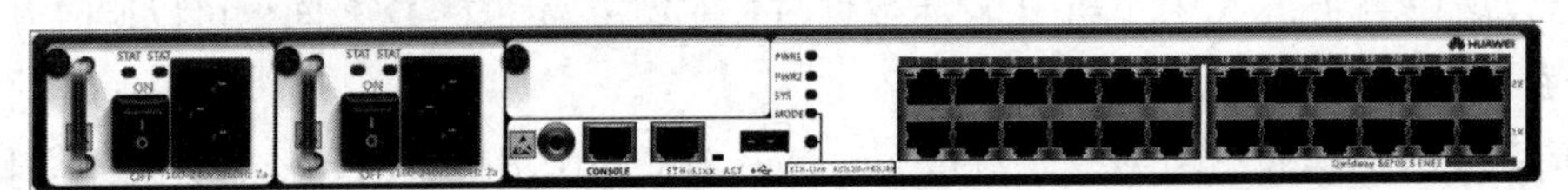

图 4-5　S5700 交换机接口

AR 系列路由器有多个型号，包括 AR150、AR200、AR1220、AR2220、AR3260 等。它们是华为第三代路由器产品，提供路由、交换、无线、语音和安全等功能。其中，AR1220 路由器是面向中型企业总部或中大型企业分支的多业务路由器。此型号的路由器是模块化的路由器，有两个插槽可以根据需要插入扩展模块，有一个 CON/AUX 端口，有两个千兆以太网接口，分别是 GE0 和 GE1，它们是路由器接口。另外还有 8 个快速以太网（Fast Ethernet，FE）接口，如图 4-6 所示。路由器型号前面的 AR 是 Access Router（接入路由器）的首字母组合。

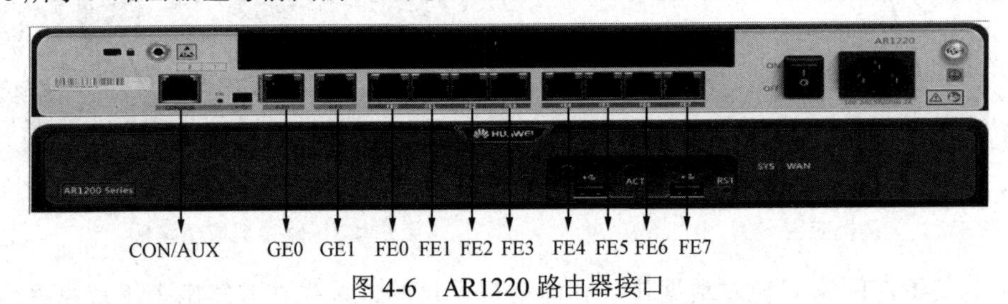

图 4-6　AR1220 路由器接口

若要给路由器添加扩展模块，首先要关闭路由器。路由器的端口命名规则如下（以 4GEW-T 为例）：

（1）4：表示 4 端口。

（2）GE：Gigabit Ethernet，表示千兆以太网接口。

（3）W：表示广域网接口，即三层接口。

（4）T：表示电接口。

在有些设备中，我们还可能见到如下标识：

（1）FE：Fast Ethernet，表示快速以太网接口。

（2）L2：表示二层接口，即交换机接口。

（3）L3：表示三层接口，即路由器接口。

（4）POS：Packet Over SONET/SDH，表示光纤接口。

常见的接口卡如表 4-1 所示。

表 4-1　常见的接口卡

图示	名称	描述
	1GEC	1 端口：GE 光电复用广域网接口卡
	2FE	2 端口：FE 广域网接口卡
	4GEW-T	4 端口：GE 电接口广域网接口卡
	8FE1GE	9 端口：8FE/1GE/L2/L3 以太网接口卡
	2SA	2 端口：同异步广域网接口卡
	1POS	1 端口：光纤接口卡

任务训练

1. 请查找资料，总结交换机与路由器的异同。

2. 请在 eNSP 模拟器中打开路由器 AR2220 的硬件视图，说说其与路由器 AR1220 的不同之处。

4.1.2　网络设备的高效配置

1. 命令行视图

视频：初始命令行

在 VRP 操作系统中，网络设备有多种命令行视图，下面是四种常见的命令行视图，如图 4-7 所示。每个命令都被注册在特定的视图下，用户只有先进入命令所在的视图，才能执行相应的命令。

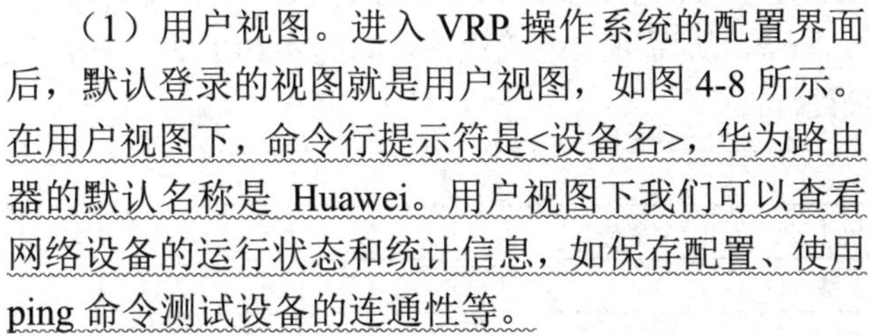

（1）用户视图。进入 VRP 操作系统的配置界面后，默认登录的视图就是用户视图，如图 4-8 所示。在用户视图下，命令行提示符是<设备名>，华为路由器的默认名称是 Huawei。用户视图下我们可以查看网络设备的运行状态和统计信息，如保存配置、使用 ping 命令测试设备的连通性等。

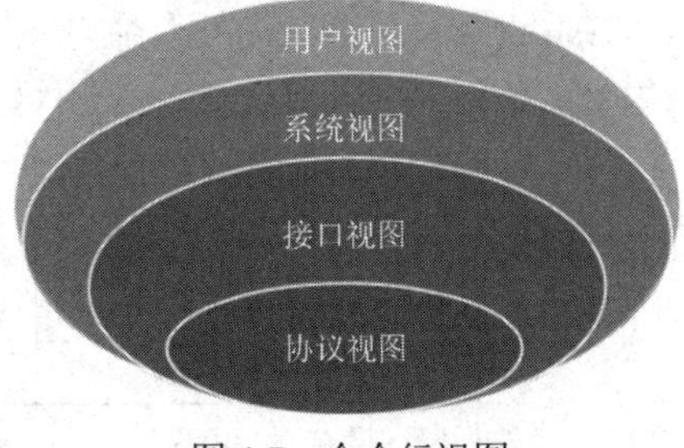

图 4-7　命令行视图

（2）系统视图。在用户视图下，输入命令“system-view”，进入系统视图，如图 4-9 所示。在系统视图下，命令行提示符是[设备名]。系统视图下可以配置网络设备的系统参数，如更改设备的名称、创建 VLAN 等。

（3）接口视图。在系统视图下，输入命令“interface gigabitethernet 0/0/0”，进入接口视图，如图 4-10 所示。在接口视图下，命令行提示符是[设备名-接口编号]。接口模式下可以配置和接口相关的参数，如接口类型、接口的 IP 地址等。

（4）协议视图。在系统视图下，输入协议名称进入协议视图，如图 4-11 所示。在协议视图下，命令行提示符是[设备名-协议]，如输入命令“ospf”，就进入了 OSPF（开放最短通路优先协议）视图，此视图下可以配置 OSPF 的相关参数。

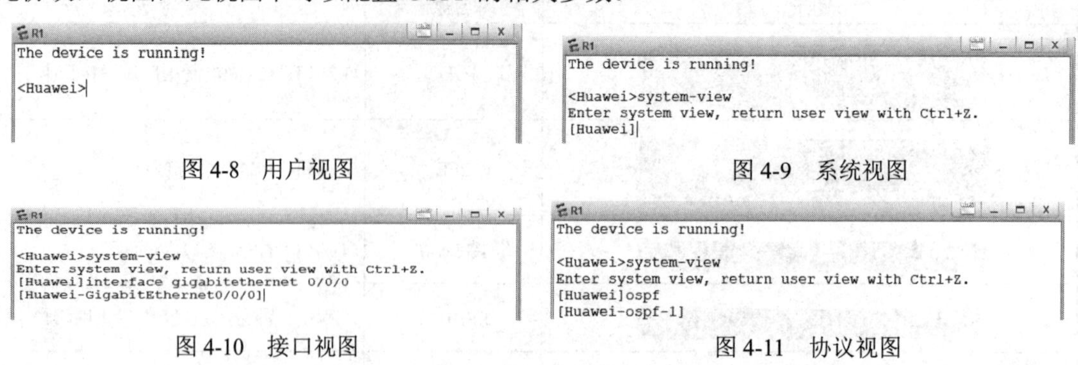

图 4-8　用户视图

图 4-9　系统视图

图 4-10　接口视图

图 4-11　协议视图

视图之间的切换关系如图 4-12 所示。

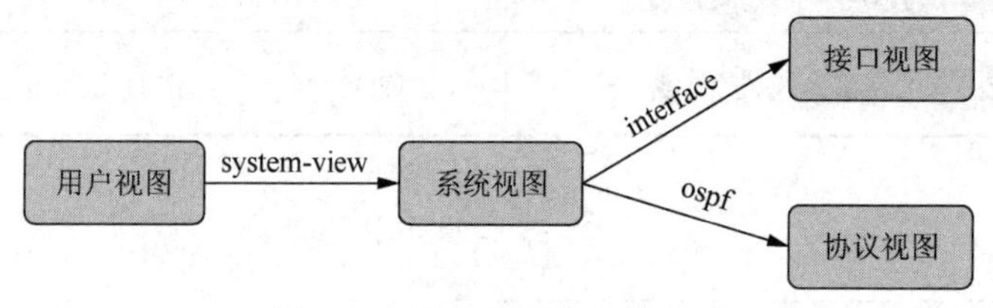

图 4-12　视图之间的切换关系

在网络设备运行的过程中，输入命令 quit 可以返回到上一级视图，输入命令 return 可以直接返回到用户视图。

2．命令行使用技巧

视频：网络设备的高效配置

输入命令的时候合理使用快捷键可以提高网络设备配置的效率，如图 4-13 所示。为了简化操作，系统提供了很多快捷键，图 4-13 中只列出了一些常用的快捷键命令及其对应的功能。例如，计算机键盘上的方向键“↑”“↓”“←”“→”，“↑”键和“↓”键可以翻看历史命令，“←”键和“→”键可以控制光标的位置。如果输入命令的前几个字符就能够唯一标识某个命令，按“Tab”键就可以补全该命令，如在用户视图下，先输入 sy，再按 Tab 键，系统会自动补全命令 system_view，从而进入系统视图，如图 4-14 所示。在配置网络设备的过程中，要熟练地使用这些快捷键。

快捷键命令	功能
Backspace	删除光标左边的第一个字符
← or Ctrl+B	光标左移一位
→ or Ctrl+F	光标右移一位
↑ or Ctrl+P	翻到上一条命令
↓ or Ctrl+N	翻到下一条命令
Tab	输入一个不完整的命令并按 Tab 键，就可以补全该命令
Ctrl+Z	返回用户视图

图 4-13　快捷键命令

```
The device is running!

<Huawei>un ter m
Info: Current terminal monitor is off.
<Huawei>sy
<Huawei>system-view
Enter system view, return user view with Ctrl+Z.
[Huawei]
```

图 4-14　Tab 键自动补全命令

3. 命令行在线帮助

VRP 操作系统提供两种在线帮助功能，分别是部分帮助和完全帮助，如图 4-15 所示。

部分帮助指的是当用户输入命令时，如果只记得此命令关键字开头的一个或几个字符，可以使用命令行部分帮助功能获取以该字符串开头的所有关键字的提示。如图 4-16 所示，在用户视图下，输入“d?”会显示所有以 d 开头的命令。

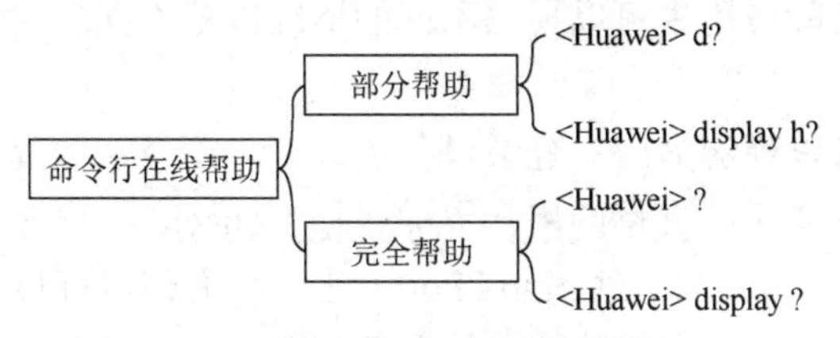

图 4-15　命令行在线帮助

```
<Huawei>d?
  debugging                                         delete
  dir                                               display

<Huawei>display h?
  hdlc                                              history-command
  hotkey                                            http
  hwtacacs-server
```

图 4-16　部分帮助举例

完全帮助指的是，在任一命令行视图下，用户可以输入“?”获取该命令视图下所有的命令及其简单描述。如果输入一条命令关键字，后接以空格分隔的?，若该位置为关键字，则列出全部关键字及其描述。如图 4-17 所示，在用户视图下，输入“?”将显示此视图下可以输入的所有命令。其中，页面最下面的“more”说明命令未显示完全，按空格键将继续显示可以使用的命令。

```
<Huawei>?
User view commands:
  _hidecmd
  arp-ping          ARP-ping
  batch-cmd         Batch commands
  cd                Change current directory
  ce-ping           Ce-ping tool
  check             Check information
  clear             Clear monitor group
  clock             Specify the system clock
  cluster           Run cluster command
  cluster-ftp       FTP command of cluster
  compare           Compare function
  configuration     Configuration interlock
  copy              Copy from one file to another
  debugging         Enable system debugging functions
  delete            Delete a file
  dir               List files on a file system
  display           Display current system information
  fixdisk           Recover lost chains in storage device
  format            Format the device
  ftp               Establish an FTP connection
  hwtacacs-user
  issu              In-Service Software Upgrade (ISSU)
  kill              Release a user terminal interface
  language-mode     Specify the language environment
  license           License commands
  local-user        Add/Delete/Set user(s)
  ---- More ----
```

图 4-17　完全帮助举例

4. 用户命令等级

实际应用中经常出现不同身份的人需要登录网络设备的情况，如设备管理员需要对设备进行升级、配置，现场维护人员需要查看设备的状态、测试链路状态等。VRP 操作系统对命令实行分级管理，以提高设备的安全性。设备管理员可以设置用户级别，不同级别的用户可以使用对应级别的命令行。默认情况下命令等级分为 0～3 级，用户等级分为 0～15 级，如图 4-18 所示。

用户等级	命令等级	最高命令等级名称
0级	0级	访问级
1级	0级，1级	监控级
2级	0～2级	配置级
3～15级	0～3级	管理级

图 4-18　华为设备的用户命令等级

（1）命令等级。

命令等级 0 级为访问级，对应网络诊断工具命令（ping、tracert）、从本设备出发访问外部设备的命令（Telnet 客户端）、部分 display 命令等。

命令等级 1 级为监控级，用于系统维护、查看网络状态及设备基本信息等。

命令等级 2 级为配置级，主要是配置设备的各种命令，包括向用户提供直接网络服务、路由、各个网络层次的命令。

命令等级 3 级为管理级，主要是用于系统运行的命令，对业务提供支撑作用，包括文件系统、FTP、简易文件传送协议（TFTP）、文件交换配置、电源供应控制、备份板控制、用户管理、命令级别设置、系统内部参数设置及用于业务故障诊断的 debugging 命令等。

（2）用户等级。如图 4-18 所示，0 级用户执行 0 级命令，1 级用户执行 0 级命令和 1 级命令，2 级用户执行 0～2 级命令，3～15 级用户执行 0～3 级命令。

通过 Console 口登录设备的用户级别默认为 3 级，拥有最高权限，通过 Telnet 方式登录设备的用户级别默认为 0 级，拥有最低权限。实际应用中可以根据不同的情况设置不同的用户级别。

（3）用户界面（User Interface）。用户界面可以理解为用户登录设备的接口。在登录到设备前，用户要设置用户界面的相关参数。VRP 操作系统支持的用户界面包括 Console 用户界面和 VTY（虚拟终端）用户界面，如图 4-19 所示。控制口（Control Port）是一种通信串行接口，由设备的主控板提供。VTY 是一种虚拟线路接口，用户通过终端与设备建立 Telnet 或 SSH（Secure Shell，一种安全的远程登录协议）连接后，也就建立了一条 VTY 线路，即用户可以通过 VTY 方式登录设备。设备一般最多支持 15 个用户同时通过 VTY 方式访问。不同设备支持的 VTY 接口总数可能不同。

用户界面类型	编号
Console	0
VTY	0～4

图 4-19　系统支持的用户界面类型

5．网络设备的基本配置

（1）关闭和开启终端监视。在设备配置的过程中，界面上经常会出现大段大段的提示信息。这些提示信息会干扰用户配置，因此可以通过关闭终端监视来关闭大量的提示信息。

关闭终端监视：在用户视图下，输入命令“undo terminal monitor”即可。

```
<Huawei>undo terminal monitor
```

开启终端监视：在用户视图下，输入命令“terminal monitor”即可。

```
<Huawei>terminal monitor
```

（2）配置网络设备的名称。

```
<Huawei>system-view                --进入系统视图
[Huawei]sysname RTA                --将路由器的名称设置为RTA
```

（3）配置接口 IP 地址。

```
[RTA]interface GigabitEthernet 0/0/0             --进入接口视图
[RTA-GigabitEthernet0/0/0]ip address 192.168.1.1 24   --配置接口的IP地址
```

（4）保存配置。操作完成后，需将配置保存到内存中，若不保存，设备重启时，配置将会丢失。保存配置前，需先按“Ctrl+Z”退出到用户视图，再输入命令“save”，当出现提示信息“Are you sure to continue?[Y/N]”时，输入“y”。当出现提示信息“Info: Please input the file name (*.cfg, *.zip) [vrpcfg.zip]:”时按回车键，当出现提示信息“Save the configuration successfully.”

时，说明配置保存成功。

```
<RTA>save
The current configuration will be written to the device.
Are you sure to continue?[Y/N]y
Info: Please input the file name ( *.cfg, *.zip ) [vrpcfg.zip]:
Now saving the current configuration to the slot 17.
Save the configuration successfully.
```

（5）为路由器添加模块。路由器在使用过程中，有时候需要给它添加扩展模块。下面以AR1220 路由器为例，介绍为其添加一个串口模块的步骤。

步骤一：新建拓扑，先单击面板左侧的路由器图标，再单击“AR1220”图标，将其拖动到右侧界面空白处，如图 4-20 所示。

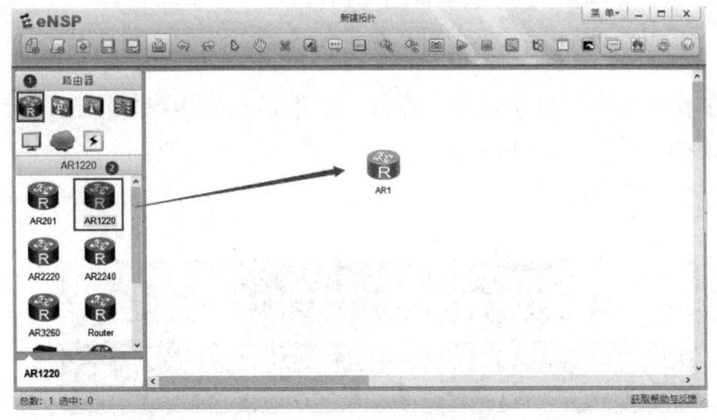

图 4-20　拖动 AR1220 路由器到空白处

步骤二：将光标放在左侧面板最下方的界面上，可以查看 AR1220 路由器的接口描述，如图 4-21 所示。首先选择设备连线选项，然后选择 Copper 图标，最后右击“AR1”图标，可以看到路由器目前有两个千兆以太网接口和 8 个百兆以太网接口，如图 4-22 所示。

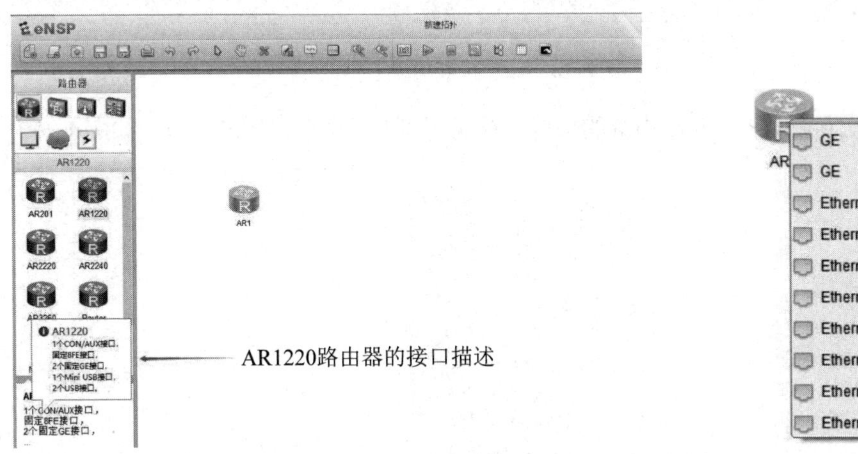

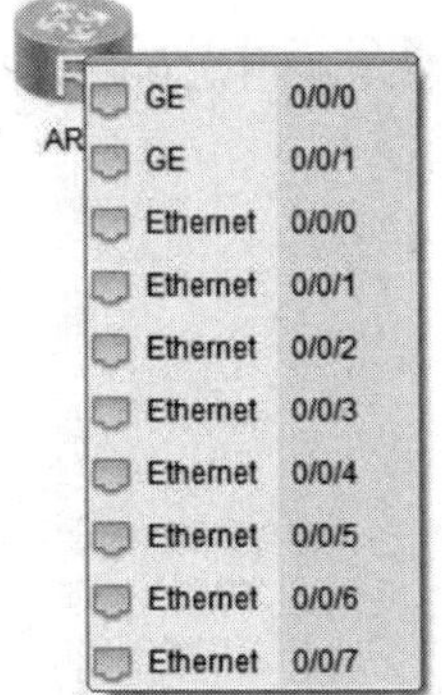

图 4-21　查看 AR1220 路由器的接口描述　　　图 4-22　查看 AR1220 路由器的接口

步骤三：查看了 AR1220 路由器的接口后，右击 AR1 图标，在弹出的快捷菜单中，选择设置选项，进入 AR1220 路由器的硬件视图，如图 4-23 所示。在给路由器添加模块前，要先关闭路由器，否则不能添加模块。硬件视图的左下侧是可以给该路由器添加的扩展接口卡。

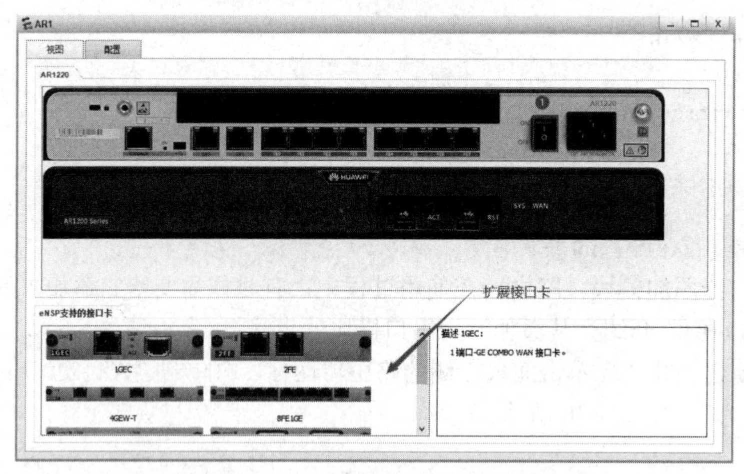

图 4-23　AR1220 路由器的硬件视图

步骤四：选中要添加的扩展接口卡“2SA”（2 端口同异步广域网接口卡），将其拖动到路由器的空白接口槽处，如图 4-24 所示。

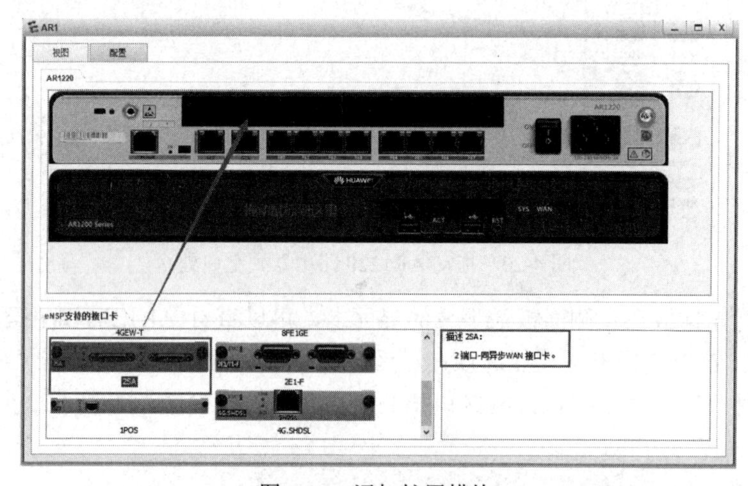

图 4-24　添加扩展模块

步骤五：再次查看 AR1220 路由器的接口，发现它增加了两个广域网接口，如图 4-25 所示。

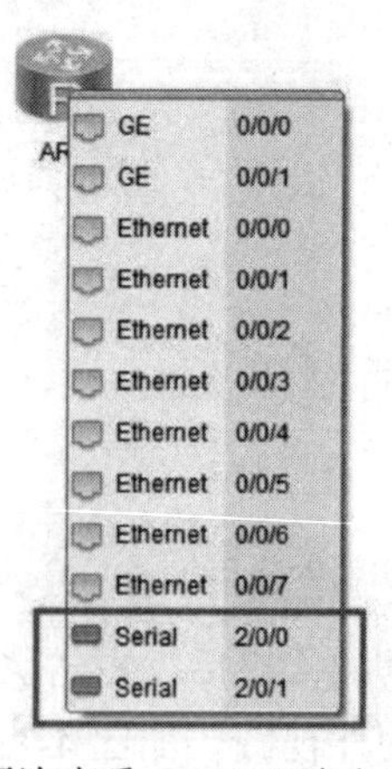

图 4-25　再次查看 AR1220 路由器的接口

任务训练

1. 请使用命令行的帮助功能配置设备的系统时间和日期。
2. 华为网络设备可以同时允许多少个用户使用 Console 口登录？

4.1.3 Console 方式开局配置

视频：网络设备的 Console 配置

路由器进行开局配置需要通过 Console 口登录方式来进行。Console 口是一种符合 RS-232 串口标准的 RJ-45 接口，通常使用 Console 线来连接交换机或路由器的 Console 口与计算机的 COM 口，这样就可以通过计算机实现设备的本地调试和维护。

如图 4-26 所示，对这台新安装的路由器，先用 Console 方式配置路由器的设备名称，再针对路由器的使用安全配置登录密码等信息。

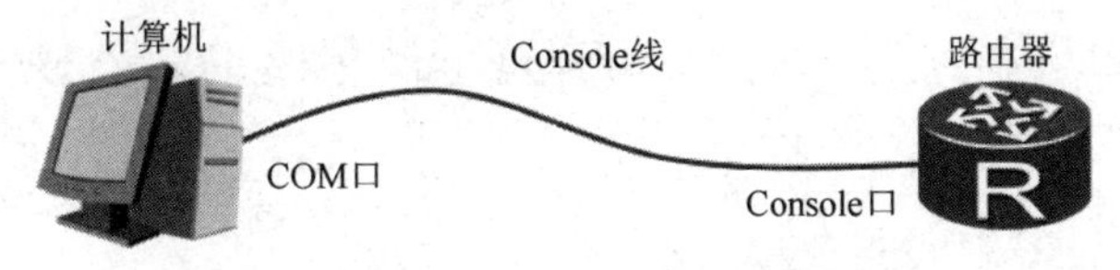

图 4-26　Console 方式开局配置连线图

配置分析：使用 eNSP 模拟器搭建网络拓扑，右击“R1”图标，在弹出的快捷菜单中选择“CLI”选项，就打开了配置窗口，这个操作就相当于使用 Console 口登录路由器进行配置，如图 4-27 所示。

具体步骤：

（1）建立拓扑。打开 eNSP 模拟器，拖动“PC1”图标和“R1”图标到 eNSP 模拟器界面右侧的空白界面中，选中串口线 CTL，连接 PC 的 RS-232 端口和路由器的 Console 口，如图 4-28 所示。

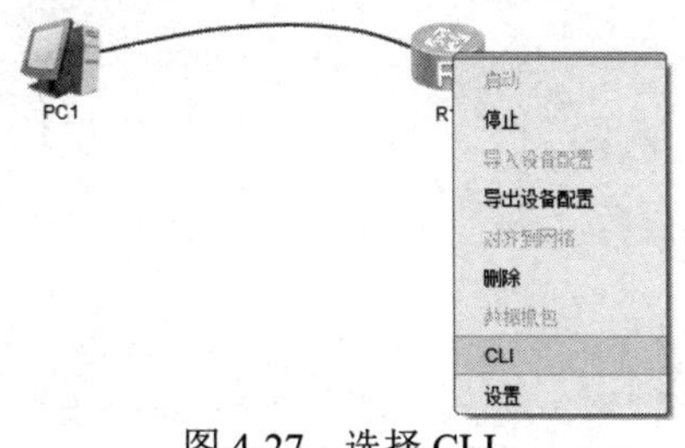

图 4-27　选择 CLI

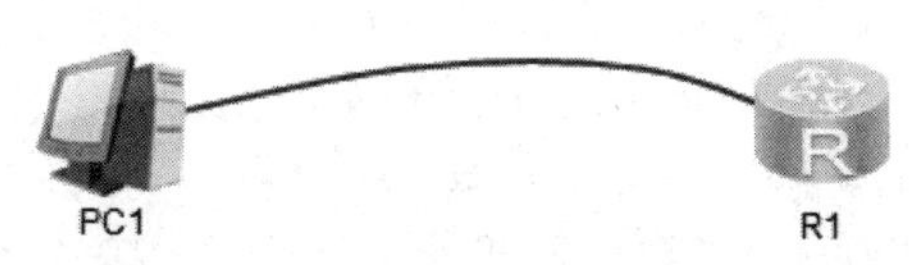

图 4-28　Console 方式开局配置拓扑图

（2）启动设备。分别右击“PC1”图标和“R1”图标，在弹出的快捷菜单中选择“启动”选项，如图 4-29 所示。

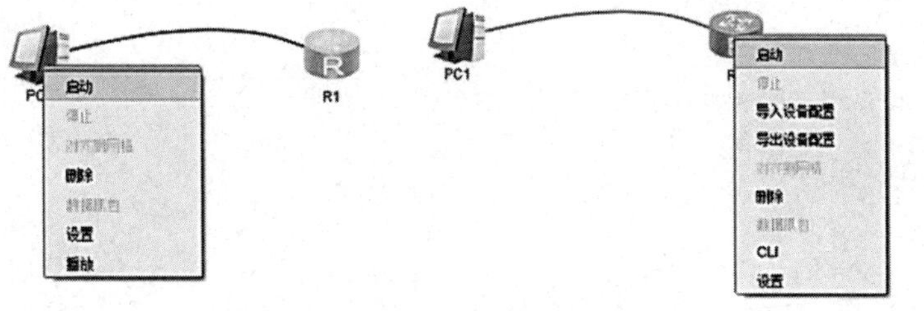

图 4-29　启动计算机和路由器

（3）连接串口。右击 PC1 图标，在弹出的快捷菜单中选择设置选项，会弹出“PC1”对话框，选择“串口”选项卡，单击“连接”按钮。若出现如图 4-30 所示信息，说明连接成功。

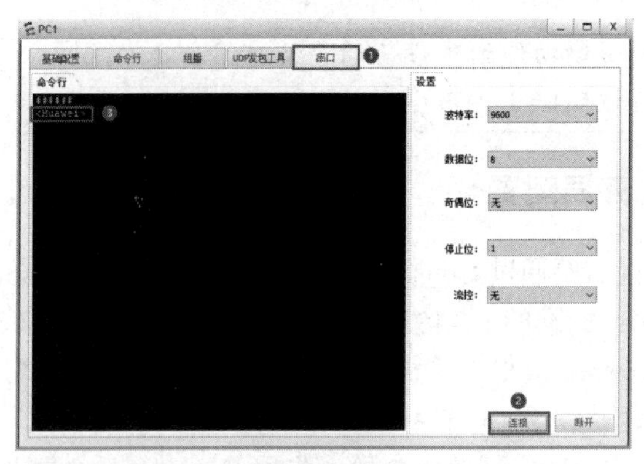

图 4-30　PC 连接串口成功示意图

（4）路由器命名。

```
<Huawei>undo terminal monitor   --关闭终端监视，如果没有这一步，会不断跳出监视信息，干扰配置
Info: Current terminal monitor is off.
<Huawei>system-view    --进入系统视图
Enter system view, return user view with Ctrl+Z.
[Huawei]sysname RTA   --更改路由器名称为 RTA
```

（5）配置路由器接口 GigabitEthernet 0/0/0 的 IP 地址为 192.168.1.254，子网掩码为 255.255.255.0

```
[RTA]interface GigabitEthernet 0/0/0 --进入接口视图，指明要配置哪个接口
[RTA-GigabitEthernet0/0/0]ip address 192.168.1.254 24
--设置接口地址为 192.168.1.254/24
[RTA-GigabitEthernet0/0/0]display this   --查看接口状态
#
interface GigabitEthernet0/0/0
ip address 192.168.1.254 255.255.255.0
#
return #
[RTA-GigabitEthernet0/0/0]quit  --退出接口视图
[RTA]quit          --退出系统视图
```

（6）配置 Console 方式登录路由器的密码。

```
<RTA>system-view     --进入系统视图
[RTA]user-interface console 0     --进入 Console 口设置,Console 口只有一个，编号为 0
[RTA-ui-console0]authentication-mode password   --验证模式为密码
[RTA-ui-console0]set authentication password simple 123   --密码为 123
[RTA-ui-console0]idle-timeout 20 0      --设置空闲时间为 20 分钟 0 秒
[RTA-ui-console0]display this     --查看配置
#
user-interface con 0
authentication-mode password
set authentication password simple 123
idle-timeout 20 0
user-interface vty 0 4
user-interface vty 16 20
#
```

```
return [R1-ui-console0]q   --退出 Console 口设置，q 为 quit 的简写
[RTA]q
<RTA>save                                    --保存配置
```

（7）验证配置。在用户视图下，输入 quit，若出现如图 4-31 所示界面，说明 Console 方式登录密码设置成功。在“password:”后输入上面设置的密码，若出现“<RTA>”的标识，说明密码输入正确，如图 4-32 所示。注意：在输入密码的时候没有任何变化，但是实际上已经输入了，千万不要认为键盘坏掉了，再额外输入。

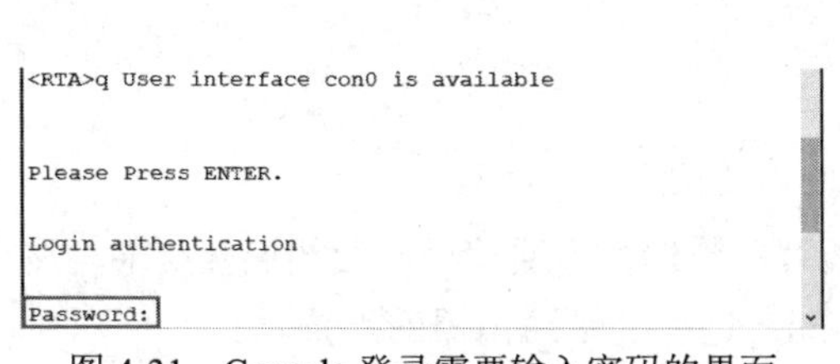

图 4-31　Console 登录需要输入密码的界面

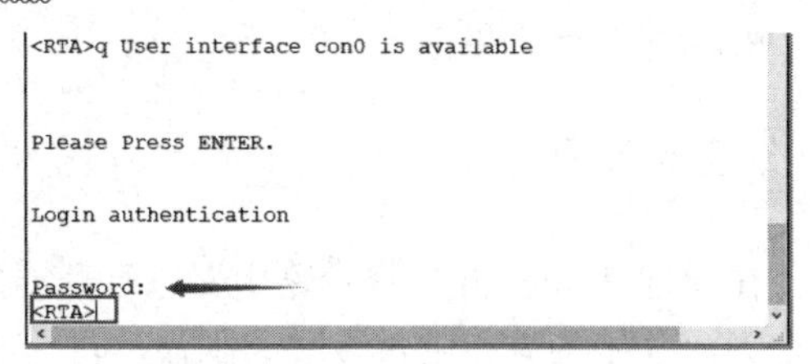

图 4-32　密码输入正确的界面

任务训练

某公司新购买了一台路由器，请你使用 Console 方式为其进行开局配置，其拓扑图如图 4-33 所示，路由器的名称修改为 RTB，管理接口的 IP 地址为 192.168.1.1，子网掩码为 24 位，Console 口登录路由器的密码为 888。请验证配置的正确性。

图 4-33　Console 方式开局配置应用

任务评价

1．自我评价

- ☐ 说出两种型号的 AR 系列路由器。
- ☐ 总结出 Console 配置的应用场合。
- ☐ 归纳 Console 配置的步骤。
- ☐ 能在 eNSP 模拟器中为路由器添加不同的模块。
- ☐ 会使用帮助命令和快捷键查看命令，进而高效配置网络设备。
- ☐ 能完成网络设备的开局配置。

2．教师评价

☐ 优　☐ 良　☐ 合格　☐ 不合格

任务 2　Telnet 设备

任务目标

知识目标：

- 说出 Telnet 配置的应用场合。

- 归纳 Telnet 配置的步骤。

技能目标：

- 能完成网络设备 Telnet 配置。
- 能使用 ping 命令测试设备的连通性。

素养目标：

- 具备分析问题、解决问题的能力。
- 培养严谨细致的工作习惯。

任务分析

在通过 Telnet 方式登录路由器进行开局配置时，管理员需要使用双绞线连接终端与路由器，因此本任务先介绍双绞线的制作，再介绍 Telnet 远程登录路由器的配置。

4.2.1 双绞线的制作

视频：双绞线的制作

双绞线是计算机与交换机、交换机与路由器之间连接时常用的一种传输介质，也就是我们生活中所说的网线，如图 4-34 所示。双绞线由两根具有绝缘保护层的铜导线组成，两根绝缘的铜导线按一定密度互相绞在一起，每根铜导线在传输中辐射出来的电磁波会被另一根线辐射出来的电磁波抵消，有效降低信号干扰的程度。因为双绞线传输抗干扰能力强且价格低廉，在数据通信网中处处可见双绞线的身影，下面将具体介绍双绞线是如何制作的。

图 4-34　双绞线示意图

1. 双绞线制作的工具和材料

在制作双绞线前，我们需要准备好压线钳、RJ-45 水晶头、测试仪、超五类非屏蔽双绞线，分别如图 4-35、图 4-36、图 4-37、图 4-38 所示。

图 4-35　压线钳

图 4-36　RJ-45 水晶头

图 4-37　测试仪

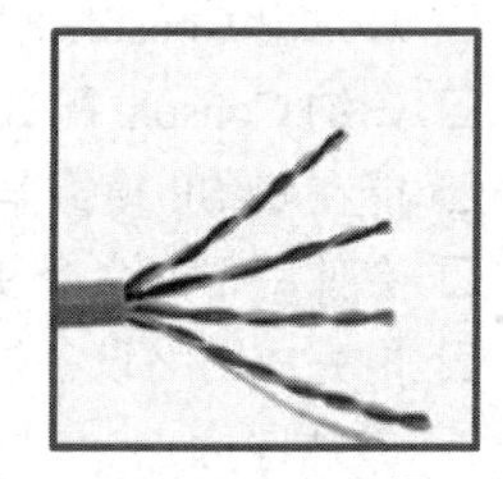

图 4-38　超五类非屏蔽双绞线

2. 双绞线的制作标准

如图 4-39 所示，双绞线由四组两两互相缠绕在一起的铜导线制成，并且每组线的颜色都不一样（本书为黑白印刷，颜色无法显示）。

制作双绞线前，我们需要了解双绞线的两种制作标准：EIA/TIA 568A 和 EIA/TIA 568B，也就是 T568A 和 T568B，如图 4-40 所示。

T568A 的线序：白绿、绿、白橙、蓝、白蓝、橙、白棕、棕。

T568B 的线序：白橙、橙、白绿、蓝、白蓝、绿、白棕、棕。

图 4-39　两两互相缠绕的双绞线

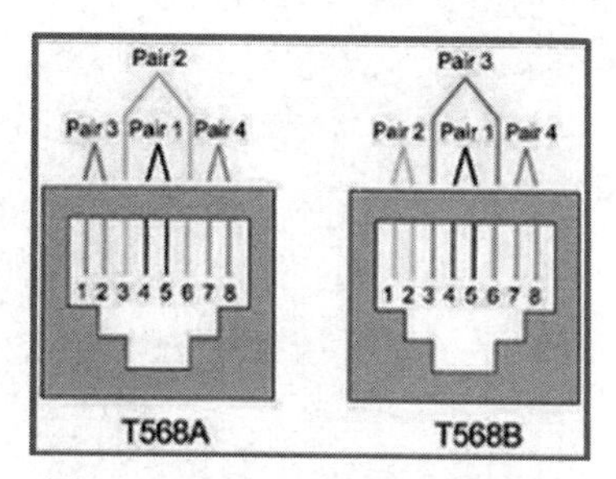

图 4-40　双绞线制作的两种标准

若一条双绞线的两端采用同样的线序，则这条双绞线是直通线；若一条双绞线的一端是 T568A 线序，另一端是 T568B 线序，则这条双绞线是交叉线。当双绞线的两端连接的是同类设备时，如计算机与计算机、路由器与路由器、交换机与交换机，则需要使用交叉线；当双绞线两端连接的是不同类的设备时，如计算机与路由器、计算机与交换机等，则需要使用直通线。

目前，由于 T568B 的性价比更高，因此大部分网络设备与终端连接的双绞线都采用两端均为 T568B 线序的直通线。从可维护性来讲，大部分局域网都采用 T568B 线序制作的双绞线作为传输介质。由于现在的网络设备均能自适应交叉线和直通线，因此在实际工程中，一般都采用直通线来连接。下面以 T568B 线序为例讲解双绞线的制作。

3．双绞线制作的步骤

（1）剪断。用压线钳剪下长度合适的双绞线，双绞线的长度至少为 0.6 米，但不能超过 100 米。

（2）剥线。将上述剪下的双绞线的一段（2～3 厘米）放到压线钳剥线刀口的凹槽里，慢慢地旋转双绞线，直到划开双绞线的外保护套管，此时要特别注意：剥线时用力不能太大，否则可能会将里面双绞线的绝缘层划破，损坏线缆。

（3）理线排序。首先将剪开的双绞线中每组相互缠绕在一起的线缆逐一解开，然后将解开后的线缆依次理顺、捋直，最后按照 T568B 的线序：白橙、橙、白绿、蓝、白蓝、绿、白棕、棕排列，注意线缆间不能留空隙。

（4）剪齐插线。用压线钳将线缆裁剪整齐，剩余部分约为 1.5 厘米。若剩下的线缆过长，可能会导致压制后的水晶头不牢固，剩下的线缆过短，则会导致插入水晶头后的线序混乱。剪完线缆后，左手手指需要紧紧地掐住剩下的线，不能松开，右手拿起 RJ-45 水晶头，RJ-45 水晶头的正面朝上（有弹片的一面朝下），将整理好的线缆插入 RJ-45 水晶头，其中线缆最左边的是第一脚，最右边的是第八脚。插入时，将 8 条线缆同时插入 RJ-45 水晶头内的 8 个线槽，一定要保证每根线缆都紧紧地插入 RJ-45 水晶头的顶端。

（5）压制。在压制前，需要再次检查线序是否正确。确认无误后，将 RJ-45 水晶头放入压线钳的 8P 槽内，然后用力握紧压线钳，听到轻微的“咔嚓”声就说明 RJ-45 水晶头压制成功。若第一次压制时力度不够，可以向后移动握钳的位置，重复压制两次，直至成功。在压制的过程中，要仔细观察 RJ-45 水晶头的顶部，判断铜片是否刺入线缆，若没有刺入，则需要重复压制直至刺入。接下来按照同样的步骤制作双绞线的另一端。

4．测试双绞线

将制作好的双绞线两端分别放入测试仪的测试端口，启动开关。如果测试仪上的 8 个指示灯亮起，并依次闪过，就表示双绞线制作成功，如图 4-41 所示。若某一处的指示灯出现异常，说明双绞线对应的地方出现故障，需要重新制作。

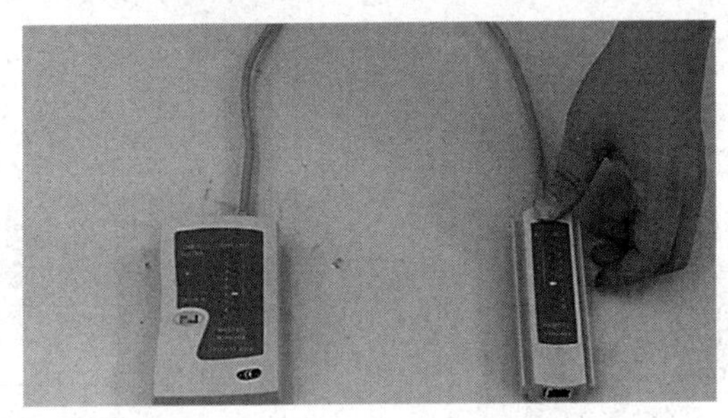

图 4-41　指示灯正确闪烁的双绞线

任务训练

1. 在目前的网络中，使用最广泛的双绞线标准是什么？
2. 若你是网络工程师，组建网络时你会使用如图 4-42 所示的双绞线吗？说说你的理由。

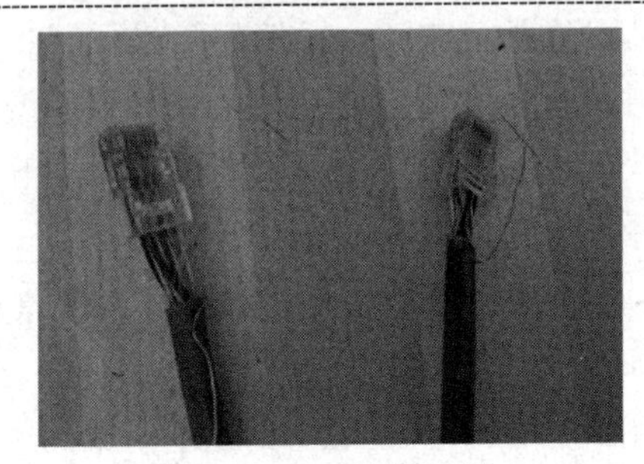

图 4-42　双绞线示例

4.2.2　Telnet 设备配置

视频：Telnet 原理与配置

1．Telnet 简介

若网络中有一台或多台设备需要进行远程配置和管理，此时管理员可以使用 Telnet 协议登录到每一台设备上，对这些设备进行集中配置与管理。特别是在你下班回到家或者出差期间，公司网络出现了故障，你就不必立即赶回公司，而是可以在自己的计算机上远程登录公司的交换机或路由器进行维护，快速找出故障。

2．Telnet 应用场景

Telnet 提供了一个交互式界面，允许终端登录任何一台可以充当 Telnet 服务器的设备。Telnet 用户可以像通过 Console 口本地登录设备一样对设备进行操作，并且 Telnet 服务器与终端之间不需要直接相连，只要能够互相通信即可，如图 4-43 所示。

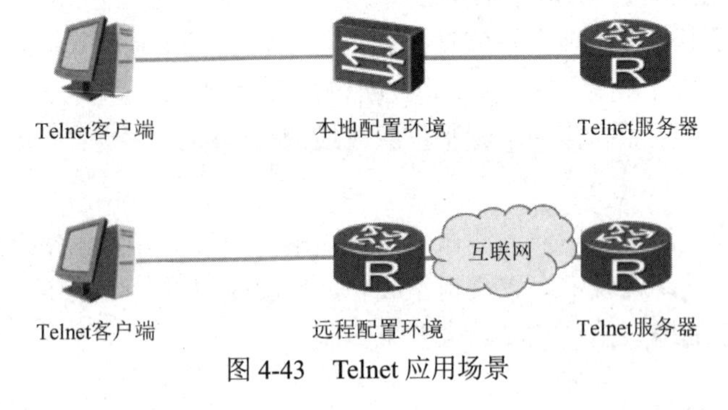

图 4-43　Telnet 应用场景

3. Telnet 的认证方式

Telnet 的认证方式有两种：AAA 认证和密码认证，如图 4-44 所示。AAA 认证方式要求 Telnet 客户端输入正确的用户名和密码才允许访问 Telnet 服务器，密码认证方式 Telnet 客户端只要输入正确的密码就能访问 Telnet 服务器，其中，用户名和密码都需要先在 Telnet 服务器上进行认证配置。

认证方式	描述
AAA 认证	AAA 认证，登录时需要输入用户名和密码
密码认证	登录时只需要输入密码即可

图 4-44 Telnet 的认证方式

4. 远程登录设备步骤

假设你是网络管理员，为了方便对网络设备的远程管理，现在需要对被远程登录的路由器进行远程登录权限的设置，其中 RTA 作为终端用户，RTB 作为被远程登录的路由器。IP 地址规划如图 4-45 所示。

（1）密码认证方式远程登录设备。

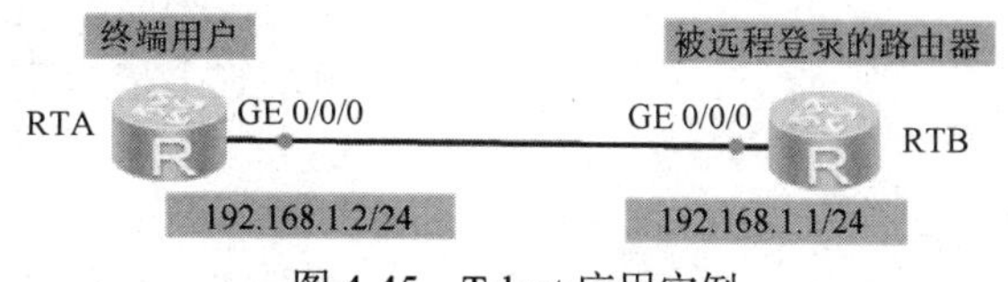

图 4-45 Telnet 应用实例

配置分析：为了能在终端用户 RTA 上使用密码远程登录路由器 RTB，首先需要在 RTA 和 RTB 上配置接口 IP 地址，且它们都属于同一网段，然后测试二者之间能否互相通信，接下来在 RTB 上配置开启远程登录服务，配置认证模式为密码认证，密码设为 666，最后设置用户的等级为 3 级。

具体步骤：

步骤一：新建拓扑。

首先将两个路由器图标拖动到空白界面处，如图 4-46 所示。然后选择路由器 R1，单击“R1”图标下面的标签，如图 4-47 所示，输入“RTA”便可修改该设备的标签名。用同样的方法修改路由器 R2 的标签名为“RTB”，如图 4-48 所示。

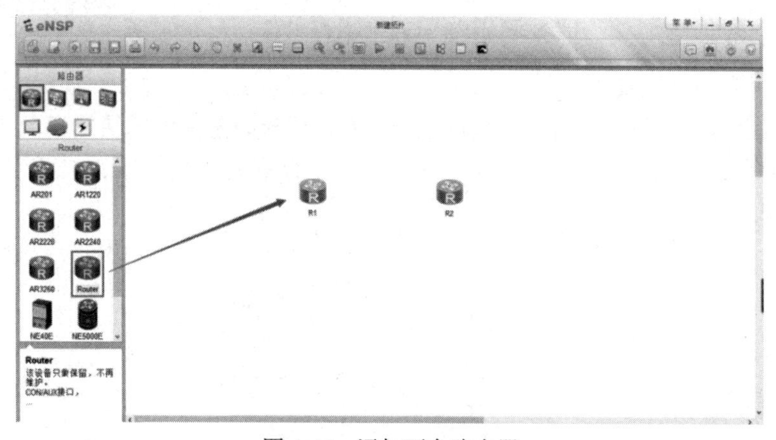

图 4-46 添加两台路由器

单击 Copper 图标，连接两台路由器的 GE0/0/0 接口，这里的 GE 表示接口为千兆以太网接口，如图 4-49 所示。连接成功后，界面如图 4-50 所示。

图 4-47　选中路由器的标签

图 4-48　修改路由器的标签名

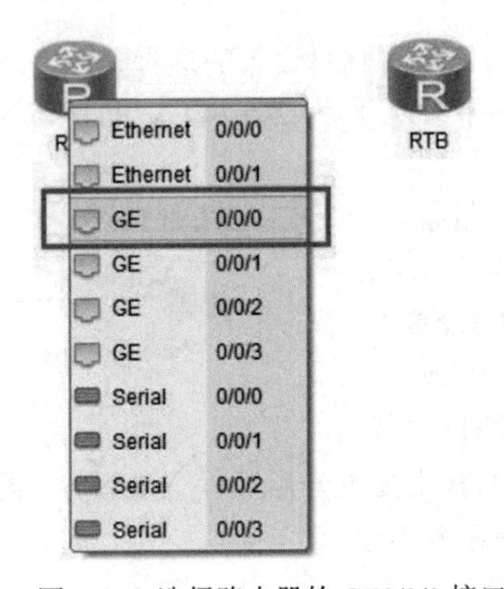

图 4-49　选择路由器的 GE0/0/0 接口

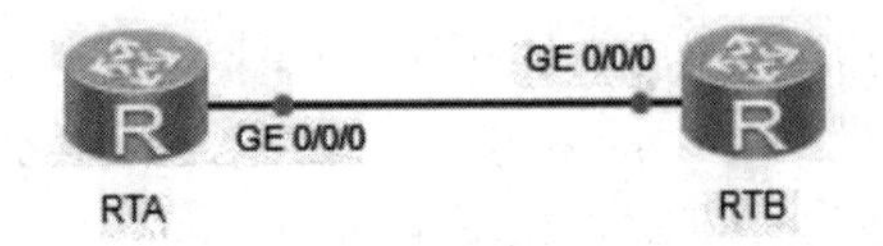

图 4-50　连接两台路由器

步骤二：网络通信配置。

① 启动路由器：拖动鼠标选中两台路由器，右击鼠标，在弹出的快捷菜单中选择“启动”选项即可启动所有选中的设备，如图 4-51 所示。路由器启动成功如图 4-52 所示。

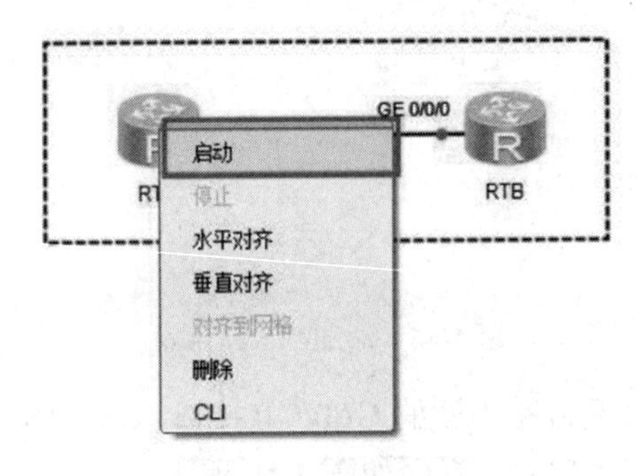

图 4-51　启动路由器

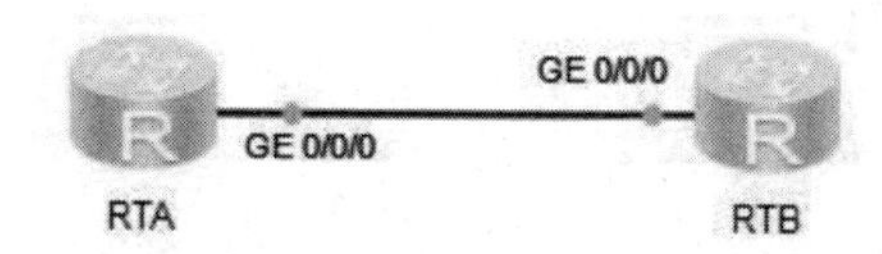

图 4-52　路由器启动成功

② 配置路由器 RTA 的接口 IP 地址。

```
<Huawei>undo terminal monitor  --关闭终端监视，以免干扰配置
<Huawei>system-view            --进入系统视图
[Huawei]sysname RTA            --将路由器的名称修改为RTA
[RTA]interface GigabitEthernet 0/0/0   --进入G0/0/0接口
[RTA-GigabitEthernet0/0/0]ip address 192.168.1.2 24 --配置接口IP地址为192.168.1.2，子网掩码为24位
[RTA-GigabitEthernet0/0/0]display this    --显示接口信息
#
interface GigabitEthernet0/0/0
 ip address 192.168.1.2 255.255.255.0
#
return
```

③ 配置路由器 RTB 的接口 IP 地址。

```
<Huawei>undo terminal monitor  --关闭终端监视，以免干扰配置
<Huawei>system-view            --进入系统视图
[Huawei]sysname RTB            --将路由器的名称修改为RTB
[RTB]interface GigabitEthernet 0/0/0   --进入G0/0/0接口
[RTB-GigabitEthernet0/0/0]ip address 192.168.1.1 24 --配置接口IP地址为192.168.1.1，子网掩码为24位
[RTB-GigabitEthernet0/0/0]display this    --显示接口信息
#
interface GigabitEthernet0/0/0
 ip address 192.168.1.1 255.255.255.0
#
return
```

④ 用 ping 命令测试路由器 RTA 与 RTB 的连通性。

```
[RTB-GigabitEthernet0/0/0]quit
[RTB]quit
<RTB>ping 192.168.1.2
  PING 192.168.1.2: 56  data bytes, press CTRL_C to break
    Reply from 192.168.1.2: bytes=56 Sequence=1 ttl=255 time=60 ms
    Reply from 192.168.1.2: bytes=56 Sequence=3 ttl=255 time=10 ms
    Reply from 192.168.1.2: bytes=56 Sequence=3 ttl=255 time=10 ms
    Reply from 192.168.1.2: bytes=56 Sequence=4 ttl=255 time=50 ms
    Reply from 192.168.1.2: bytes=56 Sequence=5 ttl=255 time=50 ms
  --- 192.168.1.2 ping statistics ---
    5 packet(s) transmitted
    5 packet(s) received
    0.00% packet loss
    round-trip min/avg/max = 10/42/60 ms
```

从上述结果可以看出，路由器 RTA 与路由器 RTB 之间能够正常通信。

步骤三：Telnet 服务配置。

① 路由器 RTB 配置 Telnet 服务。

```
<RTB>system-view                --进入系统视图
[RTB]telnet server enable       --路由器 RTB 开启 Telnet 服务
[RTB]user-interface vty 0 4  --进入 Telnet 用户所对应的虚拟接口编号 0～编号 4
[RTB-ui-vty0-4]authentication-mode password --配置 Telnet 认证方式为密码认证
[RTB-ui-vty0-4]set authentication password simple 666 --配置认证密码为明文密码 666
[RTB-ui-vty0-4]user privilege level 3 --配置 Telnet 用户等级为 3 级
[RTB-ui-vty0-4]display this              --显示配置信息
#
user-interface con 0
user-interface vty 0 4
 user privilege level 3
 set authentication password simple 666
user-interface vty 16 20
#
return
```

② 在终端用户 RTA 上验证配置。

在终端用户 RTA 的用户视图下，输入命令“telnet 192.168.1.1”，等待片刻后，出现信息“password:”，在键盘上输入密码“666”，若显示提示信息“<RTB>”，就说明终端用户 RTA 能够远程登录到路由器 RTB 上，如图 4-53 所示。

（2）AAA 认证方式远程登录设备。

配置分析：AAA 认证方式的配置与密码认证方式的配置不同的地方是在路由器 RTB 上配置远程登录服务时，首先需要创建一个用户 user，密码为密文密码 888，设置用户级别为 3 级，并且用户能够通过 Telnet 协议登录。进入 Telnet 用户的虚拟接口后，将认证方式配置为 AAA 认证。

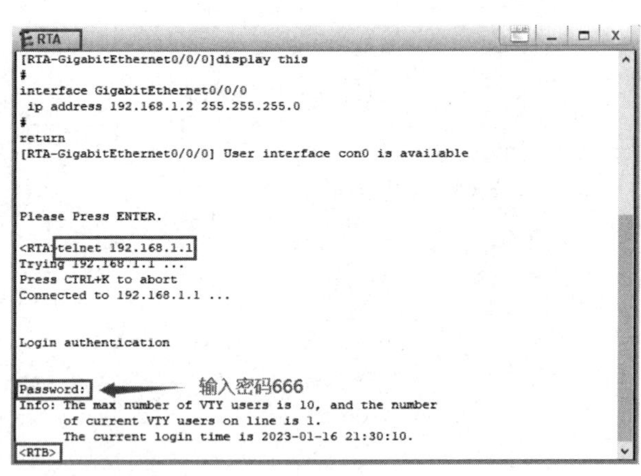

图 4-53　验证远程登录是否成功

具体步骤：

步骤一：参考“密码认证方式远程登录设备”的步骤一。

步骤二：参考“密码认证方式远程登录设备”的步骤二。

步骤三：Telnet 服务配置。

① 创建用户。

```
[RTB]aaa                              --进入 AAA 视图
[RTB-aaa]local-user user password cipher 888 --创建用户 user，密码为密文密码 888
Info: Add a new user.
[RTB-aaa]local-user user privilege level 3     --设置 user 的用户等级为 3 级
[RTB-aaa]local-user user service-type telnet   --设置 user 能够通过 Telnet 协议登录
```

② Telnet 服务配置。

```
[RTB-aaa]q                     --退出 AAA 视图
[RTB]user-interface vty 0 4    --进入 Telnet 用户所对应的 VTY 虚拟接口编号 0～编号 4
[RTB-ui-vty0-4]authentication-mode aaa     --设置用户认证方式为 AAA 认证
[RTB-ui-vty0-4]user privilege level 0      --设置 VTY 的默认用户级别
```

③ 在终端用户 RTA 上验证配置。

在终端用户 RTA 的用户视图下，输入命令“telnet 192.168.1.1”，等待片刻后，出现输入用户名和密码的地方，按照配置输入正确的用户名“user”和密码“888”，若显示提示信息“<RTB>”，就说明终端用户 RTA 能够远程登录到路由器 RTB 上，如图 4-54 所示。

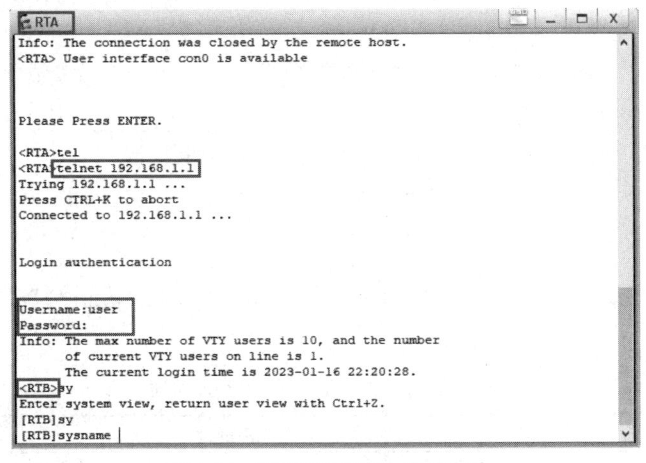

图 4-54　验证远程登录是否成功

任务训练

1. 请总结远程登录设备采用密码认证和 AAA 认证在配置上的区别。
2. 请总结 Telnet 的应用场景。

任务评价

1. 自我评价

□ 说出 Telnet 配置的应用场合。

□ 归纳 Telnet 配置的步骤。

□ 能完成网络设备 Telnet 配置。

□ 能使用 ping 命令测试设备的连通性。

2. 教师评价

□ 优　□ 良　□ 合格　□ 不合格

项目实施：华为网络设备的开局配置

实施条件

为了能够在 eNSP 模拟器中模拟该项目，需要完成以下准备：

（1）学生 4 人为一组，分别任项目组长、设备工程师、配置工程师、测试工程师职位。

（2）通用路由器 2 台，PC1 台。

（3）配置线缆若干。

实施步骤

1．部署网络拓扑

按照图 4-55 连接硬件。

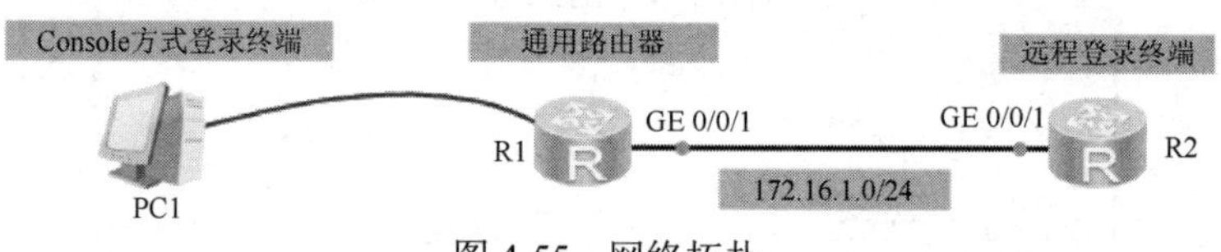

图 4-55　网络拓扑

2．数据规划

根据项目要求和网络拓扑中的 IP 地址规划，为各设备的接口分配 IP 地址，并填写到表 4-2 中。

表 4-2　路由器接口 IP 地址分配表

设备节点	接口名称	IP 地址	子网掩码
R1	GE0/0/1	172.16.1.1	255.255.255.0
R2	GE0/0/1		

3．设备配置

（1）PC1 连接串口。

（2）修改路由器 R1 的名称。

____

（3）配置路由器 R1 GE0/0/1 接口的 IP 地址，同时将该接口作为管理接口。

____

____

（4）将路由器 R1 配置为通过 Console 方式进行登录，认证方式为密码认证，且密码为明文密码 123，同时设置会话空闲时间为 20 分钟。

____

____

（5）完全退出路由器 R1，验证通过 Console 方式登录路由器是否成功。若成功，请继续后面的操作。若不成功，请尝试独立解决问题，并将原因及解决方法填写在下面的横线上。

____

____

（6）配置路由器 R2 GE0/0/1 接口的 IP 地址。

____

____

（7）验证路由器 R1 与路由器 R2 之间是否能通信。若能通信，请继续后面的操作。若不能通信，请尝试独立解决问题，并将原因及解决方法填写在下面的横线上。

____

____

（8）路由器 R1 配置为允许远程登录，认证方式为 AAA 认证，用户名为 huawei，密码为密文密码 456，用户等级为 3 级，允许该用户通过 Telnet 协议登录。

____

____

（9）路由器 R1 配置 Telnet 服务，进入 VTY 虚拟接口，认证方式为 AAA 认证，设置 VTY 默认用户级别为 0 级。

____--退出 AAA 视图

____

（10）在路由器 R2 上验证远程登录路由器 R1 是否成功。

在路由器 R2 的用户视图下，输入命令____________________________，然后输入用户名____________和密码____________，若能成功登录路由器 R1，则会显示标签<R1>。若不能成功登录，请尝试独立解决问题，并将原因及解决方法填写在下面横线上。

____

拓展阅读：能上天的空间路由器

互联网对于人们的生活、工作起着非常重要的作用，但是，由于沙漠、山脉和海洋等自然环境因素，全球仍有近一半的人无法使用互联网。那么，如何解决一些地区上网不便的问题呢？

以空间路由器为核心的天地一体化网络系统将着力解决这一问题，为全球无网络覆盖区域的互联网接入提供有力支撑，为空、天、地、海各区域的用户提供互联网服务。

2018 年 10 月 25 日凌晨 6 时 57 分，由国防科技大学自主设计与研制的我国首台空间路由器，在太原卫星发射中心搭载长征四号乙运载火箭发射升空，准确进入预定轨道。此次发射任务的圆满成功，标志着我国首台空间路由器正式进入在轨验证试验阶段。该空间路由器采用具备自主知识产权的路由器操作系统和网络协议栈，具备软件定义能力，同时支持 IPv4、IPv6 等网络协议。

2021 年 4 月 27 日上午，由中国科学技术大学未来网络实验室自主研发的国内外首款自组网空间路由器，搭载“齐鲁一号”卫星，在太原卫星发射中心由长征六号运载火箭成功发射。卫星顺利进入预定轨道，实现国内首次采用“天基互联网+小卫星”模式的创新遥感应用。

空间路由器是构建空间网络基础设施的核心装备，可实现带有探测、处理和分发载荷等卫星节点的动态组网，为空间信息的体系化应用建立网络基础。空间路由器基于设备 ID 路由和寻址，实现身份与地址分离，打破 TCP/IP 协议端到端传输机制，具备空间自组网、链路智能感知、存储转发、逐跳确认、断点续传等功能，实现了超低链路带宽及不可靠链路条件下的数据可靠传输。

2023 年 1 月 15 日上午 11 时 14 分，装备着由中国科学技术大学未来网络团队自主研发的国内外首款自组网空间路由器的“齐鲁二号”“齐鲁三号”卫星，在太原卫星发射中心搭载长征二号丁运载火箭成功发射升空，顺利进入预定轨道，系统工作正常，发射任务取得圆满成功，如图 4-56 所示。“齐鲁二号”“齐鲁三号”卫星与装备着同款空间路由器并已在轨正常运行 20 个月的“齐鲁一号”卫星的聚首，标志着以空间路由器为核心的空间网络在轨验证系统建设圆满完成，有力推动了我国天基资源网络化服务的发展，首次实践了“天基互联+遥感小卫星”创新应用模式。

首台装备于“齐鲁一号”卫星的空间路由器已在轨运行 20 余月，支撑“齐鲁一号”卫星完成对地观测任务 2000 余次，在生态环境保护、应急救援、城市基建等方面发挥了重要作用，此次“齐鲁”系列卫星的发射并组网将全面提升空间路由器的综合服务能力。2021 年，感知、计算、存储一体化的自组网空间路由器入选了世界互联网领先科技成果和未来网络领先创新科技成果奖。

图 4-56　装备着空间路由器的“齐鲁二号”“齐鲁三号”卫星成功发射

读后思考：

1．空间路由器与普通路由器相比，有什么优势？

2．我国首台空间路由器的发射有什么现实意义？

课后练习

1．若要更改路由器的名称，应输入命令（　　）。

A．<Huawei>sysname R1　　B．[Huawei]sysname R1

C．[Huawei]system R1　　D．<Huawei>system R1

2．查看路由器当前配置的命令是（　　）。

A．<R1> display current-configuration　　B．<R1>display saved-configuration

C．[R1-GigabitEthernet0/0/0]display　　D．[R1] show current-configuration

3．在系统视图下输入命令（　　）可以切换到用户视图。

A．system-view　　B．router

C．quit　　　　D．user-view

4．VRP 的全称是（　　）。

A．Versatile Routing Platform　　　　B．Versatile Routine Platform

C．Virtual Routing Platform　　　　D．Virtual Routing Plane

5．若要保存华为路由器的当前配置，应输入命令（　　）。

A．[R1]save　　　　B．<R1>save

C．<R1>copy current startup　　　　D．[R1] copy current startup

6．若给路由器的接口配置 IP 地址，下面的命令错误的是（　　）。

A．[R1]ip address 192.168.1.1 24

B．[R1-GigatbitEthernet0/0/0]ip address 192.168.1.1 24

C．[R1-GigatbitEthernet0/0/0]ip address 192.168.1.1 255.255.255.0

D．[R1-GigatbitEthernet0/0/0]ip add 192.168.1.1 255.255.255.0

7．VRP 操作系统将命令划分为访问级、监控级、配置级、管理级四个等级。能运行各种业务配置命令但不能操作文件系统的是（　　）。

A．访问级　　B．监控级　　C．配置级　　D．管理级

8．VRP 操作系统将命令划分为访问级、监控级、配置级、管理级四个等级。用于查看网络状态和设备基本信息的是（　　）。

A．访问级　　B．监控级　　C．配置级　　D．管理级

9．（多选）在路由器上创建用户 user，允许 Telnet 用户远程登录配置路由器，且用户的权限级别为 3 级，需要配置的命令是（　　）。

A．[R1-aaa]local-user user password cipher 123 privilege level 3

B．[R1-aaa]local-user user service-type telnet

C．[R1-aaa]local-user user password cipher 123

D．[R1-aaa]local-user user service-type terminal

10．通过 Console 口登录配置路由器，只需要密码进行身份验证，正确配置身份验证模式的命令是（　　）。

A．[R1-ui-console0]authentication-mode password

B．[R1-ui-console0]authentication-mode aaa

C．[R1-ui-console0]authentication-mode Radius

D．[R1-ui-console0]authentication-mode scheme

11．用户使用 Telnet 协议成功登录路由器后，无法使用配置命令配置接口的 IP 地址，可能的原因是（　　）。

A．用户的 Telnet 终端软件不允许用户配置设备接口的 IP 地址

B．没有正确设置 Telnet 用户的验证方式

C．没有正确设置 Telnet 用户的级别

D．没有正确设置 SNMP 参数

项目 5

组建 VLAN

企业在组建内部局域网时，若所有终端都处于同一个广播域，会引起网络性能下降，也容易发生网络安全事件，如 ARP 恶意攻击，会造成大面积网络故障，且排查故障非常困难，恢复时间较长。虽然前面介绍的子网划分进行数据隔离能够解决上述问题，但因为路由器的价格较贵，若划分的子网太多就需要购买具有大量网络接口的路由器，这会极大地增加组网成本。因此，为了实现企业中各业务部门的数据隔离，并降低组网成本，企业可采用 VLAN 技术。

项目描述

某智能制造有限公司的行政楼组建企业局域网，行政楼有三层，分布有产品展厅、办公室、大厅接待台等 8 个科室，共 66 个接入点，在每一层的楼道口安装了一台 24 口的接入层交换机，行政楼网络拓扑图如图 5-1 所示。

根据行政楼各科室的需要，既要保证它们之间的通信顺畅，又要保证各部门之间相互独立，所以采用 VLAN 技术保证科室之间的数据互不干扰，提高各科室的通信效率，同时能防止广播风暴。使用三层交换机来实现 VLAN 之间的路由，保证各科室之间的数据互联互通。

项目 5 任务分解如图 5-2 所示。

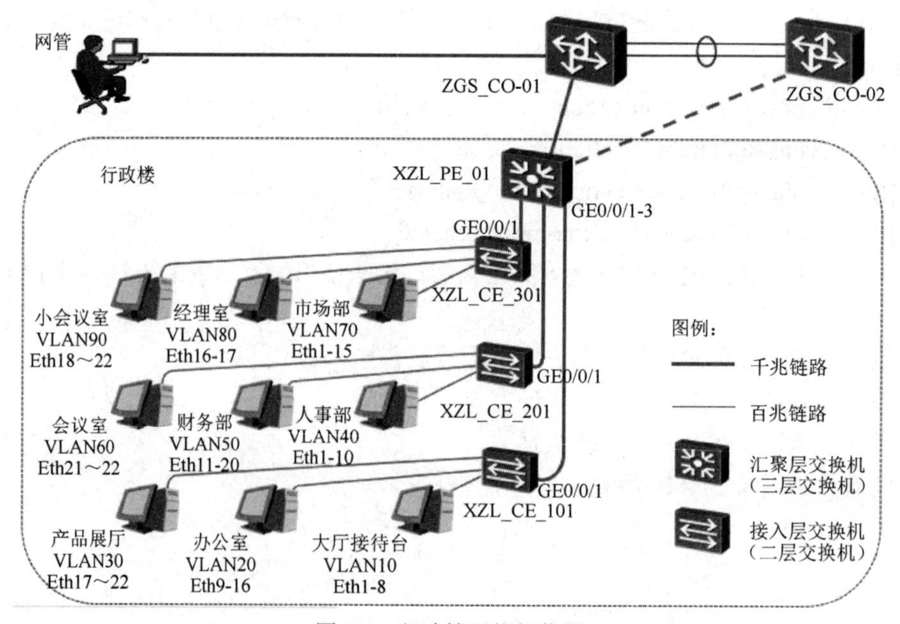

图 5-1　行政楼网络拓扑图

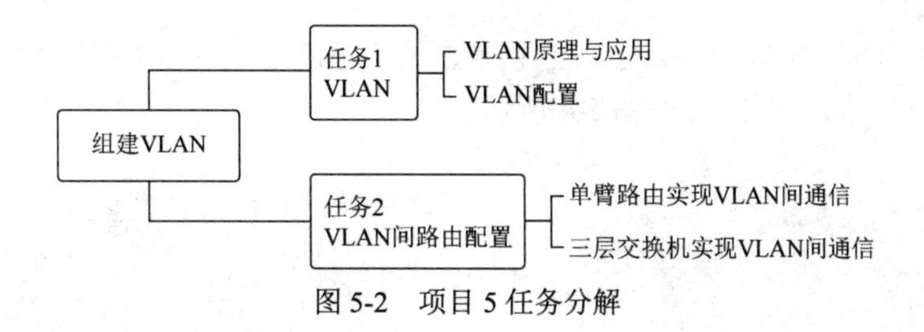

图 5-2　项目 5 任务分解

任务 1　VLAN

任务目标

知识目标：

- 说出 VLAN 的应用场合及优点。
- 说出 VLAN 隔离通信的原理。
- 识别网络中的干道链路与接入链路。
- 识别网络中的 Trunk 端口与 Access 端口。

技能目标：

- 能在 eNSP 模拟器中创建 VLAN，能基于端口划分 VLAN。
- 能验证 VLAN 通信。
- 能排查网络故障。

素养目标：

- 牢固树立大局意识，形成一定的社会责任感。

任务分析

本任务先介绍 VLAN 原理及应用，主要介绍了 VLAN 产生的背景、VLAN 的优势、VLAN 帧的格式、VLAN 的链路类型及端口类型，再介绍 VLAN 的配置，以实现 VLAN 数据隔离的目的。

5.1.1　VLAN 原理与应用

视频：VLAN 原理与应用

1. VLAN 简介

1）VLAN 的概念

众所周知，早期的以太网是基于 CSMA/CD 协议的共享总线型网络。随着网络中计算机的数量越来越多，传统以太网开始面临冲突严重、广播泛滥及安全性无法保障等问题。交换机虽然能够解决冲突严重的问题，但是不能隔离广播域和提升网络的安全性。

在这种背景下产生了 VLAN 技术。VLAN 技术是将一个物理局域网在逻辑上划分成多个广播域（多个 VLAN）的通信技术，每个 VLAN 都由一组具有相同需求的计算机组成，与物理上形成的局域网具有相同的属性。但因为 VLAN 是在逻辑上进行划分的，不是在物理上进行划分的，所以同一 VLAN 内的计算机并不需要部署在同一个物理空间内。划分 VLAN 后，同一 VLAN 内的计算机可以互相通信，VLAN 间的计算机不能互相通信。即使两台计算机在同一网段，但它们属于不同的 VLAN，它们各自的广播流量就不会相互转发，从而将广播包限制在一个 VLAN 内，如图 5-3、图 5-4 所示。

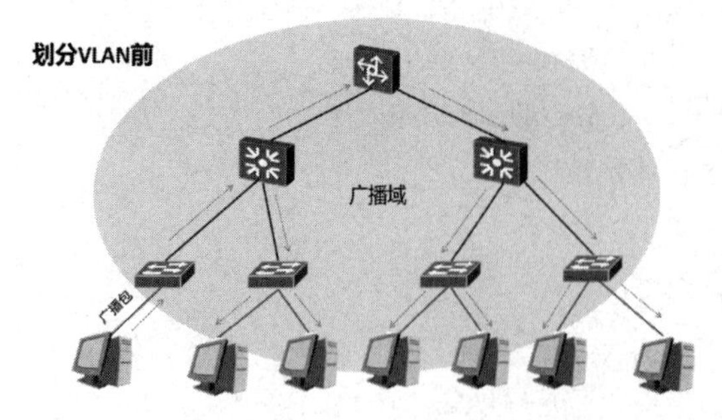

图 5-3　划分 VLAN 前广播流量泛滥

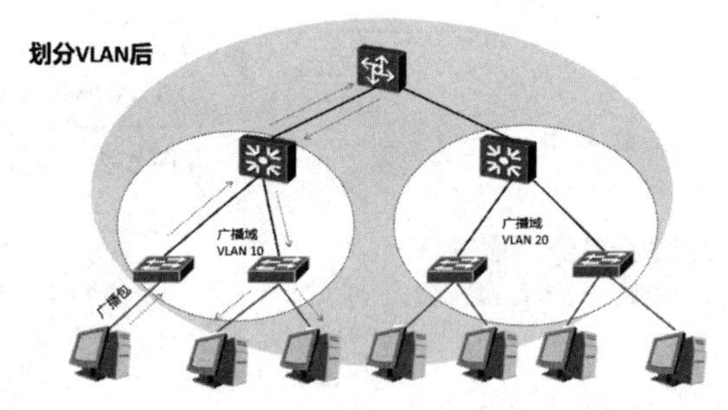

图 5-4　划分 VLAN 后广播流量限制在一个 VLAN 内

从上述介绍中可以总结出 VLAN 具有如下优势：

（1）减少广播风暴：VLAN 最大的优势是隔离冲突域与广播域。试想，如果一个局域网内有上百台计算机，一旦产生广播风暴，那么整个网络就会彻底的瘫痪。划分 VLAN 后，广播流量被限制在一个 VLAN 内，减少了广播风暴，节省了网络带宽，提升了网络处理效率。

（2）提高网络的健壮性：划分 VLAN 后，网络故障被限制在一个 VLAN 内，本 VLAN 内的网络故障不会影响其他 VLAN 的正常工作。

（3）提升网络的安全性：划分 VLAN 后，不同 VLAN 内的数据包不会跨 VLAN 传输，不同 VLAN 内的用户在没有三层路由的前提下无法互相访问，提升了网络的安全性。

（4）提高网络组建的灵活性：利用 VLAN 可以将不同的用户划分到不同的工作组，同一工作组的用户也不必局限在固定的物理范围内，使得网络组建与维护更加方便灵活。

2）VLAN 帧格式

为了区分不同 VLAN 的数据帧，需要在数据帧中添加标识 VLAN 信息的字段，这就是 IEEE 定义的 VLAN 标签（VLAN Tag）。

VLAN 技术的出现，使得现有的交换网络中存在两种以太网帧：不带 VLAN 标签的标准以太网帧和带 VLAN 标签的以太网帧，其格式如图 5-5 所示。

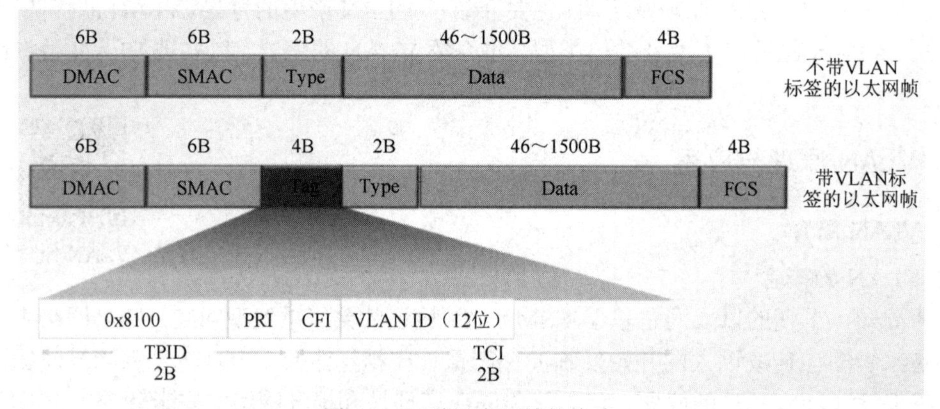

图 5-5　两种以太网帧的格式

从图 5-5 中可以看出，VLAN 标签占 4 个字节，在 SMAC 字段和 Type 字段之间。其中，TPID（Tag Protocol IDentifier，标签协议标识）占 2 个字节，华为设备取固定值 0x8100，是 IEEE 定义的新类型，表明这是一个携带 802.1Q 标签的帧。TCI（Tag Control Information，标签控制信息）占 2 个字节，包含帧的控制信息，其中的 VLAN ID 占 12 位，用来区分不同的 VLAN。

在华为 X7 系列交换机中，可配置的 VLAN ID 范围为 0～4095，但 0 和 4095 在协议中规定为保留的 VLAN ID，不能给用户使用，因此在实际应用中，可使用的 VLAN ID 范围为 1～4094。

这个 VLAN 标签由交换机来添加，如图 5-6 所示。计算机发出的以太网帧通常不携带以太网标签（VLAN 标签），称为 Untagged 帧，这个帧到达交换机 1 的接口后，交换机 1 会先为其添加一个接口所属的 VLAN 标签，再发送出去。

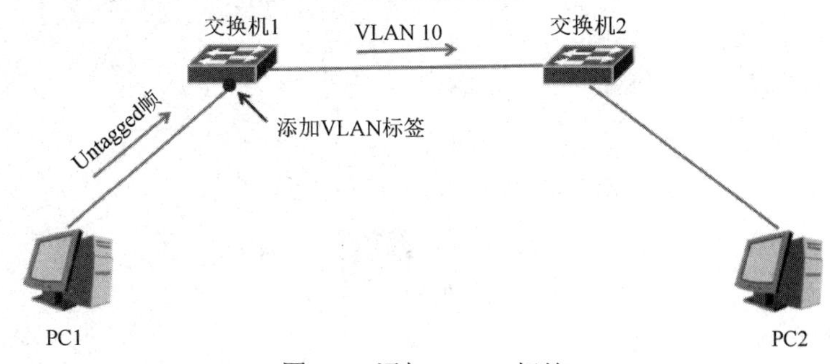

图 5-6　添加 VLAN 标签

2. VLAN 的划分方式

交换机是如何给数据帧添加 VLAN 标签的呢？这涉及 VLAN 的划分方式。一般给数据帧添加标签的方式有以下五种。

（1）基于端口。基于端口划分 VLAN 是应用最广泛、最有效的一种方式，目前绝大多数支持 VLAN 协议的交换机都采用这种划分方式。这种方式明确指定交换机的端口属于哪个 VLAN，当用户计算机连接到交换机的端口上时，就被分配到对应的 VLAN 中。该方式需要网络管理员手动配置。

（2）基于源 MAC 地址。交换机根据收到数据帧的源 MAC 地址为其添加 VLAN 标签，这种方式需要网络管理员对每一个接入交换机的计算机配置 MAC 地址与 VLAN 的映射关系表，管理不方便，实际应用很少。

（3）基于网络层协议。交换机根据收到数据帧的协议域添加 VLAN 标签，这种方式需要网络管理员配置协议域与 VLAN ID 的映射关系表，应用面很窄，实际应用很少。

（4）基于 IP 地址。交换机根据收到数据包中的 IP 地址添加 VLAN 标签，因为要额外分析 IP 数据包首部，消耗交换机资源，实际应用很少。

（5）基于策略。这种 VLAN 划分方式安全性很高，可基于 MAC 地址+IP 地址、MAC 地址+IP 地址+接口划分，实现精准控制，但是配置复杂，消耗资源多，实际应用更少。

通常都是基于端口给数据帧添加 VLAN 标签，此时用 PVID（Port VLAN ID、端口 VLAN ID）配置接口的 VLAN ID，如图 5-7 所示。

3. VLAN 的链路类型

如图 5-8 所示，划分 VLAN 后，交换网络中有两种链路类型：接入链路（Access Link）和干道链路（Trunk Link）。

接入链路：连接用户计算机和交换机的链路。通常情况下，计算机并不需要知道自己属于哪个 VLAN，计算机硬件通常也不能识别带有 VLAN 标签的帧。因此，计算机发送和接收的帧都是 Untagged 帧。

干道链路：交换机与交换机相连的链路。干道链路上通过的数据帧一般为带 VLAN 标签的帧，也允许通过 Untagged 帧。

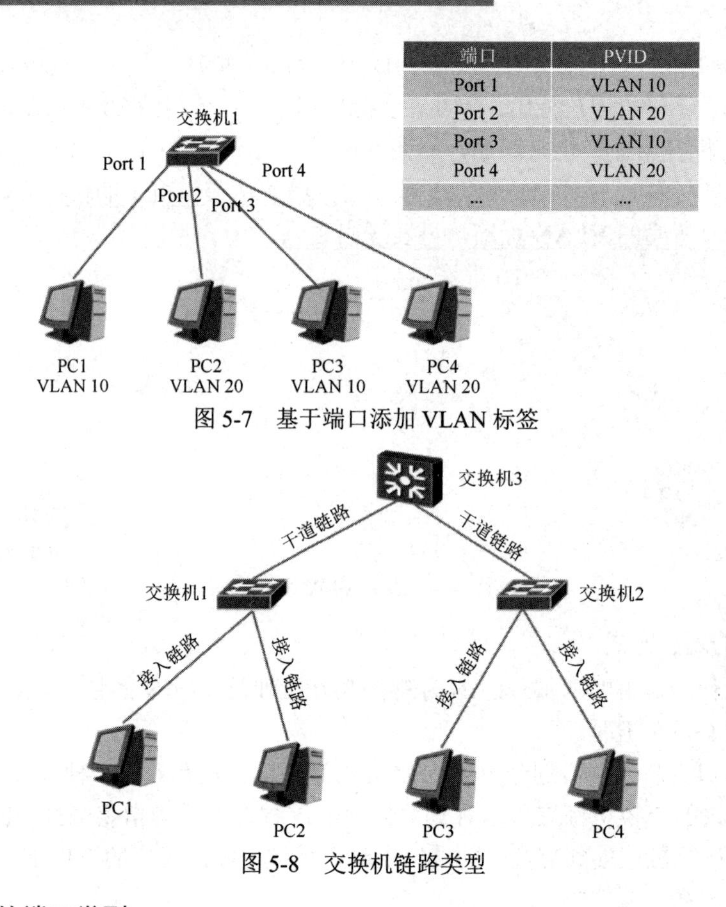

端口	PVID
Port 1	VLAN 10
Port 2	VLAN 20
Port 3	VLAN 10
Port 4	VLAN 20
...	...

图 5-7　基于端口添加 VLAN 标签

图 5-8　交换机链路类型

4．VLAN 的端口类型

根据对 VLAN 标签的处理方式不同，可以将交换机的端口划分为三种类型：Access 端口、Trunk 端口、混合（Hybrid）端口。

（1）Access 端口。交换机上用来连接用户计算机的端口称为 Access 端口。在同一时刻，Access 端口只能归属于一个 VLAN，即只能允许一个 VLAN 的数据帧通过。Access 端口接收到的数据帧都是 Untagged 帧，当它接收数据帧时，会给数据帧加上对应的 VLAN 标签；当它发送数据帧时，会剥掉数据帧中的 VLAN 标签。

（2）Trunk 端口。交换机与其他交换机相连的端口称为 Trunk 端口。Trunk 端口允许多个带 VLAN 标签的数据帧通过。

在接收数据帧时，如果数据帧不带 VLAN 标签，就给数据帧加上该端口对应的 VLAN 标签；如果数据帧带 VLAN 标签，就判断该 Trunk 端口是否允许该 VLAN 的数据帧通过：若允许，则转发该数据帧；若不允许，则丢弃该数据帧。

在发送数据帧时，若数据帧中的 VLAN ID 与接口的 PVID 相同，则剥掉 VLAN 标签；若不相同，且是该端口允许通过的 VLAN 标签，就发送数据帧。

（3）Hybrid 端口。交换机上既可以连接用户计算机，又可以连接交换机的端口称为 Hybrid 端口。Hybrid 端口允许多个 VLAN 的数据帧通过。

在接收数据帧时，若数据帧不带 VLAN 标签，则给数据帧加上 Hybrid 端口的默认 VLAN ID；若数据帧带 VLAN 标签，则判断该 Hybrid 端口是否允许带该 VLAN 标签的数据帧通过，若允许则接收该数据帧，否则便丢弃该数据帧。

在发送数据帧时，交换机会判断 VLAN 在该端口的属性是 Untag 还是 Tag：若是 Untag

属性，则先剥掉数据帧的 VLAN 标签再发送；若是 Tag 属性，则直接发送该数据帧。

常见的两种端口类型如图 5-9 所示。

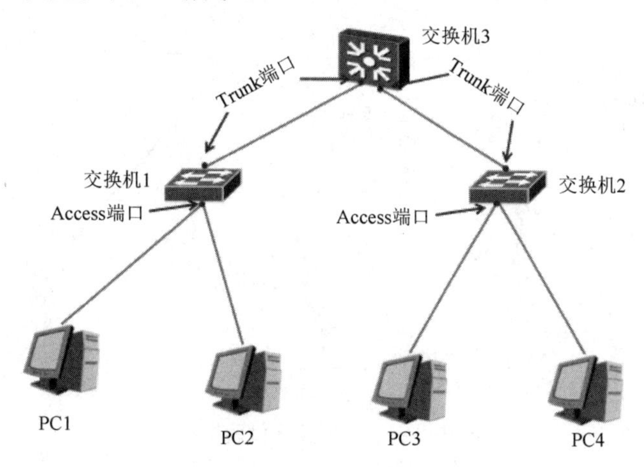

图 5-9　常见的两种端口类型

任务训练

1. 在以太网中，交换机的端口类型有哪几种？
2. 请问 Trunk 端口是如何发送和接收数据帧的？

5.1.2　VLAN 配置

视频：VLAN 配置

1. VLAN 配置相关命令

（1）创建 VLAN。

```
[LSW1]vlan 10       --创建 VLAN 10
[LSW1]vlan batch 10 20 30    --批量创建 VLAN 10、VLAN 20 和 VLAN 30
[LSW1]undo vlan 10       --删除 VLAN 10
```

（2）将接口配置为 Access 端口并指定默认的 VLAN ID。

```
[LSW1]int e 0/0/1  --进入接口 e0/0/1
[LSW1-Ethernet0/0/1]port link-type access  --将接口配置为 Access 端口
[LSW1-Ethernet0/0/1]port default vlan 10  --给接口指定默认的 VLAN ID
```

（3）将接口配置为 Trunk 端口并允许所有 VLAN 的数据帧通过。

```
[LSW1]int g 0/0/1   --进入接口 g0/0/1
[LSW1-GigabitEthernet0/0/1]port link-type trunk --将接口配置为 Trunk 端口
[LSW1-GigabitEthernet0/0/1]port trunk allow-pass vlan all --将接口设置为允许所有 VLAN
的数据帧通过
```

（4）查看创建的 VLAN。

```
[LSW1]display vlan
```

（5）查看端口配置信息。

```
[LSW1]display port vlan active
```

2. VLAN 配置案例

如图 5-10 所示，某公司行政楼一楼和二楼有人事部、财务部和市场部三个部门，现在为了满足数据传输安全的需要，请将不同部门的计算机划分到不同的 VLAN 下以免广播流量泛滥。

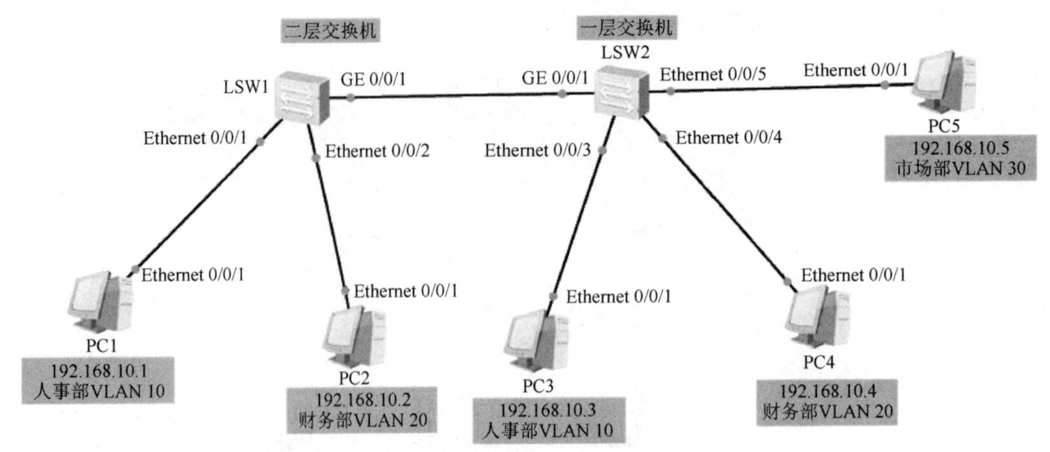

图 5-10　VLAN 配置案例网络拓扑

配置分析：要控制广播流量泛滥，就是要将不同部门的计算机划分到不同的 VLAN 内，以实现同一 VLAN 内的计算机能够互相通信，不同 VLAN 内的计算机不能通信。

（1）在交换机 LSW1 上创建 VLAN 10 和 VLAN 20。将连接计算机的接口配置为 Access 端口，划分给正确的 VLAN；将连接交换机的接口配置为 Trunk 端口，允许所有 VLAN 的数据帧通过。

（2）在交换机 LSW2 上创建 VLAN 10、VLAN 20 和 VLAN 30。将连接计算机的接口配置为 Access 端口，划分给正确的 VLAN；将连接交换机的接口配置为 Trunk 端口，允许所有 VLAN 的数据帧通过。

（3）计算机 IP 地址配置。

具体步骤：

1）交换机 LSW1 的配置

（1）创建 VLAN。

```
[LSW1]vlan batch 10 20
```

（2）配置连接计算机的接口为 Access 端口并划分给正确的 VLAN。

```
[LSW1]int e 0/0/1
[LSW1-Ethernet0/0/1]port link-type access
[LSW1-Ethernet0/0/1]port default vlan 10
[LSW1]int e 0/0/2
[LSW1-Ethernet0/0/2]port link-type access
[LSW1-Ethernet0/0/2]port default vlan 20
```

（3）配置连接交换机的接口为 Trunk 端口并允许所有 VLAN 的数据帧通过。

```
[LSW1]int g 0/0/1
[LSW1-GigabitEthernet0/0/1]port link-type trunk
[LSW1-GigabitEthernet0/0/1]port trunk allow-pass vlan all
```

2）LSW2 的配置

（1）创建 VLAN。

```
[LSW2]vlan batch 10 20 30
```

（2）配置连接计算机的接口为 Access 端口并划分给正确的 VLAN。

```
[LSW2]int e 0/0/3
[LSW2-Ethernet0/0/3]port link-type access
```

```
[LSW2-Ethernet0/0/3]port default vlan 10
[LSW2-Ethernet0/0/3]int e 0/0/4
[LSW2-Ethernet0/0/4]port link-type access
[LSW2-Ethernet0/0/4]port default vlan 20
[LSW2-Ethernet0/0/4]int e 0/0/5
[LSW2-Ethernet0/0/5]port link-type access
[LSW2-Ethernet0/0/5]port default vlan 30
```

（3）配置连接交换机的接口为 Trunk 端口并允许所有 VLAN 的数据帧通过。

```
[LSW2-Ethernet0/0/5]int g 0/0/1
[LSW2-GigabitEthernet0/0/1]port link-type trunk
[LSW2-GigabitEthernet0/0/1]port trunk allow-pass vlan all
```

3）计算机 IP 地址的配置

配置 PC1、PC2、PC3、PC4、PC5 的 IP 地址，其中，PC1 的 IP 地址如图 5-11 所示。

4）验证配置

如图 5-12 所示，用 VLAN 10 中的 PC1 去 ping VLAN 10 中的 PC3、VLAN 20 中的 PC2，发现 PC1 与 PC2 之间不能通信，PC1 与 PC3 之间能够通信。这就说明同一 VLAN 内的计算机能互相通信，不同 VLAN 内的计算机无法互相通信，VLAN 控制了广播流量的泛滥。

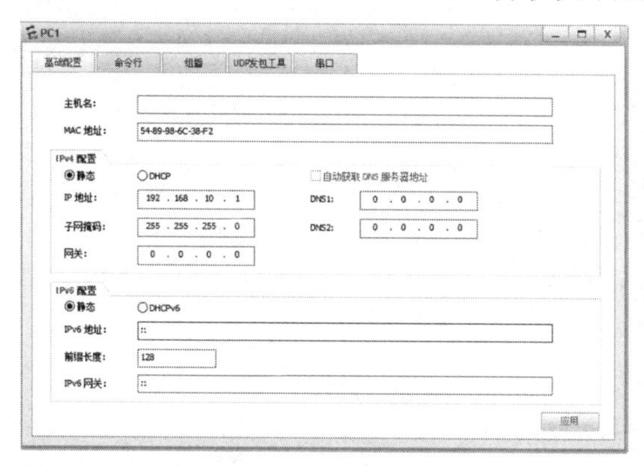

图 5-11　PC1 的 IP 地址

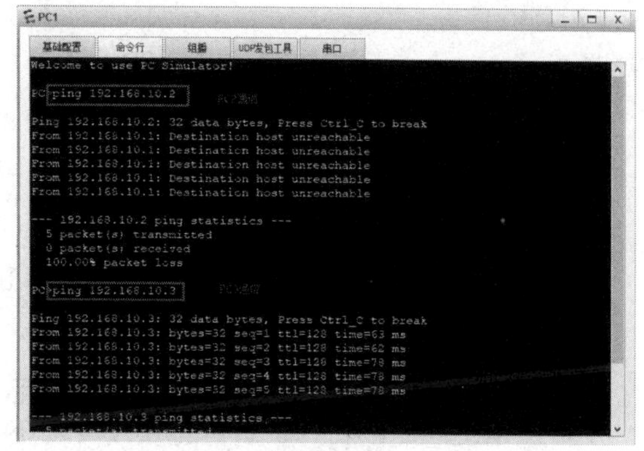

图 5-12　PC1 与 PC2、PC3 通信

任务训练

如图 5-13 所示，某公司行政楼有研发部、市场部、财务部三个部门，请将不同部门的计算机划分到不同的 VLAN 下，以控制广播流量的泛滥。

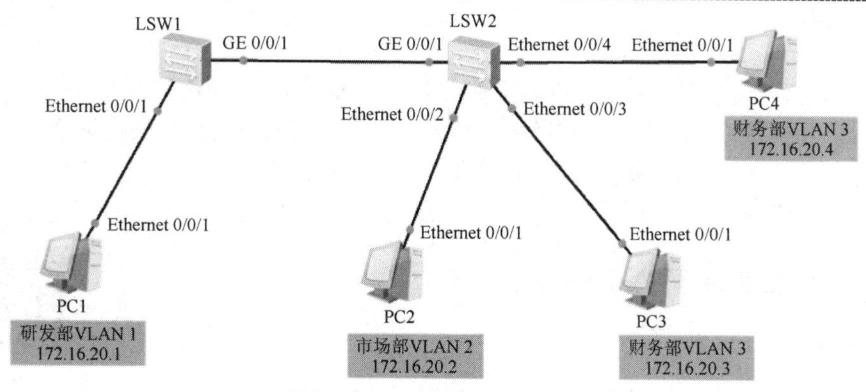

图 5-13　VLAN 配置应用案例

任务评价

1．自我评价

☐ 陈述 VLAN 的应用场合及优点。

☐ 说明 VLAN 隔离通信的原理。

☐ 识别网络中的干道链路与接入链路。

☐ 识别网络中的 Trunk 端口与 Access 端口。

☐ 能在 eNSP 模拟器中创建 VLAN，能基于端口划分 VLAN。

☐ 能验证 VLAN 通信。

☐ 能排查网络故障。

2．教师评价

☐ 优　☐ 良　☐ 合格　☐ 不合格

任务 2　VLAN 间路由配置

任务目标

知识目标：

- 对比说出单臂路由与多臂路由的特点。
- 说出三层交换机实现 VLAN 间通信的工作原理。

技能目标：

- 能对比说出单臂路由与多臂路由的特点。
- 能用三层交换机与单臂路由实现 VLAN 间的通信。
- 能测试 VLAN 间通信。
- 能排查网络故障。

素养目标：

- 树立企业成本意识。
- 培养严谨细致的工作习惯。

任务分析

从前面的内容中我们知道划分 VLAN 后，同一 VLAN 内的主机可以互相通信，不同 VLAN 内的主机不能互相通信。随着网络规模越来越大，网络之间的通信会越来越频繁，势必会产生 VLAN 间通信的需求。若要实现 VLAN 间通信，可以使用路由器或者三层交换机。下面先介绍多臂路由与单臂路由，再重点介绍单臂路由与三层交换机是如何实现 VLAN 间通信的。

5.2.1　单臂路由实现 VLAN 间通信

视频：VLAN 间路由

1．多臂路由与单臂路由

如图 5-14 所示，在二层交换机 LSW1 上划分三个 VLAN：VLAN

10、VLAN 20、VLAN 30，每一个 VLAN 使用一条单独的物理链路连接到路由器的物理接口上。VLAN 10 接入路由器的 G2/0/0 接口，VLAN 20 接入路由器的 G0/0/1 接口，VLAN 30 接入路由器的 G0/0/2 接口。不同 VLAN 间要进行数据通信，都通过路由器进行路由转发。在这里，路由器的一条物理链路经常被称为“手臂”。图 5-14 所示为多臂路由实现 VLAN 间通信。

使用多臂路由实现 VLAN 间通信，一个 VLAN 对应一条物理链路。当交换机上 VLAN 的数量越来越多，需要的路由器接口也会越来越多，路由器的接口很贵，多臂路由实现 VLAN 间通信的成本就会很高，所以一般情况下很少使用多臂路由实现 VLAN 间通信。另外，某些 VLAN 之间可能并不需要经常通信，会导致路由器的某些接口的利用率很低。

如图 5-15 所示，同样在交换机 LSW1 上划分了三个 VLAN，先将交换机和路由器相连的接口配置为 Trunk 端口，再让三个 VLAN 共享同一条物理链路。此时，路由器只需要提供一个物理接口，将这个物理接口划分为多个子接口（逻辑接口），每个子接口对应一个 VLAN，给子接口分配的 IP 地址作为对应 VLAN 的网关，这样通过一个物理接口就可以实现 VLAN 间通信，这就是单臂路由实现 VLAN 间通信的工作原理。

单臂路由实现 VLAN 间通信，效果与多臂路由一样，但成本较低。

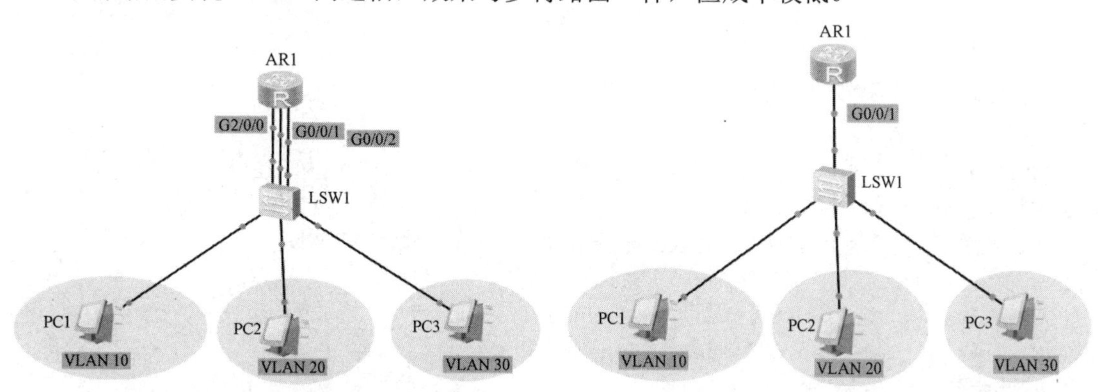

图 5-14　多臂路由实现 VLAN 间通信　　　　图 5-15　单臂路由实现 VLAN 间通信

2. 单臂路由实现 VLAN 间通信案例

如图 5-16 所示，二层交换机 LSW2、LSW3 上分别创建了 VLAN 10 和 VLAN 20，三层交换机 LSW1 连接 LSW2、LSW3 和路由器 AR1，请在路由器 AR1 上配置单臂路由实现 VLAN 间通信。

视频：单臂路由实现 VLAN 间通信

配置分析：

（1）在交换机 LSW2、LSW3 上，创建 VLAN 10 和 VLAN 20。将连接计算机的接口配置为 Access 端口，划分给正确的 VLAN，将连接交换机的接口配置为 Trunk 端口，允许所有 VLAN 的数据帧通过。

（2）在交换机 LSW1 上，创建 VLAN10 和 VLAN 20，将连接交换机 LSW2、LSW3 与路由器 AR1 的接口配置为 Trunk 端口，允许所有 VLAN 的数据帧通过。

（3）在路由器 AR1 上，给接口 G0/0/0 分配两个子接口 G0/0/0.10 和 G0/0/0.20，给子接口分配 IP 地址，指定子接口对应的 VLAN，并开启子接口的 ARP 广播功能。

（4）给主机分配 IP 地址，配置子接口的 IP 地址作为其网关地址。

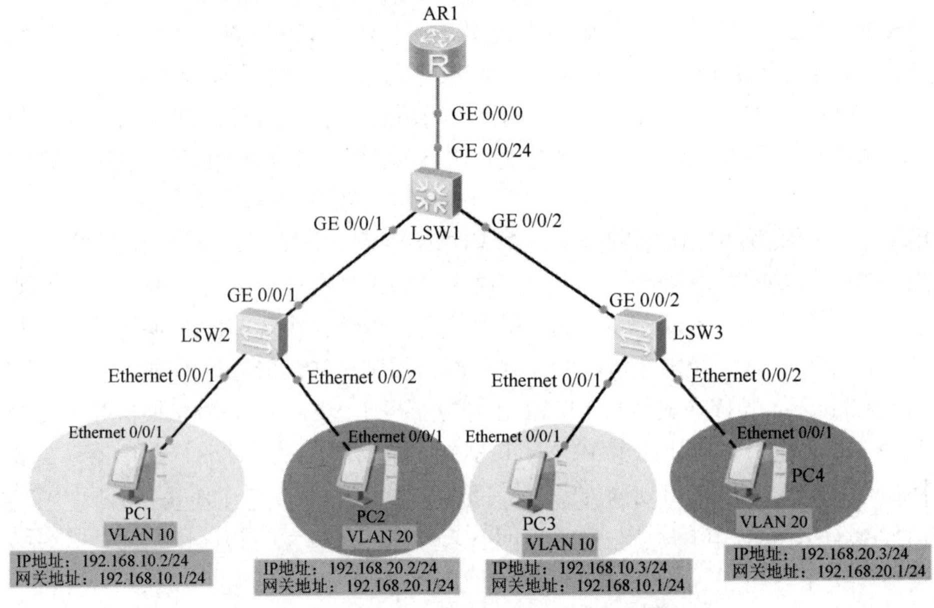

图 5-16　单臂路由实现 VLAN 间通信案例

具体步骤：

（1）交换机 LSW2 的配置。

① 创建 VLAN。

```
[LSW2]vlan 10
[LSW2-vlan10]vlan 20
```

② 配置连接计算机的接口为 Access 端口并划分给正确的 VLAN。

```
[LSW2]int e 0/0/1
[LSW2-Ethernet0/0/1]port link-type access
[LSW2-Ethernet0/0/1]port default vlan 10
[LSW2-Ethernet0/0/1]int e 0/0/2
[LSW2-Ethernet0/0/2]port link-type access
[LSW2-Ethernet0/0/2]port default vlan 20
```

③ 配置连接交换机的接口为 Trunk 端口并允许所有 VLAN 的数据帧通过。

```
[LSW2-Ethernet0/0/2]int g 0/0/1
[LSW2-GigabitEthernet0/0/1]port link-type trunk
[LSW2-GigabitEthernet0/0/1]port trunk allow-pass vlan all
```

（2）交换机 LSW3 的配置。

① 创建 VLAN。

```
[LSW3]vlan batch 10 20   --批量创建 VLAN 10 和 VLAN 20
```

② 配置连接计算机的接口为 Access 端口并划分给正确的 VLAN。

```
[LSW3]int e 0/0/1
[LSW3-Ethernet0/0/1]port link-type access
[LSW3-Ethernet0/0/1]port default vlan 10
[LSW3-Ethernet0/0/1]int e 0/0/2
[LSW3-Ethernet0/0/2]port link-type access
[LSW3-Ethernet0/0/2]port default vlan 20
```

③ 配置连接交换机的接口为 Trunk 端口并允许所有 VLAN 的数据帧通过。

```
[LSW3-Ethernet0/0/2]int g 0/0/2
```

```
[LSW3-GigabitEthernet0/0/2]port link-type trunk
[LSW3-GigabitEthernet0/0/2]port trunk allow-pass vlan all
```

（3）交换机 LSW1 的配置。

① 创建 VLAN。

```
[LSW1]vlan batch 10 20
```

② 配置连接交换机的接口为 Trunk 端口并允许所有 VLAN 的数据帧通过。

```
[LSW1]int g 0/0/1
[LSW1-GigabitEthernet0/0/1]port link-type trunk
[LSW1-GigabitEthernet0/0/1]port trunk allow-pass vlan all
[LSW1-GigabitEthernet0/0/1]int g 0/0/2
[LSW1-GigabitEthernet0/0/2]port link-type trunk
[LSW1-GigabitEthernet0/0/2]port trunk allow-pass vlan all
[LSW1-GigabitEthernet0/0/2]int g 0/0/24
[LSW1-GigabitEthernet0/0/24]port link-type trunk
[LSW1-GigabitEthernet0/0/24]port trunk allow-pass vlan all
```

（4）路由器 AR1 的配置。

```
[AR1]int g 0/0/0.10      --进入子接口 G0/0/0.10
[AR1-GigabitEthernet0/0/0.10]ip add 192.168.10.1 24 --配置子接口的 IP 地址作为其网关地址
[AR1-GigabitEthernet0/0/0.10]dot1q termination vid 10 --指定子接口对应的 VLAN
[AR1-GigabitEthernet0/0/0.10]arp broadcast enable --开启子接口的 ARP 广播功能
[AR1-GigabitEthernet0/0/0.10]int g 0/0/0.20
[AR1-GigabitEthernet0/0/0.20]ip add 192.168.20.1 24
[AR1-GigabitEthernet0/0/0.20]dot1q termination vid 20
[AR1-GigabitEthernet0/0/0.20]arp broadcast enable
```

（5）主机的配置。

配置 PC1、PC2、PC3、PC4 的 IP 地址，其中，PC1 的 IP 地址如图 5-17 所示。

图 5-17 PC1 的 IP 地址

（6）验证 VLAN 间通信。

使用 VLAN 20 中的 PC4 去 ping VLAN 10 中的 PC1、PC3，用 VLAN 10 中的 PC3 去 ping VLAN20 中的 PC2、PC4，结果显示全部都能 ping 通，说明它们之间能正常通信，使用单臂路由成功实现 VLAN 间通信。

任务训练

如图 5-18 所示，请使用单臂路由实现 VLAN 10、VLAN 20、VLAN 30 之间的主机通信。

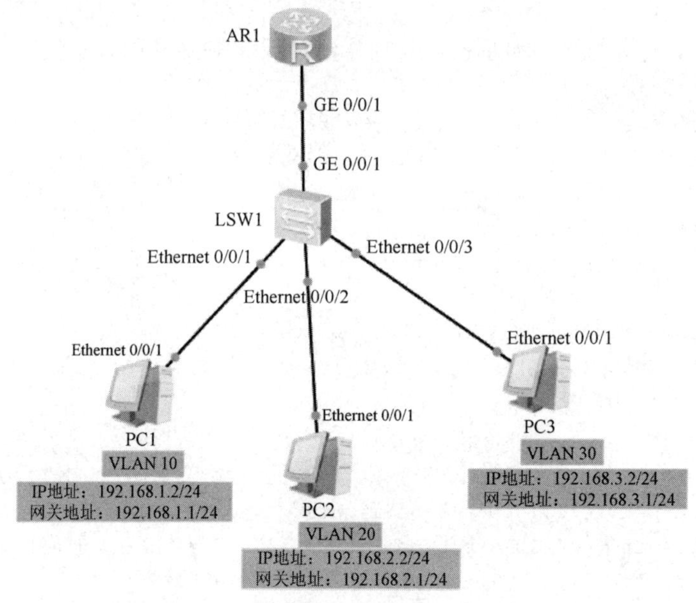

图 5-18　单臂路由实现 VLAN 间通信

5.2.2　三层交换机实现 VLAN 间通信

1. 三层交换机实现 VLAN 间通信的工作原理

视频：三层交换机实现 VLAN 间通信

传统路由器实现 VLAN 间通信，无论是多臂路由还是单臂路由，都存在自身的局限性。多臂路由要求路由器具备很多物理接口，组网成本很高；单臂路由虽然只需要一个物理接口就能实现多个 VLAN 间通信，但路由器的转发速度慢，转发效率低，通常不能满足主干网络上快速交换的需求。

在前面的内容中，我们介绍过三层交换机是同时具有路由和交换功能的交换机，因此理论上可以将一台三层交换机当作一台二层交换机+路由模块的组合。在实际应用中，各厂商将路由模块内置于交换机中来实现三层交换机的功能。随着局域网规模的快速扩大，三层交换机的性能也显著提升，三层交换机在网络中的应用越来越普遍，因此在实现 VLAN 间路由时，可以使用三层交换机来代替单臂路由方案。三层交换机通常使用硬件来实现三层数据包的交换，转发效率是普通路由器的几十倍。

三层交换机利用 Vlanif 接口实现路由转发功能。Vlanif 接口是虚拟接口，它是基于网络层的接口，可以配置 IP 地址。在交换机上创建了几个 VLAN，就需要配置几个 Vlanif 接口的 IP 地址，该 IP 地址作为 VLAN 的网关，使得不同 VLAN 内的主机能够互相通信。

2. 三层交换机实现 VLAN 间通信案例

如图 5-19 所示，某公司行政楼二楼有人事部、会议室、财务部三个部门，现将各部门划分到不同的 VLAN 下，请使用三层交换机实现 VLAN 间通信。

配置分析：

（1）在交换机 LSW2 上创建 VLAN 20、VLAN 30，在 LSW3 上创建 VLAN 30、VLAN 40。针对每台二层交换机，将连接计算机的接口配置为 Access 端口，划分给正确的 VLAN，将连接交换机的接口配置为 Trunk 端口，允许所有 VLAN 的数据帧通过。

（2）在交换机 LSW1 上创建 VLAN 20、VLAN 30 和 VLAN 40，将连接二层交换机 LSW2、LSW3 的接口配置为 Trunk 端口，允许所有 VLAN 的数据帧通过。

（3）在交换机 LSW1 上，配置各 VLAN Vlanif 接口的 IP 地址。

（4）给主机分配 IP 地址，配置 Vlanif 接口的 IP 地址作为其网关地址。

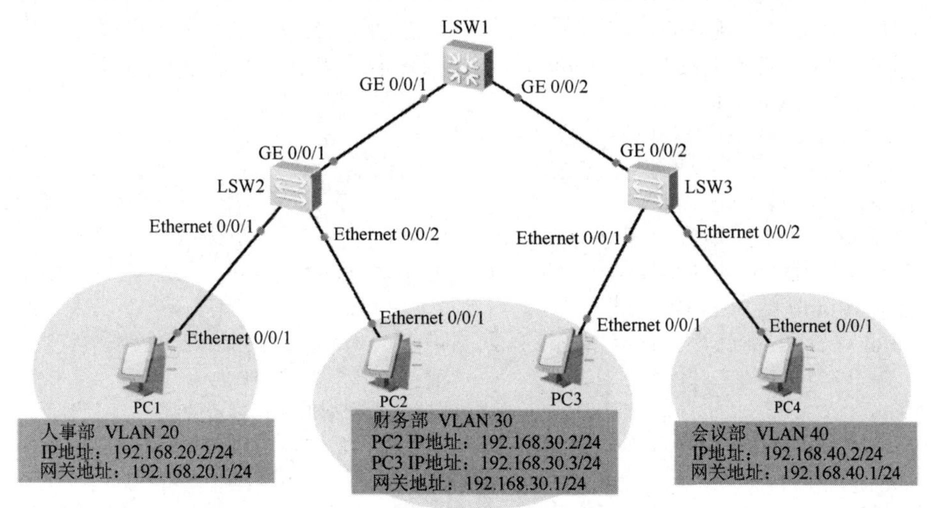

图 5-19　三层交换机实现 VLAN 间通信案例

具体步骤：

（1）交换机 LSW2 的配置。

① 创建 VLAN。

```
[LSW2]vlan batch 20 30
```

② 配置连接计算机的接口为 Access 端口并划分给正确的 VLAN。

```
[LSW2]int e 0/0/1
[LSW2-Ethernet0/0/1]port link-type access
[LSW2-Ethernet0/0/1]port default vlan 20
[LSW2-Ethernet0/0/1]int e 0/0/2
[LSW2-Ethernet0/0/2]port link-type access
[LSW2-Ethernet0/0/2]port default vlan 30
```

③ 配置连接交换机的接口为 Trunk 端口并允许所有 VLAN 的数据帧通过。

```
[LSW2-Ethernet0/0/2]int g 0/0/1
[LSW2-GigabitEthernet0/0/1]port link-type trunk
[LSW2-GigabitEthernet0/0/1]port trunk allow-pass vlan all
```

（2）交换机 LSW3 的配置。

① 创建 VLAN。

```
[LSW3]vlan batch 30 40
```

② 配置连接计算机的接口为 Access 端口并划分给正确的 VLAN。

```
[LSW3]int e 0/0/1
[LSW3-Ethernet0/0/1]port link-type access
[LSW3-Ethernet0/0/1]port default vlan 30
[LSW3-Ethernet0/0/1]int e 0/0/2
```

```
[LSW3-Ethernet0/0/2]port link-type access
[LSW3-Ethernet0/0/2]port default vlan 40
```

③ 配置连接交换机的接口为 Trunk 端口并允许所有 VLAN 的数据帧通过。

```
[LSW3-Ethernet0/0/2]int g 0/0/2
[LSW3-GigabitEthernet0/0/2]port link-type trunk
[LSW3-GigabitEthernet0/0/2]port trunk allow-pass vlan all
```

（3）交换机 LSW1 的配置。

① 创建 VLAN。

```
[LSW1]vlan batch 20 30 40
```

② 配置连接交换机的接口为 Trunk 端口并允许所有 VLAN 的数据帧通过。

```
[LSW1]int g 0/0/1
[LSW1-GigabitEthernet0/0/1]port link-type trunk
[LSW1-GigabitEthernet0/0/1]port trunk allow-pass vlan all
[LSW1-GigabitEthernet0/0/1]int g 0/0/2
[LSW1-GigabitEthernet0/0/2]port link-type trunk
[LSW1-GigabitEthernet0/0/2]port trunk allow-pass vlan all
```

③ 配置 Vlanif 接口的 IP 地址。

```
[LSW1-GigabitEthernet0/0/2]int vlanif 20  -- 进入 VLAN20 对应的 Vlanif 接口
[LSW1-Vlanif20]ip add 192.168.20.1 24  --配置 Vlanif 20 的 IP 地址
[LSW1-Vlanif20]int vlanif 30           --进入 VLAN30 对应的 Vlanif 接口
[LSW1-Vlanif30]ip add 192.168.30.1 24  --配置 vlanif 30 的 IP 地址
[LSW1-Vlanif30]int vlanif 40      --进入 VLAN 40 对应的 Vlanif 接口
[LSW1-Vlanif40]ip add 192.168.40.1 24  --配置 Vlanif 40 的 IP 地址
```

（4）计算机的配置。

配置 PC1、PC2、PC3、PC4 的 IP 地址，其中，PC1 的 IP 地址配置如图 5-20 所示。

图 5-20　PC1 的 IP 地址配置

（5）验证结果。

用 PC1 去 ping PC3、PC4，用 PC2 去 ping PC4，全部能正常通信，说明所有配置正确，使用三层交换机成功实现 VLAN 间通信。

任务训练

如图 5-21 所示，请使用三层交换机实现 VLAN 间通信。

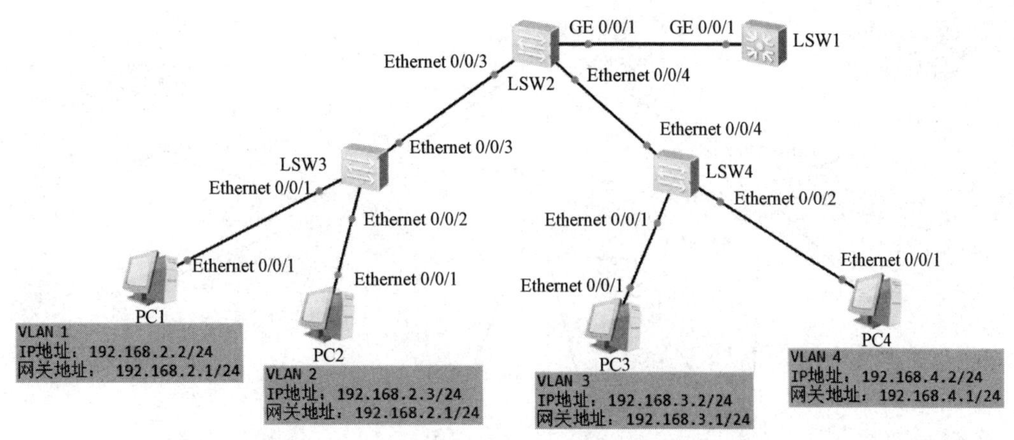

图 5-21 三层交换机实现 VLAN 间通信应用

任务评价

1．自我评价

☐ 对比说出单臂路由与多臂路由的特点。

☐ 说出三层交换机实现 VLAN 间通信的工作原理。

☐ 能用三层交换机与单臂路由实现 VLAN 间通信。

☐ 能测试 VLAN 间通信。

☐ 能排查网络故障。

2．教师评价

☐ 优 ☐ 良 ☐ 合格 ☐ 不合格

项目实施：组建 VLAN

实施条件

为了能够在 eNSP 模拟器中模拟该项目，需要完成以下准备：

（1）学生 4 人为一组，分别任项目组长、设备工程师、配置工程师、测试工程师职位。

（2）S5700 交换机 1 台，S3700 交换机 3 台，PC 6 台。

（3）配置线缆若干。

实施步骤

1．部署网络拓扑

按照图 5-22 连接硬件，请使用三层交换机实现 VLAN 间通信。

2．数据规划

（1）VLAN 及端口类型分配。

根据项目方案的要求，各节点需创建的 VLAN、对应端口及端口类型的分配如表 5-1 所示。

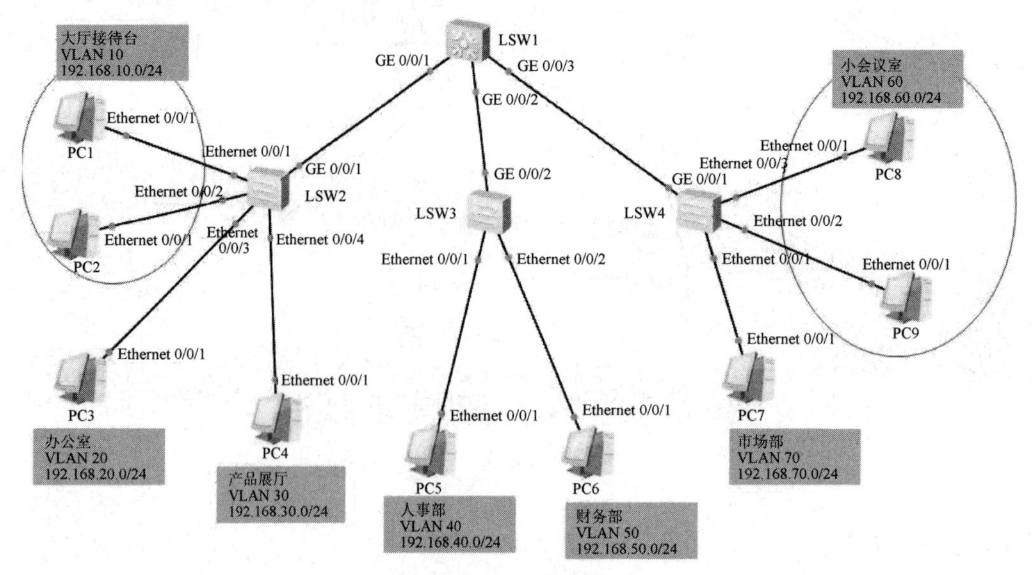

图 5-22 网络拓扑

表 5-1 VLAN 及端口分配表

设备节点	需创建的 VLAN	对应端口	端口类型
LSW1	VLAN 10、VLAN 20、VLAN 30	GE 0/0/1	Trunk
	VLAN 40 、VLAN 50	GE 0/0/2	Trunk
	VLAN 60、VLAN 70	GE 0/0/3	Trunk
LSW2	VLAN 10、VLAN 20、VLAN 30	GE 0/0/1	Trunk
	VLAN 10	Ethernet 0/0/1、0/0/2	Access
	VLAN 20	Ethernet 0/0/3	Access
	VLAN 30	Ethernet 0/0/4	Access
LSW3	VLAN 40、VLAN 50	GE 0/0/2	Trunk
	VLAN 40	Ethernet 0/0/1	Access
	VLAN 50	Ethernet 0/0/2	Access
LSW4	VLAN 60、VLAN 70	GE 0/0/1	Trunk
	VLAN 60	Ethernet 0/0/2、0/0/3	Access
	VLAN 70	Ethernet 0/0/1	Access

（2）接口 IP 分配。

根据项目要求和网络拓扑中地址规划，为各设备的接口分配 IP 地址如表 5-2 所示。

表 5-2 设备接口 IP 地址分配表

设备节点	接口名称	IP 地址	子网掩码
PC1	Ethernet 0/0/1	192.168.10.2	255.255.255.0
PC2	Ethernet 0/0/1	192.168.10.3	255.255.255.0
PC3	Ethernet 0/0/1	192.168.20.2	255.255.255.0
PC4	Ethernet 0/0/1	192.168.30.2	255.255.255.0
PC5	Ethernet 0/0/1	192.168.40.2	255.255.255.0
PC6	Ethernet 0/0/1	192.168.50.2	255.255.255.0
PC7	Ethernet 0/0/1	192.168.70.2	255.255.255.0
PC8	Ethernet 0/0/1	192.168.60.2	255.255.255.0
PC9	Ethernet 0/0/1	192.168.60.3	255.255.255.0

续表

设备节点	接口名称	IP 地址	子网掩码
LSW1	VLAN 10	192.168.10.1	255.255.255.0
	VLAN 20	192.168.20.1	255.255.255.0
	VLAN 30	192.168.30.1	255.255.255.0
	VLAN 40	192.168.40.1	255.255.255.0
	VLAN 50	192.168.50.1	255.255.255.0
	VLAN 60	192.168.60.1	255.255.255.0
	VLAN 70	192.168.70.1	255.255.255.0

3．设备配置。

（1）交换机 LSW2 配置。

```
<Huawei>undo terminal monitor  --关闭终端监视
<Huawei>system-view             --进入系统视图
[Huawei]sysname LSW2            --修改设备的名称为 LSW2
[LSW2]vlan batch 10 20 30       --批量创建 VLAN 10、VLAN 20、VLAN 30
[LSW2]int Ethernet 0/0/1         --进入接口 E0/0/0
[LSW2-Ethernet0/0/1]port link-type access   --将接口配置为 Access 端口
[LSW2-Ethernet0/0/1]port default vlan 10    --给接口指定 PVID
[LSW2-Ethernet0/0/1]int Ethernet 0/0/2
[LSW2-Ethernet0/0/2]port link-type access
[LSW2-Ethernet0/0/2]port default vlan 10
[LSW2-Ethernet0/0/2]int e 0/0/3
[LSW2-Ethernet0/0/3]port link-type access
[LSW2-Ethernet0/0/3]port default vlan 20
[LSW2-Ethernet0/0/3]int e 0/0/4
[LSW2-Ethernet0/0/4]port link-type access
[LSW2-Ethernet0/0/4]port default vlan 30
[LSW2-Ethernet0/0/4]q
[LSW2]int GigabitEthernet 0/0/1          --进入接口 GE 0/0/1
[LSW2-GigabitEthernet0/0/1]port link-type trunk  --将接口配置为 Trunk 端口
[LSW2-GigabitEthernet0/0/1]port trunk allow-pass vlan all --允许所有 VLAN 的数据帧通过
```

（2）交换机 LSW3 配置。

____

____

（3）交换机 LSW4 配置。

____

____

（4）交换机 LSW1 的配置。

____

____

（5）完成以上配置后，PC 可以互相 ping 通。

拓展阅读：VXLAN 技术

VXLAN（Visual eXtensible Local Area Network，虚拟可扩展局域网）是 NVO3（Network Virtualization Over Layer 3）中的一种网络虚拟化技术。

VXLAN 技术是由 VMware、Cisco、Arista、Broadcom、Citrix 共同提出的 IETF 草案，它将基于 MAC 的二层以太网帧封装到三层 UDP 分组中。具体做法是在源端网络设备与目的端网络设备之间建立一条逻辑 VXLAN 隧道，采用 MAC in UDP 封装方式，即将虚拟机发出的原始以太网帧完整地封装在 UDP 报文中，在外层使用物理网络的 IP 报文头和以太网报文头进行封装，这样封装后的报文就像普通 IP 报文一样，可以通过路由网络转发，使虚拟机彻底摆脱了二、三层网络的结构限制。

VXLAN 主要是为了改善现有 VLAN 技术在部署大规模云数据中心时遇到的扩展性问题。云计算，凭借其在系统中利用率高，人力、管理成本低，灵活性、可扩展性强等方面的优势，已经成为目前企业信息技术建设的新形态；而在云计算中，大量地采用和部署虚拟化是一个基本的技术模式。

随着虚拟化技术的兴起，一个数据中心会有成千上万台机器需要通信，而传统的 VLAN 技术最多只能支持 4096 个网络，已经无法满足不断扩展的数据中心规模。另外，越来越多的数据中心（尤其是公有云服务）需要提供多租户的功能，不同用户之间需要独立地分配 IP 和 MAC 地址，而且云计算对业务灵活性的要求很高，虚拟机可能会大规模迁移，并保证网络一直可用。在这样的背景下，VXLAN 技术应运而生。

通常 VXLAN 的运作依赖于 VTEP（VXLAN Tunneling End Point，VXLAN 隧道端点）组件，该组件可以为终端系统提供二层以太网服务所需的所有功能。在每个端点上都有一个 VTEP 负责 VXLAN 协议报文的封装和解封装，也就是在虚拟报文上封装 VTEP 通信的报文头部。物理网络上可以创建多个 VXLAN 网络，这些 VXLAN 网络可以看作一个隧道，不同节点的虚拟机能够通过隧道直连。每个 VXLAN 网络由唯一的 VNI（VXLAN Network Identifier，VXLAN 网络标识符）标识，不同的 VXLAN 相互不影响。其工作原理大致为 VTEP 检查帧中的目标 MAC 地址，查找目标 VTEP 的 IP 地址。当一个虚拟机要与其他虚拟机通信时，通常会先发送一个广播 ARP 分组，VTEP 会将其发送到对应的 VNI 多播组。其他所有 VTEP 从该分组中学习到发送方虚拟机的内层 MAC 地址和其 VTEP 的外层 IP 地址，目标虚拟机会给发送方返回一个单播消息来响应 ARP，原有 VTEP 也可以由此学习到目标地址映射。其中 VNI 是一种类似于 VLAN ID 的用户标识，一个 VNI 代表了一个租户，属于不同 VNI 的虚拟机之间不能直接进行二层通信。VXLAN 网络模型如图 5-23 所示。

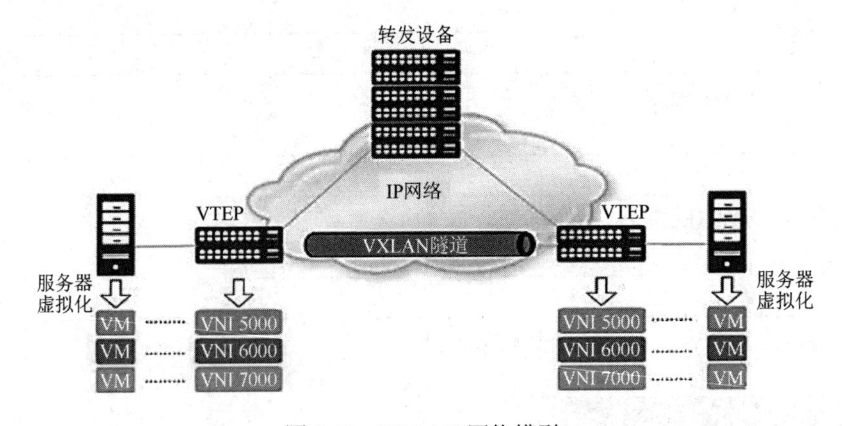

图 5-23　VXLAN 网络模型

VXLAN 通过 MACinUDP 方式进行报文封装，实现了二层报文在三层网络上的透传，在云端上架起了一道道无形的“彩虹”，解决了云计算中虚拟化带来的一系列问题。

读后思考：

1．请总结 VXLAN 技术产生的原因。

2．请查找资料说说 VXLAN 与 VLAN 技术的区别。

课后练习

1．网络管理员设置交换机 VLAN 时，VLAN 范围是（　　）。

A．0～4096　B．1～4096　C．1～4094　D．0～4094

2．在下面关于 VLAN 的描述中，错误的是（　　）。

A．VLAN 将交换机划分为多个逻辑上独立的交换机

B．干道链路可以提供多个 VLAN 间通信的公共通道

C．由于包含了多个交换机，VLAN 扩大了冲突域

D．一个 VLAN 可以跨越交换机

3．下面关于 VLAN 的描述，正确的是（　　）。

A．交换机上直连计算机的端口应配置为 Access 端口

B．交换机上直连计算机的端口应配置为 Trunk 端口

C．在接入链路上传输的帧应该是带标签的

D．在干道链路上传输的帧一定是带标签的

4．使用单臂路由实现 VLAN 间通信时，通常的做法是采用子接口，而不是直接采用物理端口，原因是（　　）。

A．物理端口不能封装 802.1Q

B．子接口转发速度更快

C．用子接口能节约物理端口

D．子接口可以配置 Access 端口或 Trunk 端口

5．使用命令“vlan batch 20 40”和“vlan batch 20 to 40”分别创建了（　　）个 VLAN。

A．2 和 2　B．21 和 21　C．2 和 21　D．21 和 2

6．（多选）在交换机上，哪些 VLAN 可以使用命令“undo”删除（　　）？

A．VLAN 1　B．VLAN 2　C．VLAN 1024　D．VLAN 4096

7．某交换机端口属于 VLAN 10，现在从 VLAN 10 中将该端口删除，该端口属于什么 VLAN？（　　）

A．VLAN 0　B．VLAN 1　C．VLAN 1023　D．VLAN 1024

8．命令“port trunk allow-pass vlan all”的作用是（　　）。

A．在该端口上允许所有 VLAN 的数据帧通过

B．与该端口相连接的对端端口必须同时配置 port trunk permit vlan all

C．相连的对端设备可以动态确定允许哪些 VLAN ID 通过

D．如果为相连的远端设备配置了命令“port default vlan 3”，则两台设备之间的 VLAN 3 无法互相通信

9．下列关于 Trunk 端口与 Access 端口的描述中，正确的是（　　）。

A．Access 端口只能发送 Untagged 帧

B．Access 端口只能发送 Tagged 帧

C．Trunk 端口只能发送 Untagged 帧

D．Trunk 端口只能发送 Tagged 帧

项目 6

企业内网组建与优化

企业在组建局域网的时候，要考虑方方面面的问题，确保网络高速运转的同时还要节省组网成本。联网的每一台终端设备都需要一个 IP 地址，如果局域网规模较小，靠网络管理员手动分配就好，如果局域网规模较大，且部分终端还存在位置移动的需要，靠网络管理员手动分配不但费时费力，而且工作效率极低。此时，在局域网中配置 DHCP 服务器就非常有必要。DHCP 服务器能动态给主机分配 IP 地址，大大减少了配置所需的时间，且当主机移动时，旧的 IP 地址能自动释放以便再次使用。在一般企业网络中，所有的流量都必须先汇聚到核心层，再由核心层的设备转发到其他网络，这其中的数据流量极其庞大。因此，在核心层进行数据的高速交换时，非常容易出现网络拥塞的情况，此时必须在核心层部署链路聚合技术。另外，为了提高网络的可靠性，经常会在核心层设备之间部署冗余链路，这可能会导致物理环路的产生，进而出现广播风暴，最终导致网络崩溃。STP 的产生可以很好地解决交换网的物理环路问题。

项目描述

广州市某医院要新建一个分院，医院分院网络拓扑图如图 6-1 所示。

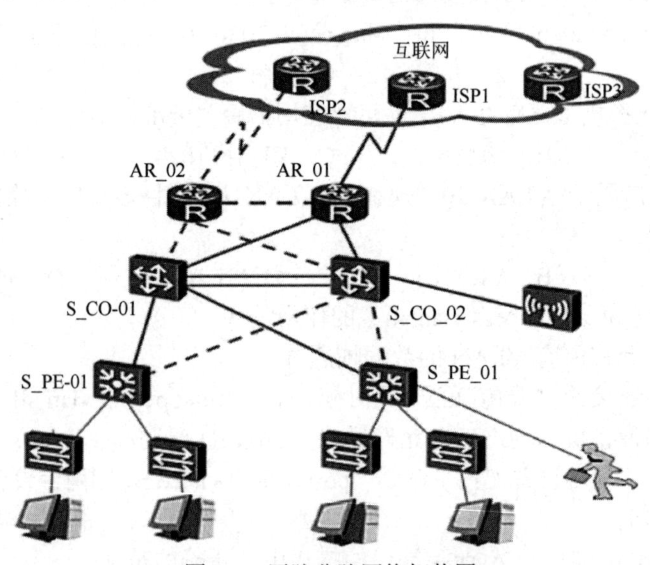

图 6-1　医院分院网络拓扑图

应院方要求迅速启动相关网络建设工作，现场移动办公人员较多，且流动性较强，为了方便上网并能够提升 IP 地址的使用率，同时提高网络带宽和可靠性，网络组建有以下需求：

（1）采用 DHCP 服务器，使网络环境中的主机动态获得 IP 地址、网关地址、DNS 服务器地址等信息。

（2）为了保障网络的可靠性，在接入层交换机上设置了链路聚合。

（3）实现冗余备份配置，其中 AR_01 和 S_CO_01 是主设备，AR_02 和 S_CO_02 是备份设备。

项目 6 任务分解如图 6-2 所示。

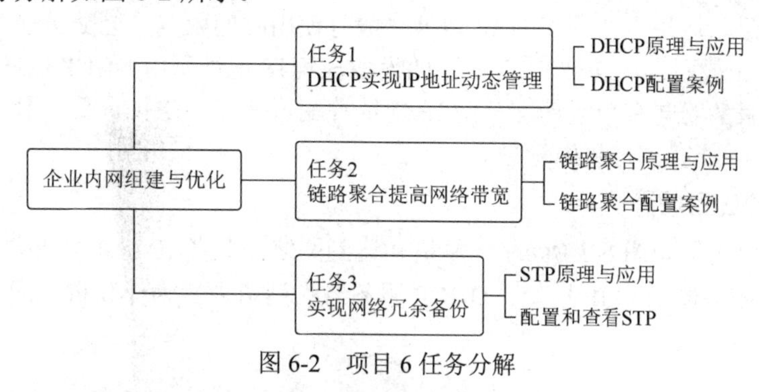

图 6-2　项目 6 任务分解

任务 1　DHCP 实现 IP 地址动态管理

任务目标

知识目标：

- 正确描述 DHCP 的应用场合。
- 正确归纳 DHCP 的工作原理。

技能目标：

- 能配置全局地址池实现自动分配 IP 地址。
- 能配置跨网段的 DHCP。
- 会验证动态分配 IP 地址的结果。
- 能排查网络故障。

素养目标：

- 树立大局意识，形成一定的社会责任感。

任务分析

本任务首先介绍 DHCP 原理，主要包括 IP 地址的两种配置方式、DHCP 的应用场景、DHCP 的工作原理、DHCP 与应用地址池，然后介绍在华为路由器或三层交换机上完成 DHCP 配置，实现主机动态获得 IP 地址、网关地址、DNS 服务器地址等信息。

6.1.1　DHCP 原理与应用

1．IP 地址的两种配置方式

在网络中，为计算机分配 IP 地址有两种方式：静态分配与动态分配。

静态分配是指由网络管理员手动分配计算机的 IP 地址、子网掩码、网关地址和 DNS 服务器地址等信息，这种方式获得的 IP 地址一般可长期使用，固定不变，称为静态 IP 地址。最常分配静态 IP 地址的设备是企业的服务器，如企业的 Web 服务器、DNS 服务器、FTP 服务器等，固定 IP 地址的服务器有利于用户更好地访问，更好地保障企业的工作效率。有时候网络管理员给一些位置不需要经常变动的计算机也会分配静态 IP 地址，如学校机房的计算机。

动态分配是指由 DHCP 服务器动态分配计算机的 IP 地址、子网掩码、网关地址和 DNS 服务器地址等信息，这种方式获得的 IP 地址一般有使用时间限制，会随着需要动态变化，称为动态 IP 地址。一般而言，通过 WiFi 联网的设备，其 IP 地址是由 DHCP 服务器动态分配的。

DHCP 允许服务器向客户端动态分配 IP 地址等配置信息。DHCP 服务器可以为大量计算机分配 IP 地址，并能够进行集中管理。

2. DHCP 的应用场景

DHCP 的应用场景如图 6-3 所示，计算机初连到网络需具备 IP 地址才能与其他设备通信。它们会向 DHCP 服务器请求 IP 地址，DHCP 服务器收到请求后为计算机分配 IP 地址。

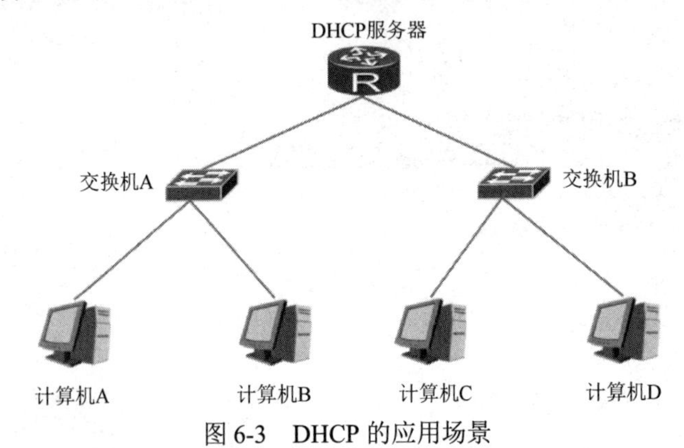

图 6-3　DHCP 的应用场景

3. DHCP 的工作原理

DHCP 采用客户端/服务器工作模式。DHCP 客户端通常是网络中的计算机、打印机等终端设备，使用由 DHCP 服务器分配的 IP 地址和 DNS 等信息；DHCP 服务器可以是网络中的路由器，也可以是三层交换机，用于管理网络中的 IP 地址，处理客户端的 DHCP 请求。DHCP 协议采用 UDP 作为传输协议，DHCP 客户端发送请求到 DHCP 服务器的 68 号端口，DHCP 服务器回应响应消息给 DHCP 客户端的 67 号端口。

视频：DHCP 原理与配置

下面来介绍 DHCP 具体是如何工作的。

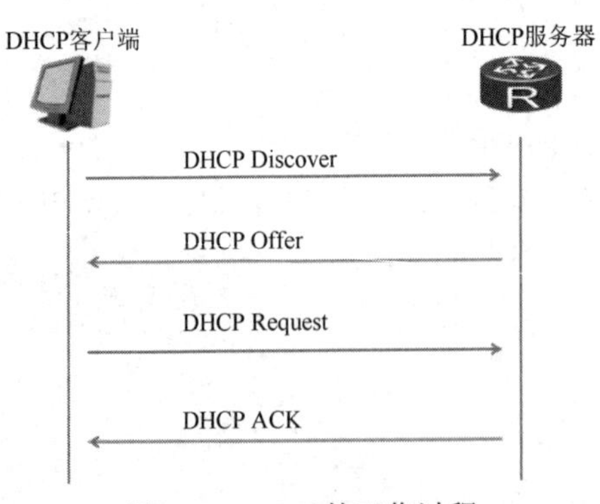

图 6-4　DHCP 的工作过程

如图 6-4 所示，DHCP 服务器给 DHCP 客户端分配 IP 地址等信息需经过四个步骤。

（1）DHCP Discover（DHCP 发现阶段）：DHCP 客户端初接入网络时，不知道自己的 IP 地址，也不知道网络中 DHCP 服务器的 IP 地址，因此它会以广播方式发送一个 DHCP Discover 数据包给同一网段中的所有设备。DHCP Discover 数据包的源 IP 地址是 0.0.0.0，目标 IP 地址是 255.255.255.255。DHCP 客户端发送 DHCP Discover 数据包的目的是发现本网段中可用的 DHCP 服务器。

（2）DHCP Offer（DHCP 提供阶段）：与 DHCP 客户端处于同一网段内的所有 DHCP 服务器都会收到 DHCP Discover 数据包，收到该数据包后，所有的 DHCP 服务器都会向网络以广播方式发送一个 DHCP Offer 数据包。DHCP Offer 数据包携带了提供给 DHCP 客户端的 IP 地址等信息。

（3）DHCP Request（DHCP 选择阶段）：虽然所有的 DHCP 服务器都会向 DHCP 客户端发送 DHCP Offer 数据包，但是 DHCP 客户端一般只接收第一个收到的 DHCP Offer 数据包，然后以广播方式发送 DHCP Request 数据包，该数据包中携带了客户端想选择的 DHCP 服务器标识符和客户端 IP 地址。DHCP 客户端以广播方式发送 DHCP Request 数据包是为了通知所有的 DHCP 服务器，它将选择某个 DHCP 服务器提供的 IP 地址，其他 DHCP 服务器可以重新将曾经分配给它的 IP 地址分配给其他客户端。

（4）DHCP ACK（DHCP 确认阶段）：当 DHCP 服务器收到 DHCP 客户端发送的 DHCP Request 数据包后，DHCP 服务器回应一个 DHCP ACK 数据包，用来确认 DHCP 客户端的选择。DHCP ACK 数据包表示 DHCP Request 中请求的 IP 地址可以给 DHCP 客户端使用了。

注意：DHCP 服务器向 DHCP 客户端出租的 IP 地址一般都有一个租借期限，期满后 DHCP 服务器便会收回出租的 IP 地址。为了能继续使用原先的 IP 地址，DHCP 客户端会向 DHCP 服务器发送续租请求。

DHCP 更新租期的过程如图 6-5 所示。当租期达到 50%时，DHCP 客户端会自动以单播方式发送 DHCP Request 数据包给 DHCP 服务器，请求更新 IP 地址租期。

若 DHCP 服务器以单播方式回应 DHCP ACK 数据包，表明租期更新成功（租期重新从 0 开始计算，默认的租期一般是 24 小时）。

当租期达到 87.5%时，即租期剩余 12.5%时，若 DHCP 客户端发送 DHCP Request 数据包请求续租时没有收到 DHCP 服务器的回应，DHCP 客户端会认为原 DHCP 服务器不可用。此时，DHCP 客户端会以广播方式发送 DHCP Request 数据包请求新的 IP 地址，网络中所有的 DHCP 服务器都会收到该数据包，其中一台 DHCP 服务器会回应 DHCP ACK 数据包，并且分配新的 IP 地址，这样，DHCP 客户端就重绑定到另外一台 DHCP 服务器，可以正常工作了，如图 6-6 所示。

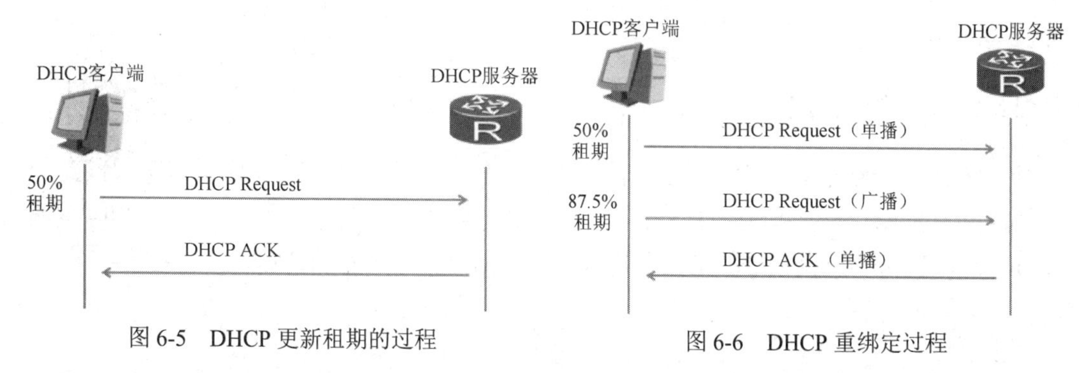

图 6-5　DHCP 更新租期的过程　　图 6-6　DHCP 重绑定过程

若 DHCP 客户端在租期失效定时器超时前没有收到服务器的任何回应，DHCP 客户端必须立即停止使用现有的 IP 地址，发送 DHCP Release 报文，并进入初始化状态，如图 6-7 所示。然后，DHCP 客户端重新发送 DHCP Discover 报文，申请 IP 地址。若 DHCP 客户端不再使用分配的 IP 地址，也可以主动向 DHCP 服务器发送 DHCP Release 报文，释放该 IP 地址。

图 6-7　释放 IP 地址过程

4．DHCP 地址池

DHCP 地址池是 DHCP 能够分配 IP 地址的范围，支持接口地址池和全局地址池两种地址池，如图 6-8 所示。DHCP 服务器计划为几个网段分配 IP 地址，就需要创建几个 IP 地址池。

接口地址池默认使用和当前接口同网段的 IP 地址，如接口 IP 地址为 192.168.1.1，则接口地址池范围是 192.168.1.2～192.168.1.254。接口地址池只能为指定的接口分配这些 IP 地址。

全局地址池可以供其他任何接口地址调用。全局地址在配置时，需要先定义地址池，如定义地址池 Pool2，它的 IP 地址范围是 192.168.2.2～192.168.2.254，路由器会自动绑定和本接口 IP 地址同网段的地址池。

接口地址池的优先级比全局地址池高。

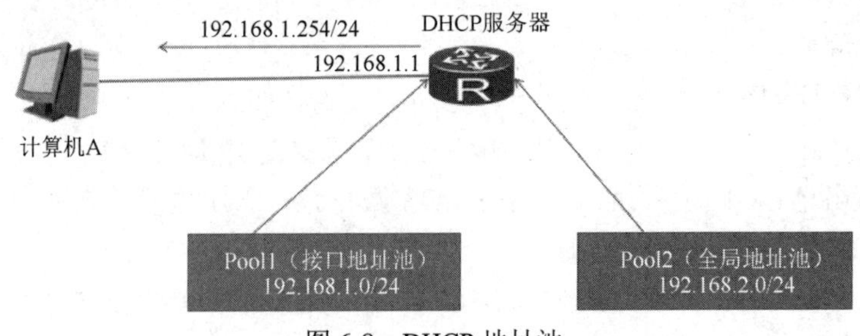

图 6-8　DHCP 地址池

任务训练

1. 请总结 DHCP 的工作过程。
2. 在 DHCP 的工作过程中，发送的数据包是什么包（广播包还是单播包）？

6.1.2　DHCP 配置案例

视频：DHCP 实现 IP 动态管理

1．接口地址池实现 IP 地址动态分配

如图 6-9 所示，路由器 AR1 连接内科一室，内科一室的网段地址是 192.168.1.0/24，请配置路由器 AR1 为 DHCP 服务器给内科一室的计算机分配 IP 地址。

配置分析：

（1）配置路由器 AR1 接口的 IP 地址和子网掩码。使用接口地址池分配 IP 地址，不需要在路由器上创建地址池。给路由器的接口配置 IP 地址和子网掩码后，就可以直接使用接口所在的网段作为地址池的网段和子网掩码。

（2）在路由器 AR1 上启动 DHCP 服务。

（3）在路由器 AR1 的 G0/0/1 接口上配置从接口地址池选择 IP 地址、DNS 服务器及 IP 地址租期。

（4）计算机配置为自动获取 IP 地址。

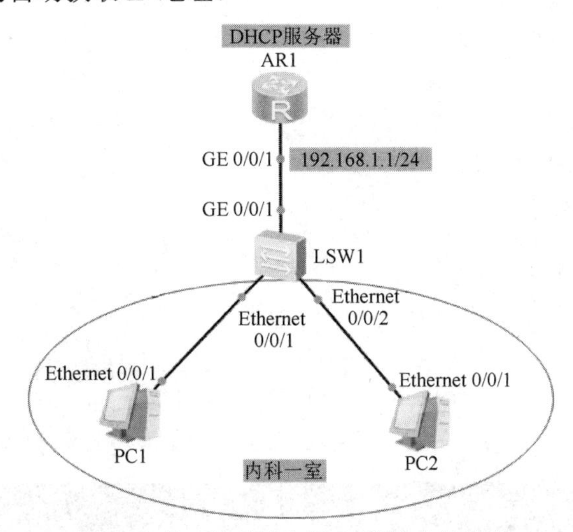

图 6-9　接口地址池实现 IP 地址动态分配

具体步骤：

（1）配置路由器 AR1 的 G0/0/1 接口的 IP 地址和子网掩码。

```
[AR1]int GigabitEthernet 0/0/1
[AR1-GigabitEthernet0/0/1]ip address 192.168.1.1 24
[AR1-GigabitEthernet0/0/1]q
```

（2）配置 DHCP 服务。

```
[AR1]dhcp enable                              --全局开启 DHCP 服务
[AR1]int g 0/0/1
[AR1-GigabitEthernet0/0/1]dhcp select ?       --查看可以选择的选项
 global     Local server                      --从全局地址池选择地址
 interface  Interface server pool             --从接口地址池选择地址
 relay      DHCP relay                        --在接口启用 DHCP 中继服务
[AR1-GigabitEthernet0/0/1]dhcp select interface --从接口地址池选择地址
[AR1-GigabitEthernet0/0/1]dhcp server dns-list 11.11.11.11 --配置 DNS 服务器
[AR1-GigabitEthernet0/0/1]dhcp server ?                  --查看可以选择的配置项
 dns-list             Configure DNS servers
 domain-name          Configure domain name
 excluded-ip-address  Mark disable IP addresses
 ...
 lease                Configure the lease of the IP pool
 [AR1-GigabitEthernet0/0/1]dhcp server excluded-ip-address 192.168.1.2
192.168.1.10                         --排除地址
```

（3）配置计算机为自动获取 IP 地址。

如图 6-10 所示，先将 PC1 和 PC2 的 IPv4 配置为 DHCP，即自动获取 IP 地址，再选择“命令行”选项卡，输入命令“ipconfig”，若能看到如图 6-11、图 6-12 所示的界面，说明 PC1 和 PC2 获取到了 DHCP 服务器动态分配的 IP 地址。用 PC1 去 ping PC2 能够互相通信，说明接口地址池动态分配 IP 地址成功。

图 6-10　PC1 配置为自动获取 IP

图 6-11　PC1 获取到 DHCP 服务器动态分配的 IP 地址

图 6-12　PC2 获取到 DHCP 服务器动态分配的 IP 地址

2．全局地址池实现 IP 地址动态分配

如图 6-13 所示，该医院路由器 AR1 连接了呼吸内科与消化内科两个科室，请将路由器 AR1 配置为 DHCP 服务器，使用全局地址池为其分配 IP 地址。其中，呼吸内科所在的网段是 192.168.2.0/24，消化内科所在的网段是 192.168.3.0/24。

配置分析：

（1）配置路由器 AR1 接口的 IP 地址和子网掩码。

（2）路由器 AR1 全局启用 DHCP 服务。

（3）在路由器 AR1 上创建地址池 Pool1。

（4）配置路由器 AR1 的接口 G0/0/0 为从全局地址池选择地址。

（5）在路由器 AR1 上创建地址池 Pool2。

（6）配置路由器 AR1 的接口 G0/0/1 为从全局地址池选择地址。

（7）配置计算机为自动获取 IP 地址。

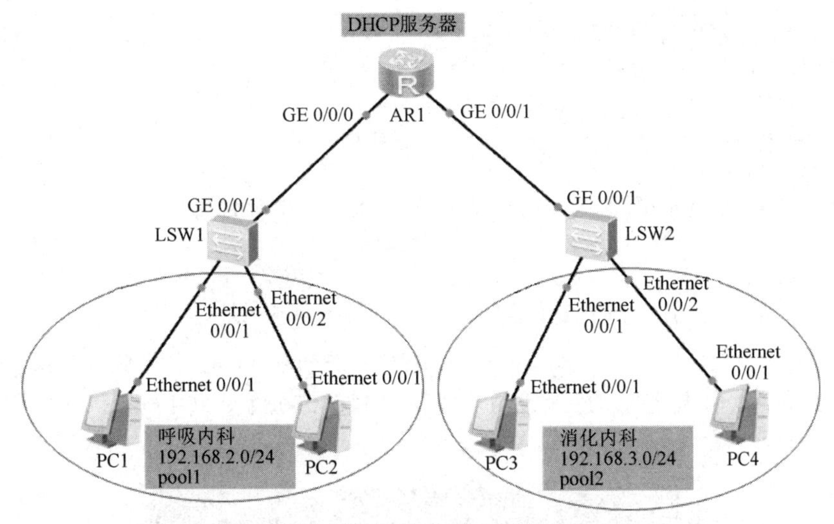

图 6-13　全局地址池实现 IP 地址动态分配

具体步骤：

（1）配置路由器 AR1 接口的 IP 地址和子网掩码。

```
[AR1]int g 0/0/0
[AR1-GigabitEthernet0/0/0]ip add 192.168.2.1 24
[AR1-GigabitEthernet0/0/0]int g 0/0/1
[AR1-GigabitEthernet0/0/1]ip add 192.168.3.1 24
[AR1-GigabitEthernet0/0/1]q
```

（2）路由器 AR1 全局启用 DHCP 服务。

```
[AR1]DHCP enable
```

（3）在路由器 AR1 上创建地址池 Pool1。

```
[AR1]ip pool pool1                  --创建地址池 Pool1
[AR1-ip-pool-pool1]network 192.168.2.0 mask 24   --指定地址池所在的网段
[AR1-ip-pool-pool1]gateway-list 192.168.2.1      --指定该网段的网关地址
[AR1-ip-pool-pool1]dns-list 11.11.11.11          --指定 DNS 服务器
[AR1-ip-pool-pool1]lease day 0 hour 12 minute 0  --指定 IP 地址可以使用的时间
[AR1-ip-pool-pool1]display this                  --显示地址池的配置
[V200R003C00]
#
ip pool pool1
 gateway-list 192.168.2.1
 network 192.168.2.0 mask 255.255.255.0
 lease day 0 hour 12 minute 0
 dns-list 11.11.11.11
#
Return
[AR1-ip-pool-pool1]q
```

（4）配置路由器 AR1 的接口 G0/0/0 为从全局地址池选择地址。

```
[AR1]int g 0/0/0
[AR1-GigabitEthernet0/0/0]dhcp select global   --从全局地址池选择地址
[AR1-GigabitEthernet0/0/0]q
```

（5）在路由器 AR1 上创建地址池 Pool2。

```
[AR1]ip pool pool2
```

```
[AR1-ip-pool-pool2]network 192.168.3.0 mask 24
[AR1-ip-pool-pool2]gateway-list 192.168.3.1
[AR1-ip-pool-pool2]dns-list 22.22.22.22
[AR1-ip-pool-pool2]lease day 0 hour 8 minute 0
[AR1-ip-pool-pool2]q
```

（6）配置路由器 AR1 的接口 G0/0/1 为从全局地址池选择地址。

```
[AR1]int g 0/0/1
[AR1-GigabitEthernet0/0/1]dhcp select global
```

（7）配置计算机为自动获取 IP 地址。

将计算机配置为自动获取 IP 地址，然后用 PC1 去 ping PC3、用 PC2 去 ping PC4，发现它们都能正常通信，说明全局地址池成功实现 IP 地址动态分配，PC1 ping PC3 如图 6-14 所示。

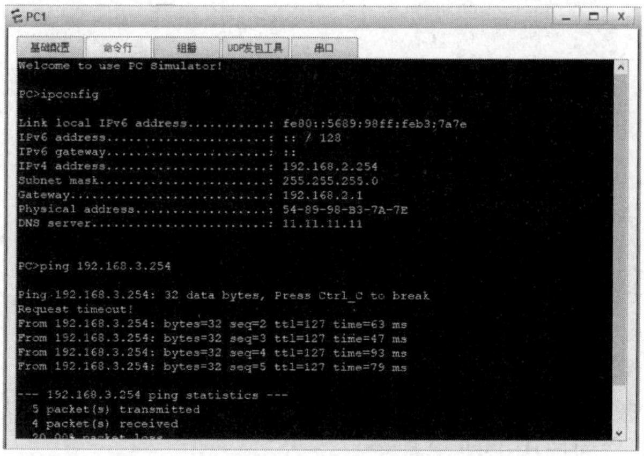

```
PC1
基础配置 命令行 组播 UDP发包工具 串口
Welcome to use PC Simulator!

PC>ipconfig

Link local IPv6 address...........: fe80::5689:98ff:feb3:7a7e
IPv6 address......................: :: / 128
IPv6 gateway......................: ::
IPv4 address......................: 192.168.2.254
Subnet mask.......................: 255.255.255.0
Gateway...........................: 192.168.2.1
Physical address..................: 54-89-98-B3-7A-7E
DNS server........................: 11.11.11.11


PC>ping 192.168.3.254

Ping 192.168.3.254: 32 data bytes, Press Ctrl_C to break
Request timeout!
From 192.168.3.254: bytes=32 seq=2 ttl=127 time=63 ms
From 192.168.3.254: bytes=32 seq=3 ttl=127 time=47 ms
From 192.168.3.254: bytes=32 seq=4 ttl=127 time=93 ms
From 192.168.3.254: bytes=32 seq=5 ttl=127 time=79 ms

--- 192.168.3.254 ping statistics ---
  5 packet(s) transmitted
  4 packet(s) received
```

图 6-14 PC1 ping PC3

3. DHCP 中继实现 IP 地址动态分配

一般情况下，DHCP 服务器和 DCHP 客户端在同一个网络中，这是因为 DHCP 的数据包有些是以广播形式发送的，如果不在同一个网络，那么这些广播的数据包就无法跨越路由设备传输。但是在某些情况下，DHCP 服务必须跨越不同的网络，此时，我们就可以配置 DHCP 中继服务了。

DHCP 中继，实际上就是在与 DHCP 服务器不在同一个网络但又需要 DHCP 服务的网络中设置一个中继器，中继器在该网络中代替 DHCP 服务器接收 DHCP 客户端的请求，并将来自 DHCP 客户端的 DHCP 数据包，以单播的形式发送给 DHCP 服务器。

DHCP 服务器在收到由 DHCP 中继发送来的 DHCP 数据包后，同样会把回应的 DHCP 数据包发送给 DHCP 中继。这样，DHCP 中继实际上充当了一个中间人的角色，起到了在不同的网络中运行 DHCP 服务的作用。

如图 6-15 所示，路由器 AR1 在门诊大楼充当 DHCP 服务器，通过三层交换机 LSW1 连接了住院部大楼，请配置 DHCP 中继为住院部内科病房、住院部外科病房分配 IP 地址。

配置分析：

（1）在路由器 AR1 上配置接口的 IP 地址。启用 DHCP 服务，创建地址池 VLAN 10 和 VLAN 20，配置接口 G0/0/0 为从全局地址池选择地址。配置默认路由使网络通畅。

（2）在交换机 LSW1 上创建 VLAN、配置接口的类型及所属的 VLAN。交换机 LSW1 的接口 G0/0/1、G0/0/2 也可以配置为 Access 端口，因为当数据包从交换机 LSW2、LSW3 发出时，已经被去掉了标签，到了交换机 LSW1 的接口 G0/0/1 或 G0/0/2 后，可以打上自己接口的

PVID 再进入三层交换机 LSW1，根据其数据包的标签，分别让 Vlanif 接口处理。在交换机 LSW1 上配置 Vlanif 1、Vlanif 10 和 Vlanif 20 的 IP 地址。开启 DHCP 中继服务。配置默认路由使网络通畅。

（3）在交换机 LSW2 和 LSW3 上创建 VLAN、配置接口的类型及所属的 VLAN。因为交换机 LSW2、LSW3 连接的设备都分别属于同一个 VLAN，所以可以将交换机 LSW2 的 G0/0/1 接口、交换机 LSW3 的 G0/0/2 接口配置为 Access 端口。

（4）配置计算机为自动获取 IP 地址。

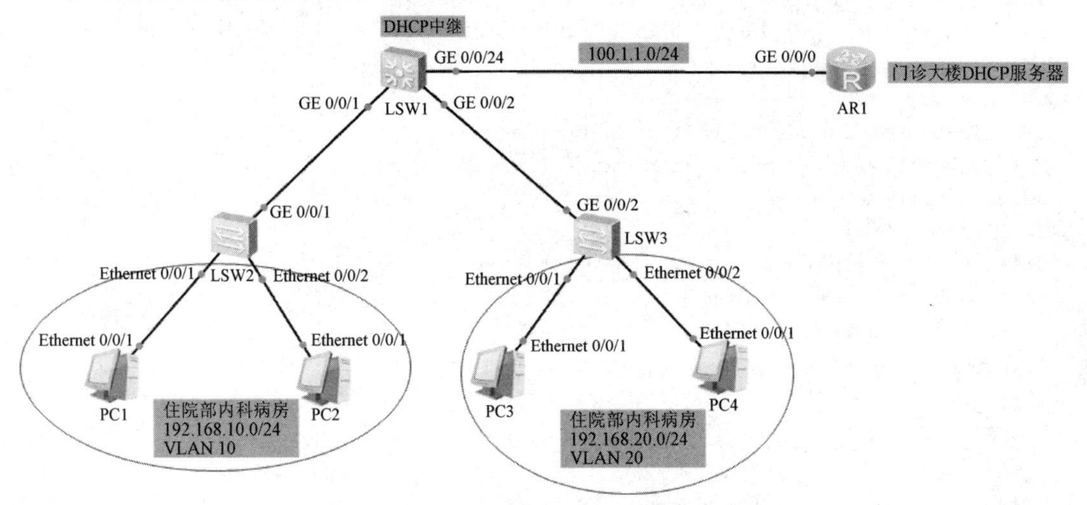

图 6-15　DHCP 中继实现 IP 地址动态分配

具体步骤：

（1）路由器 AR1 的配置。

① 路由器接口 IP 地址的配置。

```
[AR1]int g 0/0/0
[AR1-GigabitEthernet0/0/0]ip add 100.1.1.1 24
[AR1-GigabitEthernet0/0/0]q
```

② 全局开启 DHCP 服务。

```
[AR1]dhcp enable
```

③ 创建地址池 VLAN 10 和 VLAN 20。

```
[AR1]ip pool vlan10
[AR1-ip-pool-vlan10]network 192.168.10.0 mask 24
[AR1-ip-pool-vlan10]gateway-list 192.168.10.1
[AR1-ip-pool-vlan10]dns-list 8.8.8.8
[AR1-ip-pool-vlan10]q
[AR1]ip pool vlan20
[AR1-ip-pool-vlan20]network 192.168.20.0 mask 24
[AR1-ip-pool-vlan20]gateway-list 192.168.20.1
[AR1-ip-pool-vlan20]dns-list 9.9.9.9
[AR1-ip-pool-vlan20]q
```

④ 配置接口 G 0/0/0 为从全局地址池选择地址。

```
[AR1]int g 0/0/0
[AR1-GigabitEthernet0/0/0]dhcp select global
[AR1-GigabitEthernet0/0/0]q
```

⑤ 配置默认路由。此部分内容后面会学习。

```
[AR1]ip route-static 0.0.0.0 0 100.1.1.2
```

（2）交换机 LSW1 的配置。

① 创建 VLAN。

```
[LSW1]vlan batch 10 20
```

② 配置接口的类型及所属的 VLAN。

```
[LSW1]int g 0/0/1
[LSW1-GigabitEthernet0/0/1]port link-type access
[LSW1-GigabitEthernet0/0/1]port default vlan 10
[LSW1-GigabitEthernet0/0/1]q
[LSW1]int g 0/0/2
[LSW1-GigabitEthernet0/0/2]port link-type access
[LSW1-GigabitEthernet0/0/2]port default vlan 20
[LSW1-GigabitEthernet0/0/2]q
[LSW1]int g 0/0/24
[LSW1-GigabitEthernet0/0/24]port link-type trunk
[LSW1-GigabitEthernet0/0/24]port trunk allow-pass vlan all
[LSW1-GigabitEthernet0/0/24]q
```

③ 配置 Vlanif 1、Vlanif 10 和 Vlanif 20 的接口 IP 地址。

```
[LSW1]int vlanif 1
[LSW1-Vlanif1]ip add 100.1.1.2 24
[LSW1-Vlanif1]int vlanif 10
[LSW1-Vlanif10]ip add 192.168.10.1 24
[LSW1-Vlanif10]int vlanif 20
[LSW1-Vlanif20]ip add 192.168.20.1 24
[LSW1-Vlanif20]q
```

④ 开启 DHCP 中继服务。

```
[LSW1]dhcp enable
[LSW1]int vlanif 10
[LSW1-Vlanif10]dhcp select relay
[LSW1-Vlanif10]dhcp relay server-ip 100.1.1.1
[LSW1-Vlanif10]q
[LSW1]int vlanif 20
[LSW1-Vlanif20]dhcp select relay
[LSW1-Vlanif20]dhcp relay  server-ip 100.1.1.1
[LSW1-Vlanif20]q
```

⑤ 配置默认路由。

```
[LSW1]ip route-static 0.0.0.0 0 100.1.1.1
```

（3）交换机 LSW2 的配置。

① 创建 VLAN。

```
[LSW2]vlan 10
```

② 配置接口类型及所属的 VLAN。

```
[LSW2-vlan10]int e 0/0/1
[LSW2-Ethernet0/0/1]port link-type access
[LSW2-Ethernet0/0/1]port default vlan 10
[LSW2-Ethernet0/0/1]int e 0/0/2
[LSW2-Ethernet0/0/2]port link-type access
```

```
[LSW2-Ethernet0/0/2]port default vlan 10
[LSW2-Ethernet0/0/2]int g 0/0/1
[LSW2-GigabitEthernet0/0/1]port link-type access
[LSW2-GigabitEthernet0/0/1]port default vlan 10
[LSW2-GigabitEthernet0/0/1]q
```

（4）交换机 LSW3 的配置。

① 创建 VLAN。

```
[Huawei]vlan 20
```

② 配置接口类型及所属的 VLAN。

```
[Huawei-vlan20]int e 0/0/1
[Huawei-Ethernet0/0/1]port link-type access
[Huawei-Ethernet0/0/1]port default vlan 20
[Huawei-Ethernet0/0/2]port link-type access
[Huawei-Ethernet0/0/2]port default vlan 20
[Huawei-Ethernet0/0/2]int g 0/0/2
[Huawei-GigabitEthernet0/0/2]port link-type access
[Huawei-GigabitEthernet0/0/2]port default vlan 20
[Huawei-GigabitEthernet0/0/2]q
```

（5）配置计算机为自动获取 IP 地址。

将计算机配置为自动获取 IP 地址，用 PC1 去 ping PC3、用 PC2 去 ping PC4，发现它们都能正常通信，说明 DHCP 中继成功实现 IP 地址动态分配。

任务训练

如图 6-16 所示，某公司有市场部和研发部两个部门，请将三层交换机配置为 DHCP 服务器，并使用全局地址池给这两个部门动态分配 IP 地址。

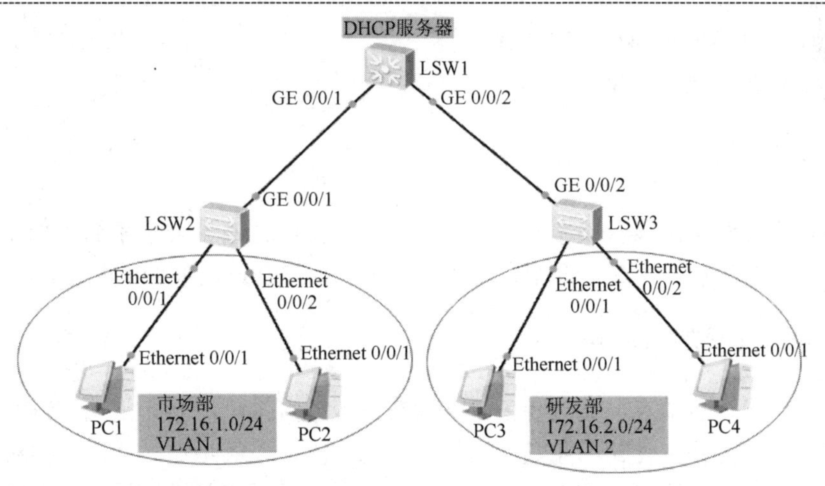

图 6-16 全局地址池实现 IP 地址动态分配的应用

任务评价

1. 自我评价

□ 正确描述 DHCP 的应用场合。

□ 正确归纳 DHCP 的工作原理。
□ 能配置全局地址池实现自动分配 IP 地址。
□ 能配置跨网段的 DHCP。
□ 会验证动态分配 IP 地址的结果。
□ 能排查网络故障。

2. 教师评价

□ 优　□ 良　□ 合格　□ 不合格

任务 2　链路聚合提高网络带宽

任务目标

知识目标：

- 正确说出链路聚合技术的应用场合。
- 理解链路聚合技术的工作原理。
- 掌握链路聚合的两种模式。

技能目标：

- 能配置链路聚合实现数据分担和冗余备份。
- 会验证链路聚合的效果。
- 能排查网络故障。

素养目标：

- 形成维护网络安全的社会责任感。
- 培养提前规划布局意识。

任务分析

本任务首先介绍链路聚合技术产生的背景，然后介绍链路聚合技术的概念及优势，接着介绍链路聚合的两种模式，最后介绍在两种模式下如何实现链路聚合的配置。

6.2.1　链路聚合原理与应用

随着网络规模日益增大，某些骨干链路承载的数据流量可能会非常大，链路的负载也会很大，带宽逐渐成为网络传输的瓶颈。增加带宽的方法，一般是更换高速率的接口板或带高速率接口板的设备，但这种方法需要付出较高的成本，且不够灵活。另外，当网络中的某条链路出现故障时，势必会导致部分数据不可达，降低了网络的可靠性。

链路聚合技术可以在不升级硬件设备的前提下，通过将多条物理链路捆绑在一起形成一条逻辑链路来达到增加链路带宽的目的。在增加链路带宽的同时，链路聚合技术采用链路备份机制，有效提高了网络设备之间链路的可靠性。

1．链路聚合的概念

链路聚合技术实际上是以太网链路聚合技术，又称为端口捆绑技术、链路捆绑技术或链路聚集技术。

链路聚合技术将多条物理链路捆绑成一条逻辑链路，这条逻辑链路简称为 Eth-Trunk 链路，如图 6-17 所示。这条逻辑链路两端的端口称为 Eth-Trunk 端口，捆绑在一起的物理链路的端口称为成员端口。

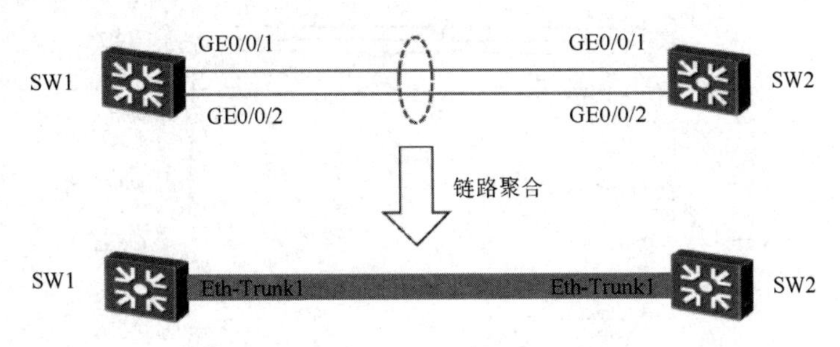

图 6-17　链路聚合

链路聚合技术的优势如下：

（1）增加带宽。链路聚合后，在理想情况下，Eth-trunk 端口的带宽可以扩展为所有成员端口的带宽总和，有效地提高了逻辑链路的带宽。

（2）提高可靠性。链路聚合后，若某一个成员端口所连接的物理链路出现故障，这条逻辑链路依然存在，流量也会被切换到其他可用的物理链路上，这极大地提高了 Eth-Trunk 链路的可靠性。

（3）负载均衡。一个 Eth-Trunk 端口可以将流量分散到不同的成员端口上，通过成员链路将流量发送到同一目的地，极大地降低了网络拥塞的可能。

链路聚合技术可以部署在交换机与交换机之间、路由器与路由器之间、交换机与路由器之间，是一种应用非常广泛的技术。要实现链路聚合，Eth-Trunk 链路两端物理端口的类型、数量、速率、双工模式、流控方式必须一致。链路聚合后，多条物理链路捆绑成的逻辑链路在 STP 中将被看作一条链路。STP 将在任务 3 中介绍。

2．链路聚合的模式

华为设备支持的链路聚合模式主要有两种：

（1）手工负载分担（Manual Load-Balance）模式。手工负载分担模式将进行全手动配置，所有的端口都处于转发状态，分担负载的流量。在这种模式下，Eth-Trunk 链路的创建、成员端口的加入都需要手动配置完成，没有链路聚合控制协议（Link Aggregation Control Protocol，LACP）的参与，因此又称为静态 Trunk 模式。手工负载分担模式通常用在对端设备不支持 LACP 的情况下。

（2）LACP 模式。LACP 模式是一种利用 LACP 进行聚合参数协商、确定活动端口和非活动端口的链路聚合方式。该模式下，需手动创建 Eth-Trunk 链路，手动加入 Eth-Trunk 成员端口，但是，由 LACP 协商确定活动接口和非活动接口。LACP 模式也称为 *M*∶*N* 模式。*M* 为活动成员链路的数量，用于在负载均衡模式中转发数据；*N* 为非活动链路的数量，用于冗余备份。如果一条活动链路发生故障，该链路传输的数据被切换到一条优先级最高的备份链路上，这条备份链路就转变为活动状态。

6.2.2 链路聚合配置案例

视频：链路聚合配置

如图 6-18 所示，为了增加网络带宽并提高网络的可靠性，医院住院部网络在不增加硬件设备的前提下采用链路聚合技术，请采用上述介绍的两种模式实现链路聚合，其中在 LACP 模式下，要求两条链路用于数据分担，一条链路用于冗余备份。

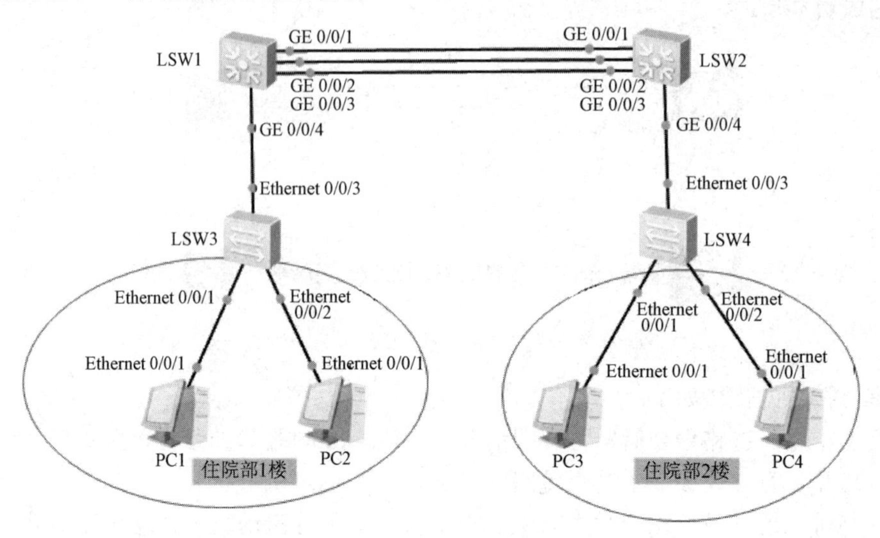

图 6-18 链路聚合应用案例

1. 手工负载分担模式实现链路聚合

配置分析：

（1）在交换机 LSW1 和 LSW2 上查看 STP。

（2）在交换机 LSW1 上创建 Eth-Trunk 端口，配置链路聚合模式为手工负载分担模式，将成员端口加入 Eth-Trunk 端口。

（3）在交换机 LSW2 上创建 Eth-Trunk 端口，配置链路聚合模式为手工负载分担模式，将成员端口加入 Eth-Trunk 端口。

（4）在交换机 LSW1 和 LSW2 上查看 STP 和 Eth-Trunk 端口。

具体步骤：

（1）查看交换机的 STP。

① 查看交换机 LSW1 的 STP。

```
[LSW1]dis stp brief                                --查看 STP
 MSTID  Port                        Role  STP State     Protection
   0    GigabitEthernet0/0/1         ROOT  FORWARDING      NONE
   0    GigabitEthernet0/0/2         ALTE  DISCARDING      NONE
   0    GigabitEthernet0/0/3         ALTE  DISCARDING      NONE
   0    GigabitEthernet0/0/4         DESI  FORWARDING      NONE
```

其中，ROOT 表示根端口，ALTE 表示备份端口，DESI 表示指定端口。未配置链路聚合前，GigabitEthernet0/0/1 、GigabitEthernet0/0/2、GigabitEthernet0/0/3 三个端口连接的链路为三条单独的物理链路。

② 查看交换机 LSW2 的 STP。

```
[LSW2]dis stp brief
```

```
 MSTID  Port                        Role  STP State     Protection
   0    GigabitEthernet0/0/1        DESI  FORWARDING      NONE
   0    GigabitEthernet0/0/2        DESI  FORWARDING      NONE
   0    GigabitEthernet0/0/3        DESI  FORWARDING      NONE
   0    GigabitEthernet0/0/4        ROOT  FORWARDING      NONE
```

（2）交换机 LSW1 的配置。

① 创建 Eth-Trunk 端口。

```
[LSW1]int Eth-Trunk 1         --创建编号为 1 的 Eth-Trunk 端口，取值范围为 0~63
```

② 配置链路聚合模式为手工负载分担模式。

```
[LSW1-Eth-Trunk1]mode ?                              --查看链路聚合模式
  lacp-static  Static working mode
  manual       Manual working mode
[LSW1-Eth-Trunk1]mode manual load-balance    --默认为手工负载分担模式，若链路聚合采用手工负载分担模式，无须配置
```

③ 将成员端口添加到 Eth-Trunk 端口。

```
[LSW1-Eth-Trunk1]int g 0/0/1
[LSW1-GigabitEthernet0/0/1]eth-trunk 1   --接口 G0/0/1 加入 Eth-Trunk1
[LSW1-GigabitEthernet0/0/1]int g 0/0/2
[LSW1-GigabitEthernet0/0/2]eth-trunk 1   --接口 G0/0/2 加入 Eth-Trunk1
[LSW1-GigabitEthernet0/0/2]int g 0/0/3
[LSW1-GigabitEthernet0/0/3]eth-trunk 1   --接口 G0/0/3 加入 Eth-Trunk1
```

（3）交换机 LSW2 的配置。

① 创建 Eth-Trunk 端口。

```
[LSW2]int Eth-Trunk 1        --Eth-Trunk 端口编号必须与对端设备相同，否则链路无法聚合
```

② 配置链路聚合模式为手工负载分担模式。

```
[LSW2-Eth-Trunk1]mode manual load-balance
```

③ 将成员端口添加到 Eth-Trunk 端口。

```
[LSW2-Eth-Trunk1]int g 0/0/1
[LSW2-GigabitEthernet0/0/1]eth-trunk
[LSW2-GigabitEthernet0/0/1]int g 0/0/2
[LSW2-GigabitEthernet0/0/2]eth-trunk
[LSW2-GigabitEthernet0/0/2]int g 0/0/3
[LSW2-GigabitEthernet0/0/3]eth-trunk 1
```

（4）查看 STP。

① 查看 LSW1 的 STP。

```
[LSW1]dis stp brief
 MSTID  Port                        Role  STP State     Protection
   0    GigabitEthernet0/0/4        DESI  FORWARDING      NONE
   0    Eth-Trunk1                  ROOT  FORWARDING      NONE
```

第二行说明三条物理链路被聚合成逻辑链路。

② 查看 LSW2 的 STP。

```
[LSW2]dis stp brief
 MSTID  Port                        Role  STP State     Protection
   0    GigabitEthernet0/0/4        ROOT  FORWARDING      NONE
   0    Eth-Trunk1                  DESI  FORWARDING      NONE
```

（5）查看链路聚合状态。

以 LSW1 为例查看交换机的链路聚合状态，下面的结果说明两台交换机链路聚合成功，链路聚合的端口有三个，并且都处于 UP 状态。

```
[LSW1]dis int Eth-Trunk                                    --查看链路聚合信息
Eth-Trunk1 current state : UP
Line protocol current state : UP
Description:
Switch Port, PVID :    1, Hash arithmetic : According to SIP-XOR-DIP,Maximal BW:
 3G, Current BW: 3G, The Maximum Frame Length is 9216
IP Sending Frames' Format is PKTFMT_ETHNT_2, Hardware address is 4c1f-ccf4-1724
Current system time: 2023-02-06 10:58:22-08:00
    Input bandwidth utilization  :    0%
    Output bandwidth utilization :    0%
-----------------------------------------------------
PortName                      Status      Weight
-----------------------------------------------------
GigabitEthernet0/0/1          UP          1
GigabitEthernet0/0/2          UP          1
GigabitEthernet0/0/3          UP          1
-----------------------------------------------------
The Number of Ports in Trunk : 3
The Number of UP Ports in Trunk : 3
```

2. LACP 模式实现链路聚合

配置分析：

（1）在交换机 LSW1 和 LSW2 上删除成员端口。

（2）在交换机 LSW1 和 LSW2 上创建 Eth-Trunk 端口，配置链路聚合模式为静态 LACP 模式，手动添加成员端口。

（3）在交换机 LSW1 上进行优先级的设置，实现 2+1 模式，即两条链路用于数据分担，一条链路用于数据备份。

（4）假设交换机 LSW1 的接口 G0/0/1 出现故障，查看链路聚合状态。

（5）重新开启交换机 LSW1 的接口 G0/0/1，查看链路聚合状态是否发生变化。

具体步骤：

（1）在交换机 LSW1 和 LSW2 上删除成员端口。

① 交换机 LSW1 的配置。

```
[LSW1]int g 0/0/1
[LSW1-GigabitEthernet0/0/1]undo eth-trunk        --删除成员端口 G0/0/1
[LSW1-GigabitEthernet0/0/1]int g 0/0/2
[LSW1-GigabitEthernet0/0/2]undo eth-trunk        --删除成员端口 G0/0/2
[LSW1-GigabitEthernet0/0/2]int g 0/0/3
[LSW1-GigabitEthernet0/0/3]undo eth-trunk        --删除成员端口 G0/0/3
[LSW1-GigabitEthernet0/0/3]q
```

② 交换机 LSW2 的配置。

```
[LSW2]int g 0/0/1
[LSW2-GigabitEthernet0/0/1]undo eth-trunk
[LSW2-GigabitEthernet0/0/1]int g 0/0/2
```

```
[LSW2-GigabitEthernet0/0/2]undo eth-trunk
[LSW2-GigabitEthernet0/0/2]int g 0/0/3
[LSW2-GigabitEthernet0/0/3]undo eth-trunk
[LSW2-GigabitEthernet0/0/3]q
```

（2）在交换机 LSW1 和 LSW2 上创建 Eth-Trunk 端口，配置链路聚合模式为静态 LACP 模式，手动添加成员端口。

① 交换机 LSW1 的配置。

```
[LSW1]int Eth-Trunk 1
[LSW1-Eth-Trunk1]mode lacp-static          --链路聚合模式为静态 LACP 模式
[LSW1-Eth-Trunk1]int g 0/0/1
[LSW1-GigabitEthernet0/0/1]eth-trunk 1
[LSW1-GigabitEthernet0/0/1]int g 0/0/2
[LSW1-GigabitEthernet0/0/2]eth-trunk 1
[LSW1-GigabitEthernet0/0/2]int g 0/0/3
[LSW1-GigabitEthernet0/0/3]eth-trunk 1
```

② 交换机 LSW2 的配置。

```
[LSW2]int Eth-Trunk 1
[LSW2-Eth-Trunk1]mode lacp-static
[LSW2-Eth-Trunk1]int g 0/0/1
[LSW2-GigabitEthernet0/0/1]eth-trunk 1
[LSW2-GigabitEthernet0/0/1]int g 0/0/2
[LSW2-GigabitEthernet0/0/2]eth-trunk 1
[LSW2-GigabitEthernet0/0/2]int g 0/0/3
[LSW2-GigabitEthernet0/0/3]eth-trunk 1
```

③ 查看链路聚合信息。

在 LSW1 上查看链路聚合信息，此时三条物理链路都进行数据分担，如图 6-19 所示。

```
[LSW1]dis eth-trunk 1
Eth-Trunk1's state information is:
Local:
LAG ID: 1                   WorkingMode: STATIC
Preempt Delay: Disabled     Hash arithmetic: According to SIP-XOR-DIP
System Priority: 32768      System ID: 4c1f-ccf4-1724
Least Active-linknumber: 1  Max Active-linknumber: 8
Operate status: up          Number Of Up Port In Trunk: 3
--------------------------------------------------------------------------------
ActorPortName          Status   PortType PortPri PortNo PortKey PortState Weight

GigabitEthernet0/0/1   Selected 1GE      32768   2      305     10111100  1
GigabitEthernet0/0/2   Selected 1GE      32768   3      305     10111100  1
GigabitEthernet0/0/3   Selected 1GE      32768   4      305     10111100  1

Partner:
--------------------------------------------------------------------------------
ActorPortName          SysPri   SystemID        PortPri PortNo PortKey PortState
GigabitEthernet0/0/1   32768    4c1f-ccd7-5c2e  32768   2      305     10111100
GigabitEthernet0/0/2   32768    4c1f-ccd7-5c2e  32768   3      305     10111100
GigabitEthernet0/0/3   32768    4c1f-ccd7-5c2e  32768   4      305     10111100
```

图 6-19　查看链路聚合信息

（3）在交换机 LSW1 上进行优先级的设置，实现 2+1 模式，即两条链路用于数据分担，一条链路用于数据备份。

① 交换机 LSW1 的配置。

```
[LSW1]lacp priority ?                  --查看 LACP 模式下可以设置的优先级
  INTEGER<0-65535>  Priority value, the default value is 32768
[LSW1]lacp priority 100 --交换机 LSW1 的优先级设置为 100，值越小优先级越高
[LSW1]int Eth-Trunk 1
[LSW1-Eth-Trunk1]max active-linknumber ?    --设置最大的活动链路数量
```

```
  INTEGER<1-8>  Value of max active linknumber
[LSW1-Eth-Trunk1]max active-linknumber 2    --设置最大的活动链路数量为 2
[LSW1-Eth-Trunk1]q
```

② 查看交换机 LSW1 的链路聚合状态。

如图 6-20 所示，输入命令“dis eth-trunk 1”查看当前的链路聚合状态，发现 2 条链路处于选中状态，一条链路处于未选中状态，这说明 LACP 模式下两条链路实现数据分担，一条链路用于冗余备份，配置成功。

```
[LSW1]dis eth-trunk 1
Eth-Trunk1's state information is:
Local:
LAG ID: 1                   WorkingMode: STATIC
Preempt Delay: Disabled     Hash arithmetic: According to SIP-XOR-DIP
System Priority: 100        System ID: 4c1f-ccf4-1724
Least Active-linknumber: 1  Max Active-linknumber: 2
Operate status: up          Number Of Up Port In Trunk: 2
--------------------------------------------------------------------------------
ActorPortName          Status   PortType PortPri PortNo PortKey PortState Weight
GigabitEthernet0/0/1   Selected 1GE      32768   2      305     10111100  1
GigabitEthernet0/0/2   Selected 1GE      32768   3      305     10111100  1
GigabitEthernet0/0/3   Unselect 1GE      32768   4      305     10100000  1

Partner:
--------------------------------------------------------------------------------
ActorPortName          SysPri   SystemID        PortPri PortNo PortKey PortState
GigabitEthernet0/0/1   32768    4c1f-ccd7-5c2e  32768   2      305     10111100
GigabitEthernet0/0/2   32768    4c1f-ccd7-5c2e  32768   3      305     10111100
GigabitEthernet0/0/3   32768    4c1f-ccd7-5c2e  32768   4      305     10110000
```

图 6-20　链路聚合状态

（4）假设交换机 LSW1 的接口 G0/0/1 出现故障，查看链路聚合状态。

```
[LSW1]int g 0/0/1
[LSW1-GigabitEthernet0/0/1]shutdown        --关闭接口 G0/0/1
[LSW1-GigabitEthernet0/0/1]q
[LSW1]display eth-trunk 1                   --再次查看聚合链路状态
```

如图 6-21 所示，关闭交换机 LSW1 的接口 G0/0/1 后，接口 G0/0/3 所连接的备份链路将自动成为活动链路，转发数据。

```
[LSW1]display eth-trunk 1
Eth-Trunk1's state information is:
Local:
LAG ID: 1                   WorkingMode: STATIC
Preempt Delay: Disabled     Hash arithmetic: According to SIP-XOR-DIP
System Priority: 100        System ID: 4c1f-ccf4-1724
Least Active-linknumber: 1  Max Active-linknumber: 2
Operate status: up          Number Of Up Port In Trunk: 2
--------------------------------------------------------------------------------
ActorPortName          Status   PortType PortPri PortNo PortKey PortState Weight
GigabitEthernet0/0/1   Unselect 1GE      32768   2      305     10100010  1
GigabitEthernet0/0/2   Selected 1GE      32768   3      305     10111100  1
GigabitEthernet0/0/3   Selected 1GE      32768   4      305     10111100  1

Partner:
--------------------------------------------------------------------------------
ActorPortName          SysPri   SystemID        PortPri PortNo PortKey PortState
GigabitEthernet0/0/1   0        0000-0000-0000  0       0      0       10100011
GigabitEthernet0/0/2   32768    4c1f-ccd7-5c2e  32768   3      305     10111100
GigabitEthernet0/0/3   32768    4c1f-ccd7-5c2e  32768   4      305     10111100
```

图 6-21　关闭 G0/0/1 接口后的链路聚合状态

（5）重新开启交换机 LSW1 的接口 G0/0/1，查看链路聚合状态是否发生变化。

① 交换机 LSW1 的配置。

```
[LSW1]int g 0/0/1
[LSW1-GigabitEthernet0/0/1]undo shutdown    --开启接口 G0/0/1
[LSW1-GigabitEthernet0/0/1]q
```

② 查看链路聚合状态。

如图 6-22 所示，开启接口 G0/0/1 后，链路聚合状态依然没有发生变化。因为端口的重新抢占功能未开启。

```
[LSW1]display eth-trunk 1
Eth-Trunk1's state information is:
Local:
LAG ID: 1                   WorkingMode: STATIC
Preempt Delay: Disabled     Hash arithmetic: According to SIP-XOR-DIP
System Priority: 100        System ID: 4c1f-ccf4-1724
Least Active-linknumber: 1  Max Active-linknumber: 2
Operate status: up          Number Of Up Port In Trunk: 2
--------------------------------------------------------------------------------
ActorPortName          Status   PortType PortPri PortNo PortKey PortState Weight
GigabitEthernet0/0/1   Unselect 1GE      32768   2      305     10100000  1
GigabitEthernet0/0/2   Selected 1GE      32768   3      305     10111100  1
GigabitEthernet0/0/3   Selected 1GE      32768   4      305     10111100  1

Partner:
--------------------------------------------------------------------------------
ActorPortName          SysPri   SystemID        PortPri PortNo PortKey PortState
GigabitEthernet0/0/1   32768    4c1f-ccd7-5c2e  32768   2      305     10110000
GigabitEthernet0/0/2   32768    4c1f-ccd7-5c2e  32768   3      305     10111100
GigabitEthernet0/0/3   32768    4c1f-ccd7-5c2e  32768   4      305     10111100
```

图 6-22　链路聚合状态

③ 开启重新抢占功能。

```
[LSW1]int Eth-Trunk 1
[LSW1-Eth-Trunk1]lacp preempt ?          --查看重新抢占功能可选的配置
  delay   Delay time of preemption
  enable  Enable preemption
[LSW1-Eth-Trunk1]lacp preempt enable          --开启重新抢占功能
[LSW1-Eth-Trunk1]display eth-trunk 1          --再次查看链路聚合状态
```

如图 6-23 所示，开启重新抢占功能后，接口 G0/0/1 连接的物理链路再次成为活动链路。

```
[LSW1-Eth-Trunk1]display eth-trunk 1
Eth-Trunk1's state information is:
Local:
LAG ID: 1                   WorkingMode: STATIC
Preempt Delay Time: 30      Hash arithmetic: According to SIP-XOR-DIP
System Priority: 100        System ID: 4c1f-ccf4-1724
Least Active-linknumber: 1  Max Active-linknumber: 2
Operate status: up          Number Of Up Port In Trunk: 2
--------------------------------------------------------------------------------
ActorPortName          Status   PortType PortPri PortNo PortKey PortState Weight
GigabitEthernet0/0/1   Selected 1GE      32768   2      305     10111100  1
GigabitEthernet0/0/2   Selected 1GE      32768   3      305     10111100  1
GigabitEthernet0/0/3   Unselect 1GE      32768   4      305     10100000  1

Partner:
--------------------------------------------------------------------------------
ActorPortName          SysPri   SystemID        PortPri PortNo PortKey PortState
GigabitEthernet0/0/1   32768    4c1f-ccd7-5c2e  32768   2      305     10111100
GigabitEthernet0/0/2   32768    4c1f-ccd7-5c2e  32768   3      305     10111100
GigabitEthernet0/0/3   32768    4c1f-ccd7-5c2e  32768   4      305     10110000
```

图 6-23　开启重新抢占功能后的链路聚合状态

任务训练

如图 6-24 所示，请使用链路聚合技术的手工负载分担模式实现相同 VLAN 内的计算机相互通信。

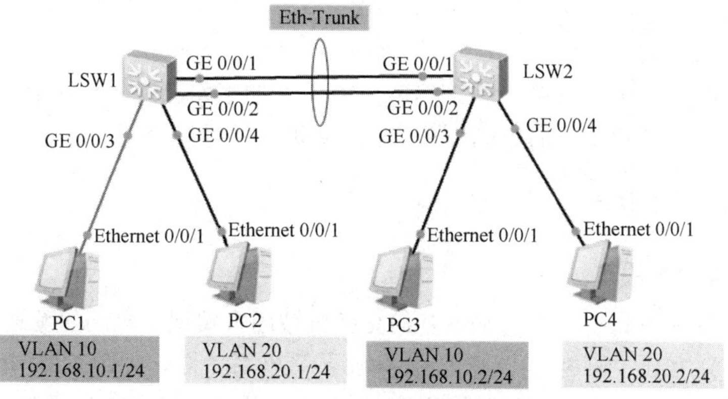

图 6-24　手工负载分担模式实现链路聚合的应用

任务评价

1. 自我评价
- □ 正确说出链路聚合技术的应用场合。
- □ 理解链路聚合技术的工作原理。
- □ 掌握链路聚合的两种模式。
- □ 能配置链路聚合实现数据分担和冗余备份。
- □ 会验证链路聚合的效果。
- □ 能排查网络故障。

2. 教师评价

□ 优　□ 良　□ 合格　□ 不合格

任务 3　实现网络冗余备份

任务目标

知识目标：

- 正确说明冗余备份能解决的问题。
- 正确描述交换网络物理环路产生的问题。
- 掌握 STP 的工作过程。

技能目标：

- 能配置 STP。
- 会查看 STP 状态。
- 能排查网络故障。

素养目标：

- 形成维护网络安全的社会责任感。
- 培养提前规划布局意识。

任务分析

本任务首先介绍 STP 产生的背景，然后介绍 STP 的工作原理（基本术语、工作过程、端口状态），接着介绍 STP 的改进版本，最后对 STP 进行配置及摘要信息查看。

6.3.1　STP 原理与应用

1. STP 产生的背景

随着局域网规模不断扩大，越来越多的交换机被用来实现主机间的互连。如果交换机之间仅使用一条链路互连，可能会出现单点故障，导致业务中断，如图 6-25 所示。为了解决此类问题并提高网络的可靠性，交换机在互连时通常会使用冗余链路实现备份，如图 6-26 所示。

然而，冗余链路虽然提高了网络的可靠性，但是也会给交换网络带来环路风险，产生广播风暴，进而导致通信质量显著下降甚至业务中断。

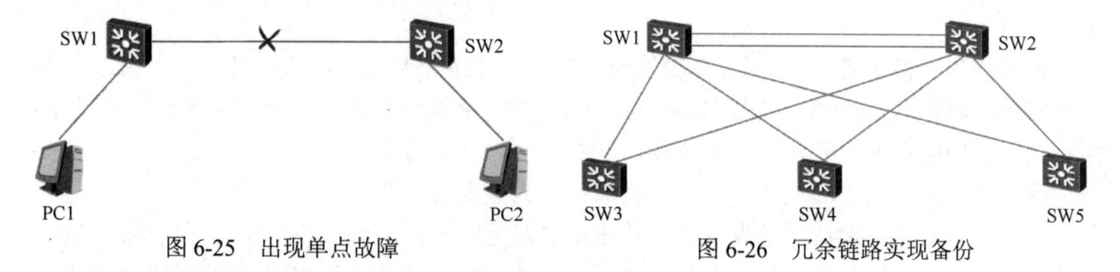

图 6-25　出现单点故障　　　图 6-26　冗余链路实现备份

如图 6-27 所示，交换机之间两两互连产生了环路。假设交换机 SW3 收到 PC1 发送过来的广播帧，根据交换机的转发规则，如果交换机从一个端口上接收到的是一个广播帧或者是一个目的 MAC 地址未知的单播帧，则会将这个帧转发给除源端口之外的所有其他端口。交换机 SW3 收到这个广播帧后，将会向另外两个端口泛洪这个广播帧，因此交换机 SW1、SW2 都会收到这个广播帧，接下来它们会向除源端口外的其他端口转发广播帧，然后交换机 SW4、SW5 也收到了这个广播帧，同样地，它们也会向除源端口外的其他端口泛洪这个广播帧。如此循环不停，环路的顺时针方向和逆时针方向都充斥着广播帧。随着时间的推移，广播帧会不断累加，不断占用交换机的接口带宽，消耗交换机的资源，最终导致设备崩溃。这就是广播风暴。

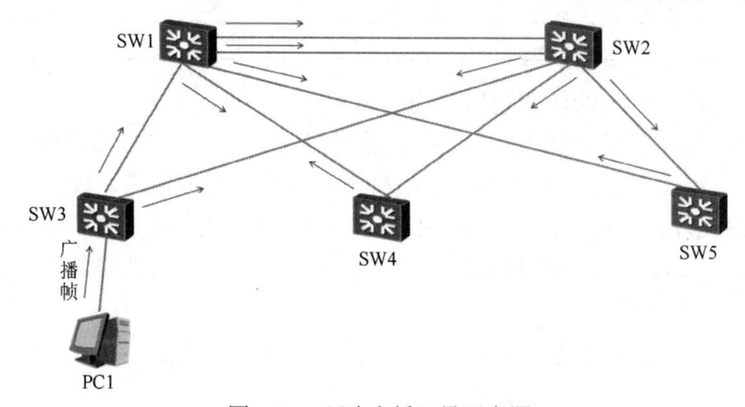

图 6-27　环路广播风暴示意图

为了实现链路的冗余备份，又不引起环路问题，提出了 STP。

2. STP 的工作原理

STP 实际就是在具有物理环路的交换网络中，通过阻塞冗余链路，使网络成为没有环路的树形拓扑。同时，当活动链路出现故障时，STP 能够激活冗余链路，恢复通信。

1）STP 的基本术语

STP 定义了桥 ID（Bridge ID，BID）、根桥（Root Bridge）、端口开销（Port Cost）、路径开销（Path Cost）、根端口（Root Port）、端口 ID（Port ID，PID）、指定端口（Designated Port）、备份端口（Alternate Port）、网桥协议数据单元（Bridge Protocol Date Unit，BPDU）等基本概念。下面我们将逐一介绍。

（1）桥 ID：在 STP 中，每一台交换机都有一个唯一的标识符，这个标识符一般称为桥 ID。桥 ID 占 8 个字节，由两部分组成，前两个字节表示交换机的优先级，后六个字节表示交换机的 MAC 地址。桥 ID 的优先级可以人工指定，默认为 32768。

（2）根桥：既然是 STP，那肯定要先确定“树根”。一般，我们将 STP 中的“树根”叫作根桥。因为在交换机还没有诞生时，STP 在数据链路层的设备网桥之间运行。现在，端口数量较少的网桥已经被逐渐淘汰了，但根桥的叫法一直沿用至今，所以根桥实际上可以理解成根交换机。

根桥或根交换机是桥 ID 最小的交换机。在一个 STP 网络中，根桥有且仅有一个，它是整个网络的逻辑中心，但不一定是物理中心。STP 的一系列计算都以根桥为参考点。请注意：根桥会随着网络拓扑的变化而发生变化。

除根桥外，网络中其他的所有交换机都被称为非根桥（非根交换机）。

（3）端口开销：端口开销表示数据从该端口发送时的开销值，即出端口开销值。STP 认为从一个端口接收数据是没有开销的。端口开销与端口的带宽有关，带宽越宽，端口开销越小。

端口开销的计算标准有三种，分别是 IEEE802.1D、IEEE802.1t 和华为私有标准。默认情况下，采用 IEEE802.1t 标准。各标准下端口速率对应的开销值如表 6-1 所示。

表 6-1　各标准下端口速率对应的开销值

端口速率	标准		
	IEEE 802.1D	IEEE 802.1t	华为私有标准
10Mbit/s	100	2 000 000	2000
100Mbit/s	19	200 000	200
1000Mbit/s	4	20 000	20
10 000Mbit/s	2	2000	2

路径开销为该路径经过的所有端口开销的总和。

（4）根端口：根端口是去往根桥路径开销最小的端口。这个最小的路径开销也称为交换机的根路径开销（Root Path Cost）。每个非根桥有且仅有一个根端口，根桥没有根端口。

（5）端口 ID：端口 ID 用来区分交换机的不同端口，是由端口优先级（4 位）和端口号（12 位）两部分构成的。端口 ID 主要用来进行根端口选择、指定端口选择等。端口 ID 越小，优先级越高。

（6）指定端口：STP 必须给连接两台交换机之间的每一条链路（一根网线就是一条链路）两端的端口选择一个指定端口，用来转发数据帧。

（7）备份端口：既不是根端口也不是指定端口的交换机端口称为备份端口。备份端口不转发数据帧，处于阻塞状态，所以也称为阻塞端口。被阻塞的端口依然会监听 BPDU 帧并丢弃其他业务帧。设置阻塞端口是为了避免环路。

（8）网桥协议数据单元：在 STP 的工作过程中，交换机之间需要交换信息，并利用这些信息来进行 STP 的根桥、根端口的选举。这些信息组成的报文便称为 BPDU 报文。

2）STP 的工作过程

STP 的主要任务是找到网络中所有的链路，关闭其中冗余的链路，防止环路。在链路出现故障后，激活冗余链路，形成保护。

为了完成这个任务，STP 首先要选举出一个根桥，然后在其他非根桥上选举出一个根端口，接着在每条链路上选举出一个指定端口，最后既不是根端口也不是指定端口的端口就成为备份端口，备份端口处于阻塞状态。

如图 6-28 所示，下面将以此拓扑为例讲解 STP 的工作过程，工作过程分为三个步骤。

（1）选举根桥。

交换机在刚开始启动的时候，都认为自己是根桥，并将此消息通过 BPDU 报文发布出去。

BPDU 报文中携带了根桥 ID 的信息。每台交换机在收到别的交换机发送过来的 BPDU 报文后，会将自己的桥 ID 与 BPDU 报文中携带的根桥 ID 进行比较，从而选举出根桥。首先比较桥优先级，优先级最小的被选举为根桥，若优先级相同，则比较 MAC 地址，MAC 地址最小的将成为根桥。

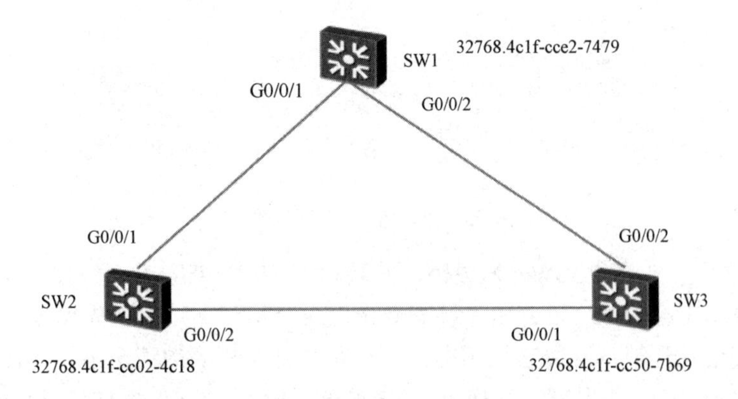

图 6-28　STP 的工作过程

本例中，交换机 SW1、SW2、SW3 都使用了默认优先级 32768。因为交换机 SW2 的 MAC 地址 4c1f-cc02-4c18 比交换机 SW3 的 MAC 地址 4c1f-cc50-7b69 和交换机 SW1 的 MAC 地址 4c1f-cce2-7479 都小，所以交换机 SW2 被选举为根桥。

在实际应用中，我们通常选择那些性能较好、距离网络中心更近的交换机作为根桥。当然也可以通过修改优先级指定根桥。

（2）为非根桥选举根端口。

确定根桥后，就需要为每个非根桥选择一个到达根桥最近的端口作为根端口。所谓到达根桥最近，意思就是从根端口去往根桥的路径开销最小。路径开销的概念在前面介绍过，就是该路径上所有出端口的端口开销总和。端口开销与端口带宽有关，带宽越宽，开销越小，对应关系可以查看表 6-1。

选举根端口，首先要比较根端口到根桥的路径开销，路径开销最小的端口即为根端口。根端口的路径开销，称为根路径开销。如果多个端口的路径开销相同，则比较端口上行设备的桥 ID，上行设备桥 ID 较小的端口为根端口；如果上行设备的桥 ID 也相同，再比较上行设备的端口 ID，上行设备端口 ID 较小的端口为根端口。

如图 6-29 所示，交换机 SW2 为根桥，交换机 SW1、SW3 为非根桥，假设图中交换机所涉及的 STP 参数都为默认参数。交换机 SW1、SW3 去往根桥的路径都有两条，在使用相同链路带宽的情况下，很明显，交换机 SW1、SW3 从端口 G0/0/1 出发的路径开销是从端口 G0/0/2 出发的路径开销的一半，因此在本例中交换机 SW1 的端口 G0/0/1、交换机 SW3 的端口 G0/0/1 为根端口。

（3）选举指定端口。

确定了根端口，接下来就需要为连接交换机的每条链路两端的端口选择一个到达根桥最近的端口作为指定端口。

选举指定端口，首先要比较链路两端的端口所属交换机的根路径开销，根路径开销越小，优先级越高；如果根路径开销相同，就比较连接端口所属交换机的桥 ID，桥 ID 越小，优先级越高；如果根路径开销和桥 ID 都相同，就比较所连接的端口的端口 ID，端口 ID 越小，优先级越高。根桥的所有端口都是指定端口。

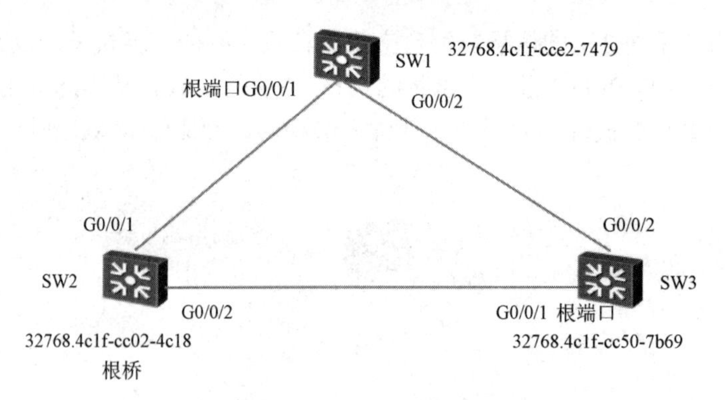

图 6-29　根端口的选举

如图 6-30 所示，交换机 SW2 为根桥，其端口 G0/0/1、G0/0/2 都为指定端口。在交换机 SW1 与交换机 SW3 连接的这段链路上，需要选出一个指定端口。首先比较交换机 SW1 和交换机 SW3 的根路径开销，发现它们相同。在根路径开销相同的情况下，再比较交换机 SW1 与交换机 SW3 的桥 ID，很显然，交换机 SW3 的桥 ID 32768.4c1f-cc50-7b69 小于交换机 SW1 的桥 ID 32768.4c1f-cce2-7479，所以这条链路上交换机 SW3 的端口 G0/0/2 为指定端口。

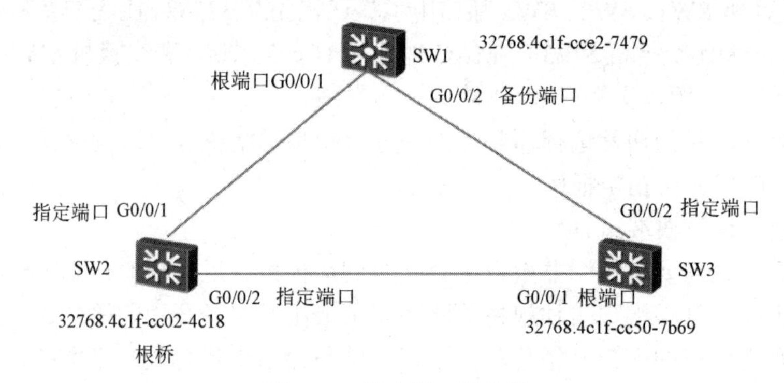

图 6-30　指定端口的选举

（4）备份端口。

确定了根端口和指定端口后，剩下的端口就是备份端口。本例中，交换机 SW1 的端口 G0/0/2 就是备份端口。备份端口无法转发用户数据帧，但可以接收并处理 STP 的 BPDU 报文。

3）STP 的端口状态

对于运行 IEEE802.1D 版本的 STP 的交换机来说，其端口状态一共有五种，如下所述：

（1）禁用（Disabled）：该状态下，端口不转发数据帧，不形成 MAC 地址表，不收发 BPDU 报文。禁用状态下，端口实际不工作。

（2）阻塞（Blocking）：该状态下，端口不能转发数据帧，但可以接收 BPDU 报文。交换机初启动的时候，端口默认都处于阻塞状态。

（3）学习（Learning）：该状态下，端口学习 MAC 地址表，收发 BPDU 报文，但不转发数据帧。

（4）转发（Forwarding）：该状态下，端口可以正常收发数据帧，处理 BPDU 报文。只有根端口或指定端口才能进入此状态。

（5）侦听（Listening）：该状态下，端口可以收发 BPDU 报文，但不转发数据帧。

一般来说，一个端口在正常启用后，首先进入侦听状态，开始生成树的计算过程。若经过计算，发现该端口为备份端口，则端口将进入阻塞状态。若经过计算，发现该端口为根端口或指定端口，则端口在等待一个时间周期后将从侦听状态进入学习状态，然后等待一个时间周期后，从学习状态进入转发状态，开始正常转发数据帧。这个时间周期称为转发时延，默认设置为 15 秒，可以执行命令 display spanning-tree 来查看。

3．STP 的改进

STP 可以防止环路的产生，但是它的收敛时间长，收敛时间是指端口从阻塞状态转变为转发状态的时间，这段时间内网络可能会中断。为了缩短收敛时间，IEEE802.1W 定义了快速生成树协议（Rapid Spanning Tree Protocol，RSTP），RSTP 在 STP 的基础上进行了改进，实现了网络拓扑快速收敛。目前，在实际网络中已经很少见到 STP 的身影，由 RSTP 取而代之，RSTP 最大的改进为端口状态只有放弃、学习和转发三种。

但 RSTP 和 STP 还存在一个相同的问题：因为局域网内所有的 VLAN 共享一棵生成树，所以无法在 VLAN 间实现数据流量的负载均衡，还有可能造成部分 VLAN 的报文无法转发。为了解决这个问题，IEEE802.1S 定义了多生成树协议（Multiple Spanning Tree Protocol，MSTP）。MSTP 将一个交换网络划分成多个域，每个域内生成多棵生成树实例，生成树实例之间相互独立。同时，每个域都有一个生成树实例与 VLAN 映射表，每个生成树实例都对应着一个或多个 VLAN，而每个 VLAN 只能属于一个生成树实例。这种将多个 VLAN 映射到一个生成树实例中的方法可以节省通信开销。

6.3.2　配置和查看 STP

视频：查看和配置 STP

如图 6-31 所示，LSW1、LSW2、LSW3 三台交换机组建了一个企业局域网，请实现如下功能：

（1）关闭 STP。

（2）启用 STP。

（3）查看交换机的 STP 信息。

（4）查看端口状态。

（5）配置 STP 模式为 RSTP。

（6）指定 LSW1 为根桥，LSW2 为备用根桥。

（7）再次查看端口状态。

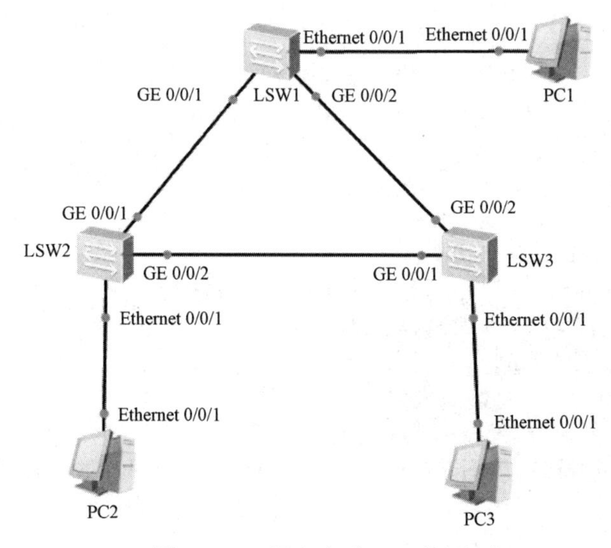

图 6-31　配置和查看 STP 案例拓扑

具体步骤：

（1）关闭 STP。

华为交换机默认开启了 STP。

```
[LSW1]stp disable                                   --关闭 STP
Warning: The global STP state will be changed. Continue? [Y/N]y
Info: This operation may take a few seconds. Please wait for a moment...done.
```

（2）启用 STP。

```
[LSW1]stp enable                                    --启用 STP
Warning: The global STP state will be changed. Continue? [Y/N]y
Info: This operation may take a few seconds. Please wait for a moment...done.
```

（3）查看交换机的 STP 信息。

```
[LSW1]display stp
-------[CIST Global Info][Mode MSTP]-------     --全局设置，STP 模式默认为 MSTP
CIST Bridge         :32768.4c1f-cce2-7479     --交换机 LSW1 的桥 ID，32768 是优先级
Config Times        :Hello 2s MaxAge 20s FwDly 15s MaxHop 20
Active Times        :Hello 2s MaxAge 20s FwDly 15s MaxHop 20
CIST Root/ERPC      :32768.4c1f-cc02-4c18 / 20000 --根桥 ID，是交换机 LSW2
CIST RegRoot/IRPC   :32768.4c1f-cce2-7479 / 0
CIST RootPortId     :128.47
BPDU-Protection     :Disabled
TC or TCN received  :56
TC count per hello  :0
STP Converge Mode   :Normal
Time since last TC  :0 days 0h:1m:24s
Number of TC        :5
Last TC occurred    :GigabitEthernet0/0/1
----[Port25(Ethernet0/0/1)][FORWARDING]----    --端口 Ethernet0/0/1 处于转发状态
 Port Protocol       :Enabled
 Port Role           :Designated Port
 Port Priority       :128                      --端口优先级，默认为 128
 Port Cost(Dot1T )   :Config=auto / Active=200000
 Designated Bridge/Port   :32768.4c1f-cce2-7479 / 128.25
 Port Edged          :Config=default / Active=disabled
 Point-to-point      :Config=auto / Active=true
 Transit Limit       :147 packets/hello-time
 Protection Type     :None
    ...
```

（4）查看交换机的端口状态。

① 查看交换机 LSW1 的端口状态。

```
[LSW1]display stp brief                             --查看 STP 摘要信息
 MSTID  Port                        Role  STP State     Protection
   0    Ethernet0/0/1               DESI  FORWARDING      NONE
   0    GigabitEthernet0/0/1        ROOT  FORWARDING      NONE
   0    GigabitEthernet0/0/2        ALTE  DISCARDING      NONE
```

其中，DEST 为指定端口，处于转发状态；ROOT 为根端口，处于转发状态；ALTE 为备份端口，处于阻塞状态。

② 查看交换机 LSW2 的端口状态。

```
[LSW2]display stp brief
 MSTID  Port                        Role  STP State     Protection
   0    Ethernet0/0/1               DESI  FORWARDING      NONE
   0    GigabitEthernet0/0/1        DESI  FORWARDING      NONE
   0    GigabitEthernet0/0/2        DESI  FORWARDING      NONE
```

交换机 LSW2 为根桥，根桥的所有端口都为指定端口，处于转发状态。

③ 查看交换机 LSW3 的端口状态。

```
[LSW3]display stp brief
 MSTID  Port                        Role  STP State     Protection
   0    Ethernet0/0/1               DESI  FORWARDING      NONE
   0    GigabitEthernet0/0/1        ROOT  FORWARDING      NONE
   0    GigabitEthernet0/0/2        DESI  FORWARDING      NONE
```

（5）配置 STP 模式为 RSTP。

```
[LSW1]stp mode ?                        --查询可以配置的 STP 模式
  mstp  Multiple Spanning Tree Protocol (MSTP) mode
  rstp  Rapid Spanning Tree Protocol (RSTP) mode
  stp   Spanning Tree Protocol (STP) mode
[LSW1]stp mode RSTP                     --将 STP 模式配置为 RSTP
```

（6）指定交换机 LSW1 为根桥，交换机 LSW2 为备用根桥。

```
[LSW1]stp priority ?        --查看优先级的取值范围，优先级必须是 4096 的倍数
  INTEGER<0-61440>  Bridge priority, in steps of 4096
[LSW1]stp priority 0                    --优先级设置为 0，优先级最高
[LSW2]stp priority 4096                 --优先级设置为 4096
```

下面的命令也可以实现将交换机 LSW1 设置为根桥，将交换机 LSW2 设置为备用根桥。

```
[LSW1]stp root primary
[LSW2]stp root secondary
```

（7）再次查看端口状态。

① 交换机 LSW1 的 STP 摘要信息。

```
[LSW1]display stp brief
 MSTID  Port                        Role  STP State     Protection
   0    Ethernet0/0/1               DESI  FORWARDING      NONE
   0    GigabitEthernet0/0/1        DESI  FORWARDING      NONE
   0    GigabitEthernet0/0/2        DESI  FORWARDING      NONE
```

可以看到，LSW1 成为根桥后，其所有的端口都成为指定端口，都转发数据帧。

② 交换机 LSW2 的 STP 摘要信息。

```
[LSW2]display stp brief
 MSTID  Port                        Role  STP State     Protection
   0    Ethernet0/0/1               DESI  FORWARDING      NONE
   0    GigabitEthernet0/0/1        ROOT  FORWARDING      NONE
   0    GigabitEthernet0/0/2        DESI  FORWARDING      NONE
```

③ 交换机 LSW3 的 STP 摘要信息。

```
[LSW3]display  stp brief
 MSTID  Port                        Role  STP State     Protection
   0    Ethernet0/0/1               DESI  FORWARDING      NONE
   0    GigabitEthernet0/0/1        ALTE  DISCARDING      NONE
```

```
0    GigabitEthernet0/0/2         ROOT  FORWARDING       NONE
```

任务训练

如图 6-32 所示，请将交换机 LSW1、LSW2、LSW3、LSW4 的 STP 模式更改为 RSTP，并将 LSW1 配置为主根桥，LSW3 配置为备用根桥。查看各交换机 STP 的摘要信息。

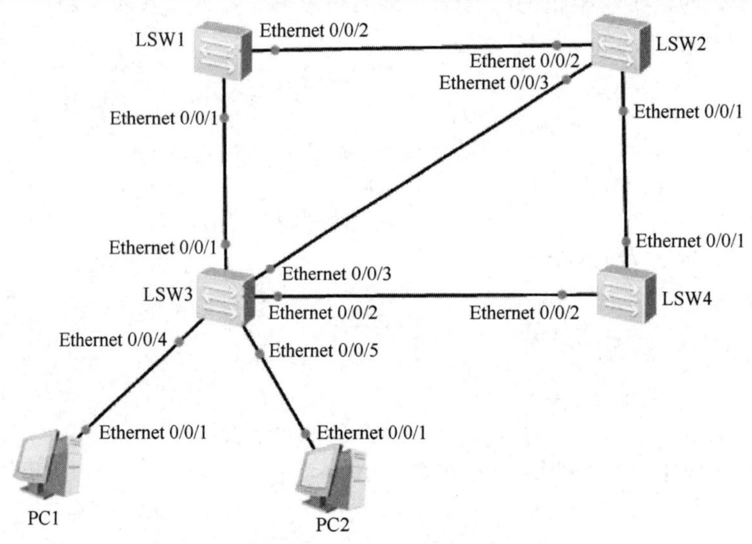

图 6-32　STP 的配置应用

任务评价

1．自我评价

☐ 正确说明冗余备份解决的问题。

☐ 正确描述交换网络物理环路产生的问题。

☐ 掌握 STP 的工作过程。

☐ 能配置 STP。

☐ 会查看 STP 状态。

☐ 能排查网络故障。

2．教师评价

☐ 优　☐ 良　☐ 合格　☐ 不合格

项目实施：企业内网组建与优化

视频：企业内网综合配置与故障排查

实施条件

为了能够在 eNSP 模拟器中模拟该项目，需要完成以下准备：

（1）学生 4 人为一组，分别任项目组长、设备工程师、配置工程师、测试工程师职位。

（2）S5700 交换机 4 台，S3700 交换机 3 台，PC 6 台。

（3）配置线缆若干。

实施步骤

1．部署网络拓扑

按照图 6-33 连接硬件。请规划 IP 地址，并将主机划分在 VLAN 90、VLAN 100、VLAN 110 和 VLAN 120 下，实现 VLAN 间通信和链路聚合。

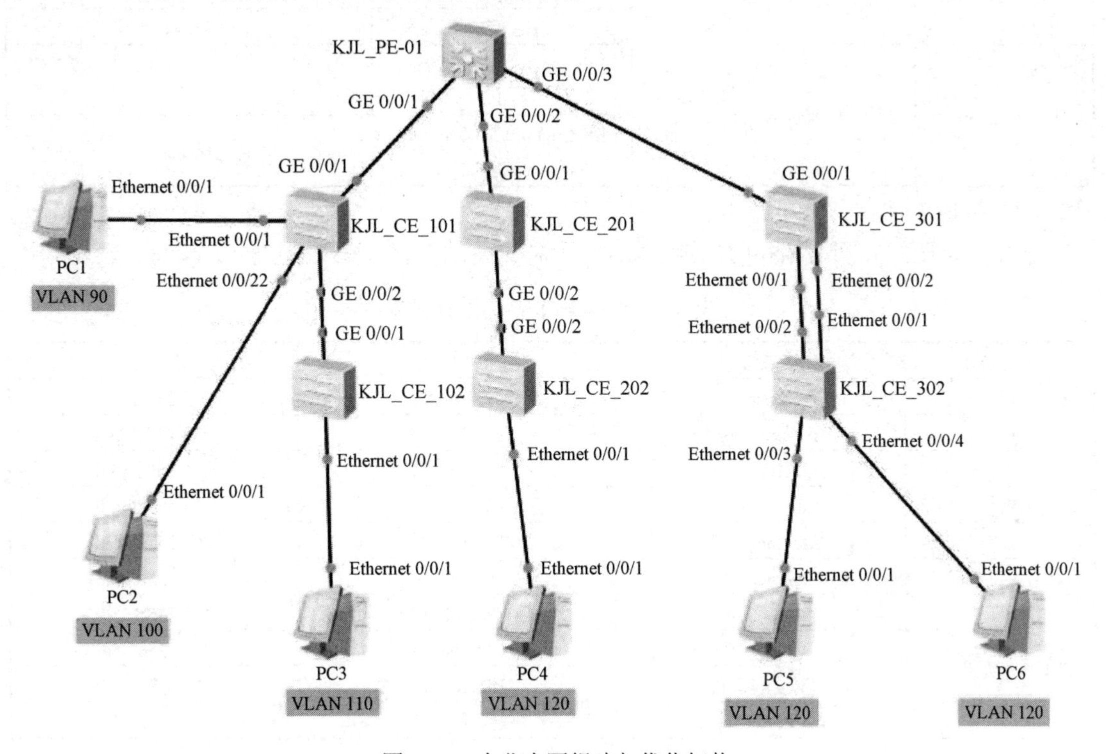

图 6-33　企业内网组建与优化拓扑

2．数据规划

（1）VLAN 及端口类型分配。

根据项目方案的要求，各节点需创建的 VLAN、对应端口及端口类型如表 6-2 所示。

表 6-2　VLAN 及端口分配表

设备节点	需创建的 VLAN	对应端口	端口类型
KJL_PE_01	VLAN 90	GE 0/0/1	Trunk
	VLAN 100	GE 0/0/1	Trunk
	VLAN 110	GE 0/0/1	Trunk
	VLAN 120	GE 0/0/2、GE 0/0/3	Trunk
KJL_CE_101	VLAN 90、VLAN 100、VLAN 110	GE 0/0/1	Trunk
	VLAN 110	GE 0/0/2	Trunk
	VLAN 90	E0/0/1	Access
	VLAN 100	E0/0/22	Access

续表

设备节点	需创建的 VLAN	对应端口	端口类型
KJL_CE_102	VLAN 110	E0/0/1	Access
		GE 0/0/1	Trunk
KJL_CE_201	VLAN 110	GE 0/0/1、GE 0/0/2	Trunk
KJL_CE_202	VLAN 120	Ethernet 0/0/1	Access
		GE 0/0/2	Trunk
KJL_CE_301	VLAN 120	Ethernet 0/0/1、Ethernet 0/0/2	Trunk
		GE 0/0/1	Trunk
KJL_CE_302	VLAN 120	Ethernet 0/0/1、Ethernet 0/0/2	Trunk
		Ethernet 0/0/3、Ethernet 0/0/4	Access

（2）接口 IP 地址分配。

根据项目要求和网络拓扑中的地址规划，为各设备的接口分配 IP 地址，并填写到表 6-3 中。

表 6-3　设备接口 IP 地址分配表

设备节点	接口名称	IP 地址	子网掩码
PC1	Ethernet 0/0/1	192.168.0.2	255.255.255.0
PC2	Ethernet 0/0/1	192.168.1.2	255.255.255.0
PC3	Ethernet 0/0/1	192.168.2.2	255.255.255.0
PC4	Ethernet 0/0/1	192.168.3.2	255.255.255.0
PC5	Ethernet 0/0/1	192.168.3.3	255.255.255.0
PC6	Ethernet 0/0/1	192.168.3.4	255.255.255.0
KJL_PE_01	VLAN 90	192.168.0.1	255.255.255.0
	VLAN 100	192.168.1.1	255.255.255.0
	VLAN 110	192.168.2.1	255.255.255.0
	VLAN 120	192.168.3.1	255.255.255.0

3．设备配置。

（1）交换机 KJL_PE_01 配置。

（2）交换机 KJL_CE_101 配置。

（3）交换机 KJL_CE_102 的配置。

（4）交换机 KJL_CE_201 的配置。

（5）交换机 KJL_CE_202 的配置。

（6）交换机 KJL_CE_301 的配置。

____

____

（7）交换机 KJL_CE_302 的配置。

____

____

（8）完成以上配置后，PC 终端可以互相 ping 通。

拓展阅读：十年奋楫，驶向网络强国

线上办公、视频会议、网络直播、云游博物馆……当前，信息技术蓬勃发展，“数字红利”加快释放，互联网深度融入百姓生活，人民在信息化建设的不断推进下拥有了更多的获得感、幸福感、安全感。

党的十八大以来，以习近平同志为核心的党中央主动顺应信息革命的发展潮流，高度重视、统筹推进网络安全和信息化工作，网信事业取得历史性成就、发生历史性变革。信息化服务全面普及，“互联网+”教育、医疗等深入推进，数字抗疫成效显著，数字政府、数字乡村建设加快推进，全国一体化政务服务平台注册用户超过 10 亿人，“一网通办”“异地可办”已成为现实。中国信息技术浪潮气象万千，数字经济发展生机勃勃。

建设网络强国，关键是要打好基础。近十年来，我国网民规模从 5.64 亿增长到 10.32 亿，互联网普及率从 42.1%提升到 73%。我们建成了全球规模最大的 5G 网络和光纤宽带，5G 基站数达到 185.4 万个，5G 移动电话用户超过 4.55 亿户；所有地级市全面建成光网城市，行政村、脱贫村通宽带率达到了 100%。我国新一代信息基础设施正朝着高速泛在、天地一体、云网融合、智能便捷、绿色低碳、安全可控的方向加速演进。

建设网络强国，科技至关重要。信息技术和产业发展程度决定着信息化发展水平，我们加强核心技术自主创新和基础设施建设，提升信息采集、处理、传播、利用、安全能力，不断掌握互联网发展的主动权。今天，从加强基础设施建设到广泛渗透各个领域，互联网发展亮点纷呈，实现“换道超车”，成为我国建设网络强国的底气。

网络空间是人民共同的精神家园，建设网络强国必须坚持为了人民、依靠人民，贯彻以人民为中心的发展思想。近十年来，党对网信工作的集中统一领导有力加强，出台了《关于加强网络安全和信息化工作的意见》《“十四五”国家信息化规划》等，压实网络意识形态工作责任制、网络安全工作责任制，推动党管互联网落到实处。持续开展“清朗”系列专项行动，针对“饭圈”乱象等突出问题开展 30 多项专项治理，累计清理违法和不良信息 200 多亿条。网络综合治理体系日益完善，网络空间主旋律和正能量更加高昂。

十年奋楫，中国驶向网络强国。党的二十大报告指出“建设现代化产业体系。坚持把发展经济的着力点放在实体经济上，推进新型工业化，加快建设制造强国、质量强国、航天强国、交通强国、网络强国、数字中国。”我们以逢山开路、遇水架桥的闯劲，以滴水穿石、绳锯木断的韧劲，征服前行路上的“娄山关”“腊子口”，让互联网创造更多美好，为实现中华民族伟大复兴的中国梦做出更大贡献。

读后思考：

1．为什么说建设网络强国，科技至关重要？

2．建设网络强国为什么必须坚持为了人民、依靠人民，贯彻以人民为中心的发展思想？

课后练习

1．DHCP 使用什么协议来传输报文？（　　）

A．TCP　　B．UDP　　C．IP　　D．STP

2．DHCP 是（　　）的缩写。

A．Dynamic Host Configuration Protocol　　B．Dynamic Host Connection Protocol

C．Dynamic Hot Connection Protocol　　D．Denial Host Configuration Protocol

3．管理员在配置 DHCP 服务器时，下面哪条命令配置的租期最短？（　　）。

A．dhcp select　　B．lease day 1　　C．lease 24　　D．lease 0

4．DHCP 客户端通过向网络以广播方式发送一个（　　）数据包来发现网络中的 DHCP 服务器。

A．DHCP Discover　　B．DHCP Offer

C．DHCP Request　　D．DHCP ACK

5．以下关于 STP 的转发状态的描述中，错误的是（　　）。

A．转发状态的端口可以接收 BPDU 报文

B．转发状态的端口不学习报文的源 MAC 地址

C．转发状态的端口可以转发数据报文

D．转发状态的端口可以发送 BPDU 报文

6．当二层交换网络中出现冗余路径时，用什么方法可以阻止环路的产生，提高网络的可靠性？（　　）

A．STP　　B．水平分割　　C．毒性逆转　　D．出发更行

7.（多选）链路聚合的作用是（　　）。

A．增加带宽　　B．实现负载分担

C．提升网络的可靠性　　D．便于对数据进行分析

8．如何保证某台交换机成为整个网络中的根交换机？（　　）。

A．为该交换机配置一个低于其他交换机的 IP 地址

B．设置该交换机的根路径开销值最低

C．为该交换机配置一个低于其他交换机的优先级

D．为该交换机配置一个低于其他交换机的 MAC 地址

9．STP 计算的端口开销和端口有一定关系，即带宽越大，开销越（　　）。

A．小　　B．大　　C．一致　　D．不一定

10．以下信息是运行 STP 的某交换机上所显示的端口状态信息。根据这些信息，以下描述正确的是（　　）。

```
[LSW1]display stp brief
 MSTID  Port                    Role  STP State     Protection
   0    Ethernet0/0/1           ALTE  DISCARDING     NONE
   0    Ethernet0/0/3           ROOT  FORWARDING     NONE
```

A．此网络中有可能只包括这一台交换机

B．此交换机是网络中的根交换机

C．此交换机是网络中的非根交换机

D．此交换机肯定只连接了一台其他交换机

项目 7

安全有效接入互联网

如果局域网都孤立使用，网络通信就失去了意义。互联网是世界上最大的计算机网络，为了接入互联网，需要使用路由设备将多个局域网互联起来并接入互联网。为了使数据访问安全可靠，需要网络设备具备数据访问控制能力。为了缓解 IPv4 地址不足的问题，内网采用私有地址，并利用 NAT 技术将私有地址转换成公有地址后访问互联网中的资源和服务，有效解决私有地址网络访问互联网的问题。

项目描述

某企业准备组建企业网，企业内有行政区和生产区两个区域，行政区有研发部、财务部、人事部，生产区有生产部和销售部，企业网网络拓扑如图 7-1 所示。企业网需要满足以下需求：

（1）各个部门单独划分子网。

（2）路由设备上配置静态路由实现行政区和生产区网络互联，并接入互联网。

（3）在行政区路由器 XZQ_AR_01 上部署访问控制列表（ACL），实现财务部不能访问互联网，分公司的生产部和销售部在周一到周五的工作时间（8:00—17:00）可以访问互联网，其他部门可以随时访问互联网。

（4）企业网内网使用私有地址，行政区路由器 XZQ_AR_01 上部署 NAT，在第三条要求的前提下实现内网访问外网、允许互联网终端访问网内服务器万维网的 HTTP 功能。

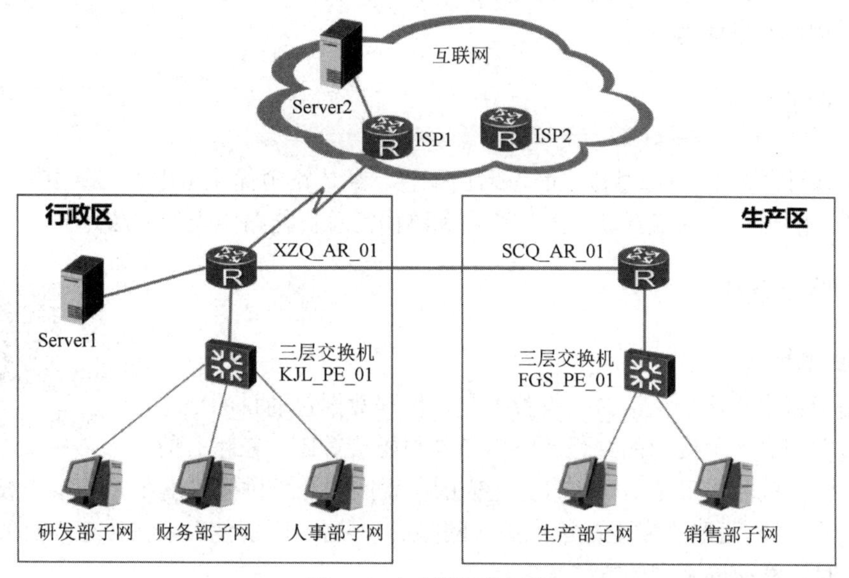

图 7-1　企业网网络拓扑

项目 7 任务分解如图 7-2 所示。

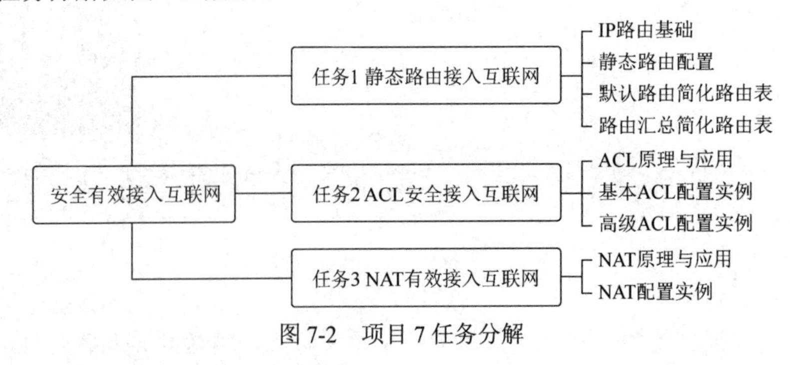

图 7-2　项目 7 任务分解

任务 1　静态路由接入互联网

任务目标

知识目标：

- 正确区分路由和路由表的概念。
- 正确描述路由表中各部分的具体含义和作用。
- 归纳路由的主要来源。
- 归纳静态路由的优缺点。
- 描述默认路由的作用。

技能目标：

- 能配置静态路由实现网络互联。
- 能灵活应用默认路由和路由汇总简化路由表。

素养目标：

- 具备严谨细致、精益求精的网络工匠精神。
- 提高创新思维能力。

任务分析

本任务通过学习 IP 路由基础、静态路由配置、默认路由优化路由表、路由汇总方法，使大家掌握静态路由实现网络互联、默认路由和路由汇总优化路由表的方法。

7.1.1　IP 路由基础

视频：IP 路由基础

1．路由的概念

路由是指路由器从一个接口接收数据包，根据数据包的目的地址进行定向转发到另一个接口的过程。路由通常与桥接对比，在粗心的人看来，它们完成的似乎是同样的事。它们的主要区别在于桥接发生在 OSI 参考模型的第二层（数据链路层），而路由发生在第三层（网络层）。这一区别使二者在传递信息的过程中使用不同的信息，从而以不同的方式来完成。

2. 路由器的作用

路由器能够连接不同类型的局域网和广域网，如以太网、异步转移模式（ATM）网、光纤分布式数据接口（FDDI）网、令牌环网等。不同类型的网络，其传送的数据单元——包（Packet）的格式和大小是不同的。就像公路运输以汽车为单位装载货物，铁路运输以车皮为单位装载货物一样，从公路运输改为铁路运输，必须把货物从汽车放到火车车皮中，网络中的数据也是如此。数据从一种类型的网络传输至另一种类型的网络，必须进行帧格式转换。路由器就有这种转换能力。

实际上，我们所说的互联网，就是指各种路由器将不同的网络类型互联起来。

3. 网络中数据包转发过程

路由器接收到数据包后，会读取目标逻辑地址的网络部分，而后查找自己内部的路由表。如果找到目标地址的路由条目，就从相应接口进行转发；如果没有找到，但是能够匹配默认路由，就从对应接口转发；否则，将丢弃数据包，返回路由不可达报文。

如图7-3所示，网络中的计算机A要想和计算机B通信，由途径的所有路由器R1、R2、R3逐跳转发，每台路由器上必须有到目标网络192.168.1.0/24的路由。若要实现双向通信，计算机B要给计算机A返回数据包，途经的路由器R3、R2、R1必须有到达192.168.0.0/24网段的路由。

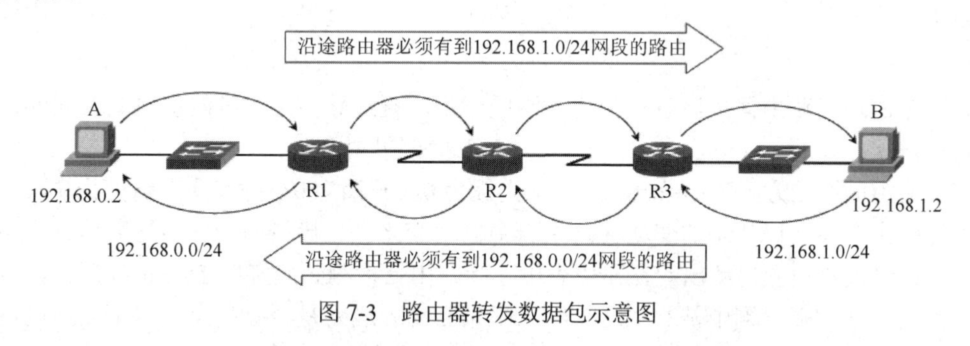

图7-3 路由器转发数据包示意图

由图7-3可以看出，数据包从源到目的地的传输是通过逐跳的方式完成的，而且数据包能发送、能返回的前提是网络畅通，这也是我们排除网络故障的理论依据。如果网络不通，首先检查两端的计算机是否配置了正确的IP地址、子网掩码及网关地址；然后逐一检查沿途路由器上的路由表，查看是否有到达目标网络的路由；最后逐一检查返回路径的沿途路由器上的路由表，检查是否有数据包返回所需的路由。

4. 路由表的构成

路由器用两种方式构建路由表：一种方式是管理员在路由器上通过命令添加到各个网络的路由，这就是静态路由，适合规模较小的或不怎么变化的网络；另一种方式是配置路由器使用路由协议，包括路由信息协议（RIP）、OSPF等，自动构建路由表，这就是动态路由，动态路由适合规模较大的网络，能够针对网络的变化自动选择最佳路径。

路由表包含了路由器进行路由选择时所需要的关键信息，打个比方，路由表就像我们平时使用的地图一样，标识着各种路线，路由表中保存着目的网络地址、路由来源、下一跳的地址等信息，华为路由器中的路由表如图7-4所示。

（1）Destination/Mask（目的网络地址）：用于标识IP数据包要到达的目的网络或子网地址。

（2）Proto（路由信息的来源协议）：标识该路由信息是从什么协议建立的，如Direct表示路由来源为直连路由，Static表示路由来源为静态路由，OSPF表示路由来源为动态路由等。

（3）Pre（路由优先级）：标识不同路由来源到达相同目标网络的优先级，数值越低优先级越高。

Destination/Mask	Proto	Pre	Cost	Flags	NextHop	Interface
0.0.0.0/0	Static	60	0	D	120.0.0.2	Serial1/0/0
8.0.0.0/8	RIP	100	3	D	120.0.0.2	Serial1/0/0
9.0.0.0/8	OSPF	10	50	D	20.0.0.2	Ethernet2/0/0
9.1.0.0/16	RIP	100	4	D	120.0.0.2	Serial1/0/0
11.0.0.0/8	Static	60	0	D	120.0.0.2	Serial2/0/0
20.0.0.0/8	Direct	0	0	D	20.0.0.1	Ethernet2/0/0
20.0.0.1/32	Direct	0	0	D	127.0.0.1	LoopBack0

图 7-4　华为路由器中的路由表

（4）Cost（开销）：标识相同路由来源到达相同目标网络的不同路径的优先级，数值越低优先级越高。

（5）Flags（路由状态标记）：显示路由状态，D 标识表示路由通过重定向动态创建。

（6）NextHop（下一跳地址）：标识 IP 数据包要经过的下一个路由器。

（7）Interface（输出接口）：标识 IP 数据包将从该路由器的哪个接口转发。

5．路由的分类

根据路由信息产生的方式和特点不同，路由可以分为直连路由、静态路由、默认路由和动态路由。

1）直连路由

直连路由是指路由器接口直接相连的网段路由。直连路由是由链路层自动发现的，其优点是自动发现、开销小；缺点是只能发现本接口所属的网段。

直连路由的产生方式为 Direct，路由优先级为 0，开销为 0，拥有最高路由优先级。

直连路由会随接口状态的变化在路由表中自动变化。当接口的物理层与数据链路层状态正常时，此直连路由会自动出现在路由表中。当路由器检测到此接口 Down 掉后，此条路由会自动消失。在故障检测中常利用这一特点来判断物理线路是否有故障，也可以通过直连路由信息来检查接口 IP 地址是否配置正确。例如，由图 7-5 所示的路由表信息中可以获知接口 Ethernet2/0/0 的地址是 20.0.0.1/8，直连网络地址是 20.0.0.0/8。

直连路由不能提供到达非直连子网的路径信息，提供非直连子网的路由信息需要通过静态路由或者动态路由完成。

Destination/Mask	Proto	Pre	Cost	Flags	NextHop	Interface
20.0.0.0/8	Direct	0	0	D	20.0.0.1	Ethernet2/0/0
20.0.0.1/32	Direct	0	0	D	127.0.0.1	LoopBack0

图 7-5　路由表中的直连路由

2）静态路由

由管理员手动配置的路由信息称为静态路由。静态路由是单向的，缺乏灵活性，需要管理员逐条写入，且不能对网络的改变做出反应，因此一般来说，静态路由用于网络规模不大、拓扑结构相对固定的网络，如果拓扑结构改变，必须由管理员手动逐条修改。

静态路由的产生方式为 Static，路由优先级为 60，开销为 0，如图 7-6 所示。

Destination/Mask	Proto	Pre	Cost	Flags	NextHop	Interface
11.0.0.0/8	Static	60	0	D	120.0.0.2	Serial2/0/0

图 7-6　路由表中的静态路由

3）默认路由

默认路由是一种特殊的静态路由，指的是当路由表中与 IP 数据包的目的地址之间没有匹配的表项时路由器能够做出的选择。

在路由设备上只能配置一条默认路由，以到网络 0.0.0.0（子网掩码为 0.0.0.0）的路由形式出现，如图 7-7 所示。如果 IP 数据包的目的地址不能与路由表的任何明确的目标路由条目相匹配，那么该报文将按照默认路由转发。如果没有默认路由且 IP 包的目的地址不在路由表中，那么将丢弃该报文，同时向源端返回一个 ICMP 报文，表示该目的地址或网络不可达。

Destination/Mask	Proto	Pre	Cost	Flags	NextHop	Interface
0.0.0.0/0	Static	60	0	D	120.0.0.2	Serial1/0/0

图 7-7　路由表中的默认路由

4）动态路由

动态路由是一个与静态路由相对的概念，指路由器能够根据路由器之间交换的特定路由信息自动地建立自己的路由表，并且能够根据链路和节点的变化适时地进行自动调整。常见的动态路由协议有 RIP、OSPF、IS-IS（Intermediate System-to-Intermediate System，中间系统到中间系统）协议、BGP（边界网关协议）、IGRP/EIGRP（内部网关路由协议/增强型内部网关路由协议），图 7-8 所示为路由表中的动态路由。

Destination/Mask	Proto	Pre	Cost	Flags	NextHop	Interface
8.0.0.0/8	RIP	100	3	D	120.0.0.2	Serial1/0/0
9.0.0.0/8	OSPF	10	50	D	20.0.0.2	Ethernet2/0/0
9.1.0.0/16	RIP	100	4	D	120.0.0.2	Serial1/0/0

图 7-8　路由表中的动态路由

6. 路由规则

IP 路由选路遵循三个原则，分别是最长匹配原则、优先级原则和开销原则。

1）最长匹配原则

所谓最长匹配原则是指在进行路由查找时，使用路由表中到达同一目的地的子网掩码最长的路由。

当数据包到达路由器时，路由器首先提取出数据包的目的 IP 地址，然后查找路由表，将数据包的目的 IP 地址与路由表中某项的子网掩码做与运算，与运算后的结果跟路由表中该项的目的 IP 地址比较，相同则匹配上，不相同就没有匹配上。当与所有的路由表项都进行匹配后，路由器会选择一个子网掩码最长的匹配项。

如图 7-9 所示，路由表中有两个表项可以到达目的网段 10.1.1.0，下一跳地址都是 20.1.1.2。如果要将数据包转发至网段 10.1.1.1，则选择 10.1.1.0/30，符合最长匹配原则。

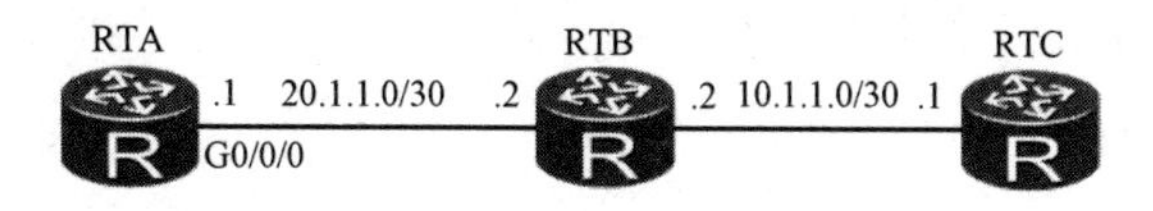


```
[RTA]display ip routing-table
Destination/Mask Proto  Pre  Cost Flags NextHop    Interface
10.1.1.0/24      Static 60   0    RD    20.1.1.2 GigabitEthernet 0/0/0
10.1.1.0/30      Static 60   0    RD    20.1.1.2 GigabitEthernet 0/0/0
```

图 7-9　最长匹配原则应用示意图

2）优先级原则

路由器可以通过多种不同的协议学习去往同一目的网络的路由，当这些路由都符合最长匹配原则时，必须决定哪个路由优先。

每个路由协议都有一个协议优先级（取值越小，优先级越高）。当有多个路由信息时，选择优先级最高的路由作为最佳路由。

如图 7-10 所示，路由器通过两种路由协议学习到网段 10.1.1.0 的路由。虽然 RIP 提供了一条看起来更加简捷的直连路线，但是由于 OSPF 具有更高的优先级，因此成为优选路由，并被加入路由表。

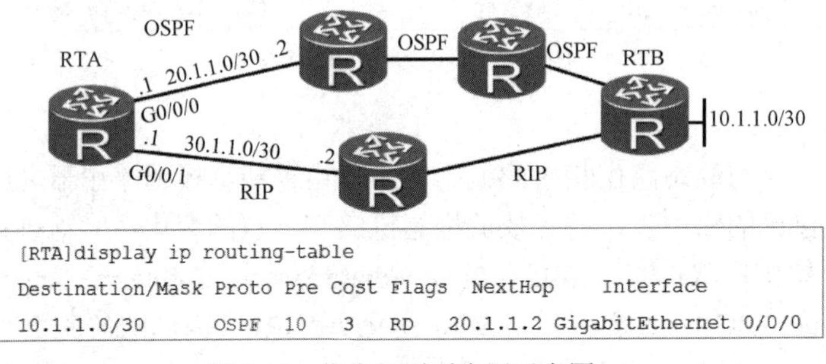


```
[RTA]display ip routing-table
Destination/Mask Proto Pre Cost Flags  NextHop    Interface
10.1.1.0/30       OSPF  10   3    RD    20.1.1.2 GigabitEthernet 0/0/0
```

图 7-10　优先级原则应用示意图

3）开销原则

如果路由器无法用优先级来判断最佳路由，则使用开销来决定需要加入路由表的路由。

一些常用的开销有跳数、带宽、时延、代价、负载、可靠性等。跳数是指到达目的地所通过的路由器的数目。带宽是指链路的容量，高速链路开销较小。

开销越小，路由优先级越高。因此，图 7-11 中 Cost=1+1=2 的路由是到达目的地的最佳路由，并被加入路由表。

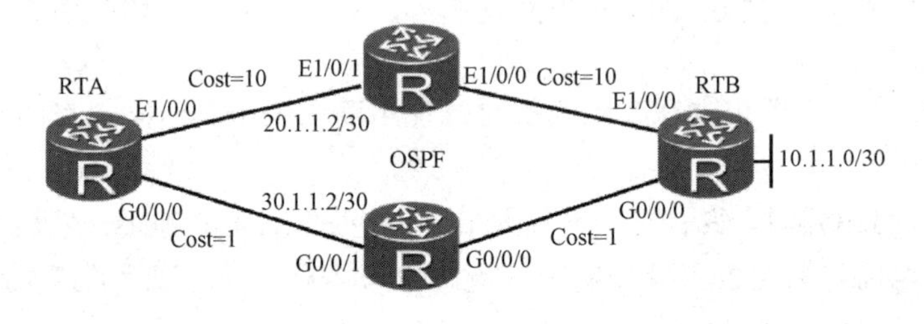


```
[RTA]display ip routing-table
Destination/Mask Proto Pre Cost Flags NextHop    Interface
10.1.1.0/30       OSPF  10   2    RD    30.1.1.2 GigabitEthernet0/0/0
```

图 7-11　开销原则应用示意图

任务训练

1. 说一说路由器的作用。
2. 请简述静态路由和默认路由的区别。
3. 在进行 IP 数据包转发的时候，如果路由表中有多条路由都匹配，这时路由器如何进行转发？

7.1.2　静态路由配置

视频：静态路由原理与配置

要想实现全网通信，也就是说网络中的任意两个节点之间都能通信，就要求网络中所有路由器的路由表中必须有到所有网段的路由。对于路由器来说，它只知道自己直连的网段，对于没有直连的网段，需要管理员手动添加到这些网段的路由，即静态路由。

如图 7-12 所示，网络中有 A、B、C 共三个网段，A 网段地址是 192.168.1.0/24，B 网段地址是 10.0.12.0/24，C 网段地址是 192.168.2.0/24，路由器的接口 IP 地址的主机地址部分已在图中标出，如路由器 RTA 的接口 Ethernet0/0/0 的地址是 192.168.1.1/24，网络中的两个路由器 RTA 和 RTB 如何添加路由才能使全网通畅呢？

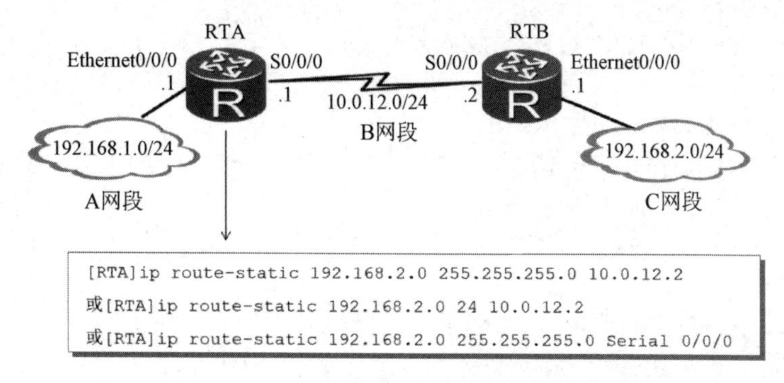

图 7-12　静态路由配置示例

配置分析：

路由器 RTA 直连 A、B 两个网段，C 网段是非直连网段，所以需要添加到 C 网段的路由。

路由器 RTB 直连 B、C 两个网段，A 网段是非直连网段，所以需要添加到 A 网段的路由。

以华为路由器 RTA 为例添加路由，先进入系统视图[RTA]，输入命令“ip route-static”添加静态路由，后面是目标网段、子网掩码及下一跳的 IP 地址。

```
[RTA] ip route-static 192.168.2.0 255.255.255.0 10.0.12.2
[RTA] ip route-static 192.168.2.0 24 10.0.12.2
[RTA] ip route-static 192.168.2.0 255.255.255.0 Serial 0/0/0
```

参数“192.168.2.0”指定了目标网段；参数“255.255.255.0”指定了子网掩码，也可以用“24”来指定；参数“10.0.12.2”指定下一跳的 IP 地址，也可以用出接口“Serial 0/0/0”来指定。

配置步骤主要包括接口配置、静态路由配置、查看路由表和测试网络等。

操作步骤：

（1）在 eNSP 模拟器中部署拓扑，路由器型号采用 Router，静态路由网络拓扑如图 7-13 所示。

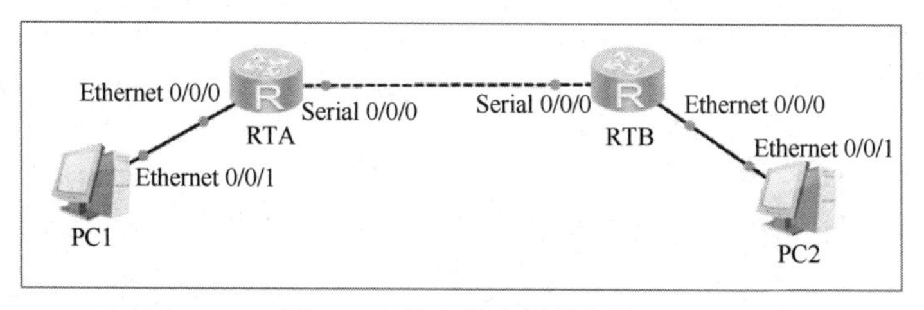

图 7-13　静态路由网络拓扑

（2）路由器 RTA 的接口配置。

```
[RTA]int Serial 0/0/0
[RTA-Serial0/0/0]ip address 10.0.12.1 24
[RTA-Serial0/0/0]q
[RTA]int Ethernet0/0/0
[RTA-Ethernet0/0/0]ip address 192.168.1.1 24
[RTA-Ethernet0/0/0]q
```

（3）路由器 RTB 的接口配置。

```
[RTB]int Serial 0/0/0
[RTB-Serial0/0/0]ip address 10.0.12.2 24
[RTB-Serial0/0/0]q
[RTB]int Ethernet0/0/0
[RTB-Ethernet0/0/0]ip address 192.168.2.1 24
[RTB-Ethernet0/0/0]q
```

（4）在路由器 RTA 上添加静态路由。

```
[RTA] ip route-static 192.168.2.0 24 10.0.12.2
```

（5）在路由器 RTB 上添加静态路由。

```
[RTB] ip route-static 192.168.1.0 24 10.0.12.1
```

（6）查看路由表。

```
[RTA]dis ip routing-table
Route Flags: R - relay, D - download to fib
--------------------------------------------------------------
Routing Tables: Public
Destinations : 6       Routes : 6
Destination/Mask Proto  Pre Cost  Flags NextHop  Interface
10.0.12.0/24  Direct  0    0       D   10.0.12.1   Serial0/0/0
10.0.12.1/32  Direct  0    0       D   127.0.0.1   Serial0/0/0
10.0.12.2/32  Direct  0    0       D   10.0.12.2   Serial0/0/0
127.0.0.0/8   Direct  0    0       D   127.0.0.1   InLoopBack0
127.0.0.1/32  Direct  0    0       D   127.0.0.1   InLoopBack0
192.168.1.0/24 Direct  0    0      D   192.168.1.1 Ethernet0/0/0
192.168.1.1/32 Direct  0    0      D   127.0.0.1   Ethernet0/0/0     --直连网段路由
192.168.2.0/24  Static  60   0     RD   10.0.12.2  Serial0/0/0       --静态路由
```

以上为查看路由器 RTA 路由表的代码，路由器 RTB 的路由表与此类似，可自行查看。

（7）测试网络是否通畅。

如图 7-14 所示，将 PC1 的 IP 地址设置为“192.168.1.2”，将网关地址设置为“192.168.1.1”。将 PC2 的 IP 地址设置为“192.168.2.2”，将网关地址设置为“192.168.2.1”。

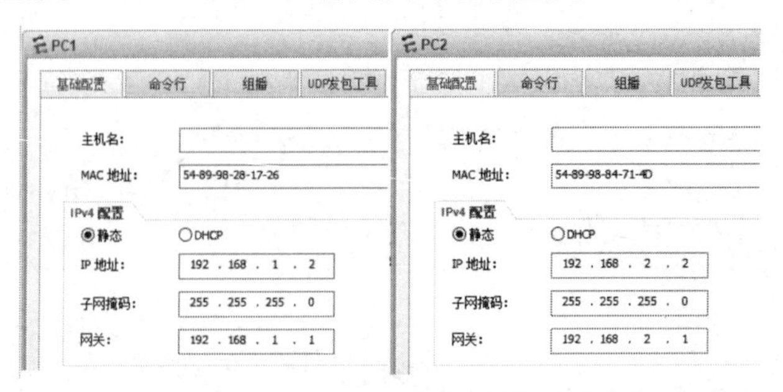

图 7-14　PC1 和 PC2 的 IP 地址配置界面

在 PC1 上用 ping 命令测试到 PC2 的网络是否通畅。

```
PC>ping 192.168.2.2
Ping 192.168.2.2: 32 data bytes, Press Ctrl_C to break
From 192.168.2.2: bytes=32 seq=1 ttl=126 time=109 ms
From 192.168.2.2: bytes=32 seq=2 ttl=126 time=78 ms
From 192.168.2.2: bytes=32 seq=3 ttl=126 time=78 ms
From 192.168.2.2: bytes=32 seq=4 ttl=126 time=63 ms
From 192.168.2.2: bytes=32 seq=5 ttl=126 time=63 ms
--- 192.168.2.2 ping statistics ---
  5 packet(s) transmitted
  5 packet(s) received
  0.00% packet loss
  round-trip min/avg/max = 63/78/109 ms
```

根据上面的测试结果，从 PC1 发送 5 个数据包，从 PC2 返回 5 个数据包，说明网络通畅。

也可在 PC 机中使用 tracert 命令跟踪数据包的路径。

```
PC>tracert 192.168.2.2
traceroute to 192.168.2.2, 8 hops max
(ICMP), press Ctrl+C to stop
 1  192.168.1.1   16 ms  31 ms  16 ms     --第一个路由器
 2  10.0.12.2   47 ms  46 ms  32 ms      --第二个路由器
 3  192.168.2.2   62 ms  78 ms  63 ms     --目标主机
```

从跟踪结果来看，沿途经过了路由器 RTA、路由器 RTB，最终到达目标主机。

（8）删除静态路由。

对于本案例，PC1 发送给 PC2 的数据包能够到达 PC2，PC2 发送给 PC1 的数据包能够到达 PC1，PC1 和 PC2 间的网络就是通畅的。

如果沿途的路由器缺失到达目的网络的路由，PC1 ping PC2 的数据包就不能到达 PC2。下面我们在路由器 RTA 上删除到达 192.168.2.0/24 网络的路由。

```
[RTA]undo ip route-static 192.168.2.0 24   --删除到某个网段的路由，不用指定下一跳地址
```

此时，用 PC1 ping PC2，显示请求超时，表明目标主机不可达。

```
PC>ping 192.168.2.2
Ping 192.168.2.2: 32 data bytes, Press Ctrl_C to break
Request timeout!
Request timeout!
Request timeout!
Request timeout!
Request timeout!
--- 192.168.2.2 ping statistics ---
  5 packet(s) transmitted
  0 packet(s) received
  100.00% packet loss
```

以上就是本案例的静态路由配置。这里需要注意的是，静态路由可以应用在串行网络或以太网中，但静态路由在这两种网络中的配置有所不同。

图 7-12 所示的网络为串行网络，在串行网络中配置静态路由时，可以只指定下一跳地址或只指定出接口。华为 ARG3 系列路由器中的串行接口默认封装协议为 PPP，对于这种类型的接口，静态路由的下一跳地址就是与接口相连的对端接口的地址，所以在串行网络中配置静态路由时可以只配置出接口。

图 7-15 所示为广播网络，和串行网络情况有所不同。在广播网络中配置静态路由，必须指定下一跳地址。

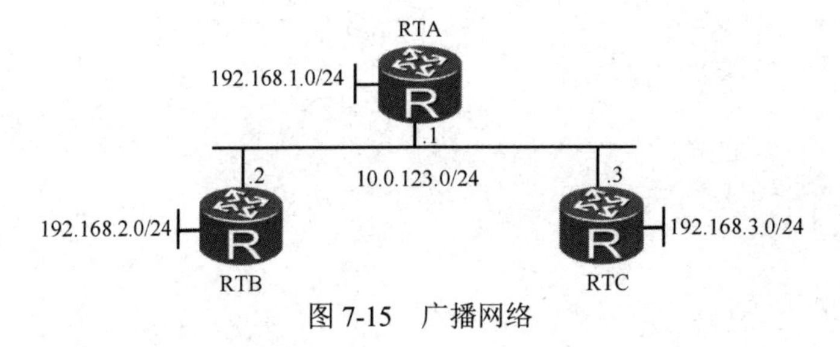

图 7-15 广播网络

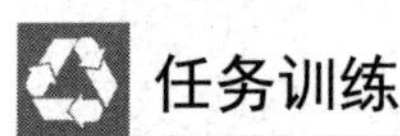

任务训练

如图 7-16 所示，路由器 R1、R2 和路由器 R3 互联，需要在三台路由器上添加静态路由，让 PC1、PC2 和 PC3 能够互相访问。

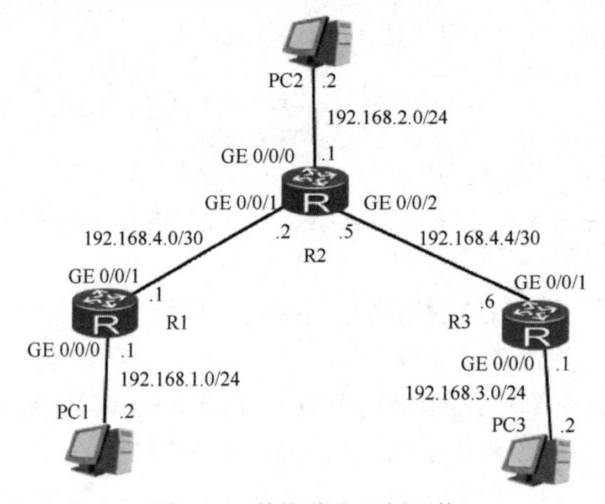

图 7-16 静态路由示例网络

7.1.3 默认路由简化路由表

视频：默认路由简化路由表

1. 默认路由

默认路由是一种特殊的静态路由，其命令格式和静态路由相同，只是把目的网络和子网掩码改成 0.0.0.0 和 0.0.0.0。我们在路由器中添加以下 4 条路由，第四条就是默认路由。

```
[RTA]ip route-static 10.0.0.0 8 192.168.0.1      --第一条路由
[RTA]ip route-static 10.0.0.0 16 192.168.0.1     --第二条路由
[RTA]ip route-static 10.0.0.0 24 192.168.0.1     --第三条路由
[RTA]ip route-static 0.0.0.0 0 192.168.0.1       --第四条路由
```

从上面 4 条路由可以看出子网掩码越短，主机位越多，该网段的地址数量就越多，网络范围越大。0.0.0.0/0 网络子网掩码最短为 0，因此，任何一个 32 位的 IP 地址都属于该网段。

根据前面所学习的最长匹配原则，第三条路由是子网掩码长度最长的、最精确的匹配项，也就是最优先匹配的项。第四条路由，即默认路由，掩码长度最短，是在路由器没有为数据包找到更为精确匹配的路由时最后匹配的一条路由。如果没有默认路由，目的地址在路由表中没有匹配条目的数据包将被丢弃。

默认路由在某些时候非常有效，当存在末梢网络时，默认路由会大大简化路由器的配置，减轻管理员的工作负担，提高网络性能。

2．使用默认路由简化路由表

图 7-17 所示的网络结构，通过默认路由简化路由表，默认路由与静态路由配合实现全网互联互通。

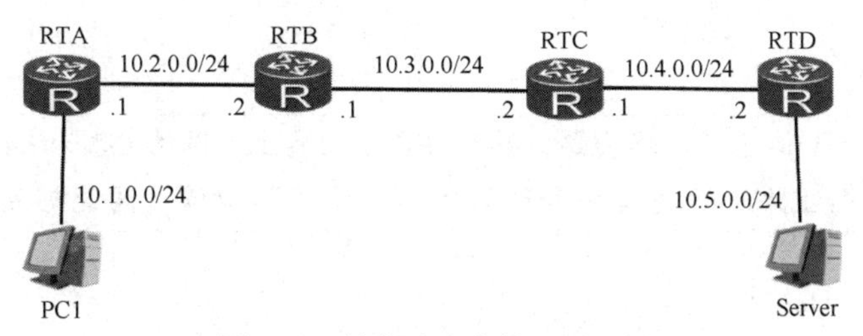

图 7-17　简化路由表的配置示例

配置分析：

对于路由器 RTA 和路由器 RTD 都属于末梢网络中的路由器，除直连网段外，到达其他网段的下一跳地址都是同一个地址，因此可以分别配置一条默认路由。

对于路由器 RTB 和路由器 RTC，到达其他网段存在两个下一跳地址，所以可以配置静态路由和默认路由的组合。

在 eNSP 模拟器中部署拓扑，路由器型号采用 Router。

主要配置：

（1）路由器 RTA 的路由配置。

```
[RTA]ip route-static 0.0.0.0 0 10.2.0.2
```

（2）路由器 RTB 的路由配置。

```
[RTB]ip route-static 10.1.0.0 24 10.2.0.1
[RTB]ip route-static 0.0.0.0 0 10.3.0.2
```

（3）路由器 RTC 的路由配置。

```
[RTC]ip route-static 10.5.0.0 24 10.4.0.2
[RTC]ip route-static 0.0.0.0 0 10.3.0.1
```

（4）路由器 RTD 的路由配置。

```
[RTD]ip route-static 0.0.0.0 0 10.4.0.1
```

3．使用默认路由作为指向外网的路由

默认路由还经常应用在企业的外网出口，外网访问的网段较多，不方便指定明细的网段。直接使用默认路由，IP 数据包可以转发访问任意的地址。

图 7-18 所示为指向外网的默认路由配置示例，路由器 RTC 位于外网，路由器 RTA 和 PC1 位于企业内部网络，路由器 RTB 是出口路由器，若使内网和外网之间可以互相访问，可在出口路由器 RTB 上使用默认路由。

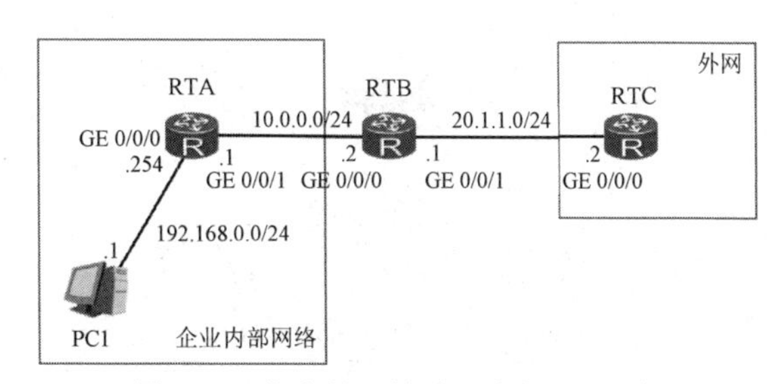

图 7-18　指向外网的默认路由配置示例

在 eNSP 模拟器中部署拓扑，路由器型号采用 Router。

主要配置：

（1）路由器 RTA 的路由配置。

```
[RTA]ip route-static 0.0.0.0 0 10.0.0.2
```

（2）路由器 RTB 的路由配置。

```
[RTB]ip route-static 192.168.0.0 24 10.0.0.1
[RTB]ip route-static 0.0.0.0 0 20.1.1.2    --指向外网的路由
```

（3）路由器 RTC 的路由配置。

```
[RTC]ip route-static 0.0.0.0 0 20.1.1.1
```

任务训练

公司内网有 A、B 和 C 三个路由器，接到 ISP 路由器上，网络拓扑和地址规划如图 7-19 所示，请在各个路由器上添加静态路由和默认路由，使得各网段之间能够互相通信。

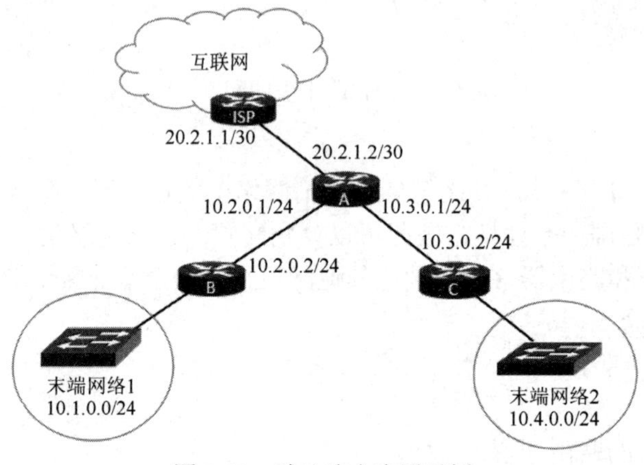

图 7-19　默认路由应用示例

7.1.4　路由汇总简化路由表

路由汇总又称为路由聚合，是将一组有规律的路由汇总成一条路由，从而达到减小路由表规模与优化设备资源利用率的目的。我们把汇总前的这组路由称为精细路由或明细路由，把汇总后的路由称为汇总路由或聚合路由。

一个网络能够部署汇总路由的前提是该网络中 IP 编址及网络设计具备一定的科学性和合理性，如果网络规划杂乱无章，路由汇总部署起来是相当困难的，甚至完全不具备实施性。

在图 7-20 所示的网络中，对于路由器 R1 而言，如果要到达路由器 R2 右侧 192.168.1.0/24～192.168.255.0/24 的网络，自然要配置路由，若手动为每个网段配置静态路由，则意味着需要配置 255 条路由，不仅工作量极大，还使得路由器 R1 的路由表极为臃肿。

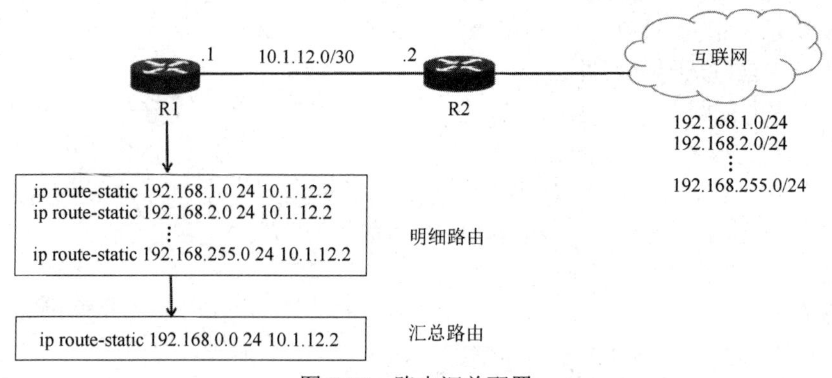

图 7-20　路由汇总配置

通过创建一条汇总路由 ip route-static 192.168.0.0 24 10.1.12.2，则大大简化了路由配置。当然，也可以通过配置默认路由来实现，但默认路由无法实现对路由更为细致的控制。

任务训练

如图 7-21 所示，某公司 A 区和 B 区的网络由路由器 R1 和路由器 R2 互联，请使用路由汇总技术，在路由器 R1 上配置一条到 B 区的汇总路由，在路由器 R2 上配置一条到 A 区的汇总路由，使得各网段之间能够相互通信。

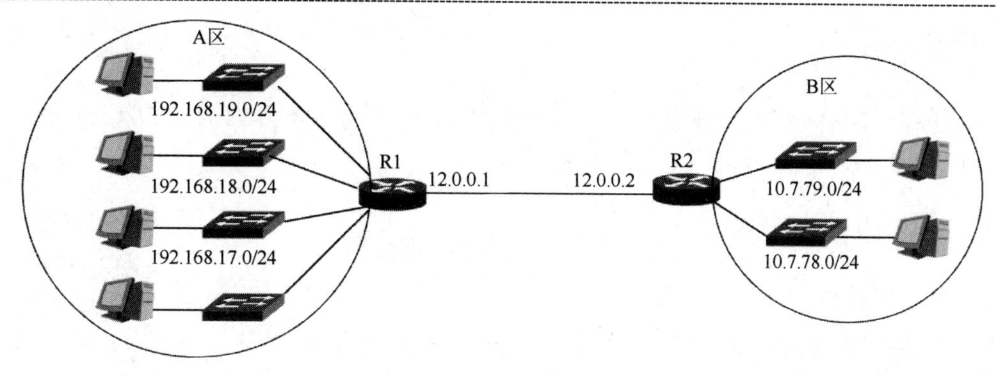

图 7-21　路由汇总应用示例

任务评价

1．自我评价

- ☐ 正确区分路由和路由表的概念。
- ☐ 正确描述路由表中各部分的具体含义和作用。
- ☐ 归纳路由的主要来源方式。
- ☐ 归纳静态路由的优缺点。
- ☐ 描述默认路由和路由汇总的作用。
- ☐ 能配置静态路由实现网络互联。
- ☐ 能灵活应用默认路由和路由汇总简化路由表。

2．教师评价

☐ 优　☐ 良　☐ 合格　☐ 不合格

任务 2　ACL 安全接入互联网

任务目标

知识目标：

- 说出 ACL 的应用场合。
- 描述 ACL 的基本原理和作用。
- 描述 ACL 的分类和基本规则。

技能目标：

- 能熟练进行 ACL 配置。
- 能运用 ACL 解决实际问题。
- 能够使用基于时间段的 ACL 进行访问控制。

素养目标：

- 具备网络安全防护意识。
- 培养规范操作的网络工匠精神。

任务分析

本任务通过学习 ACL 的概念、作用、分类和应用，带领大家掌握基本 ACL 和高级 ACL 的配置，并能运用 ACL 解决网络中的实际问题。

7.2.1　ACL 原理与应用

视频：访问控制列表

1．ACL 的概念

随着网络规模和网络中流量的不断扩大，网络管理员面临一个问题：企业网中的设备在进行通信时，如何保障数据传输的安全性、可靠性和网络性能的稳定性？这就需要对路由器转发的数据包做出区分，哪些是合法的流量，哪些是非法的流量，通过这种区分对数据包进行过滤达到有效控制的目的，这可以使用包过滤技术来实现，而包过滤技术的核心就是使用 ACL。

ACL 可以定义一系列不同的访问控制规则，设备根据这些规则对数据包进行分类，并针对不同类型的报文进行不同的处理，从而可以控制网络访问行为、限制网络流量、提高网络性能、防止网络攻击等。

如图 7-22 所示，网关路由器 RTA 允许 192.168.1.0/24 中的主机访问外网，也就是互联网，禁止 192.168.2.0/24 中的主机访问互联网。对于服务器 A 而言，情况则相反。网关路由器 RTA 允许 192.168.2.0/24 中的主机访问服务器 A，禁止 192.168.1.0/24 中的主机访问服务器 A。

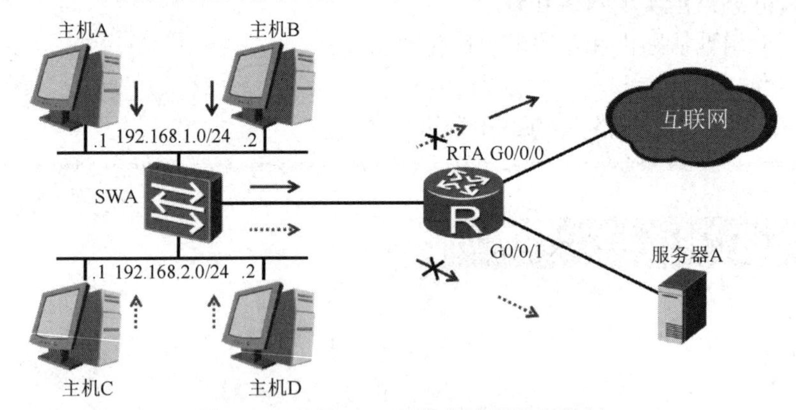

图 7-22　部署 ACL 对数据流量进行控制

2．ACL 的作用

ACL 可以对经过路由器的数据流进行判断、分类和过滤。

常见的 ACL 的应用是将 ACL 应用到接口上，其主要作用是根据数据包与数据段的特征进行判断，决定是否允许数据包通过路由器转发，其主要目的是对数据流量进行管理和控制。

我们还常使用 ACL 实现策略路由和特殊流量的控制。在一个 ACL 中可以包含一条或多条特定类型的 IP 数据包规则。ACL 可以简单到只包括一条规则，也可以是复杂到包括很多条规则。ACL 通过多条规则来定义与规则中相匹配的数据分组。

ACL 作为一个通用的数据流量的判别标准还可以和其他技术配合，应用在不同的场合：NAT、防火墙、QoS 与队列技术、策略路由、数据速率限制等。

3．ACL 的分类

根据不同的分类标准，ACL 可以有不同的分类。最常见的两种分类是基本 ACL 和高级 ACL。

（1）基本 ACL。基本 ACL 只能将数据包的源地址作为过滤的标准，而不能基于协议或应用进行过滤，即只能根据数据包是从哪里来的进行控制，而不能基于数据包的协议类型及应用对其进行控制。其编号的取值范围为 2000～2999。

（2）高级 ACL。高级 ACL 可以将数据包的源地址、目的地址、协议类型及应用类型（端口号）等信息作为过滤的标准，即可以根据数据包是从哪里来、到哪里去、何种协议、什么样的应用等特征来进行精确控制。其编号的取值范围为 3000～3999。

基本 ACL 和高级 ACL 的比较如表 7-1 所示。

表 7-1　基本 ACL 和高级 ACL 的比较

分类	编号范围	参数
基本 ACL	2000～2999	源 IP 地址等
高级 ACL	3000～3999	源 IP 地址、目的 IP 地址、 源端口、目的端口等

4．ACL 规则

一个 ACL 可以由多条“deny/permit”语句组成，每一条语句描述了一条规则。设备收到数据流量后，会逐条匹配 ACL 规则，判断其是否匹配。若不匹配，则匹配下一条。一旦找到一条匹配的规则，就执行该规则中定义的动作，不再继续与后续规则进行匹配。如果找不到匹配的规则，则设备不对数据包进行任何处理。需要注意的是，ACL 中定义的这些规则可能存在重复或矛盾的地方。规则的匹配顺序决定了规则的优先级，ACL 通过设置规则的优先级来处理规则之间重复或矛盾的情形。

华为 ARG3 系列路由器支持两种匹配顺序：配置顺序和自动排序。

（1）配置顺序是按 ACL 规则编号（Rule-ID）从小到大的顺序进行匹配。设备会在创建 ACL 的过程中自动为每一条规则分配一个编号，规则编号决定了规则被匹配的顺序。例如，如果将步长设定为 5，那么规则编号将按照 5,10,15,…这样的规律自动分配。如果步长设定为 2，那么规则编号将按照 2,4,6,…这样的规律自动分配。通过设置步长，使规则之间留有一定的空间，用户可以在已存在的两个规则之间插入新的规则。路由器匹配规则时默认采用配置顺序，ARG3 系列路由器默认规则编号的步长是 5。

（2）自动排序使用“深度优先”的原则进行匹配，即根据规则的精确度排序。匹配条件（如协议类型、源 IP 地址范围、目的 IP 地址范围等）限制得越严格，匹配得越精确。例如可以比较地址的通配符，通配符越小，指定的主机的范围就越小，限制就越严格。若“深度优先”的顺序相同，则匹配该规则时按规则编号从小到大排列。

图 7-23 所示的网络中，路由器 RTA 收到了来自两个网络的数据包。默认情况下，路由器 RTA 会依据 ACL 的配置顺序来匹配这些数据包。网络 172.16.0.0/24 发送的数据流量将被路由器 RTA 上配置的 ACL2000 的规则 15 匹配，因此会被拒绝。而来自网络 172.17.0.0/24 的数据包不能匹配 ACL 中的任何规则，因此路由器 RTA 对该数据包不做任何处理，只是正常转发。

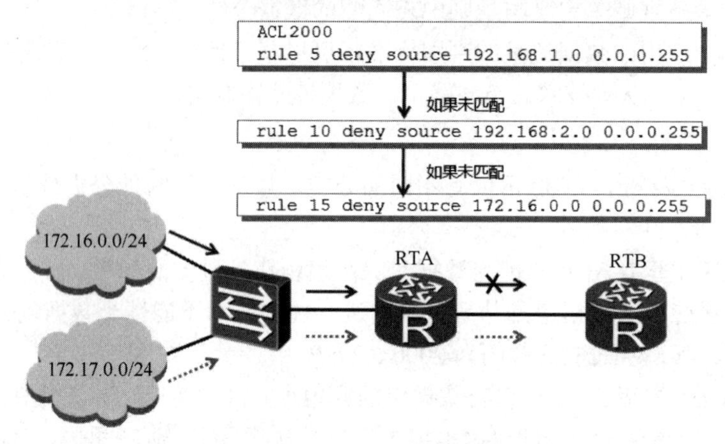

图 7-23　部署 ACL 对数据流量进行控制

5．ACL 规则的顺序

配置 ACL 的时候应该遵循如下原则：

（1）按照执行的顺序从上到下来排列规则，具体的判别条目应放置在前面。

（2）每一个 ACL 末尾隐含一条 deny any 的规则，来保证至少有一条规则能匹配上。

（3）应用 ACL 之前，首先要创建好 ACL，否则可能出现错误。

6．ACL 的部署

ACL 必须部署在路由器的某个接口的某个方向上。因此，对于路由器来说存在入口（Inbound）和出口（Outbound）两个方向。在路由器中从某个接口进入路由器的方向为入口方向，离开路由器的方向为出口方向。图 7-24 所示的数据包从接口 GE 0/0/0 进入路由器，接口 GE 0/0/0 属于入口，数据包从接口 GE 0/0/1 离开路由器，接口 GE 0/0/1 属于出口。而数据包也可反向从接口 GE 0/0/1 进入，此时接口 GE 0/0/1 属于入口，接口 GE 0/0/0 属于出口。

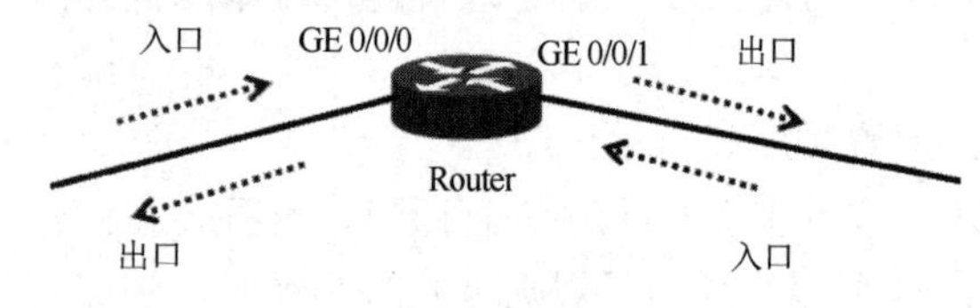

图 7-24　路由器接口的出口和入口方向

对于基本 ACL，由于它只能过滤源 IP 地址，为了不影响源主机的通信，一般我们将基本 ACL 放在离目的端比较近的地方。

高级 ACL 可以精确定位某一类的数据流，为了不让无用的流量占据网络带宽，一般我们将高级 ACL 放在离源端比较近的地方。

任务训练

1. 说一说 ACL 的作用是什么。
2. 归纳一下，ACL 可以分为哪几种类型。它们的区别是什么。
3. 想一想，你该如何安排 ACL 中的规则条目顺序。

7.2.2　基本 ACL 配置实例

视频：使用 ACL 规范上网行为

无论是基本 ACL 还是高级 ACL，配置主要有以下两个步骤：

第一步：配置 ACL。

第二步：将 ACL 应用到接口的某个方向。

如图 7-25 所示，某企业内网有两个网段，研发部在 VLAN 1，网络地址为 192.168.1.0/24，服务器区在 VLAN 2，网络地址为 192.168.2.0/24，路由器 AR1 连接这两个 VLAN。路由器 AR2 为互联网路由器，所在的网络地址为 20.1.2.0/24。

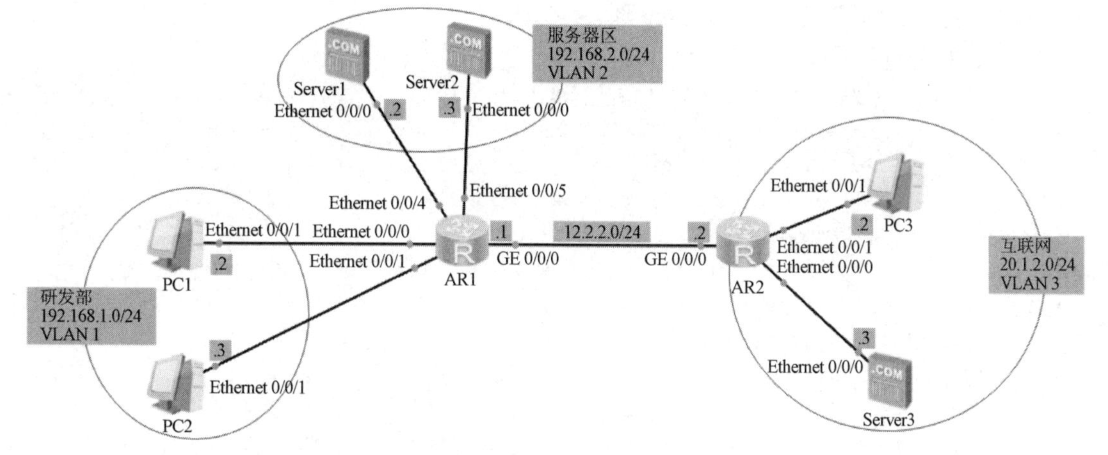

图 7-25　基本 ACL 的应用

在路由器 AR1 上创建基本 ACL，以实现下列要求：

（1）研发部网段可以访问互联网。

（2）服务器区网段不允许访问互联网。

配置分析：

若完成配置要求，需要控制内网访问互联网的流量，这些访问流量都要经过路由器 AR1 的接口 GE 0/0/0 发送出去，因此可以在此接口的出口方向进行数据包过滤。由于数据包过滤的条件都基于源地址，故使用基本 ACL 就可以实现。

在 eNSP 模拟器中部署拓扑，路由器型号为 AR1220。

操作步骤：

（1）路由器 AR1 的接口配置。

```
[AR1]vlan 2
[AR1-vlan2]int vlan 2
[AR1-Vlanif2]ip address 192.168.2.1 24 --为 VLAN 2 配置网关地址
[AR1-Vlanif2]int e0/0/4
[AR1-Ethernet0/0/4]port link access
[AR1-Ethernet0/0/4]port default vlan 2  --将接口 Ethernet0/0/4 划分到 VLAN 2
[AR1-Ethernet0/0/4]int e0/0/5
[AR1-Ethernet0/0/5]port link access
[AR1-Ethernet0/0/5]port default vlan 2  --将接口 Ethernet0/0/3 划分到 VLAN 2
[AR1]int vlan 1
[AR1-Vlanif1]ip address 192.168.1.1 24 --为 VLAN 1 配置网关地址
[AR1]int g0/0/0
```

```
[AR1-GigabitEthernet0/0/0]ip address 12.2.2.1 24 --为接口 GE 0/0/0 配置 IP 地址
```

（2）路由器 AR2 的接口配置。

```
[AR2]int g0/0/0
[AR2-GigabitEthernet0/0/0]ip add 12.2.2.2 24
[AR2-GigabitEthernet0/0/0]int vlan 1   --默认所有以太网接口都在 VLAN 3 下，接下来不需要把
以太网接口划分到 VLAN 1 下
[AR2-Vlanif1]ip add 20.1.2.1 24
```

（3）路由器 AR1 和路由器 AR2 的路由配置。

```
[AR1]ip route-static 0.0.0.0 0.0.0.0 12.2.2.2
[AR2]ip route-static 0.0.0.0 0.0.0.0 12.2.2.1
```

此时，主机之间互 ping，能够 ping 通。

（4）ACL 配置。

```
[AR1]acl 2000  --创建基本 ACL2000
[AR1-acl-basic-2000]rule 10 deny source 192.168.2.0 0.0.0.255 --创建规则 10， 拒绝网
段源地址为 192.168.2.0 的主机访问互联网
[AR1-acl-basic-2000]rule 20 permit source 192.168.1.0 0.0.0.255
--创建规则 20，允许网段源地址为 192.168.1.0 的主机访问互联网
[AR1-acl-basic-2000]rule 30 deny     --创建规则 30，拒绝其他
[AR1]dis acl all     --查看当前 ACL
Total quantity of nonempty ACL number is 1
Basic ACL 2000, 3 rules
Acl 's step is 5
rule 10 deny source 192.168.2.0 0.0.0.255
rule 20 permit source 192.168.1.0 0.0.0.255
rule 30 deny
```

（5）将 ACL 绑定到接口 GE 0/0/0 的出口方向。

```
[AR1]int g 0/0/0
[AR1-GigabitEthernet0/0/0]traffic-filter outbound acl 2000
--绑定到出口方向
```

（6）验证。

研发部 VLAN 1 的主机 PC1 和 PC2 能 ping 通互联网内的 PC3 和 Server3 的地址；服务器区的 Server1 和 Server2 不能 ping 通互联网上的地址。

7.2.3 高级 ACL 配置实例

高级 ACL 可以根据数据包的源 IP 地址、目标 IP 地址、协议类型、目标端口、源端口等信息来定义规则。高级 ACL 可以比基本 ACL 定义出更精准、更灵活、更复杂的规则。

某企业网络拓扑和 IP 地址规划如图 7-26 所示，路由器 AR1 为内网出口路由器，连接工程部、财务部、财务部服务器这三个 VLAN。路由器 AR2 为互联网路由器，Server2 为互联网中的服务器，提供 DNS 和 HTTP 服务。

在 AR1 路由器上创建高级 ACL，以实现下列要求：

① 允许工程部在工作时间（周一到周五的 8:00—17:00）访问互联网。

② 允许财务部访问互联网，但只允许访问网站。

③ 禁止财务部服务器访问互联网。

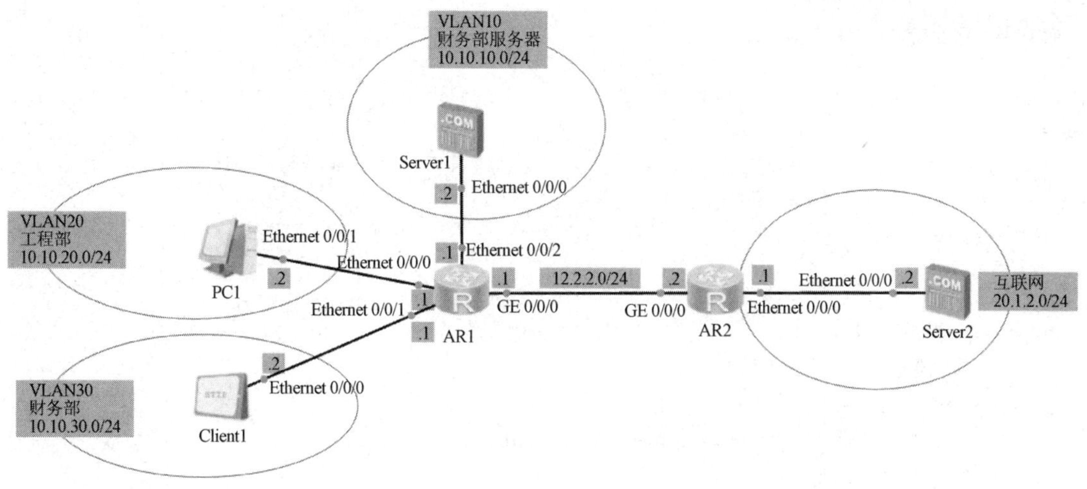

图 7-26　高级 ACL 的应用

配置分析：

本案例实现的功能基于源地址和协议类型，需要使用高级 ACL 来实现。在路由器 AR1 上创建一个高级 ACL，将高级 ACL 绑定到路由器 AR1 的接口 GE 0/0/0 的出口方向。

允许财务部访问互联网网站，访问网站需要域名解析，域名解析使用的协议是 DNS 协议，DNS 协议使用的是 UDP 的 53 端口，访问网站使用的协议是 HTTP 和 HTTPS，HTTP 使用的是 TCP 的 80 端口，HTTPS 使用的是 TCP 的 443 端口。

在 eNSP 模拟器中部署网络拓扑，路由器型号为 AR1220。

操作步骤：

（1）接口配置和路由配置，可参照基本 ACL 的应用案例完成。

（2）ACL 配置。

```
[AR1]ACL 3000 --创建高级 ACL
[AR1]time-range working-time 08:00 to 17:00 working-day
--指定工作日的时间段，命令“working-time”是自行定义的时间段名称
[AR1-acl-adv-3000]rule 5 permit ip source 10.10.20.0 0.0.0.255 destination any
time-range working-time
--允许工程部在工作时间（周一到周五的 8:00—17:00）访问互联网
[AR1-acl-adv-3000]rule 10 permit udp source 10.10.30.0 0.0.0.255 destination any
destination-port ?
--TCP 和 UDP 需要指定端口
eq Equal to given port number
gt Greater than given port number
lt Less than given port number
range Between two port numbers
[AR1-acl-adv-3000]rule 10 permit udp source 10.10.30.0 0.0.0.255 destination any
destination-port eq ?
--可以指定端口号或应用层协议名称
<0-65535> Port number
biff Mail notify (512)
bootpc Bootstrap Protocol Client (68)
bootps Bootstrap Protocol Server (67)
discard Discard (9)
dns Domain Name Service (53)
dnsix DNSIX Security Attribute Token Map (90)
```

```
echo Echo (7)
......
[AR1-acl-adv-3000]rule 10 permit udp source 10.10.30.0 0.0.0.255 destination any
destination-port eq dns
[AR1-acl-adv-3000]rule 15 permit tcp source 10.10.30.0 0.0.0.255 destination-port
eq www
[AR1-acl-adv-3000]rule 20 permit tcp source 10.10.30.0 0.0.0.255 destination-port
eq 443
[AR1-acl-adv-3000]rule 25 deny ip
[AR1-acl-adv-3000]quit
```

（3）将 ACL 绑定到接口。

```
[AR1]interface GigabitEthernet 0/0/0
[AR1-GigabitEthernet0/0/0]traffic-filter outbound acl 3000
```

（4）查看配置信息。

```
[AR1]display time-range all       --查看定义的时间段
Current time is 11:33:58 1-4-2023 Wednesday
Time-range : working-time ( Active )
 08:00 to 17:00 working-day
<AR1>display acl all             --查看全部的 ACL
 Total quantity of nonempty ACL number is 1
Advanced ACL 3000, 5 rules
Acl's step is 5
 rule 5 permit ip source 10.10.20.0 0.0.0.255 time-range working-time (Active) (45
matches)
 rule 10 permit udp source 10.10.30.0 0.0.0.255 destination-port eq dns
 rule 15 permit tcp source 10.10.30.0 0.0.0.255 destination-port eq www
 rule 20 permit tcp source 10.10.30.0 0.0.0.255 destination-port eq 443
 rule 25 deny ip (5 matches)
```

（5）验证。

① 验证工程部是否实现在工作时间（周一到周五的 8:00—17:00）访问互联网。

```
<AR1>display clock               --查看当前时间
2023-01-04 12:02:30
Wednesday
Time Zone(China-Standard-Time) : UTC-08:00
<AR1>clock datetime 06:00:00 2021-01-04
[AR1]display time-range all    --更改路由器的日期和时间，此时刻为非工作时间
```

使用工程部中的 PC1 ping 互联网上的 Server2，发现 ping 不通。在路由器 AR1 上查看 ACL，可以看到 Rule 5 变成不活跃（Inactive）状态。

若改变路由器时间在工作时间段，PC1 可以 ping 通互联网上的 Server2，Rule 5 变成活跃（Active）状态。

② 验证财务部是否能够访问互联网的网站。

将 DNS 服务器的主机域名设置为“www.acl-test.com”，将其 IP 地址设置为 20.1.2.2，并启动 DNS 服务，如图 7-27 所示。

将 Http 服务器文件根目录设置为“D:\”，并启动 Http 服务，如图 7-28 所示。

将财务部 Clinet1 的域名服务器地址设置为“20.1.2.2”，并在“客户端信息”选项卡中的“地址”栏中输入域名“http://www.acl-test.com”获取 Http 服务，如图 7-29 所示。

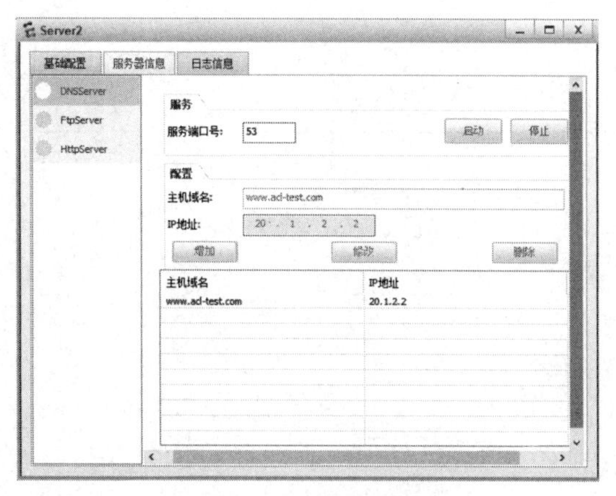

图 7-27　DNS 服务器设置

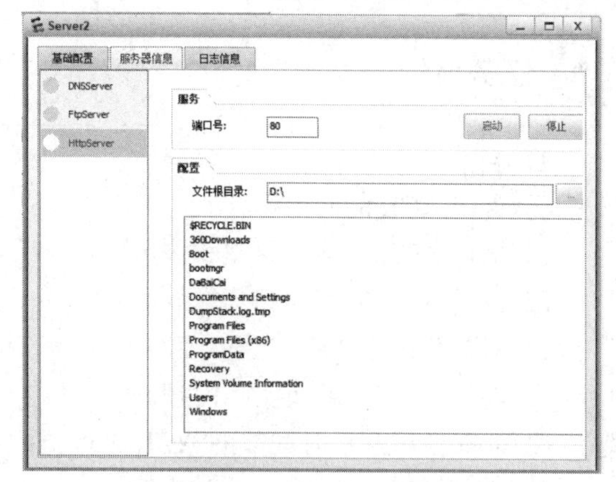

图 7-28　Http 服务器设置

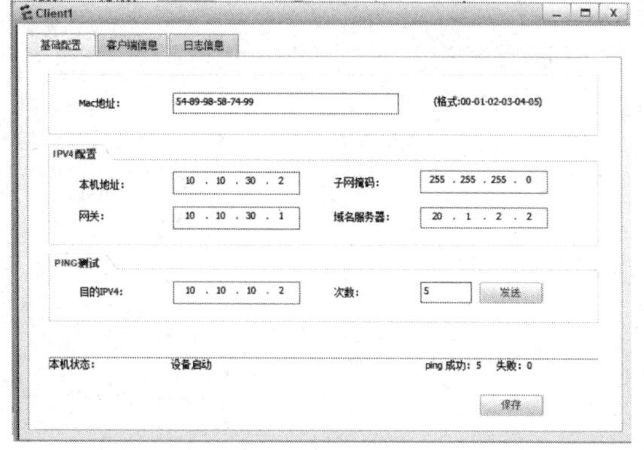

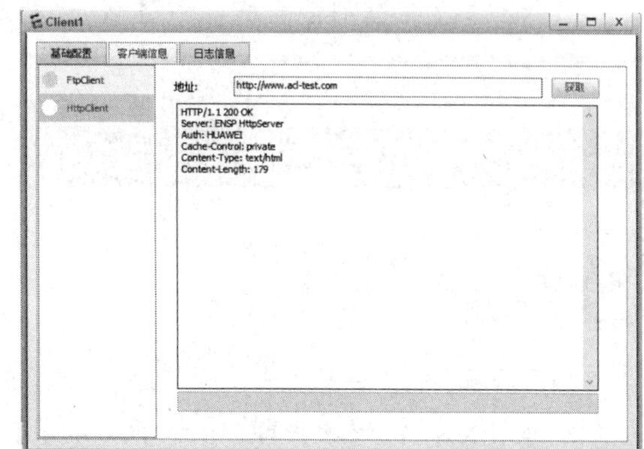

图 7-29　Client 客户端设置

③ 验证财务部服务器能否访问互联网。在 Serve1 的接触配置界面，ping Server2 的 IP 地址，结果应为不能 ping 通。

任务训练

图 7-30 所示的网络中，在路由器 AR1 上创建 ACL，禁止 PC1、PC2 和 PC3 之间相互通信，允许 PC1、PC2 访问互联网中的 Server2，但禁止 PC3 访问互联网中的 Server2。

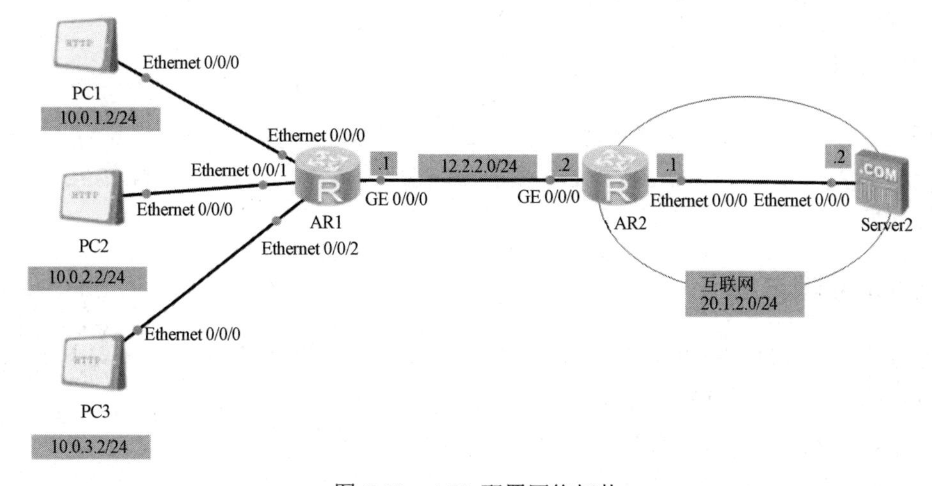

图 7-30　ACL 配置网络拓扑

任务评价

1. 自我评价

□ 说出 ACL 的应用场合。

□ 描述 ACL 的基本原理和作用。

□ 描述 ACL 的分类和基本规则。

□ 能熟练进行 ACL 配置。

□ 能运用 ACL 解决实际问题。

□ 能够使用基于时间段的 ACL 进行访问控制。

2. 教师评价

□ 优　□ 良　□ 合格　□ 不合格

任务 3　NAT 有效接入互联网

任务目标

知识目标：

- 说出 NAT 产生的背景。
- 正确描述 NAT 的工作原理和工作过程。
- 归纳 NAT 的类型。

技能目标：

- 能熟练进行 NAT 配置。
- 能运用 NAT 解决实际问题。

素养目标：

- 培养资源节约的工程理念。
- 培养规范操作的网络工匠精神。

任务分析

本任务通过学习 NAT 技术的产生背景、NAT 工作原理、NAT 的分类、NAT 的配置和应用，带领大家掌握 Easy-IP、NAT Server（服务器映射）的配置，并能运用 NAT 技术解决网络中的实际问题。

7.3.1　NAT 原理与应用

视频：网络地址转换

随着互联网的发展和网络应用的增多，IPv4 地址枯竭已经成为制约网络发展的瓶颈。尽管 IPv6 可以从根本上解决 IPv4 地址不足的问题，但目前众多的网络设备和网络应用仍是基于 IPv4 的，因此在 IPv6 广泛应用之前，一些过渡技术的使用是解决这个问题的主要手段。

1．NAT 的定义

NAT 是 Network Address Translation 的简写，中文翻译为网络地址转换，它是一个 IETF 标准，可以将内部网络地址转换为公有地址出现在网络上。这样外界就无法直接访问内部网络，从而保护内部网络的安全。同时，它变相地扩展了网络地址，合理安排网络中的公有地址和私有地址的使用。

2．NAT 的应用

解决 IPv4 地址枯竭问题的权宜之计是分配可重复使用的各类私有地址给企业内部或家庭使用，如图 7-31 所示。但是，私有地址不能在外部网络中路由，即内部网络主机不能与外部网络通信，也不能通过外部网络与另外一个内部网络通信。

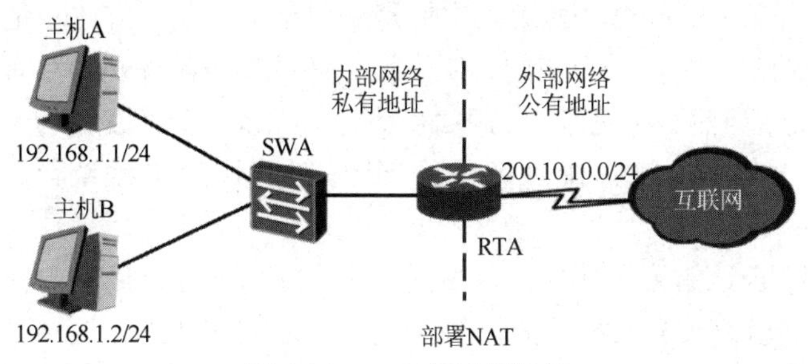

图 7-31　NAT 的应用场景

NAT 是将 IP 数据包首部中的 IP 地址转换为另一个 IP 地址的过程，主要用于实现内部网络（私有地址）访问外部网络（公有地址）。NAT 一般部署在连接内部网络和外部网络的网关设备上。

3．NAT 的工作原理

NAT 技术有效地解决了 IP 地址紧缺的问题，还可以将内部网络和外部网络隔离，从而保障网络的安全。当以内部网络的私有地址向外部网络发送数据包的时候，NAT 通过修改 IP 数据包首部将内部私有地址转换成合法的公有地址，满足内部网络设备和外部网络通信的需求。由于内部 IP 地址被 NAT 替换成了公网 IP 地址，设备对于外网用户来说就显得“不透明”，可以保证设备安全性。另外内部私有地址和外部公有地址是相互对应的，使得我们可以只使用少量的公网 IP 地址实现私有地址网络内所有的计算机与外部网络的通信。

NAT 功能大多会被集成到路由器、防火墙、综合业务数字网（ISDN）路由器或单独的 NAT 设备中。NAT 设备用来维护把非法的 IP 地址映射到合法的 IP 地址中的状态表。

4．NAT 的优缺点

NAT 的优点如下：

（1）可以节省公网 IP 地址，缓解了 IP 地址资源匮乏的问题。

（2）在地址重叠时提供解决方案。

（3）小型网络可以通过 NAT 方式灵活接入互联网。

（4）对外界隐藏内部网络结构，维持局域网的私密性。

NAT 在带来优点的同时，也带来了不少缺点：

（1）地址转换将引入额外的延迟。

（2）导致无法进行端到端的 IP 地址跟踪。

（3）地址转换隐藏了内部主机地址，导致网络调试变得复杂。

5. NAT 的类型

常见的 NAT 技术有三种类型：静态 NAT（Static NAT）、动态地址 NAT（Pooled NAT）、网络地址端口转换 NAT（NAPT）。

（1）静态 NAT。

将每个拥有内部网络私有地址的计算机都映射成外部网络中的一个合法的公有地址，其中的 IP 地址是一对一的、一成不变的，由管理员指定私有地址和公有地址的对应关系，实现了外部网络对内部网络中特定设备的访问，这样就可以将中小型的内部网络隐藏在一个合法的 IP 地址后面。

（2）动态地址 NAT。

在外部网络中定义了一些合法地址，它们是采用动态分配的方法将地址映射到内部网络中，IP 地址是随机的，不是一一对应的。所有被允许授权访问外网的私有地址可随机转换为任何指定的公有地址。当然必须是指定的内部地址和外部地址，才能进行转换。动态地址 NAT 只是转换 IP 地址，为每个内部的 IP 地址分配一个临时的外部 IP 地址。

（3）NAPT。

NAPT 使用一个合法的公有地址，以不同的协议端口号与不同的内部地址相对应，也就是“私有地址+内部端口”与“公有地址+外部端口”之间的转换，这样可以达到一个公有地址对应多个私有地址的一对多的转换，用于企业只有一个公网 IP 地址但是有多个业务系统需要被互联网访问的场景。

NAPT 可以将一个中小型的网络隐藏在一个合法的 IP 地址后面，普遍用于接入设备。内部网络的计算机可共享一个合法的外部 IP 地址，实现对外部网络的访问，不同内部网络的主机产生的流量用不同的随机端口进行标示。同时可以隐藏内部网络，避免来自外界的攻击。

任务训练

1. 描述 NAT 的应用场景。
2. 简述 NAT 的工作原理。
3. NAT 按技术类型可以分为哪三种转换方式？

7.3.2 NAT 配置实例

1. 静态 NAT 配置

静态 NAT 是指将内部网络的私有地址转换为公有地址，IP 地址对是一对一的，是一成不变的，某个私有地址只转换为某个公有地址。

视频：NAT 端口映射接入互联网

如图 7-32 所示，企业内网的私有地址是 172.16.1.0/24，AR1 是企业网出口路由器，AR2 是互联网上的 ISP 路由器。ISP 给企业分配了四个公有地址：12.1.1.1、12.1.1.2、12.1.1.3、12.1.1.4，其中 12.1.1.1 指定给路由器 AR1 的端口 GE 0/0/1。

现要求在路由器 AR1 上做静态 NAT，内部网络访问互联网时，私有地址 172.16.1.2 用公有地址 12.1.1.2 替换、私有地址 172.16.1.3 用公有地址 12.1.1.3 替换、私有地址 172.16.1.4 用公有地址 12.1.1.4 替换。

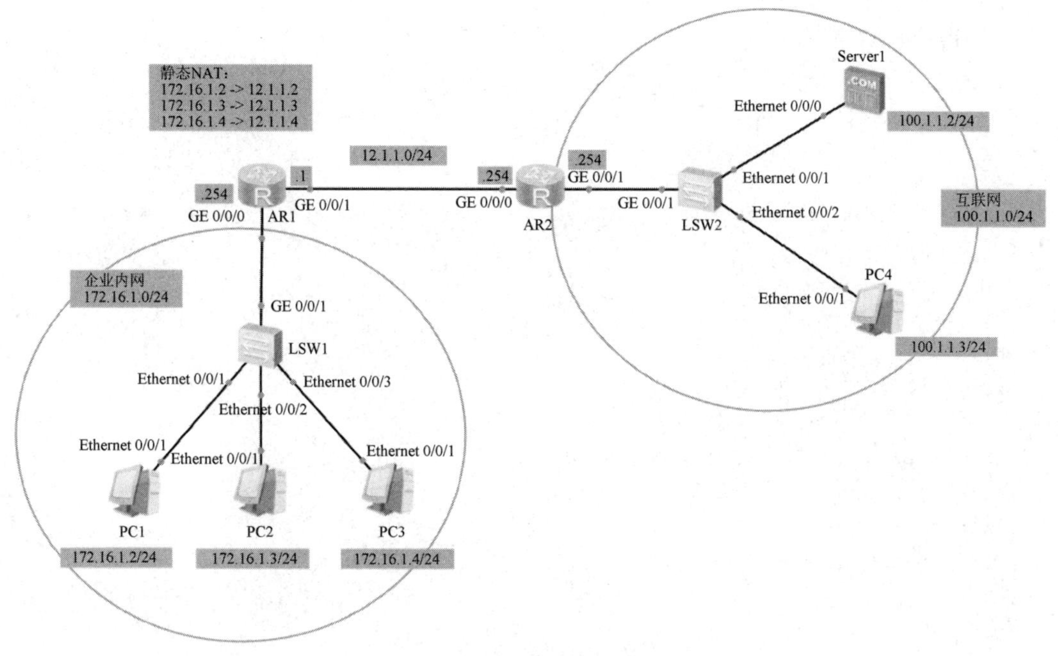

图 7-32　静态 NAT 的配置

在 eNSP 模拟器中部署网络拓扑，路由器型号为 AR1220。

操作步骤：

（1）路由器 AR1 的接口配置。

```
[AR1]int g0/0/0
[AR1-GigabitEthernet0/0/0]ip address 172.16.1.254 24
[AR1-GigabitEthernet0/0/0]int g0/0/1
[AR1-GigabitEthernet0/0/1]ip address 12.1.1.1 24
[AR1-GigabitEthernet0/0/1]q
```

（2）路由器 AR2 的接口配置。

```
[AR2]int g0/0/0
[AR2-GigabitEthernet0/0/0]ip address 12.1.1.254 24
[AR2-GigabitEthernet0/0/0]int g0/0/1
[AR2-GigabitEthernet0/0/1]ip address 100.1.1.254 24
[AR2-GigabitEthernet0/0/1]q
```

（3）路由配置。

```
[AR1]ip route-static 0.0.0.0 0 12.1.1.254
--这里只需要在出口路由器 AR1 上指定一条默认路由。因为数据包经过了 NAT 转换为公有地址，所以互联网中的路由器 AR2 无须配置回指私网的路由
```

此时，内部网络中的主机不能 ping 通互联网中的主机。

（4）静态 NAT 配置。

```
[AR1]int g0/0/1
[AR1-GigabitEthernet0/0/1]nat static global 12.1.1.2 inside 172.16.1.2 netmask 255.255.255.255
[AR1-GigabitEthernet0/0/1]nat static global 12.1.1.3 inside 172.16.1.3 netmask 255.255.255.255
[AR1-GigabitEthernet0/0/1]nat static global 12.1.1.4 inside 172.16.1.4 netmask 255.255.255.255
```

（5）查看 NAT 静态映射。

```
<AR1>display nat static
  Static Nat Information:
  Interface  : GigabitEthernet0/0/1
    Global IP/Port     : 12.1.1.2/----
    Inside IP/Port     : 172.16.1.2/----
    Protocol : ----
    VPN instance-name  : ----
    Acl number         : ----
    Netmask  : 255.255.255.255
    Description : ----

    Global IP/Port     : 12.1.1.3/----
    Inside IP/Port     : 172.16.1.3/----
    Protocol : ----
    VPN instance-name  : ----
    Acl number         : ----
    Netmask  : 255.255.255.255
    Description : ----

    Global IP/Port     : 12.1.1.4/----
    Inside IP/Port     : 172.16.1.4/----
    Protocol : ----
    VPN instance-name  : ----
    Acl number         : ----
    Netmask  : 255.255.255.255
Description : ----
  Total :    3
```

（6）测试。

内部网络中的主机可以 ping 通互联网内的主机和服务器。

（7）删除静态 NAT 设置。

```
[AR1]int g0/0/1
[AR1-GigabitEthernet0/0/1]undo nat static global 12.1.1.2 inside 172.16.1.2
netmask 255.255.255.255
[AR1-GigabitEthernet0/0/1]undo nat static global 12.1.1.3 inside 172.16.1.3
netmask 255.255.255.255
[AR1-GigabitEthernet0/0/1]undo nat static global 12.1.1.4 inside 172.16.1.4
netmask 255.255.255.255
--删除静态 NAT 设置，初始化网络环境
```

2．动态 NAT 配置（地址池方式）

动态 NAT 是指将内部网络的私有地址转换为公用 IP 地址时，IP 地址是不确定的，是随机的，所有被授权访问互联网的私有地址可随机转换为地址池中任意的合法 IP 地址。也就是说，只需要指定哪些内部地址可以进行转换，以及用哪些合法地址作为外部地址时，就可以进行动态转换。当 ISP 提供的合法 IP 地址略少于网络内部的计算机数量时，可以采用动态转换的方式。

在图 7-33 所示的网络中，ISP 给企业分配了 12.1.1.1、12.1.1.2、12.1.1.3、12.1.1.4 共四个

公网 IP 地址，其中 12.1.1.1 指定给路由器 AR1 的端口 GE 0/0/1。

现要求在路由器 AR1 上定义公网 IP 地址池来进行动态转换。

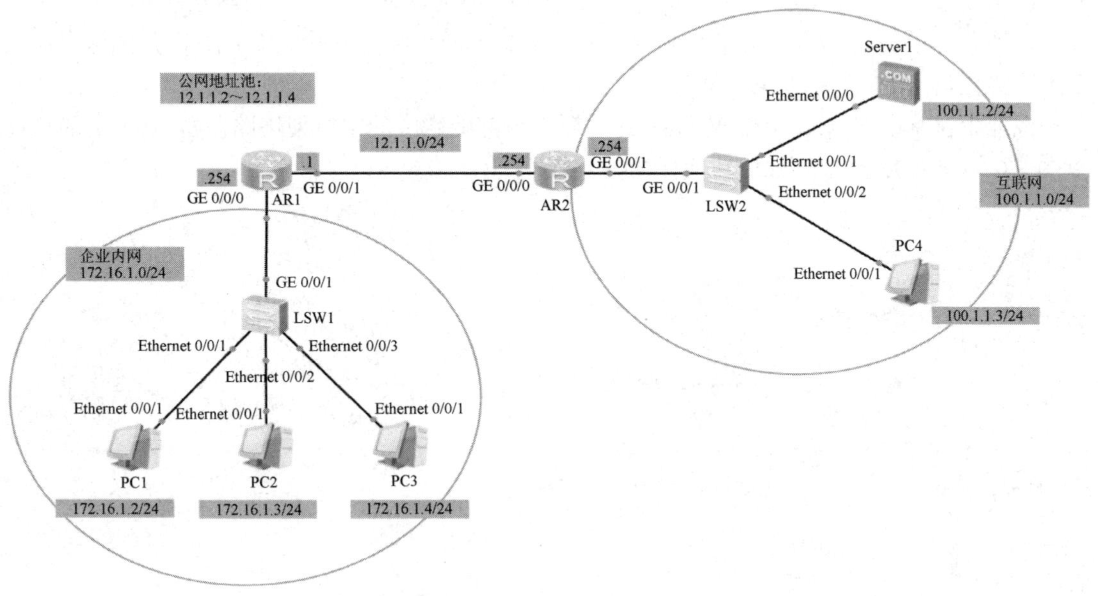

图 7-33　动态 NAT 的配置

在 eNSP 模拟器中部署拓扑，路由器型号为 AR1220。

具体配置：

（1）创建 ACL，定义 NAT 数据流。

```
[AR1]acl 2000
[AR1-acl-basic-2000]rule 5 permit source 172.16.1.0 0.0.0.255
[AR1-acl-basic-2000]rule 10 deny
[AR1-acl-basic-2000]quit
```

（2）创建公网地址池。

```
[AR1]nat address-group 1 12.1.1.2 12.1.1.4
--指定公网地址池编号为 1，指定开始地址和结束地址
```

（3）为路由器 AR1 上连接互联网的端口 GE 0/0/1 配置 NAT。

```
[AR1]interface GigabitEthernet 0/0/1
[AR1-GigabitEthernet0/0/1]nat outbound 2000 address-group 1
--指定 ACL2000 使用的公网地址池
```

（4）测试。

内部网络中的主机可以 ping 通互联网中的主机和服务器。

（5）删除动态地址池 NAT 设置。

```
[AR1]interface GigabitEthernet 0/0/1
[AR1-GigabitEthernet0/0/1]undo nat outbound 2000 address-group 1
[AR1-GigabitEthernet0/0/1]quit
[AR1]undo nat address-group 1
--删除动态地址池 NAT 设置，初始化网络环境。
```

3. NAPT 配置（用 Easy-IP 方式）

若 ISP 只分配给企业一个公网 IP 地址，则可以使用网络地址端口转换来实现 NAT。

Easy-IP 配置时候不需要创建公网地址池，只需要将路由器端口的公有地址做网络地址端口转换即可。Easy-IP 适合小型局域网接入互联网的情况，如家庭网络、小型网吧和小型企业等。出口通过拨号方式获得临时（或固定）公网 IP 地址以供内部主机访问互联网。

在图 7-34 所示的网络中，ISP 只给企业分配了一个公网 IP 地址 12.1.1.1，并把这个地址指定给路由器 AR1 的端口 GE 0/0/1。

现要求在路由器 AR1 上配置 Easy-IP，允许内部网络中的主机使用路由器 AR1 上的端口 GE 0/0/0 的公网 IP 地址做地址转换以访问互联网。

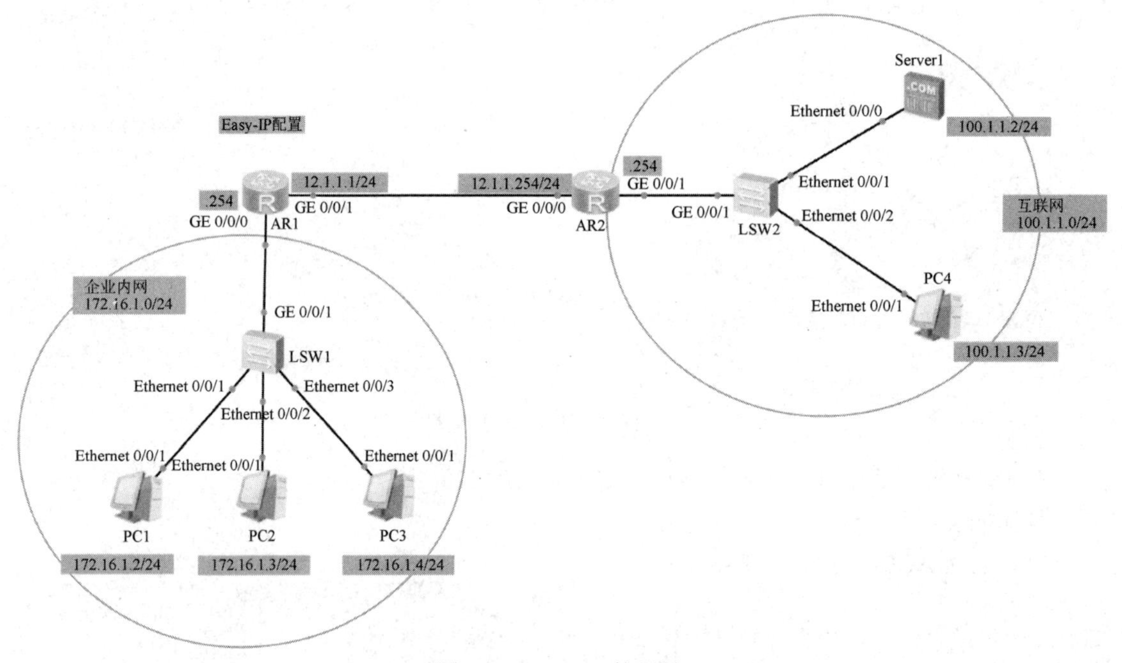

图 7-34　Easy-IP 的配置

在 eNSP 模拟器中部署拓扑，路由器型号为 AR1220。

操作步骤：

（1）创建 ACL，定义 NAT 数据流。

```
[AR1]acl 2000
[AR1-acl-basic-2000]rule 5 permit source 172.16.1.0 0.0.0.255
[AR1-acl-basic-2000]rule 10 deny
[AR1-acl-basic-2000]quit
```

（2）为路由器 AR1 上连接互联网的端口 GE 0/0/1 配置 Easy-IP。

```
[AR1]interface GigabitEthernet 0/0/1
[AR1-GigabitEthernet0/0/1]nat outbound 2000
--指定允许网络地址端口转换的 ACL
```

（3）测试。

内部网络中的主机可以 ping 通互联网中的主机和服务器。

4. NAT Server 配置

在很多企业、学校等场景中，都提供一些对外访问服务，如门户网址、网络附接存储（NAS）、企业资源计划（ERP）等。在实际部署中，这些提供访问的服务器都属于内部网络，配置的是内网地址，导致公网用户无法对私有地址直接进行访问。

NAT Server 就是用于实现私网服务器以公网 IP 地址对外提供服务的技术。当外部网络的用户访问内部服务器时，NAT 将请求报文的目的地址转换成内部服务器的私有地址。对内部服务器回应报文而言，NAT 还会自动将回应报文的源地址（私有地址）转换成公网 IP 地址。

NAT Server 可以通过静态 IP（Global IP 地址）和动态 IP（接口 IP 地址）两种方式实现地址转换。

在图 7-35 所示的网络中，企业内网使用 172.16.1.0/24 网段，用户路由器 AR1 连接互联网，路由器 AR1 的端口 GE 0/0/1 的地址为公网 IP 地址 12.1.1.1，还有一个公网 IP 地址是 12.1.1.2。

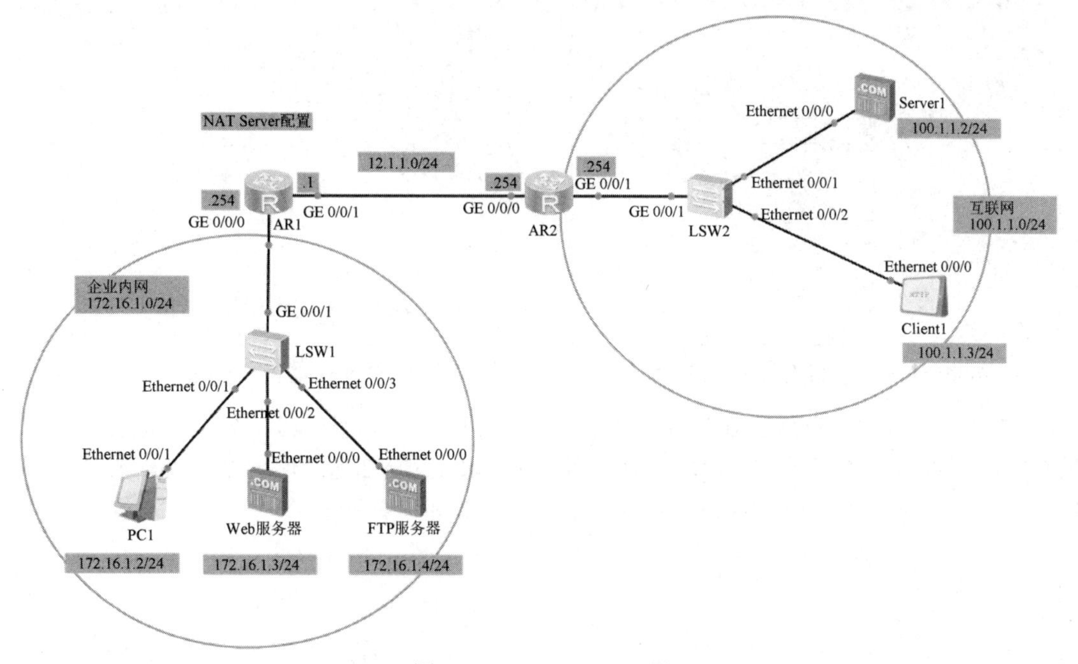

图 7-35　NAT Server 配置

现要求在路由器 AR1 上定义 NAT Server，实现以下功能：

（1）互联网上的用户可以正常访问企业内网中的 Web 服务器。

（2）该公司员工下班回家后，可以用远程连接企业内网的 FTP 服务器。

在 eNSP 模拟器中部署拓扑，路由器型号为 AR1220。

操作步骤：

（1）在路由器 AR1 上部署 Easy-IP，保证内部网络可以访问外部网络。

```
[AR1]acl 2000
[AR1-acl-basic-2000]rule 5 permit source 172.16.1.0 0.0.0.255
[AR1-acl-basic-2000]rule 10 deny
[AR1-acl-basic-2000]quit
[AR1]interface GigabitEthernet 0/0/1
[AR1-GigabitEthernet0/0/1]nat outbound 2000
```

（2）允许互联网终端访问企业内网中的 Web 服务器的 HTTP 功能。

```
[AR1-GigabitEthernet0/0/1] nat server protocol tcp global current-interface www
inside 172.16.1.3 www
Warning:The port 80 is well-known port. If you continue it may cause function
failure.
Are you sure to continue?[Y/N]:y
```

（3）允许互联网终端访问企业内网中的 FTP 服务器的 FTP 功能。

```
[AR1-GigabitEthernet0/0/1] nat server protocol tcp global 12.1.1.2 ftp inside 172.16.1.4 ftp
```

（4）测试。

① 验证互联网上的用户是否可以正常访问企业内网中的 Web 服务器的 HTTP 功能。在 Web 服务器上启动 HTTP 服务，如图 7-36 所示。在“Clinet1”客户端的“地址”文本框中输入“http://12.1.1.1”，并获取网内 Web 服务器上的 HTTP 服务，如图 7-37 所示。

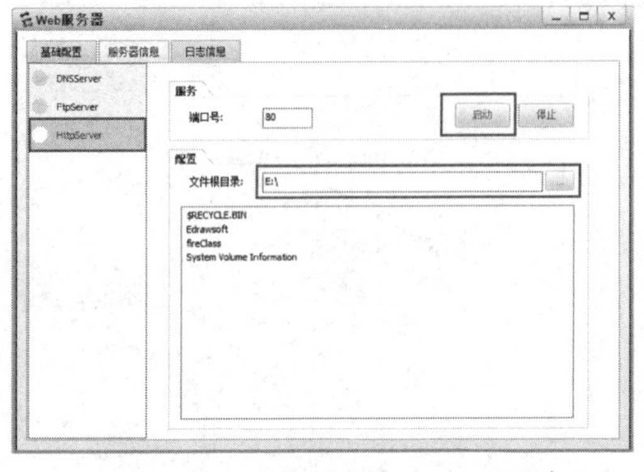

图 7-36　Web 服务器上启动 HTTP 服务

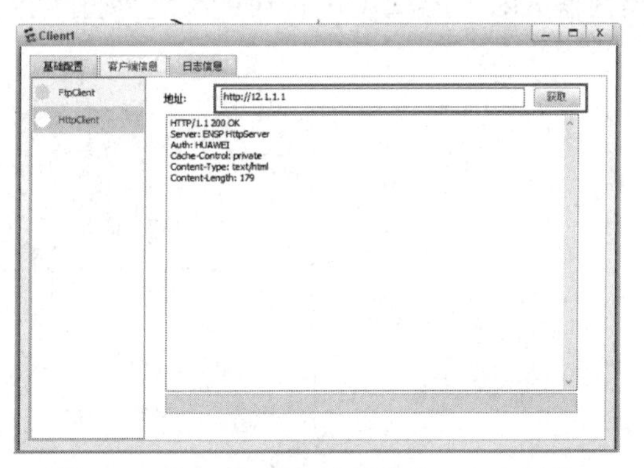

图 7-37　Clinet1 的客户端获取 HTTP 服务

② 验证互联网用户是否可以用远程连接企业内网的 FTP 服务器。在 FTP 服务器上启动 FTP 服务，如图 7-38 所示。在“Clinet1”客户端通过 12.1.1.2 这个服务器地址登录 FTP 服务器，并获取企业内网中 FTP 服务器上的文件内容，如图 7-39 所示。

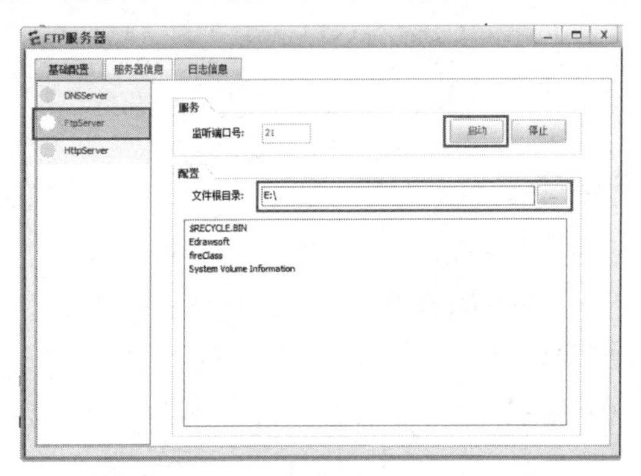

图 7-38　FTP 服务器上启动 FTP 服务

图 7-39　Clinet1 的客户端获取 FTP 服务

任务评价

1．自我评价

☐ 说出 NAT 产生的背景。

☐ 正确描述 NAT 的工作原理和工作过程。

☐ 归纳 NAT 的类型。

☐ 能熟练进行 NAT 配置。

☐ 能运用 NAT 解决实际问题。

2．教师评价

☐ 优　☐ 良　☐ 合格　☐ 不合格

项目实施：安全有效接入互联网

实施条件

为了能够在eNSP模拟器中模拟该项目，需要完成以下准备：

（1）学生4人为一组，分别任项目组长、设备工程师、配置工程师、测试工程师职位。

（2）AR1220路由器3台，S5700交换机2台，S3700交换机1台，服务器2台，客户端1台，PC 5台。

（3）配置线缆若干。

实施步骤

1. 部署网络拓扑

按照图7-40连接硬件，路由器AR1需要增加4GEW-T接口卡。

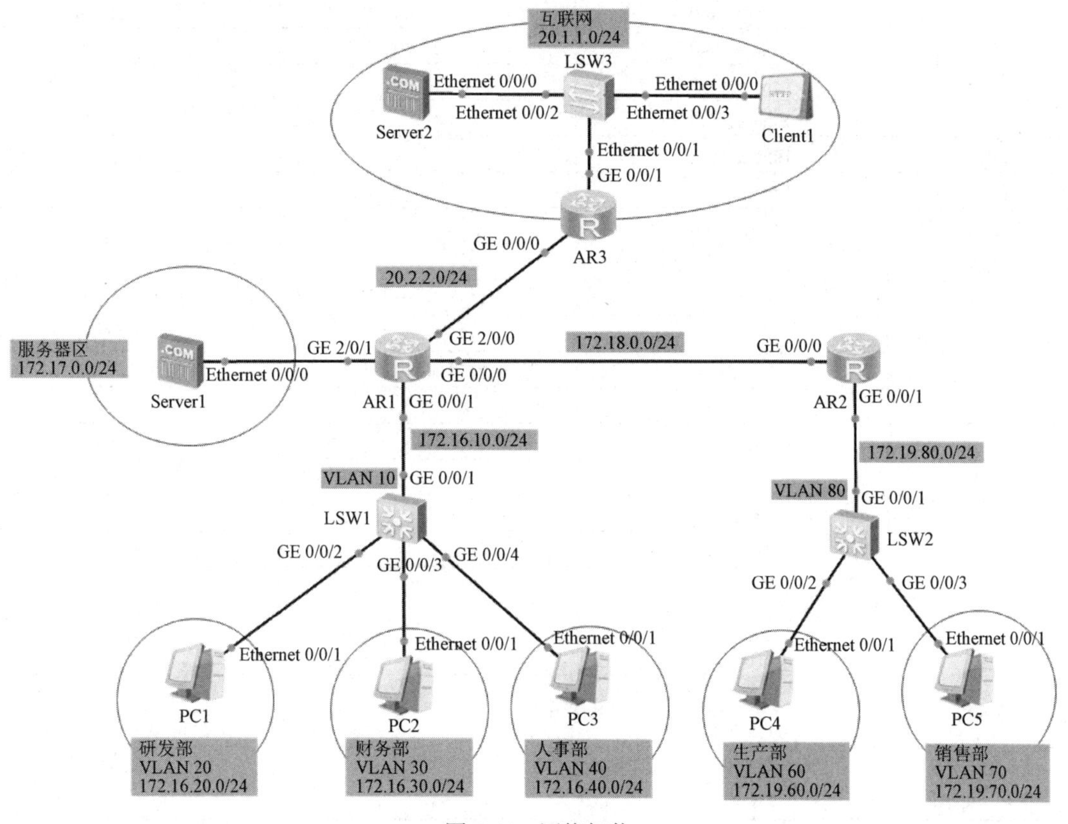

图7-40　网络拓扑

2. 数据规划

（1）VLAN及端口分配。

根据项目方案的要求，各子网对应的VLAN及VLAN的端口分配如表7-2所示。

表 7-2　VLAN 及端口分配表

设备节点	子网名称	VLAN 号	对应端口
LSW1	与 AR1 互联子网	VLAN 10	GE 0/0/1
	研发部	VLAN 20	GE 0/0/2
	财务部	VLAN 30	GE 0/0/3
	人事部	VLAN 40	GE 0/0/4
LSW2	生产部	VLAN 60	GE 0/0/2
	销售部	VLAN 70	GE 0/0/3
	与 AR2 互联子网	VLAN 80	GE 0/0/1

（2）接口 IP 地址分配。

根据项目方案的要求和网络拓扑中的地址规划，请为各三层设备和终端的接口分配 IP 地址，并填写到表 7-3 中。

表 7-3　三层设备和终端的接口 IP 地址分配表

设备节点	接口名称	IP 地址	子网掩码
PC1	Ethernet 0/0/1	172.16.20.2	255.255.255.0
PC2	Ethernet 0/0/1	172.16.30.2	255.255.255.0
PC3	Ethernet 0/0/1		
PC4	Ethernet 0/0/1		
PC5	Ethernet 0/0/1		
Server1	Ethernet 0/0/0		
Server2	Ethernet 0/0/0		
Client1	Ethernet 0/0/0		
LSW1	VLAN 10	172.16.10.1	255.255.255.0
	VLAN 20	172.16.20.1	255.255.255.0
	VLAN 30	172.16.30.1	255.255.255.0
	VLAN 40		
LSW2	VLAN 60		
	VLAN 70		
	VLAN 80		
AR1	GE 0/0/0		
	GE 0/0/1		
	GE 2/0/0		
	GE 2/0/1		
AR2	GE 0/0/0		
	GE 0/0/1		
AR3	GE 0/0/0		
	GE 0/0/1		

3．设备配置

（1）交换机 LSW1 接口 IP 地址与路由配置。

```
<Huawei>undo terminal monitor        --关闭终端监控
<Huawei>system-view
[Huawei]sysname LSW1                --将交换机命名为 LSW1
[LSW1]vlan batch 10 20 30 40         --批量创建 VLAN
```

```
[LSW1]int g0/0/1
[LSW1-GigabitEthernet0/0/1]port link access
[LSW1-GigabitEthernet0/0/1]port default vlan 10
--将接口 GE0/0/1 划分到 VLAN10
[LSW1-GigabitEthernet0/0/1]________________
[LSW1-GigabitEthernet0/0/2]________________
[LSW1-GigabitEthernet0/0/2]________________    --将接口 GE0/0/2 划分到 VLAN20
[LSW1-GigabitEthernet0/0/2]________________
[LSW1-GigabitEthernet0/0/3]________________
[LSW1-GigabitEthernet0/0/3]________________    --将接口 GE0/0/3 划分到 VLAN30
[LSW1-GigabitEthernet0/0/3]________________
[LSW1-GigabitEthernet0/0/4]________________
[LSW1-GigabitEthernet0/0/4]________________    --将接口 GE0/0/4 划分到 VLAN40
[LSW1]int vlan 10
[LSW1-Vlanif10]ip address 172.16.10.1 24 --VLAN10 接口配置 IP 地址
[LSW1-Vlanif10]int vlan 20
[LSW1-Vlanif20]ip address 172.16.20.1 24 --VLAN10 接口配置 IP 地址
[LSW1-Vlanif20]int vlan 30
[LSW1-Vlanif30]______________________ --VLAN30 接口配置 IP 地址
[LSW1-Vlanif30]int vlan 40
[LSW1-Vlanif40]______________________--VLAN40 接口配置 IP 地址
[LSW1-Vlanif40]quit
[LSW1]______________________________ --配置一条默认路由
```

（2）交换机 LSW2 的接口 IP 地址与路由配置。

```
<Huawei>undo terminal monitor
<Huawei>system-view
[Huawei]sysname LSW2
[LSW2]______________              --批量创建 VLAN
[LSW2]int g0/0/1
[LSW2-GigabitEthernet0/0/1]__________________
[LSW2-GigabitEthernet0/0/1]__________________--将接口 GE0/0/1 划分到 VLAN80
[LSW2-GigabitEthernet0/0/1]int g0/0/2
[LSW2-GigabitEthernet0/0/2]__________________
[LSW2-GigabitEthernet0/0/2]__________________--将接口 GE0/0/2 划分到 VLAN60
[LSW2-GigabitEthernet0/0/2]int g0/0/3
[LSW2-GigabitEthernet0/0/3]_________________
[LSW2-GigabitEthernet0/0/3]_________________--将接口 GE0/0/3 划分到 VLAN70
[LSW2-GigabitEthernet0/0/3]quit
[LSW2]int vlan 60
[LSW2-Vlanif60]____________________ --VLAN60 接口配置 IP 地址
[LSW2-Vlanif60]int vlan 70
[LSW2-Vlanif70]____________________ --VLAN70 接口配置 IP 地址
[LSW2-Vlanif70]int vlan 80
[LSW2-Vlanif80]____________________ --VLAN80 接口配置 IP 地址
[LSW2-Vlanif80]quit
[LSW2]____________________________ --配置一条默认路由
```

（3）路由器 AR1 接口 IP 地址和路由配置。

```
<Huawei>undo terminal monitor
```

```
<Huawei>sy
[Huawei]sy AR1
[AR1]int g0/0/0
[AR1-GigabitEthernet0/0/0]____________--接口 GE0/0/0 配置 IP 地址
[AR1-GigabitEthernet0/0/0]int g0/0/1
[AR1-GigabitEthernet0/0/1]____________--接口 GE0/0/1 配置 IP 地址
[AR1-GigabitEthernet0/0/1]int g2/0/0
[AR1-GigabitEthernet2/0/0]____________--接口 GE2/0/0 配置 IP 地址
[AR1-GigabitEthernet2/0/0]int g2/0/1
[AR1-GigabitEthernet2/0/1]____________--接口 GE2/0/1 配置 IP 地址
[AR1-GigabitEthernet2/0/1]quit
[AR1]ip route-static 172.16.0.0 16 172.16.10.1
[AR1]ip route-static 172.19.0.0 16 172.18.0.2
[AR1]____________________________ --路由器 AR1 的静态路由设置
```

（4）路由器 AR2 接口 IP 地址和路由配置。

```
<Huawei>undo terminal monitor
<Huawei>sy
[Huawei]sy AR2
[AR2]int g0/0/0
[AR2-GigabitEthernet0/0/0]____________--接口 GE0/0/0 配置 IP 地址
[AR2-GigabitEthernet0/0/0]int g0/0/1
[AR2-GigabitEthernet0/0/1]______________--接口 GE0/0/1 配置 IP 地址
[AR2-GigabitEthernet0/0/1]quit
[AR2]____________________________ --路由器 AR2 的静态路由设置
[AR2]____________________________
```

（5）路由器 AR3 接口 IP 地址配置。

```
<Huawei>undo terminal monitor
<Huawei>sy
[Huawei]sy AR3
[AR3]int g0/0/0
[AR3-GigabitEthernet0/0/0]____________--接口 GE0/0/0 配置 IP 地址
[AR3-GigabitEthernet0/0/0]int g0/0/1
[AR3-GigabitEthernet0/0/1]____________--接口 GE0/0/1 配置 IP 地址
[AR3-GigabitEthernet0/0/1]q
```

接下来会配置 ACL 和 NAT，所以互联网路由器 AR3 上不需要配置路由。

（6）路由器 AR1 的 ACL 设置。

```
[AR1]time-range working-time 08:00 to 17:00 working-day
[AR1]ACL 2000
[AR1-acl-basic-2000]rule 5 deny source 172.16.30.0 0.0.0.255
--拒绝财务部网段访问互联网终端
[AR1-acl-basic-2000]______________________________
--允许生产部的 PC4 和销售部的 PC5 在工作时间可以 ping 通互联网终端
[AR1-acl-basic-2000]rule 15 permit source 172.16.20.0 0.0.0.255
[AR1-acl-basic-2000]rule 20 permit source 172.16.40.0 0.0.0.255
[AR1-acl-basic-2000]rule 25 permit source 172.17.0.0 0.0.0.255
[AR1-acl-basic-2000]rule 30 deny
[AR1-acl-basic-2000]quit
```

（7）路由器 AR1 的 NAT 设置。

```
[AR1]int g2/0/0
```

```
[AR1-GigabitEthernet2/0/0] nat outbound 2000
[AR1-GigabitEthernet2/0/0]________________________________
--配置NAT Server，允许互联网中的Clinet1可以访问企业内网中的服务器Server1的HTTP网页
```

（8）测试。

完成以上配置后，财务部PC2不能ping通访问互联网终端，生产部的PC4和销售部的PC5在工作时间可以ping通互联网终端，其他终端可以随时ping通互联网终端，互联网中的Clinet1可以访问企业内网中的服务器的HTTP网页。

拓展阅读：筑牢网络安全防线，维护国家安全

党的二十大报告指出“推进国家安全体系和能力现代化，坚决维护国家安全和社会稳定。国家安全是民族复兴的根基，社会稳定是国家强盛的前提。必须坚定不移贯彻总体国家安全观，把维护国家安全贯穿党和国家工作各方面全过程，确保国家安全和社会稳定。”“强化国家安全工作协调机制，完善国家安全法治体系、战略体系、政策体系、风险监测预警体系、国家应急管理体系，完善重点领域安全保障体系和重要专项协调指挥体系，强化经济、重大基础设施、金融、网络、数据、生物、资源、核、太空、海洋等安全保障体系建设”。这些重要论断深刻阐明了新时代国家安全体系的目标任务等重大问题，提出了推进国家安全体系和能力现代化的工作举措，赋予了信息通信业在维护国家安全中的重要使命。

当今世界百年未有之大变局正在加速演进，我国国家安全内涵和外延比历史上任何时候都要丰富，时空领域比历史上任何时候都要宽广，内外因素比历史上任何时候都要复杂。传统安全与网络安全交织，网络空间对抗已成为大国博弈的常态化手段，筑牢网络安全防线已成为维护国家安全和社会稳定的关键。

要进一步增强网络安全意识，坚持以人民安全为宗旨。随着全球经济社会数字化进程的加速，数据活动的全方位融合在催生新机遇的同时，带来了更多的安全风险，网络安全新挑战层出不穷，风险威胁不断加剧，网络安全威胁给现实世界造成的影响范围之广、损失之大前所未有。全行业必须深刻认识到当前网络安全的严峻形势和新时期面临的新挑战、新任务，将网络安全视为发展之根基、稳定之前提、强盛之保障。

人民安全是安全工作的出发点和落脚点。当前，滥用个人信息、数据泄露、电信网络诈骗等问题严重影响了人民群众的财产安全和切身利益。党的二十大报告提出“加强个人信息保护”，对此，要持续整治危及用户安全的问题，压实网络安全责任，规范个人信息的收集和使用，纵深推进防范治理电信网络诈骗，切实维护人民群众的利益。

要加快健全网络安全体系，建立高效立体的安全防护体系。当前，数据已成为事关国家主权、安全和发展利益的基础性战略资源，要规范数据安全管理体系，研究制定数据安全重点标准，开展工业领域数据安全管理试点等。

与此同时，要完善立法体系，在完善网络空间治理、加强网络安全管理、打击网络犯罪等方面不断加快立法进程；要完善政策体系，对于人工智能、车联网、工业互联网等新兴领域，要建设安全创新体系，从供给侧夯实数据安全技术和产品基础；要完善风险监测预警体系，强化网络产品安全漏洞管理，完善漏洞闭环管理机制和漏洞库体系。

要全方位提升网络安全防护能力，织就一张广覆盖、立体化的防护网。关键基础设施向数字化、智能化方向发展，让网络安全向现实世界各领域加速渗透；云计算、大数据、人工智

能等新技术伴生新风险，给安全防护提出更高的要求。网络安全防护说到底是一场攻防对抗战，全面提升网络安全防护能力是筑牢网络安全防线的关键。

要加强技术创新，用区块链、隐私计算等技术，破解数据安全与数据流通难题。要强化网络风险预警、态势感知、应急处置等能力，搭建一个全方位、立体化的防护网络，实现“看得见威胁”“打得赢攻击”的目标。要加强全链条、多领域的网络安全防护，在工业互联网领域，丰富技术监测手段，形成覆盖全生命周期的安全保障能力；在车联网领域，突破加密认证、网联汽车安全检测等关键技术。

新征程赋予新使命，新安全保障新发展。新时代新征程，信息通信业要继续践行“网络安全为人民”的使命，建立高效立体的网络安全防护体系，推进国家安全体系和能力现代化，全方位提升网络安全能力，为全面建成社会主义现代化强国保驾护航。

读后思考：

1．为什么说筑牢网络安全防线已成为维护国家安全和社会稳定的关键？

2．党的二十大报告对网络安全提出什么要求？

3．筑牢网络安全防线的关键是什么？

课后练习

1．路由信息中不包含（　　）。

A．源地址　　B．下一跳地址

C．目标网络地址　　D．路由权值

2．下列配置默认路由的命令中，正确的是（　　）。

A．[Huawei] ip route-static 0.0.0.0 0.0.0.0 192.168.1.1

B．[Huawei] ip route-static 0.0.0.0 255.255.255.255 192.168.1.1

C．[Huawei] Serial0]ip route-static 0.0.0.0 0.0.0.0 0.0.0.0

D．[Huawei] ip route-static 0.0.0.0 0.0.0.0 0.0.0.0

3．下面关于静态与动态路由描述错误的是（　　）。

A．静态路由在企业中应用时配置简单，管理方便

B．管理员在企业网络中部署动态路由协议后，后期维护和扩展能够更加方便

C．链路产生故障后，静态路由能够自动完成网络收敛

D．动态路由协议比静态路由要占用更多的系统资源

4．下列关于华为设备中静态路由的优先级说法错误的是（　　）。

A．静态路由器优先级值的范围为 0～255

B．静态路由器优先级的默认值为 60

C．静态路由的优先级分为内部优先级和外部优先级，管理员可以修改外部优先级

D．静态路由的优先级值为 255 表示该路由不可用

5．华为路由器静态路由的配置命令为（　　）。

A．ip route-static　　B．ip route static

C．route-static ip　　D．route static ip

6. 已知某台路由器的路由表中有如下两个表项，如果该路由器要转发目的地址为 9.1.4.5 的数据包，则下列说法正确的是（　　）。

Destination/Mask	Protocol	Pre	Cost	Nexthop	Interface
9.0.0.0/8	OSPF	10	50	1.1.1.1	Serial0
9.1.0.0/16	RIP	100	5	2.2.2.2	Ethernet0

A．选择第一项作为最优匹配项，因为 OSPF 的优先级较高
B．选择第二项作为最优匹配项，因为 RIP 的代价值较小
C．选择第二项作为最优匹配项，因为出接口是 Ethernet0，比 Serial0 速度快
D．选择第二项作为最优匹配项，因为该路由项对于目的地址 9.1.4.5 来说，匹配得更精确

7．当路由表中有多条目的地址相同的路由信息时，路由器选择（　　）的一项作为匹配项。

A．组播聚合　　B．路径最短
C．掩码最长　　D．条数最少

8．关于静态路由优先级说法错误的有（　　）。

A．在配置到达同一目的地的多条静态路由时，若指定相同优先级，则可实现负载分担
B．VRP 操作系统中静态路由优先级的默认值为 10
C．在配置到达同一目的地的多条静态路由时，若指定不同的优先级，则可实现路由备份
D．VRP 操作系统中静态路由的开销值为零

9．下面哪项参数不能用于高级 ACL？（　　）

A．物理接口　　B．目的端口号
C．协议号　　D．时间范围

10．在路由器 RTA 上完成如下 ACL 配置，则下面描述正确的是（　　）。

```
[RTA] acl 2001
[RTA-acl-basic-2001] rule 20 permit source 20.1.1.0 0.0.0.255
[RTA-acl-basic-2001] rule 10 deny source 20.1.1.0 0.0.0.255
```

A．VRP 操作系统将会自动按配置先后顺序调整第一条规则的顺序编号为 5
B．VRP 操作系统不会调整顺序编号，但是会先匹配第一条配置的规则 permit source 20.1.1.0　0.0.0.255
C．配置错误，规则的顺序编号必须从小到大配置
D．VRP 操作系统将会按顺序编号先匹配第二条规则 deny source 20.1.1.0 0.0.0.255

11．如图 7-41 所示，私有网络中有一台 Web 服务器需要向公网用户提供 HTTP 服务，因此网络管理员需要在网关路由器 RTA 上配置 NAT 以实现需求，则下面配置中能满足需求的是（　　）。

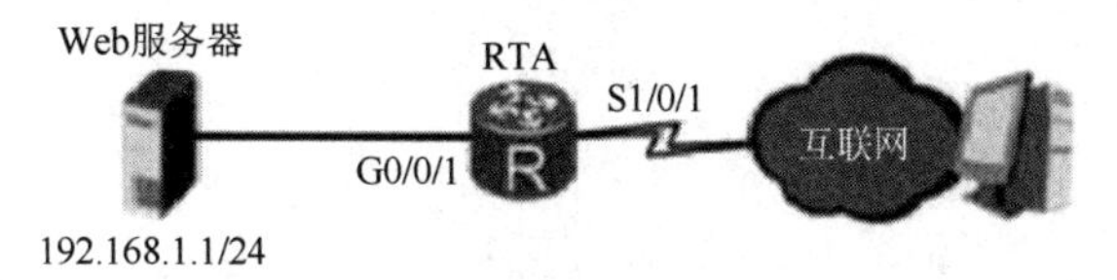

图 7-41　NAT 配置案例 1

A．[RTA-Serial 1/0/1]nat server protocol tcp global 202.10.10.1 www inside 192.168.1.1 8080
B．[RTA-Serial 1/0/1]nat server protocol tcp global 192.168.1.1 www inside 192.10.10.1 8080
C．[RTA-Gigabitethernet 0/0/1]nat server protocol tcp global 202.10.10.1 www inside 192.168.1.1 8080

D. [RTA-Gigabitethernet 0/0/1]nat server protocol tcp global 192.168.1.1 www inside 202.10.10.1 8080

12．如图 7-42 所示，为了使主机 A 能主动访问公网，且公网用户也能主动访问主机 A，则此时在路由器上应该配置哪种 NAT 转换模式？（　　）

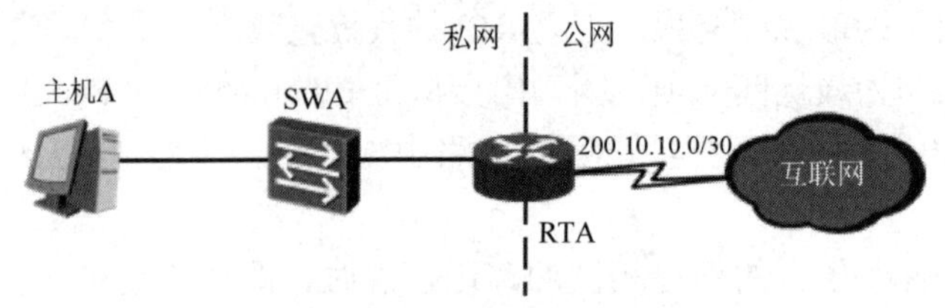

图 7-42　NAT 配置案例 2

A．静态 NAT　　B．动态 NAT

C．Easy-IP　　D．NAPT

13．一台 AR2220 路由器上采用了如下的 ACL 配置来过滤数据包，则下列描述正确的是（　　）。

```
[RTA]acl 2001
[RTA-acl-basic-2001]rule permit source 10.0.1.0 0.0.0.255
[RTA-acl-basic-2001]rule deny source 10.0.1.0 0.0.0.255
```

A．10.0.1.0/24 网段的数据包将被拒绝

B．10.0.1.0/24 网段的数据包将被允许

C．该 ACL 配置有误

D．以上选项都不正确

14．一个公司网络中有 50 个私有地址，管理员使用 NAT 技术接入公网，且该公司仅有一个公网 IP 地址可用，若采用如下 NAT 转换，则下列说法正确的是（　　）。

```
[RTA]acl 2001
[RTA-acl-basic-2001]rule permit source 10.0.1.0 0.0.0.255
[RTA-acl-basic-2001]rule deny source 10.0.1.0 0.0.0.255
```

A．10.0.1.0/24 网段的数据包将被拒绝

B．10.0.1.0/24 网段的数据包将被允许

C．该 ACL 配置有误

D．以上选项都不正确

项目 8

与分公司互联互通

当企业发展到一定规模后，为了继续壮大其业务范围，经常需要在不同地区开设分支机构，如分公司、办事处等，网络结构变得更加庞大和复杂。面对网络互联互通的需求，若采用静态路由方案，在网络状态发生变化时，必须由网络管理员手动进行修改，工作效率较低。为了适应大型、动态的变化环境，需采用动态路由机制。OSPF 是链路状态动态路由协议的典型代表，目前被广泛应用于运营商城域网、园区网、党政信息网和大型企事业单位网。异地网络之间互联经常采用广域网链路，PPP 连接是电信运营商为用户提供的专用连接通信通道。

项目描述

某工业互联网企业有总公司和分公司两个区域，总公司的核心层设计为冗余架构，企业网终端连接人事部、财务部、研发部、维护部、生产部、测试部，其网络拓扑如图 8-1 所示，网络功能需要满足以下需求：

（1）各部门单独划分子网。

（2）三层设备上配置 OSPF 动态路由实现网络互联。

（3）总公司和分公司通过广域网专线互联，为了安全，分公司路由器作为被认证方，总公司路由器作为认证方，采用 PPP 的挑战握手身份认证协议（CHAP）认证。

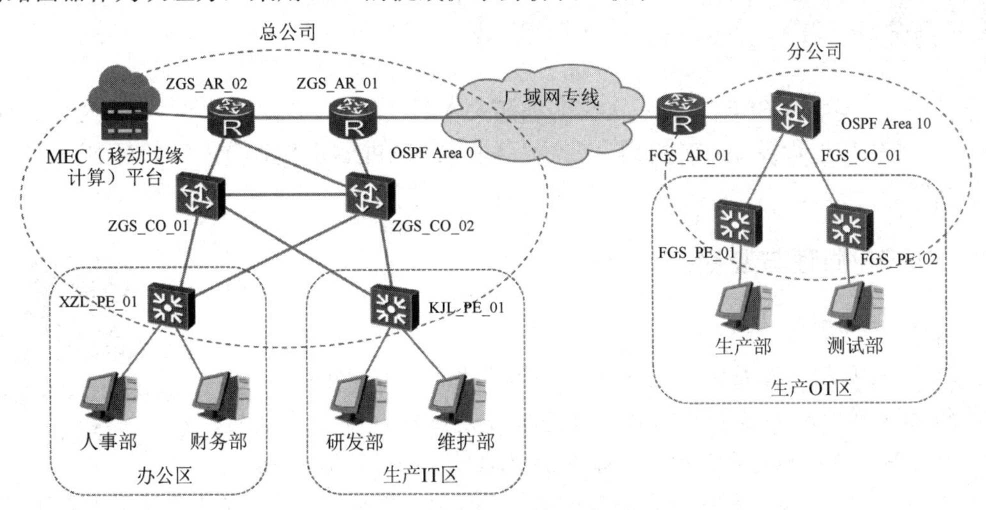

图 8-1　某工业互联网企业网络拓扑

项目 8 任务分解如图 8-2 所示。

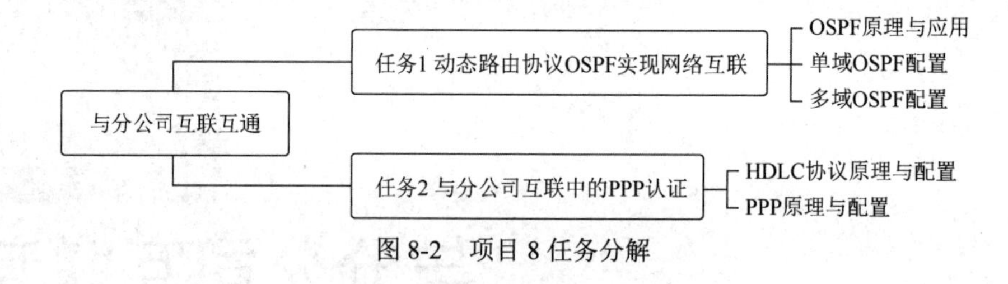

图 8-2 项目 8 任务分解

任务 1 动态路由协议 OSPF 实现网络互联

任务目标

知识目标：

- 描述 OSPF 的基本术语。
- 描述 DR、BDR、Router ID 的作用和选取原则。
- 归纳链路状态路由协议的工作过程。
- 描述 OSPF 区域划分的作用。

技能目标：

- 能配置 OSPF 实现网络互联。
- 能合理地进行 OSPF 区域划分。
- 能灵活应用 OSPF 解决实际问题。

素养目标：

- 具备创新思维意识。
- 具备严谨细致、精益求精的网络工匠精神。

任务分析

本任务通过学习 OSPF 的定义、OSPF 的相关术语及特点、OSPF 的网络类型及区域划分、OSPF 报文及工作过程及 OSPF 规划，带领大家配置 OSPF、合理划分 OSPF 网络区域，实现网络的互联。

8.1.1 OSPF 原理与应用

视频：OSPF 及其配置

1. OSPF 的定义

OSPF 用于单一自治系统（AS）内的决策路由。在 IP 网络中，它通过收集和传递自治系统的链路状态动态地发现最短路径并传播路由。当前 OSPF 使用的是第二版，最新的协议编号（RFC）是 2328。

最短路径是指出发点和终点之间长度最短的路径。图 8-3 所示为最短路径优先算法（SPF）示意图，定义 1 为出发点，5 为终点。从 1 到 5 的路径有三条，分别是 1→2→5；1→3→2→5；1→4→5。

显然这三条路径所经过的边权和不一样，路径 1→2→5 边权和为 15，而路径 1→3→2→5 边权和为 10，路径 1→4→5 边权和为 11。因此，1→3→2→5 这条路径最短，即 1→3→2→

5 是该例的最短路径。

在 OSPF 网络中，路由器位置类似于图 8-3 的节点处，并由路由器负责计算到各个网段开销最小的路径，即最短路径。

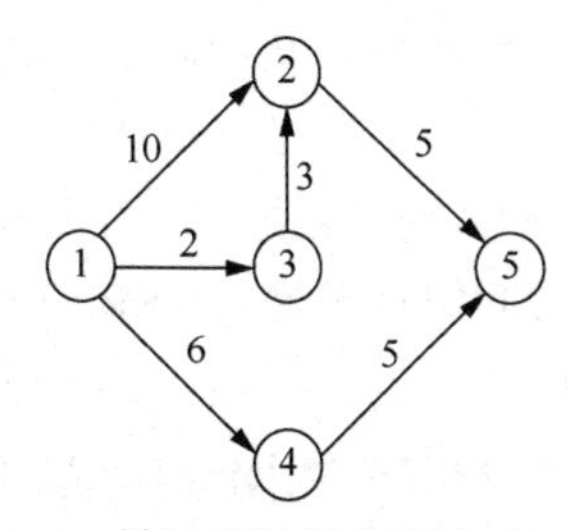

图 8-3　最短路径优先算法（SPF）示意图

2．OSPF 的相关术语及特点

1）OSPF 的相关术语

（1）自治系统：自治系统是指使用同一种路由协议交换路由信息的一组路由器。

（2）Router（路由器）ID：OSPF 使用一个被称为 Router ID 的 32 位无符号整数来唯一标识一台路由器。基于这个目的，每一台运行 OSPF 的路由器都需要一个 Router ID。一般建议手动配置 Router ID。如果没有配置 Router ID，路由器会选择最大的 Loopback 地址作为 Router ID，如果没有配置 Loopback 地址，那么路由器会在 OPSF 接口地址中选择最大的 IP 地址作为 Router ID。

（3）指定路由器（DR）和备份指定路由器（BDR）：为减小多路访问网络中 OSPF 的流量，OSPF 会选择一个 DR 和一个 BDR。同一广播域内的路由器都与 DR 通告链路状态公告（LSA），并由 DR 进行中转通告给广播域内的其他路由器；当多路访问网络发生变化时，DR 负责更新其他所有 OSPF 路由器。BDR 会监控 DR 的状态，并在当前 DR 发生故障时接替其角色。

（4）邻居（Neighbors）关系：在 OSPF 网络中，路由器在发送任何链路状态信息之前，必须建立起正确的 OSPF 邻居关系。OSPF 路由器使用 Hello 报文来建立邻居关系。OSPF 路由器会检查所收到的 Hello 报文中的各种参数，如 Router ID、Area ID（区域 ID）、认证信息、网络掩码、Hello 报文时间间隔等。如果这些参数和接收接口上配置的对应参数都保持一致，邻居关系就建立起来了，否则就无法建立起邻居关系。

（5）邻接（Adjacency）关系：OSPF 路由器的邻居关系建立完成后，下一步就是建立邻接关系。并不是所有的 OSPF 邻居关系之间都可以建立邻接关系，这取决于 OSPF 邻居关系之间的网络类型。例如，在 PPP 网络中，有效的 OSPF 邻居关系都可以进一步形成邻接关系，在广播网络中，会选举 DR 和 BDR，DR 和 BDR 会与所有其他路由器都建立邻接关系，其他路由器之间不会建立邻接关系。

（6）邻居表（Neighbor Database）：邻居表中包括所有建立邻居关系的路由器。

（7）链路状态数据库（Link State DateBase，LSDB）：LSDB 包含了网络中所有路由器的链接状态，它描述了整个网络的详细拓扑结构，同一区域内的所有路由器的链接状态表都是相同的。

2）OSPF 的特点

（1）适应范围广：OSPF 支持各种规模的网络，最多可支持几百台路由器。

（2）最短路径：OSPF 是基于带宽来选择最短路径的。

（3）快速收敛：如果网络的拓扑结构发生变化，OSPF 会立即发送更新报文，使这一变化在自治系统中同步更新。

（4）无自环路由：由于 OSPF 通过收集到的链路状态用最短路径树算法计算路由，故从算法本身保证了不会生成自环路由。

（5）子网掩码：由于 OSPF 在描述路由时携带网段的掩码信息，因此 OSPF 不受自然掩码的限制，对 VLSM 和 CIDR 提供了很好的支持。

（6）区域划分：OSPF 允许自治系统的网络被划分成区域来管理，区域间传送的路由信息被进一步抽象，从而减少了占用网络的带宽。

（7）等值路由：OSPF 支持到同一目的地址的多条等值路由。

（8）支持验证：它支持基于接口的报文验证以保证路由计算的准确性。

（9）组播发送：OSPF 在有组播发送能力的链路层上以组播地址发送协议报文，即达到了广播的目的，又最大限度地减少了对其他网络设备的干扰。

3．OSPF 的网络类型及区域划分

1）OSPF 的网络类型

OSPF 支持的网络类型有 PPP 网络、广播网络、非广播的多路访问（NBMA）网络和点到多点（Point to Multipoint）网络。

（1）PPP 网络。当链路层协议是 PPP 或平衡型链路接入规程（LAPB）时，默认网络类型为 PPP 网络。无须选举 DR 和 BDR，只有两个路由器的接口要形成邻接关系时才使用。

（2）广播网络。当链路层协议是以太网协议、FDDI 协议、令牌环（Token Ring）协议时，默认网络类型为广播网络，以组播的方式发送协议报文。

（3）NBMA 网络。当链路层协议是帧中继协议、ATM 协议、HDLC 协议或 X.25 协议时，默认网络类型为 NBMA。需要手动指定邻居。

（4）点到多点网络。没有一种链路层协议会被默认为点到多点网络。点到多点网络是由其他网络类型强制更改的，常见的做法是将非全连通的 NBMA 改为点到多点网络。多播 Hello 包会自动发现邻居，无须手动指定邻居。

2）OSPF 网络的区域划分

随着网络规模日益扩大，网络中的路由器数量不断增加。当一个巨型网络中的路由器都运行 OSPF 时，就会遇到如图 8-4 所示的问题：

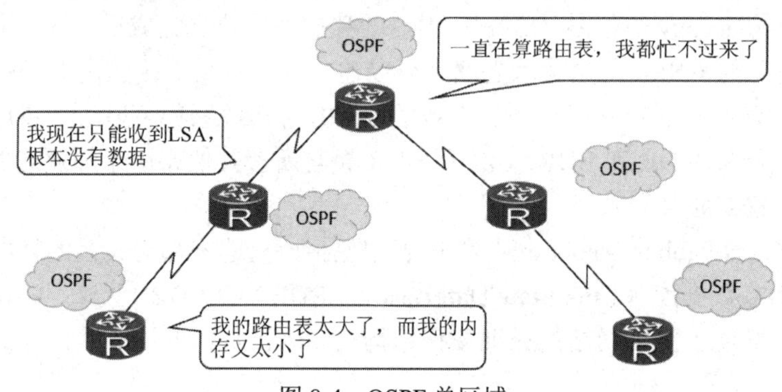

图 8-4　OSPF 单区域

（1）每台路由器都保留着整个网络中其他所有路由器生成的 LSA，这些 LSA 的集合组成 LSDB，路由器数量的增多会导致 LSDB 非常庞大，这会占用大量的存储空间。

（2）庞大的 LSDB 会增加运行最短路径优先算法的复杂度，导致 CPU 负担很重。

（3）由于 LSDB 很大，两台路由器之间达到 LSDB 同步需要很长时间。

（4）网络规模增大后，拓扑结构发生变化的概率也增大，网络会经常处于不稳定状态，为了同步这种变化，网络中会有大量的 OSPF 报文在传递，降低了网络的带宽利用率。更糟糕的是，每一次变化都会导致网络中所有的路由器重新进行路由计算。

为了解决网络规模增大带来的问题，OSPF 提出了区域的概念。它将运行 OSPF 的路由器

分成若干个区域，如图 8-5 所示。每个区域内部的路由器 LSA 及网络 LSA 只在区域内部泛洪。这样，既减小了 LSDB 的大小，又减轻了单个路由器失效对整体网络的影响。当网络拓扑发生变化时，可以大大加快路由收敛速度。OSPF 区域特性增强了网络的可扩展性。

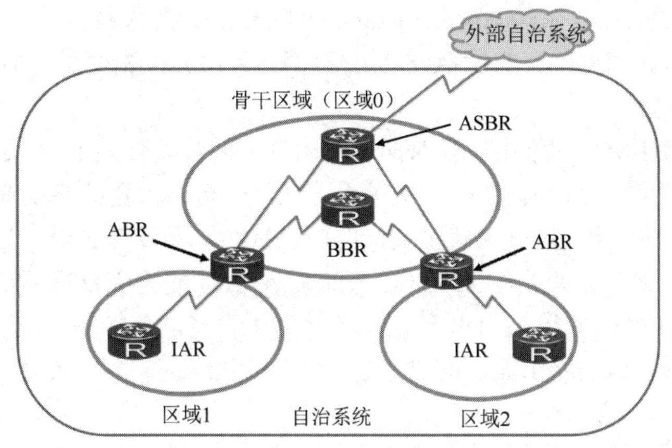

图 8-5　OSPF 多区域

OSPF 区域号可以使用十进制数的格式定义，如区域 0；也可以使用 IP 地址的格式，如区域 0.0.0.0。OSPF 还规定，如果划分了多个区域，那么必须要有一个区域 0，称为骨干区域。所有其他类型区域都需要与骨干区域相连（使用虚链路除外）。

3）OSPF 路由器的类型

（1）内部路由器（Inter Area Router，IAR）：该路由器的所有接口都属于同一个 OSPF 区域。该路由器负责维护本区域内部的 LSDB。

（2）区域边界路由器（Area Border Router，ABR）：该路由器同时属于两个以上的区域（其中必须有一个是骨干区域，也就是区域 0）。该路由器拥有所连接区域的所有 LSDB，并负责在区域之间发送 LSA 更新消息。

（3）骨干路由器（Back Bone Router，BBR）：该路由器属于骨干区域（区域 0）。由 BBR 的定义可知，所有的 ABR 都是 BBR，所有的骨干区域内部的 IAR 也属于 BBR。

（4）自治系统边界路由器（AS Boundary Router，ASBR）：是指该路由器处于自治系统边界，负责和自治系统外部交换路由信息。

4．OSPF 报文及工作过程

1）OSPF 报文

OSPF 主要通过 OSPF 报文来传递链路状态信息、完成数据库的同步。OSPF 报文共有五种类型，分别为 Hello 报文、DBD 报文、LSR 报文、LSU 报文、LSAck 报文。

（1）Hello 报文（Hello Packet）：最常用的一种报文，以 2 秒为周期发送给本路由器的邻居。内容包括 Hello/Dead Intervals、Area ID、Authentication Password、Stub Area Flag 等基础字段，还包括 DR、BDR 及自己已知的邻居 ID 等选举用字段。其中基础字段必须一致，相邻路由器才能建立邻居关系。

（2）DBD 报文（Database Description Packet）：该报文描述自己的 LSDB，包括 LSDB 中每一条 LSA 的摘要，LSA 的摘要是指 LSA 的报头（HEAD），可唯一标识一条 LSA，根据 HEAD，对端路由器就可以判断是否已经有了这条 LSA。DBD 报文用于数据库同步。

（3）LSR 报文（Link State Request Packet）：用于向对方请求自己所需的 LSA。内容包括

所请求的 LSA 的摘要。

（4）LSU 报文（Link State Update Packet）：详细描述路由器的链路状态信息的协议报文，用来向对端路由器发送所需要的 LSA，内容是多条 LSA（全部内容）的集合。

（5）LSAck 报文（Link State Acknowledgment Packet）：用来对接收到的 DBD 报文、LSU 报文进行确认。内容是需要确认的 LSA 的 HEAD（一个 LSAck 报文可对多个 LSA 进行确认）。

2）OSPF 工作过程

在广播网络和 NBMA 网络中，任意两台路由器之间都要传递 LSA 信息。如果网络中有 N 台路由器，则需要建立 $N(N-1)/2$ 个邻接关系。任何一台路由器的路由变化，都需要在网段中进行 $N(N-1)/2$ 次的传递。这既浪费了宝贵的带宽资源，又没有必要。为了解决这个问题，OSPF 指定 DR 来传递信息。所有的路由器只将 LSA 信息发送给 DR，再由 DR 将 LSA 信息发送给本网段内的其他路由器。非 DR 的路由器之间不再建立邻接关系，也不再交换任何 LSA 信息。这样在同一网段内的路由器之间只需建立 N 个邻接关系，每次路由变化只需进行 $2N$ 次传递即可。

一台运行 OSPF 的路由器，最终都会存储三张表：邻居表、拓扑表、路由表。下面以这三张表的产生过程为线索，来分析在这个过程中路由器发生了哪些变化，从而说明 OSPF 的工作过程。

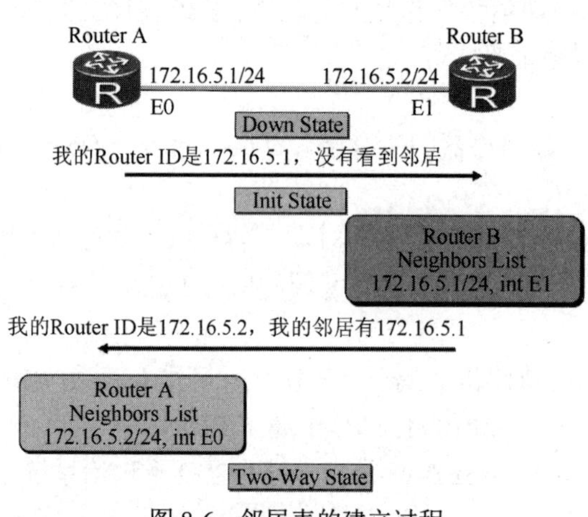

图 8-6 邻居表的建立过程

（1）图 8-6 所示为邻居表的建立过程。

① Router A 新加入 OSPF 区域，处于失效状态（Down State）。

② Router A 向邻居路由器 Router B 发送包含自己 Router ID 的 Hello 报文。

③ Router B 收到 Hello 报文后把 Router A 的 Router ID 添加到自己的邻居表中，这个状态称为初始状态（Init State）。同时，Router B 回应 Hello 报文，Hello 报文中邻居字段内包含所有知道的 Router ID，也包括 Router A 的 Router ID。

④ 当 Router A 收到这些 Hello 报文后，它将其中所有包含自己 Router ID 的路由器都添加到自己的邻居表中，这个状态称为双向状态（Two-Way State）。这时，所有在邻居表中包含彼此的路由器就建立起了双向通信。

⑤ 若是广播网络或 NBMA 网络，优先级（Priority）大于 0 的 OSPF 路由器首先认定自己是 DR 并把优先级、Router ID 等信息写入 Hello 报文中，发送给网段上的每台路由器。收到该 Hello 报文的路由器会根据优先级最大的原则重新选举 DR，若两台路由器的优先级相同，则 Router ID 最大的路由器当选 DR。BDR 的选举过程与此类似。

整个过程结束后，路由器内部建立了一张邻居表，路由器间会形成邻接关系，若是广播网络或 NBMA 网络，则需在本网段选举出 DR 和 BDR。BDR 是 DR 的一个备份，若 DR 失效后，BDR 会立即成为 DR。

（2）拓扑表又称 LSDB，图 8-7 所示为拓扑表的建立过程。

① 一旦选举出了 DR 和 BDR，路由器就被认为进入准启动状态（Exstart State），并准备好自己的 LSDB。各路由器与它邻接的 DR 和 BDR 之间建立一个主从关系，DR 或 BDR 称为

主路由器。

② 主从路由器间交换一个或多个DBD报文，这时，路由器处于交换状态（Exchange State）。

③ 当路由器收到DBD报文后，首先检查DBD报文中LSA的HEAD，路由器将收到的信息和自己拥有的信息做比较。若检测到更新的LSA，则会向拥有信息的路由器发送LSR报文。发送LSR报文的过程称为加载状态（Loading State）。

④ 另一台路由器将使用LSU报文回应请求，并在其中包含所请求条目的完整信息。当路由器收到一个LSU报文时，它将再一次发送LSAck报文回应。

⑤ 路由器添加新的链路状态条目到它的LSDB中。当给定路由器的所有LSR报文都得到了满意的答复时，邻接的路由器就被认为达到了同步并进入完全状态（Full State）。拓扑表建立完成。

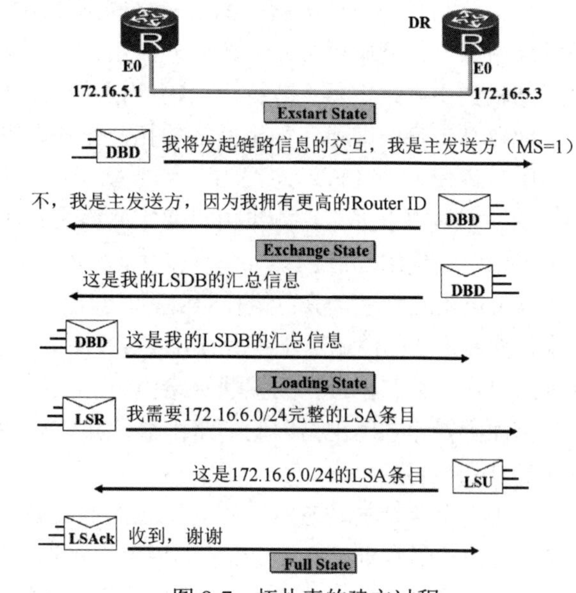

图8-7 拓扑表的建立过程

（3）路由表的建立过程：当拓扑表建立后，每台路由器可以计算出每一条链路的开销，如图8-8（a）所示。同时，在每台路由器中都会存在如图8-8（b）所示的完整的LSDB。根据LSDB，可以生成如图8-8（c）所示的带权有向图。接下来每台路由器以自己为根节点，使用最短路径优先算法计算出一棵最短路径树，如图8-8（d）所示。最后，路由器根据计算出来的最短路径树，生成路由表。例如，图8-8（e）所示为A节点路由器生成的路由表。

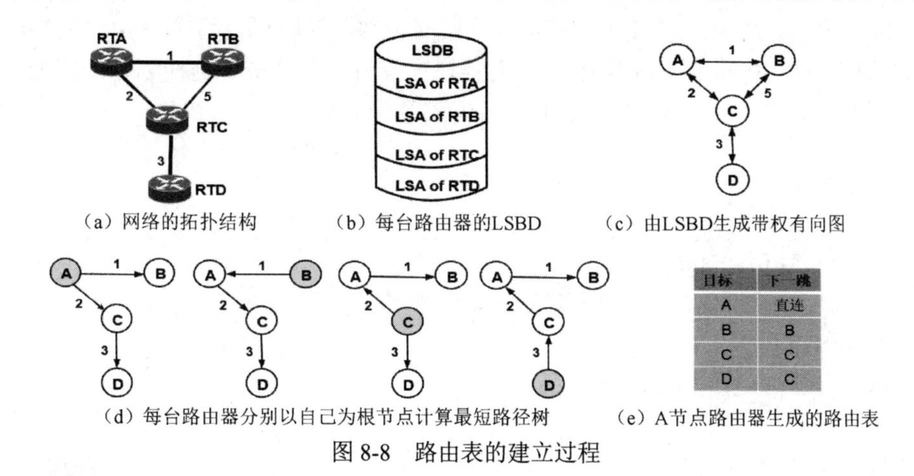

目标	下一跳
A	直连
B	B
C	C
D	C

（a）网络的拓扑结构 （b）每台路由器的LSBD （c）由LSBD生成带权有向图

（d）每台路由器分别以自己为根节点计算最短路径树 （e）A节点路由器生成的路由表

图8-8 路由表的建立过程

5. OSPF规划

1）需求分析

OSPF规划的首要步骤是进行需求分析，判断一个网络是否需要运行OSPF需要考虑网络规模、网络拓扑结构、网络需求及路由器特性等因素。

（1）网络规模因素：如果一个网络中的路由器少于5台，那么可以考虑配置静态路由，而一个10台左右路由器规模的网络运行RIP即可满足需求。如果路由器更多的话就应该运行

OSPF。但是如果这个网络属于不同的自治系统还需要同时运行 BGP。

（2）网络拓扑结构因素：如果网络的拓扑结构是树形结构或星形结构（这种结构的特点是网络中大部分路由器只有一个向外的出口），可以考虑使用默认路由+静态路由的方式。在星形结构的中心路由器上或树形结构的根节点路由器上配置大量的静态路由，而在其他路由器上配置默认路由即可。如果网络的拓扑结构是网状结构并且任意两台路由器都有互通的需求，则应该使用 OSPF 动态路由。

（3）网络需求因素：如果用户要求网络变化时路由具备快速收敛性，路由协议占用网络带宽低，可以使用 OSPF。

（4）路由器特性因素：运行 OSPF 时对路由器 CPU 的处理能力及内存的大小都有一定的要求，性能很低的路由器不推荐使用 OSPF。但一个 OSPF 网络是由各种路由器组成的。通常的做法是在低端路由器上配置默认路由到与之相连的路由器（通常性能更好一些），在高端路由器上面配置静态路由指向低端路由器，并在 OSPF 中引入这些静态路由。

2）区域划分

作为一个复杂的动态路由协议，在配置前必须做好整个自治系统内的规划。首先要选定的是哪些路由器需要运行 OSPF，然后为 OSPF 网络合理划分区域。

（1）按照自然的地域或行政单位来划分：例如，某银行系统在全省的范围内运行 OSPF，可以将每一个地级市划分成一个区域。这样划分的好处是便于管理。

（2）按照网络中的高端路由器来划分：一个网络中可能由高端、中端、低端等不同性能的路由器组成，通常的情况是一台高端路由器下面连接许多中端、低端路由器。这时也可以将每一台高端路由器及与其相连的所有中端、低端路由器共同划分成一个区域。这样划分的好处是可以合理地选择 ABR。

（3）按照 IP 地址的规律来划分：在实际的网络中通常 IP 地址被划分成不同的子网，可以根据不同的网段来规划区域。例如，网络中有 192.1.1.0/24、192.1.2.0/24、192.1.3.0/24、193.1.1.0/24、193.1.2.0/24 和 193.1.3.0/24 等不同的子网，这时可以将属于 192 的网段的路由器划分成一个区域，将属于 193 网段的路由器划分成另一个区域。这样划分的好处是便于在 ABR 上配置路由聚合，减少网络中路由信息的数量。

任务训练

1. 说一说 OSPF 是什么。
2. 在 OSPF 中 DR 和 BDR 分别解决什么问题？
3. OSPF 邻接关系是什么意思？
4. 如何确定路由器的 Router ID？

8.1.2 单域 OSPF 配置

1. 单域 OSPF 配置案例

视频：单域 OSPF 实现网络互联

在图 8-9 所示的网络拓扑中，采用单域 OSPF 网络结构，办公区 A、办公区 B 和办公区 C 由 3 台路由器互联，路由器的接口 IP 地址和主机 IP 地址已在图中标出，现需要配置单域 OSPF，使得全网互联互通。

使用 eNSP 模拟器搭建网络环境，路由器型号采用 Router。

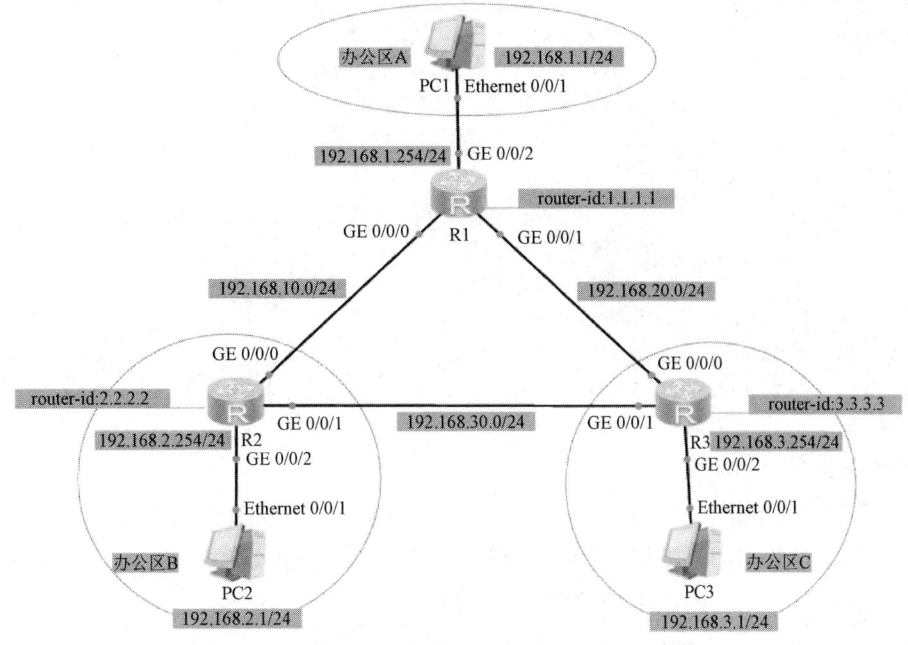

图 8-9　单域 OSPF 配置示例

配置分析：

按照单域 OSPF 的要求，将 3 台路由器配置在一个区域，如果只有一个区域，只能是骨干区域，区域编号是 0.0.0.0，也可以写成区域 0。在给路由器配置接口 IP 地址的基础上，进行 OSPF 配置。OSPF 的基本配置包含以下四个步骤：（1）设定路由器的 Router ID（此步骤不是必需的）。（2）启动 OSPF 进程。（3）创建区域。（4）宣告网段。

配置步骤：

（1）路由器 R1 的 OSPF 配置。

```
[R1]display router id
RouterID:192.168.10.1            --查看路由器当前的 Router ID，显示当前 Router ID 为 192.168.10.1。当一台设备启动后，如果设备没有任何接口 IP 地址，那么设备上所配置的第一个 IP 地址（无论是 Loopback 接口 IP 地址，还是物理接口 IP 地址）都会无条件成为当前的全局 Router ID，因为当前只有一个 IP 地址，当然它是最优的；并且即使后续出现了其他更大的接口 IP 地址，该全局 Router ID 也不会改变。除非用户将 Router ID 对应的 IP 地址在接口上删除，全局 Router ID 才会重新选择。此时，设备根据前文所描述的顺序选择 Router ID
[R1]router id 1.1.1.1            --指定路由器 Router ID 为 1.1.1.1
[R1]display router id
RouterID:1.1.1.1                 --路由器的 Router ID 修改为 1.1.1.1
[R1]ospf 1                       --启用 OSPF 进程
[R1-ospf-1]area 0                --进入区域 0.0.0.0
[R1-ospf-1-area-0.0.0.0]network 192.168.1.0 0.0.0.255
[R1-ospf-1-area-0.0.0.0]network 192.168.10.0 0.0.0.255
[R1-ospf-1-area-0.0.0.0]network 192.168.20.0 0.0.0.255
--指明 3 个直连网络范围
[R1-ospf-1-area-0.0.0.0]quit
```

（2）路由器 R2 的 OSPF 配置。

```
[R2]router id 2.2.2.2
```

```
[R2]ospf 1
[R2-ospf-1]area 0
[R2-ospf-1-area-0.0.0.0]network 192.168.2.0 0.0.0.255
[R2-ospf-1-area-0.0.0.0]network 192.168.10.0 0.0.0.255
[R2-ospf-1-area-0.0.0.0]network 192.168.30.0 0.0.0.255
[R2-ospf-1-area-0.0.0.0]quit
```

（3）路由器 R3 的 OSPF 配置。

```
[R3]ospf 1 router-id 3.3.3.3   --启用 OSPF 进程，并指定路由器的 Router ID
[R3-ospf-1]area 0
[R3-ospf-1-area-0.0.0.0]network 192.168.3.0 0.0.0.255
[R3-ospf-1-area-0.0.0.0]network 192.168.20.0 0.0.0.255
[R3-ospf-1-area-0.0.0.0]network 192.168.30.0 0.0.0.255
[R3-ospf-1-area-0.0.0.0]quit
```

（4）测试。

各终端都能互相 ping 通。

2. OSPF 配置排错

如果为网络中的路由器配置了 OSPF，但网络不通，可以输入命令“display ip routing-table”查看路由表观察是否所有网段都被 OSPF 学习到。

```
<R1>display ip routing-table
Route Flags: R - relay, D - download to fib
------------------------------------------------------------------------------
Routing Tables: Public
        Destinations : 10       Routes : 10
Destination/Mask    Proto  Pre  Cost Flags NextHop        Interface
127.0.0.0/8        Direct  0    0    D     127.0.0.1       InLoopBack0
127.0.0.1/32       Direct  0    0    D     127.0.0.1       InLoopBack0
192.168.1.0/24     Direct  0    0    D     192.168.1.254   GigabitEthernet0/0/2
192.168.1.254/32   Direct  0    0    D     127.0.0.1       GigabitEthernet0/0/2
192.168.2.0/24     OSPF    10   2    D     192.168.10.2    GigabitEthernet0/0/0
192.168.10.0/24    Direct  0    0    D     192.168.10.1    GigabitEthernet0/0/0
192.168.10.1/32    Direct  0    0    D     127.0.0.1       GigabitEthernet0/0/0
192.168.20.0/24    Direct  0    0    D     192.168.20.1    GigabitEthernet0/0/1
192.168.20.1/32    Direct  0    0    D     127.0.0.1       GigabitEthernet0/0/1
192.168.30.0/24    OSPF    10   2    D     192.168.10.2    GigabitEthernet0/0/0
```

从路由表中观察到路由器 R1 有两个 OSPF 路由，按照图 8-9 所示的网络拓扑进行分析，发现还有 192.168.3.0/24 这个网段没有学习到。192.168.3.0/24 属于路由器 R3 的直连网段，我们可以到路由器 R3 上查看 OSPF 的配置，可以输入命令“display current-configuration”查看所有配置。

```
[R3]display current-configuration
......
ospf 1 router-id 3.3.3.3
 area 0.0.0.0
  network 192.168.20.0 0.0.0.255
  network 192.168.30.0 0.0.0.255
  network 192.16.3.0 0.0.0.255
......
```

也可以进入OSPF1视图，输入命令“display this”，显示OSPF的配置。

```
[R3]ospf 1
[R3-ospf-1]display this
#
ospf 1 router-id 3.3.3.3
 area 0.0.0.0
  network 192.168.20.0 0.0.0.255
  network 192.168.30.0 0.0.0.255
  network 192.16.3.0 0.0.0.255        --该网段配置错误
#
return
```

通过前面的查看，我们发现第三个网段配置错误，可以先使用命令“undo network”删除该网段，再用命令“network”添加正确的网段。

```
[R3]ospf 1
[R3-ospf-1]area 0
[R3-ospf-1-area-0.0.0.0]undo network 192.16.3.0 0.0.0.255
[R3-ospf-1-area-0.0.0.0]network 192.168.3.0 0.0.0.255
[R3-ospf-1-area-0.0.0.0]quit
```

在路由器R1上再次查看路由表，就可以看到192.168.3.0/24这个网段了。

任务训练

如图8-10所示，路由器R1、R2和R3互联，需要在三台路由器上添加单域OSPF路由，让PC1和PC2之间能够互相访问。

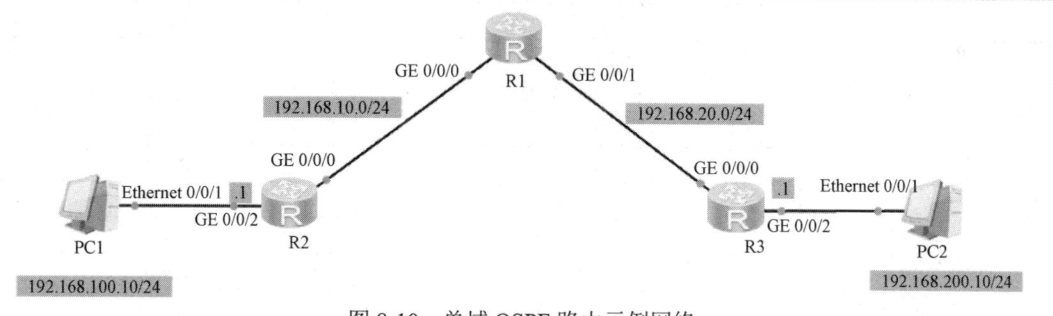

图8-10　单域OSPF路由示例网络

8.1.3　多域OSPF配置

视频：多域OSPF实现网络互联

在图8-11所示的网络拓扑中，采用多域OSPF网络结构，网络拓扑划分为Area0、Area1和Area2共三个区域，路由器的接口IP地址和主机IP地址已在图中标出，现需要配置多域OSPF，使得全网互联互通。

使用eNSP模拟器搭建网络环境，路由器型号采用Router。

配置分析：

路由器R1、R2、R3、R4是ABR，这些路由器同时属于两个以上的区域，但其直连网段只能属于一个区域。路由器R5属于Area1，路由器R6属于Area2。ABR的直连网段所属区域如表8-1所示。

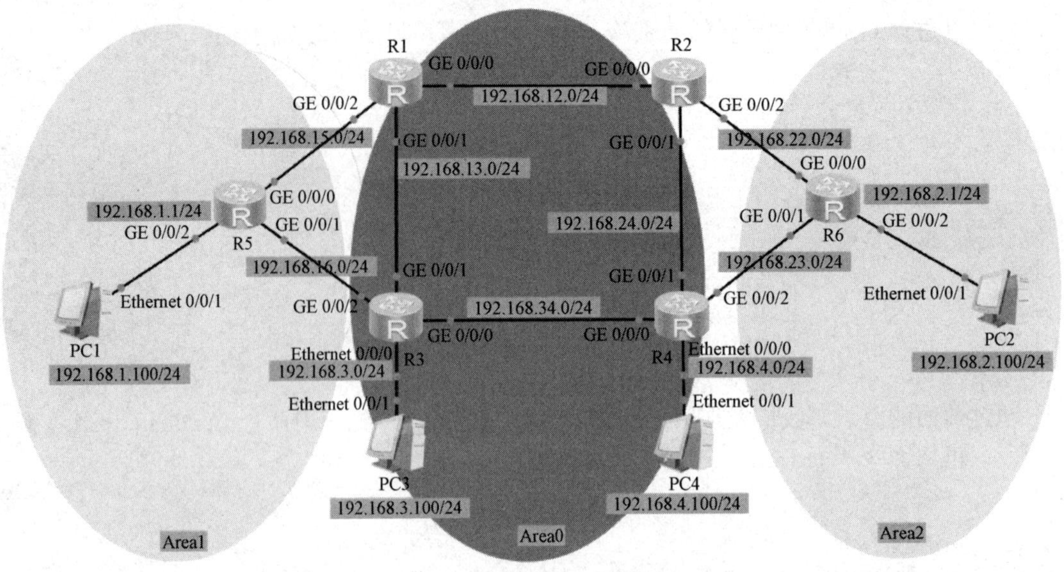

图 8-11　多域 OSPF 配置示例

表 8-1　ABR 直连网段所属区域

路由器（ABR）	直连网段	所属区域
R1	192.168.12.0/24	Area0
	192.168.13.0/24	Area0
	192.168.15.0/24	Area1
R2	192.168.12.0/24	Area0
	192.168.24.0/24	Area0
	192.168.22.0/24	Area2
R3	192.168.3.0/24	Area0
	192.168.13.0/24	Area0
	192.168.16.0/24	Area1
	192.168.34.0/24	Area0
R4	192.168.4.0/24	Area0
	192.168.23.0/24	Area2
	192.168.24.0/24	Area0
	192.168.34.0/24	Area0

配置步骤：

（1）路由器 R1 的 OSPF 配置。

```
[R1]ospf 1 router-id 1.1.1.1
[R1-ospf-1]area 1
[R1-ospf-1-area-0.0.0.1]network 192.168.15.0 0.0.0.255
[R1-ospf-1-area-0.0.0.1]quit
[R1-ospf-1]area 0
[R1-ospf-1-area-0.0.0.0]network 192.168.12.0 0.0.0.255
[R1-ospf-1-area-0.0.0.0]network 192.168.13.0 0.0.0.255
[R1-ospf-1-area-0.0.0.0]quit
```

（2）路由器 R2 的 OSPF 配置。

```
[R2]ospf 1 router-id 2.2.2.2
[R2-ospf-1]area 0
```

```
[R2-ospf-1-area-0.0.0.0]network 192.168.12.0 0.0.0.255
[R2-ospf-1-area-0.0.0.0]network 192.168.24.0 0.0.0.255
[R2-ospf-1-area-0.0.0.0]quit
[R2-ospf-1]area 2
[R2-ospf-1-area-0.0.0.2]network 192.168.22.0 0.0.0.255
[R2-ospf-1-area-0.0.0.2]quit
```

（3）路由器 R3 的 OSPF 配置。

```
[R3]ospf 1 router-id 3.3.3.3
[R3-ospf-1]area 0
[R3-ospf-1-area-0.0.0.0]network 192.168.3.0 0.0.0.255
[R3-ospf-1-area-0.0.0.0]network 192.168.13.0 0.0.0.255
[R3-ospf-1-area-0.0.0.0]network 192.168.34.0 0.0.0.255
[R3-ospf-1-area-0.0.0.0]quit
[R3-ospf-1]area 1
[R3-ospf-1-area-0.0.0.1]network 192.168.16.0 0.0.0.255
[R3-ospf-1-area-0.0.0.1]quit
```

（4）路由器 R4 的 OSPF 配置。

```
[R4]ospf 1 router-id 4.4.4.4
[R4-ospf-1]area 0
[R4-ospf-1-area-0.0.0.0]network 192.168.4.0 0.0.0.255
[R4-ospf-1-area-0.0.0.0]network 192.168.24.0 0.0.0.255
[R4-ospf-1-area-0.0.0.0]network 192.168.34.0 0.0.0.255
[R4-ospf-1-area-0.0.0.0]quit
[R4-ospf-1]area 2
[R4-ospf-1-area-0.0.0.2]network 192.168.23.0 0.0.0.255
[R4-ospf-1-area-0.0.0.2]quit
```

（5）路由器 R5 的 OSPF 配置。

```
[R5]ospf 1 router-id 5.5.5.5
[R5-ospf-1]area 1
[R5-ospf-1-area-0.0.0.1]network 192.168.1.0 0.0.0.255
[R5-ospf-1-area-0.0.0.1]network 192.168.15.0 0.0.0.255
[R5-ospf-1-area-0.0.0.1]network 192.168.16.0 0.0.0.255
[R5-ospf-1-area-0.0.0.1]quit
```

（6）路由器 R6 的 OSPF 配置。

```
[R6]ospf 1 router-id 6.6.6.6
[R6-ospf-1]area 2
[R6-ospf-1-area-0.0.0.2]network 192.168.2.0 0.0.0.255
[R6-ospf-1-area-0.0.0.2]network 192.168.22.0 0.0.0.255
[R6-ospf-1-area-0.0.0.2]network 192.168.23.0 0.0.0.255
[R6-ospf-1-area-0.0.0.2]q
```

（7）测试。

各终端都能互相 ping 通。

任务训练

公司有总部和分支机构，OSPF 划分了 Area0、Area1、Area2 和 Area3 共四个区域，路由器上配置了接口地址和 Loopback 地址，网络拓扑和地址规划如图 8-12 所示，请在各个路由器上配置多域 OSPF，使得各 Loopback 地址之间能够相互通信。

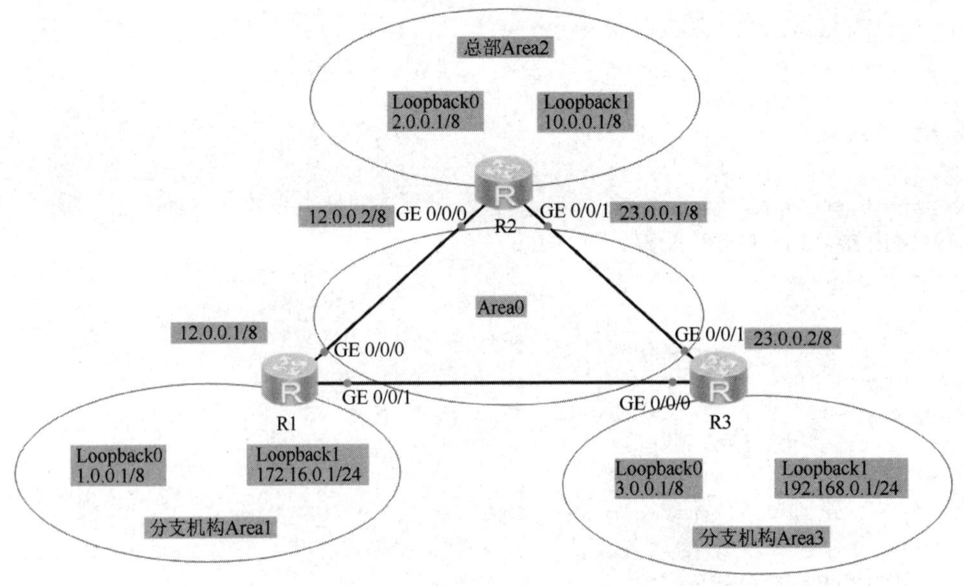

图 8-12　多域 OSPF 路由网络拓扑

任务评价

1. 自我评价

□ 正确描述 OSPF 的基本术语。

□ 描述 DR、BDR、Router ID 的作用和选取原则。

□ 归纳链路状态路由协议的工作过程。

□ 描述 OSPF 区域划分的作用。

□ 能配置 OSPF 实现网络互联。

□ 能合理地进行 OSPF 区域划分。

□ 能灵活应用 OSPF 解决实际问题。

2. 教师评价

□ 优　□ 良　□ 合格　□ 不合格

任务 2　与分公司互联中的 PPP 认证

任务目标

知识目标：

- 说出广域网中串行链路的两种数据传输方式。
- 描述 HDLC 协议和 PPP 的应用。
- 描述 PPP 两种认证的区别。

技能目标：

- 能熟练配置 PPP 协议。

- 会抓包分析 PPP 帧。

素养目标：

- 具备创新意识。
- 培养规范操作的网络工匠精神。

任务分析

本任务通过学习 HDLC 协议的原理与配置，学习 PPP 的应用、PPP 两种认证的工作过程和配置，带领大家掌握异地网络互联中采用 PPP 实现密码认证协议（PAP）和 CHAP 安全性验证的方法。

8.2.1　HDLC 协议原理与配置

1．广域网中的串行链路

广域网中经常会使用串行链路来提供远距离的数据传输，HDLC 协议和 PPP 是两种典型的串口封装协议。

串行链路普遍用于广域网。串行链路中定义了两种数据传输方式：异步和同步。

如图 8-13 所示，异步传输是以字节为单位来传输数据的，并且需要采用额外的起始位和停止位来标记每个字节的开始和结束。起始位为二进制数 0，停止位为二进制数 1。在这种传输方式下，起始位和停止位占据发送数据的相当大的比例，每个字节的发送都需要额外的开销。

同步传输是以帧为单位来传输数据的，在通信时需要使用时钟来同步本端和对端的设备通信。数据通信设备（DCE）提供了一个用于同步数据通信设备和数据终端设备之间数据传输的时钟信号。数据终端设备通常使用数据通信设备产生的时钟信号。

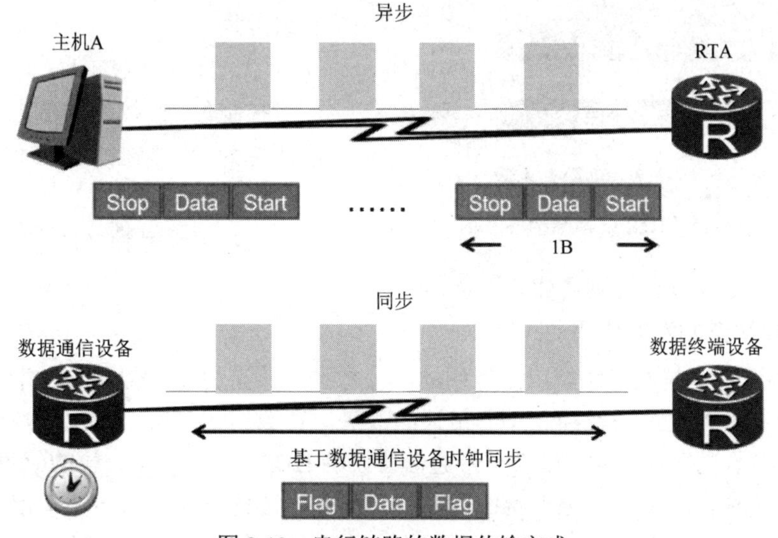

图 8-13　串行链路的数据传输方式

2．HDLC 协议及帧结构

HDLC 协议是一种面向比特的链路层协议，图 8-14 所示为 HDLC 协议的应用示意图。HDLC 协议是 ISO 制定的一种面向比特的通信规则，HDLC 协议传送的信息单位为帧。作为面向比特的同步数据控制协议的典型，HDLC 协议具有如下特点：

（1）不依赖于任何一种字符编码集。

（2）报文可透明传输，用于透明传输的“零比特插入法”易于硬件实现。

（3）全双工模式通信，不必等待确认可连续发送数据，有较高的数据链路传输效率。

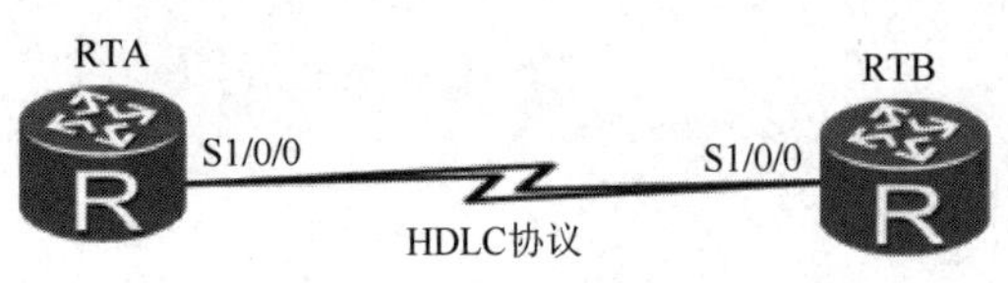

图 8-14　HDLC 协议的应用示意图

（4）所有帧均采用循环冗余校验（CRC），并对信息帧进行编号，可防止漏收或重收，传输可靠性高。

（5）传输控制功能与处理功能分离，具有较大的灵活性和较完善的控制功能。

如图 8-15 所示，完整的 HDLC 帧由标志字段（Flag）、地址字段（Address）、控制字段（Control）、信息字段（Information）、帧校验序列字段（FCS）等组成，各字段含义如下：

（1）标志字段为 01111110，用以标志帧的开始与结束，也可以作为帧与帧之间的填充字符。

（2）地址字段携带的是地址信息。

（3）控制字段用于构成各种命令及响应，以便对链路进行监视与控制。发送方利用控制字段通知接收方执行约定的操作；相反，接收方用该字段作为对命令的响应，报告已经完成的操作或状态的变化。

（4）信息字段可以包含任意长度的二进制数，其上限由 FCS 字段或通信节点的缓存容量决定，目前用得较多的是 1000～2000 位，而下限可以是 0，即无信息字段。监控帧中没有信息字段。

（5）帧检验序列字段可以使用 16 位 CRC 对两个标志字段之间的内容进行校验。

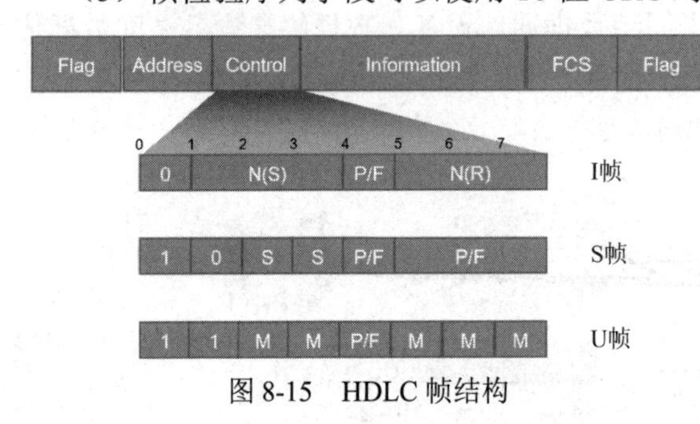

图 8-15　HDLC 帧结构

HDLC 帧有三种类型：

（1）信息帧（I 帧）：用于传送有效信息或数据。

（2）监控帧（S 帧）：用于差错控制和流量控制位。监控帧的标志是控制字段的前两位为 10。监控帧不带信息字段，只有 6 个字节，即 48 位。

（3）无编号帧（U 帧）：用于提供对链路的建立、拆除及多种控制功能。

3．HDLC 协议的发展应用

HDLC 协议曾经是通信领域广泛应用的一个数据链路层协议，但随着技术的进步，目前通信信道的可靠性相比过去已经有了非常大的改进，在数据链路层已经没有必要使用很复杂的协议来实现数据的可靠传输。作为窄带通信协议的 HDLC 协议，在公司的应用中逐渐消失，应用范围逐渐变窄，只是在部分专网中用来透传数据。透传，即透明传输，指的是在通信中不管传输的业务内容如何，只负责将传输的内容由源地址传输到目的地址，而不对业务数据内容做任何改变。

4．HDLC 协议的配置

下面使用 HDLC 协议配置路由器 AR1 和路由器 AR2 之间的链路，抓包分析 HDLC 帧格式，拓扑结构如图 8-16 所示。在 eNSP 模拟器上部署网络拓扑，路由器型号采用 AR1220，并在 AR1220 路由器上添加串口卡。

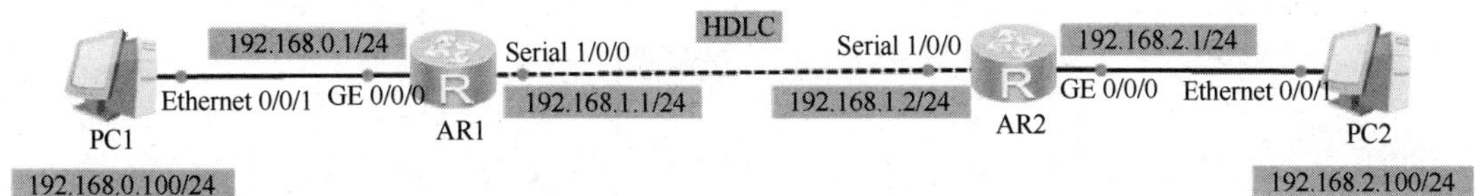

图 8-16　HDLC 协议配置案例拓扑

（1）路由器 AR1 的路由器接口和路由配置。

```
[AR1]int g0/0/0
[AR1-GigabitEthernet0/0/0]ip add 192.168.0.1 24
[AR1-GigabitEthernet0/0/0]q
[AR1]int s1/0/0
[AR1-Serial1/0/0]ip add 192.168.1.1 24
[AR1-Serial1/0/0]q
[AR1]ospf 1
[AR1-ospf-1]area 0
[AR1-ospf-1-area-0.0.0.0]network 192.168.0.0 0.0.0.255
[AR1-ospf-1-area-0.0.0.0]network 192.168.1.0 0.0.0.255
[AR1-ospf-1-area-0.0.0.0]q
```

（2）路由器 AR1 的接口封装 HDLC 协议。

```
[AR1]int Serial 1/0/0
[AR1-Serial1/0/0]link-protocol hdlc
```

（3）路由器 AR2 的路由器接口和路由配置。

```
[AR2]int g0/0/0
[AR2-GigabitEthernet0/0/0]ip add 192.168.2.1 24
[AR2-GigabitEthernet0/0/0]q
[AR2]int Serial 1/0/0
[AR2-Serial1/0/0]ip add 192.168.1.2 24
[AR2-Serial1/0/0]q
[AR2]ospf 1
[AR2-ospf-1]area 0
[AR2-ospf-1-area-0.0.0.0]network 192.168.2.0 0.0.0.255
[AR2-ospf-1-area-0.0.0.0]network 192.168.1.0 0.0.0.255
```

（4）路由器 AR2 的接口封装 HDLC 协议。

```
[AR2]int Serial 1/0/0
[AR2-Serial1/0/0]link-protocol hdlc
```

（5）PC1 和 PC2 上设置好 IP 地址和网关地址。

（6）抓包分析。

如图 8-17 所示，右击 AR2 图标，在弹出的快捷菜单中选择“数据抓包”→“Serial 1/0/0”选项，在“eNSP--选择链路类型”对话框中选择“HDLC”选项，打开抓包工具，在 PC1 上 ping PC2。

在抓包工具中，选中 ICMP 数据包，如图 8-18 所示，可以看到数据链路层 Cisco HDLC 协议，这是思科公司定义的 HDLC 协议。Cisco HDLC 协议的帧首部有三个字段：地址字段、控制字段和协议字段。

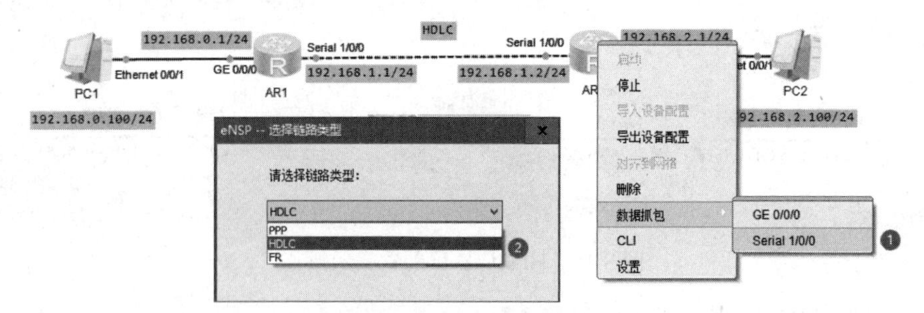

图 8-17　抓取 HDLC 帧

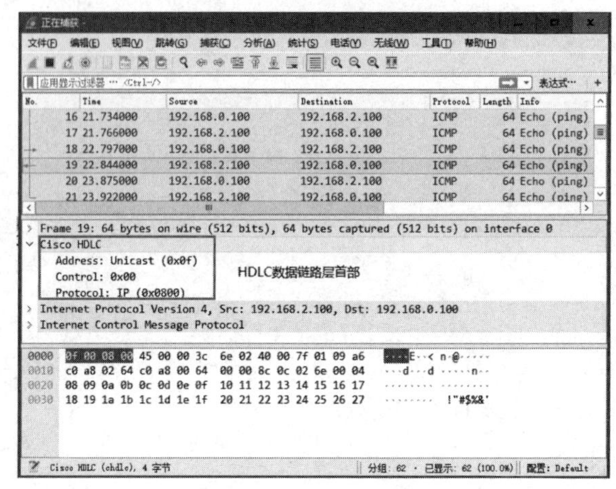

图 8-18　HDLC 帧格式

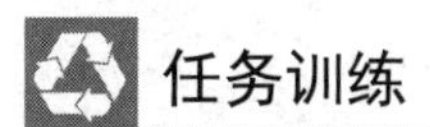

任务训练

1. 简述 HDLC 帧各字段的意义。
2. HDLC 帧的类型有哪些？

8.2.2　PPP 原理与配置

1. PPP 概述

视频：分公司互联中的 PPP 认证

PPP 是一种数据链路层封装协议。PPP 工作在串行接口和串行链路上，PPP 在数据链路层封装的是 PPP 帧，PPP 帧的格式如图 8-19 所示。

FLAG	Address	Control	Protocol	上层数据	FCS	FLAG

图 8-19　PPP 帧的格式

PPP 帧各字段功能如下：

（1）FLAG 字段：在 PPP 帧中，头部和尾部都有一个 FLAG 字段，FLAG 字段标识着一个 PPP 帧的开始和结束。FLAG 字段长度为 8 位，取值固定为 0x7e，因为 PPP 将 FLAG 字段设置为 PPP 帧的开始和结束，因此在一个 PPP 帧中不允许出现 0x7e 字段的数据，若出现这样的数据，则要进行特殊形式的转义。

（2）Address 字段：在 PPP 中，因为进行通信的只有两方，因此一方发送的数据总是被另一方接收，这一点 PPP 不像以太网协议一样，必须使用 MAC 地址来表明数据帧的发送者和接收者。PPP 中的 Address 字段取值固定为 0xff。

（3）Control 字段：长度为 8 位，取值固定为 0x03，无特殊作用。

（4）Protocol 字段：长度为 16 位，其取值类似以太网帧的类型，表明了上层数据的类型。

（5）FCS 字段：长度为 16 位，用于帧校验。一个设备在收到 PPP 帧后会进行 PPP 帧校验，如果发现 PPP 帧在传输过程中出错，该 PPP 帧会被立即丢弃。PPP 没有纠错和重传机制。

2. PPP 链路建立

PPP 帧从开始建立到能够正常转发数据包需要一段时间，并且需要经历协商验证过程。PPP 链路建立共分五个阶段，PPP 链路建立过程如图 8-20 所示。

（1）在链路失效（Dead）阶段，PPP 链路进行初始化，当物理层接口联通后，状态自动进入链路建立（Establish）阶段。

（2）在 Establish 阶段，通信双方互相发送 LCP 报文，进行参数协商，若参数协商失败，则会回退到 Dead 阶段；若参数协商成功，并且双方通过认证，则进入链路验证（Authentication）阶段；若不需要认证，则会直接进入网络层协议（Network）阶段。

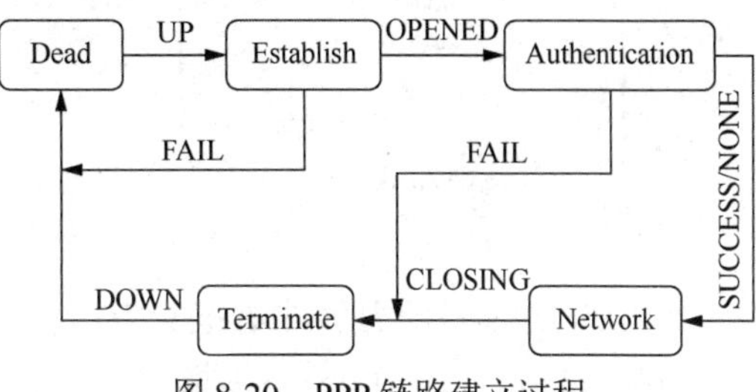

图 8-20　PPP 链路建立过程

（3）在 Authentication 阶段，通信双方会进行认证。

（4）在 Network 阶段，双方会再次进行协商，这次主要协商网络层参数，如发送自己的 IP 地址、子网掩码等信息，看是否存在 IP 地址冲突或不属于一个网段等问题。如果参数协商一致，此时就可以进行正常的数据包传送了。

（5）在链路终止（Terminate）阶段，PPP 链路终止，除 Dead 阶段外，任何协商过程失败都会进入这一阶段，如果处于 Network 阶段，管理员手动关闭了 PPP 链路，也会进入这一阶段。

3. PPP 认证

PPP 在 Authentication 阶段的认证方式有两种：PAP 和 CHAP。

1）PAP 认证过程

如图 8-21（a）所示，PAP 主要是通过使用两次握手提供建立认证的简单方法。被认证方首先发起认证请求，认证方回复是否通过认证。

2）CHAP 认证过程

CHAP 认证协议为三次握手认证协议。它只在网络上传输用户名，而并不传输用户密码，因此安全性要比 PAP 高。CHAP 认证过程如图 8-21（b）所示。

（1）认证方主动发起认证请求，认证方向被认证方发送一些包含随机数的报文（Challenge），并同时附带上本端的用户名一起发送给被认证方。

（2）被认证方接到认证方的认证请求后，首先要检查本端接口上是否配置了 CHAP 密码，

① 若已配置 CHAP 密码，则被认证方通过哈希算法对报文 ID、配置的密码和报文中的随机数计算哈希值，将该哈希值和自己的用户名发回认证方（Response）。

② 若未配置 CHAP 密码，则根据此报文中认证方的用户名在本端的用户表查找该用户对应的密码，通过哈希算法对报文 ID、此用户的密码和报文中的随机数计算哈希值，将生成

的哈希值和被认证方自己的用户名发回认证方（Response）。

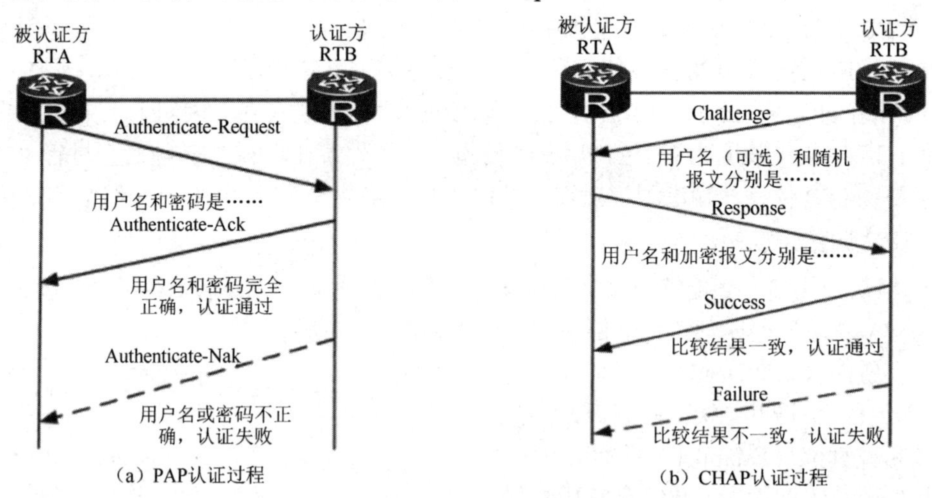

图 8-21　PAP 和 CHAP 认证过程

（3）认证方通过哈希算法对报文 ID、自己保存的被认证方密码和 Challenge 报文中的随机数计算哈希值，并与 Response 报文中的哈希值进行比较，若比较结果一致，则认证通过；若比较结果不一致，则认证失败。

4．PAP 认证与 CHAP 认证对比

在 PAP 认证过程中，口令以明文方式在链路上发送，PPP 链路建立后，被认证方会不停地在链路上反复发送用户名和口令，直至身份认证过程结束，所以安全性不高。当实际应用过程中对安全性要求不高时，可以采用 PAP 认证建立 PPP 链路。

在 CHAP 认证过程中，认证协议为三次握手认证协议。它只在网络上传输用户名，并不传输用户密码，因此安全性比 PAP 认证高。在实际应用过程中，对安全性要求较高时，可以采用 CHAP 认证建立 PPP 链路。

5．PPP 的配置

下面就配置路由器 AR1 和路由器 AR2 之间的链路使用 PPP，路由器 AR1 通过 PAP 认证路由器 AR2，账号为 user1，密码为 111。路由器 AR2 通过 CHAP 认证路由器 AR1，账号为 user2，密码为 222，拓扑结构如图 8-22 所示。在 eNSP 模拟器上部署网络拓扑，路由器型号采用 AR1220，并在 AR1220 路由器上添加串口卡。

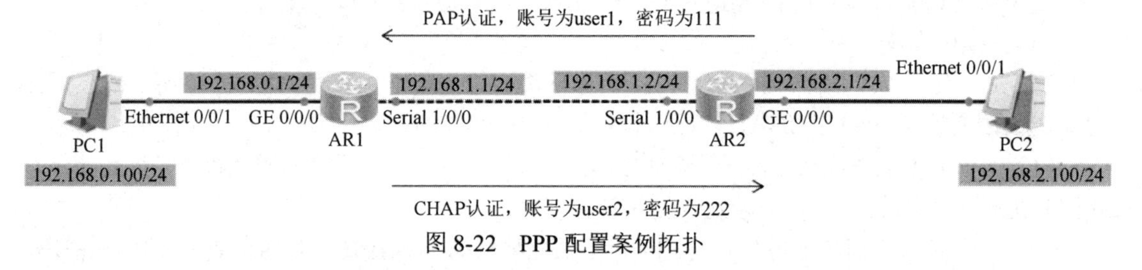

图 8-22　PPP 配置案例拓扑

配置分析：

（1）PAP 认证分析：若路由器 AR1 通过 PAP 认证路由器 AR2，需要在路由器 AR1 上创建用户和密码，用于 PPP 身份认证；在路由器 AR1 的接口 Serial 1/0/0 上，配置 PPP 身份认证模式为 PAP；在路由器 AR2 的接口 Serial 1/0/0 上，配置出示给路由器 AR1 的账号和密码。

（2）CHAP 验证分析：若路由器 AR2 通过 CHAP 认证路由器 AR1，需要在路由器 AR2 上创建用户和密码；在路由器 AR2 的接口 Serial 1/0/0 上配置 PPP 身份认证模式为 CHAP；在路由器 AR1 的接口 Serial 1/0/0 上，配置出示给路由器 AR2 的账号和密码。

主要配置：

（1）在路由器 AR1 和路由器 AR2 上进行接口和路由配置。

（2）路由器 AR1 上的 PAP 认证配置。

```
[AR1]int s1/0/0
[AR1-Serial1/0/0]link-protocol ppp              --链路协议为 PPP
[AR1-Serial1/0/0]q
[AR1]aaa                                        --进入 aaa 视图
[AR1-aaa]local-user user1 password cipher 111   --创建用户 user1，密码为 111
[AR1-aaa]local-user user1 service-type ppp      --用户 user1 用于 PPP 认证
[AR1-aaa]q
[AR1]int s1/0/0
[AR1-Serial1/0/0]ppp authentication-mode pap    --认证方式为 PAP
```

（3）路由器 AR2 上的 PAP 认证配置。

```
[AR2]int s1/0/0
[AR2-Serial1/0/0]link-protocol ppp              --链路协议为 PPP
[AR2-Serial1/0/0]ppp pap local-user user1 password cipher 111
--向路由器 AR1 出示账号和密码
```

（4）路由器 AR2 上的 CHAP 认证配置。

```
[AR2]aaa
[AR2-aaa]local-user user2 password cipher 222   --创建用户 user2，密码为 222
[AR2-aaa]local-user user2 service-type ppp      --用户和密码服务类型为 PPP
[AR2-aaa]q
[AR2]int s1/0/0
[AR2-Serial1/0/1]ppp authentication-mode chap   --认证方式为 CHAP
```

（5）路由器 AR1 上的 CHAP 认证配置。

```
[AR1]int s1/0/0
[AR1-Serial1/0/0]link-protocol ppp
[AR1-Serial1/0/0]ppp chap user user2            --出示账号
[AR1-Serial1/0/0]ppp chap password cipher 222   --出示密码
```

（6）抓包测试。

如图 8-23 所示，右击 AR2 图标，在弹出的快捷菜单中选择“数据抓包”→“Serial1/0/0”选项，在“eNSP--选择链路类型”对话框中选择“PPP”选项，打开抓包工具。

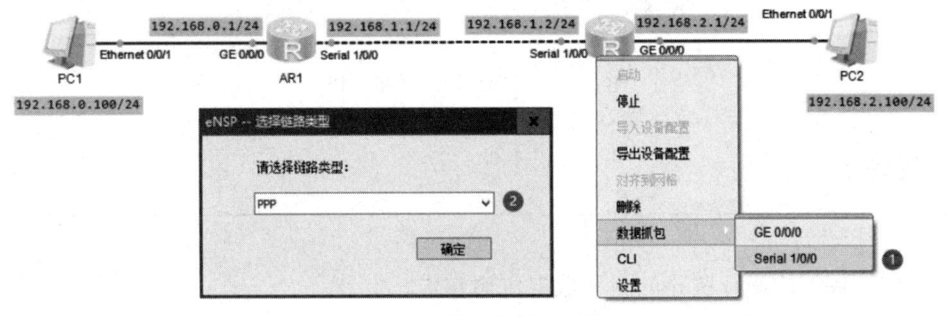

图 8-23　抓包分析 PPP 帧

开始抓包后，先禁用路由器 AR1 的接口 Serial1/0/0，再启用。抓包工具就能捕获 PPP 建立链路、身份认证、参数协商的数据包。

```
[AR1]int s1/0/0
[AR1-Serial1/0/0]shutdown
[AR1-Serial1/0/0]undo shutdown
```

再等一分钟，确保 PPP 的身份认证、参数协商过程已经完成，在 PC1 上 ping PC2，以获取数据包，如图 8-24 所示。

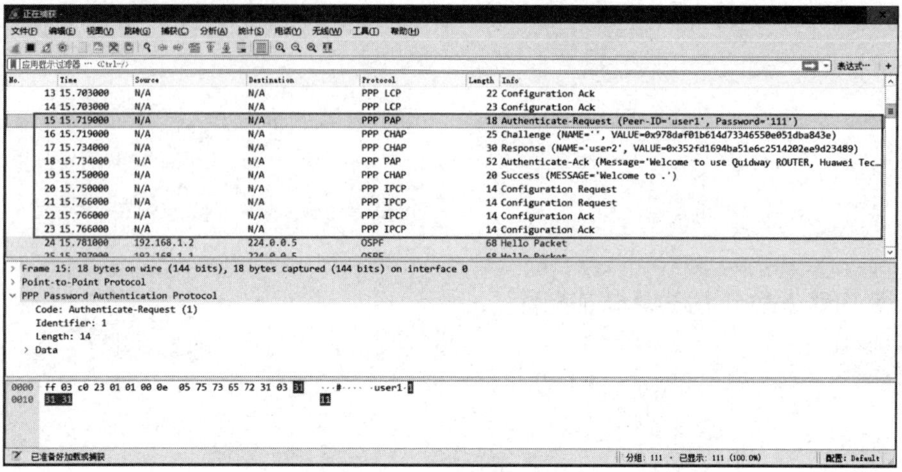

图 8-24　PPP 建立连接的过程

从第十五个数据包到第十九个数据包可以看到路由器 AR1 和路由器 AR2 进行 PAP 身份认证和 CHAP 身份认证的过程。PAP 身份认证模式下，账户和密码是明文传输的，从第十五个数据包可以看到用户名为 user1，密码为 111。从第十七个数据包可以看出，CHAP 身份认证模式下，用户名是 user2，密码是加密看不到的。身份认证通过后，从第二十个数据包到第二十三个数据包是 PPP 的地址协商过程。

任务训练

如图 8-25 所示网络拓扑，用户希望路由器 A 对路由器 B 进行可靠的认证，且对安全性的要求较高，需配置路由器 A 作为认证方使用 CHAP 认证被认证方路由器 B。账号为 Huawei，密码为 test。

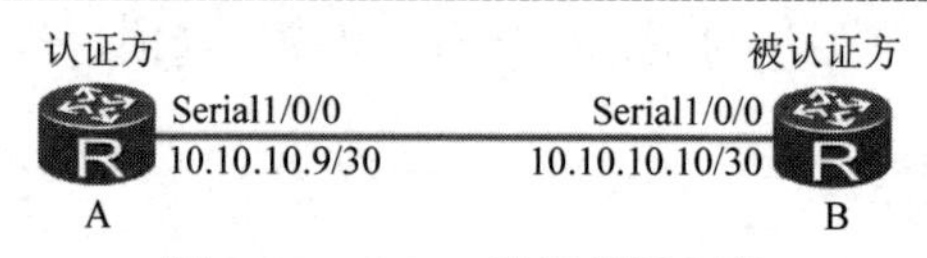

图 8-25　CHAP 认证组网拓扑

任务评价

1.自我评价

☐ 说出广域网中串行链路的两种数据传输方式。

☐ 描述 HDLC 协议和 PPP 的应用。

☐ 描述 PPP 两种认证的区别。
☐ 能熟练配置 PPP。
☐ 会抓包分析 PPP 帧。
2．教师评价
☐ 优　☐ 良　☐ 合格　☐ 不合格

项目实施：与分公司互联互通

实施条件

为了能够在 eNSP 模拟器中模拟该项目，需要完成以下准备：
（1）学生 4 人为一组，分别任项目组长、设备工程师、配置工程师、测试工程师职位。
（2）AR1220 路由器 3 台，S5700 交换机 7 台，PC 6 台。
（3）配置线缆若干。

实施步骤

1．部署网络拓扑

按照图 8-26 连接硬件，路由器 AR1 和路由器 AR2 需要增加 GE 接口卡和串口卡。

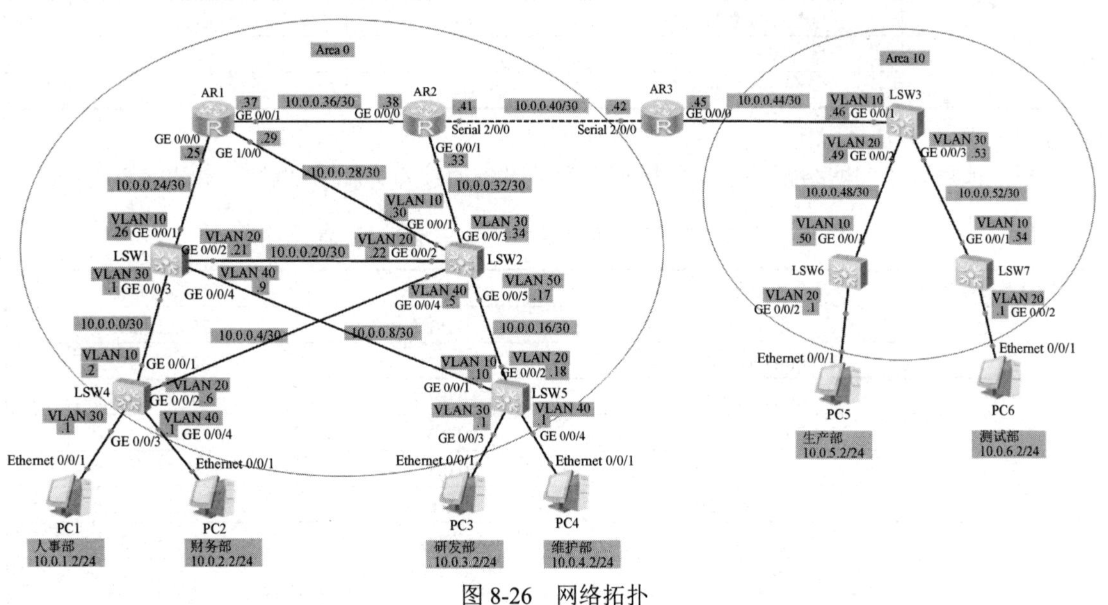

图 8-26　网络拓扑

2．数据规划

（1）VLAN 及成员端口分配。
根据项目方案的要求，各子网对应的 VLAN 及 VLAN 的成员端口分配表如表 8-2 所示。

表 8-2　各子网对应的 VLAN 及 VLAN 的成员端口分配表

设备节点	子网名称	VLAN 号	成员端口
LSW1	与 AR1 互联子网	VLAN 10	GE 0/0/1
	与 LSW2 互联子网	VLAN 20	GE 0/0/2
	与 LSW4 互联子网	VLAN 30	GE 0/0/3
	与 LSW5 互联子网	VLAN 40	GE 0/0/4
LSW2	与 AR1 互联子网	VLAN 10	GE 0/0/1
	与 LSW1 互联子网	VLAN 20	GE 0/0/2
	与 AR2 互联子网	VLAN 30	GE 0/0/3
	与 LSW4 互联子网	VLAN 40	GE 0/0/4
	与 LSW5 互联子网	VLAN 50	GE 0/0/5
LSW3	与 AR3 互联子网	VLAN 10	GE 0/0/1
	与 LSW6 互联子网	VLAN 20	GE 0/0/2
	与 LSW7 互联子网	VLAN 30	GE 0/0/3
LSW4	与 LSW1 互联子网	VLAN 10	GE 0/0/1
	与 LSW2 互联子网	VLAN 20	GE 0/0/2
	与 PC1 互联子网	VLAN 30	GE 0/0/3
	与 PC2 互联子网	VLAN 40	GE 0/0/4
LSW5	与 LSW1 互联子网	VLAN 10	GE 0/0/1
	与 LSW2 互联子网	VLAN 20	GE 0/0/2
	与 PC3 互联子网	VLAN 30	GE 0/0/3
	与 PC4 互联子网	VLAN 40	GE 0/0/4
LSW6	与 LSW3 互联子网	VLAN 10	GE 0/0/1
	与 LSW2 互联子网	VLAN 20	GE 0/0/2
LSW7	与 LSW1 互联子网	VLAN 10	GE 0/0/1
	与 LSW2 互联子网	VLAN 20	GE 0/0/2

（2）接口 IP 地址分配。

根据项目要求和网络拓扑中地址规划，为各设备的接口分配 IP 地址，如表 8-3 所示。

表 8-3　三层设备和终端的接口 IP 地址分配表

设备节点	接口名称	IP 地址	子网掩码
PC1	Ethernet 0/0/1	10.0.1.2	255.255.255.0
PC2	Ethernet 0/0/1	10.0.2.2	255.255.255.0
PC3	Ethernet 0/0/1	10.0.3.2	255.255.255.0
PC4	Ethernet 0/0/1	10.0.4.2	255.255.255.0
PC5	Ethernet 0/0/1	10.0.5.2	255.255.255.0
PC6	Ethernet 0/0/1	10.0.6.2	255.255.255.0
LSW1	VLAN 10	10.0.0.26	255.255.255.252
	VLAN 20	10.0.0.21	255.255.255.252
	VLAN 30	10.0.0.1	255.255.255.252
	VLAN 40	10.0.0.9	255.255.255.252
LSW2	VLAN 10	10.0.0.30	255.255.255.252
	VLAN 20	10.0.0.22	255.255.255.252
	VLAN 30	10.0.0.34	255.255.255.252
	VLAN 40	10.0.0.5	255.255.255.252
	VLAN 50	10.0.0.17	255.255.255.252

续表

设备节点	接口名称	IP 地址	子网掩码
LSW3	VLAN 10	10.0.0.46	255.255.255.252
	VLAN 20	10.0.0.49	255.255.255.252
	VLAN 30	10.0.0.53	255.255.255.252
LSW4	VLAN 10	10.0.0.2	255.255.255.252
	VLAN 20	10.0.0.6	255.255.255.252
	VLAN 30	10.0.1.1	255.255.255.0
	VLAN 40	10.0.2.1	255.255.255.0
LSW5	VLAN 10	10.0.0.10	255.255.255.252
	VLAN 20	10.0.0.18	255.255.255.252
	VLAN 30	10.0.3.1	255.255.255.0
	VLAN 40	10.0.4.1	255.255.255.0
LSW6	VLAN 10	10.0.0.50	255.255.255.252
	VLAN 20	10.0.5.1	255.255.255.0
LSW7	VLAN 10	10.0.0.54	255.255.255.252
	VLAN 20	10.0.6.1	255.255.255.0
AR1	GE 0/0/0	10.0.0.25	255.255.255.252
	GE 0/0/1	10.0.0.37	255.255.255.252
	GE 1/0/0	10.0.0.29	255.255.255.252
AR2	GE 0/0/0	10.0.0.38	255.255.255.252
	GE 0/0/1	10.0.0.33	255.255.255.252
	Serial 2/0/0	10.0.0.41	255.255.255.252
AR3	GE 0/0/0	10.0.0.45	255.255.255.252
	Serial 2/0/0	10.0.0.42	255.255.255.252

3．设备配置。

（1）LSW1 的接口 IP 地址与 OSPF 配置。

```
<Huawei>undo terminal monitor                    --关闭终端监控
<Huawei>system-view
[Huawei]sysname LSW1                             --将交换机命名为 LSW1
[LSW1]vlan batch 10 20 30 40                     --批量创建 VLAN
[LSW1]int g0/0/1
[LSW1-GigabitEthernet0/0/1]port link access
[LSW1-GigabitEthernet0/0/1]port default vlan 10
                                                 --将接口 GE 0/0/1 划分到 VLAN 10
[LSW1-GigabitEthernet0/0/1]int g0/0/2
[LSW1-GigabitEthernet0/0/2]port link access
[LSW1-GigabitEthernet0/0/2]port default vlan 20
                                                 --将接口 GE 0/0/2 划分到 VLAN 20
[LSW1-GigabitEthernet0/0/2]int g0/0/3
[LSW1-GigabitEthernet0/0/3]port link access
[LSW1-GigabitEthernet0/0/3]port default vlan 30
                                                 --将接口 GE 0/0/3 划分到 VLAN 30
[LSW1-GigabitEthernet0/0/3]int g0/0/4
[LSW1-GigabitEthernet0/0/4]port link access
[LSW1-GigabitEthernet0/0/4]port default vlan 40
                                                 --将接口 GE 0/0/4 划分到 VLAN 40
```

```
[LSW1-GigabitEthernet0/0/4]q
[LSW1]int vlan 10
[LSW1-Vlanif10]ip add 10.0.0.26 30              --为 VLAN 10 接口配置 IP 地址
[LSW1-Vlanif10]int vlan 20
[LSW1-Vlanif20]ip add 10.0.0.21 30              --为 VLAN 20 接口配置 IP 地址
[LSW1-Vlanif20]int vlan 30
[LSW1-Vlanif30]ip add 10.0.0.1 30               --为 VLAN 30 接口配置 IP 地址
[LSW1-Vlanif30]int vlan 40
[LSW1-Vlanif40]ip add 10.0.0.9 30               --为 VLAN 40 接口配置 IP 地址
[LSW1-Vlanif40]q
[LSW1]ospf 1
[LSW1-ospf-1]area 0
[LSW1-ospf-1-area-0.0.0.0]network 10.0.0.0 0.0.0.3
[LSW1-ospf-1-area-0.0.0.0]network 10.0.0.8 0.0.0.3
[LSW1-ospf-1-area-0.0.0.0]network 10.0.0.20 0.0.0.3
[LSW1-ospf-1-area-0.0.0.0]network 10.0.0.24 0.0.0.3
                                                --OSPF 配置
```

（2）交换机 LSW2、LSW3、LSW4、LSW5、LSW6、LSW7 与路由器 AR1、AR2、AR3 的接口 IP 地址与 OSPF 配置。

____

____

（3）路由器 AR2 作为认证方的 CHAP 认证配置。

____

____

（4）路由器 AR3 作为被认证方的 CHAP 认证配置。

____

____

（5）测试。

完成以上配置后，PC 终端可以互相 ping 通，通过抓包可以看到 CHAP 认证的数据包。

拓展阅读：从专线到 SD-WAN 随需互联

软件定义广域网（SD-WAN）是将软件定义网络（SDN）技术应用到广域网场景中的一种服务。这种服务用于连接广阔地理范围的企业网络，包括企业的分支机构及数据中心。SD-WAN 架构不依赖于专用的物理设备，与必须做预配置的多协议标签交换（MPLS）链路相比，弹性解决了多分支机构企业网络在支持差异化服务等级应用能力、网络灵活度、线路成本、安全传输等方面正面临的持续增长的压力。

根据互联网数据中心（IDC）的数据，SD-WAN 市场将从 2017—2022 年以 40.4％的复合年增长率增长，销售额达到 45 亿美元。现有市场的 SD-WAN 技术的实现方案有多种：VMware 的 SD-WAN 架构包，含边缘应用程序、编排和云网关，提供企业、云应用程序及数据的直接最佳访问点，同时支持在云端和内部部署虚拟服务，显著增强自动化运维能力；思科和华为为广域网连接制作了不同功能和性能需求的广域网边缘设备，更加关注广域网功能优化；通信服务提供商也正在提供 SD-WAN，即服务产品。

SD-WAN 服务通过常规宽带连接、补充或替换通常为 MPLS 的专用广域网，最大限度地提高了企业管理基础架构和连接的灵活性。中国电信随选网络系统由业务门户、SDN 编排器、SDN 控制器、SDN 设备四大组件构成，该系统基于广域网和骨干网设备的集中控制和全局网络资源的管理，根据不同服务和应用来实时动态建立端到端的广域网逻辑路径，优先满足一些高带宽、低时延、低抖动的敏感应用，包括语音、数据、视频、自动驾驶、虚拟现实（VR）等应用，实现了 SD-WAN，即服务技术。

随着企业云需求的不断提高，现有企业在云场景中跨境数据传输和运用客户关系管理（CRM）系统、企业资源计划（ERP）等高端应用时经常面临丢包、延迟、卡顿等无法正常使用的情况。SD-WAN 技术通过集成在多云边缘的网络功能和策略，提供了面向多云场景中简易运维、即需即用、可靠、易扩展的云化企业专线来保障多云环境下的企业业务运转，重塑了企业上云的生态过程。但要真正成为企业级 SD-WAN 服务标准，SD-WAN 技术方案还须提供一些关键功能，如多个传输路径、集中控制和自动化，以及端到端的安全传输。

SD-WAN 架构将部署在各个地理位置的企业网络（包括分支机构或数据中心）通过广域网接入技术互联。不同的 SD-WAN 架构以 SD-WAN 控制器对网络域的控制边界为准，划分为四种典型的 SD-WAN 架构。

（1）叠加架构。该架构改变了传统的广域网业务模型，由单一的广域网接入方式变为多接入方式。同时，SD-WAN 控制器控制了边缘设备到网关的上行流量，简化了广域网的操作和管理方式，使业务模型更弹性、更灵活。例如分支到分支的业务流量由分支到数据中心再到各个业务分流变为直接跟随业务分流。这种架构适合中小规模企业组网。

（2）云端架构。该架构集成 SD-WAN 服务提供商所部署的多个入网点节点，是 SD-WAN 服务提供商向大规模多分支公司推荐的一个经典架构。SD-WAN 服务提供商在因特网接入点（PoP）节点部署虚拟边缘路由器或网关，一侧与各个分支的边缘设备建立 VPN 隧道，另一侧与通信服务提供商的 MPLS 网络中的运营商边缘路由器（PE）直连。这种 SD-WAN 架构支持将汇聚上来的流量通过多个隧道转发到运营商的 MPLS 骨干网中，进而保障了端到端不同业务的服务质量。

（3）整合架构。网络管理域由可纳管多个边缘设备扩大到可纳管一个或多个通信服务提供商的 MPLS VPN 的运营商边缘路由器设备，集成多种覆盖技术，打破多个通信服务提供商的统一和自动化管理的通信壁垒，有效提高了网络性能和混合组网能力。

（4）原生架构。该架构主要面向运营商。SD-WAN 控制器统一管理边缘设备、网关设备、骨干核心网运营商边缘路由器、运营商骨干路由器设备，实现了业务流量从“最后一公里”接入骨干网统一管理和编排的完整架构，从全网实时监测控制和调度网络流量及各种业务状态，以保障端到端的服务质量。

读后思考：

1．SD-WAN 服务的应用场景是什么？

2．SD-WAN 技术的优势有哪些？

3．SD-WAN 的四种典型架构是什么？

课后练习

1．使用链路状态算法的路由协议是（　　）。

A．RIP　　B．BGP　　C．IS-IS　　D．OSPF

2．在 OSPF 路由区域内，唯一标示 OSPF 路由器的是（　　）。

A．Area ID　　B．AS 号码　　C．Router ID　　D．Cost

3．OSPF 使用（　　）选择最佳路由。

A．运行时间　　B．可靠性　　C．带宽　　D．负载

4．下列关于 OSPF 的描述中，错误的是（　　）。

A．OSPF 使用分布式链路状态协议

B．链路状态“度量”主要是指费用、距离、延时、带宽等

C．当链路状态发生变化时用洪泛法向所有路由器发送消息

D．LSDB 中保存着一个完整的路由表

5．以下有关 OSPF 网络中 BDR 的说法正确的是（　　）。

A．一个 OSPF 区域中只能有一个 BDR

B．某一网段中的 BDR 必须是经过手动配置产生/选举

C．只有网络中优先级第二大的路由器才能成为 DR

D．只有 NBMA 网络或广播网络中才会选举 BDR

6．LSAck 报文是（　　）的确认。

A．Hello 报文　　B．DD 报文

C．LSR 报文　　D．LSU 报文

7．在 OSPF 同一区域内，下列说法正确的是（　　）。

A．每台路由器生成的 LSA 都是相同的

B．每台路由器根据该最短路径树计算出的路由都是相同的

C．每台路由器根据该 LSDB 计算出的最短路径树都是相同的

D．每台路由器的区域 0 的 LSDB 都是相同的

8．在 VRP 操作系统中，命令（　　）可以进入 OSPF 区域 0 的视图。

A．[Huawei]ospf area0

B．[Huawei-ospf-1]area0

C．[Huawei-ospf-1]area 0.0.0.0

D．[Huawei-ospf-1]area 0 enale

9．运行单区域 OSPF 的网络中，对于 LSDB 和路由表，下列描述正确的是（　　）。

A．每台路由器得到的 LSDB 是相同的

B．每台路由器得到的 LSDB 是不同的

C．每台路由器得到的路由表是不同的

D．每台路由器得到的路由表是相同的

10．OSPF 支持多进程，若不指定进程号，则默认使用的进程号码是（　　）。

A．0　　B．1　　C．10　　D．100

11．管理员在某台路由器上配置 OSPF，但该路由器上未配置 Loopback 接口，以下关于 Router ID 描述正确的是（　　）。

A．该路由器物理接口的最小 IP 地址将会成为 Router ID

B．该路由器物理接口的最大 IP 地址将会成为 Router ID

C．该路由器管理接口的 IP 地址将会成为 Router ID

D．该路由器的优先级将会成为 Router ID

12．VRP 操作系统中，设置 Serial 接口数据链路层的封装类型为 HDLC 协议的命令是（　　）。

A．encapsulation hdlc　　B．link-protocol hdlc

C．hdlc enable　　D．link-protocol ppp

13．两台路由器通过串口相连且链路层协议为 PPP，如果想在两台路由器上配置 PPP 认证功能来提高安全性，则（　　）认证方式更安全。

A．CHAP　　B．PAP　　C．MD5　　D．SSH

14．在配置 PPP 认证方式为 PAP 时，（　　）是必须的。

A．把被认证方的用户名和密码加入认证方的本地用户列表

B．配置与对端设备相连接口的封装类型为 PPP

C．配置 PPP 的认证模式为 CHAP

D．在被认证方配置向认证方发送的用户名和密码

15．PPP 比 HDLC 协议更安全可靠，是因为 PPP 支持（　　）认证。

A．PAP　　B．MD5　　C．CHAP　　D．SSH

项目 9

异地互联组建 VPN

在没有 VPN 之前，企业总公司和分公司之间的互通都是采用运营商的互联网进行通信的，而互联网往往是不安全的，通信的内容可能被窃取、修改等，从而造成安全事件。若在总公司和分公司之间采用专线方案，只传输自己的业务，则成本较高，维护也很困难。VPN 方案通过在现有的互联网构建专用的虚拟网络，实现企业总公司和分公司的通信，可以解决安全互通、高成本的问题。

项目描述

某企业有位于两地的总公司和分公司两个机构，分别构建了本地局域网，路由器 ZGS_AR_01 和 FGS_AR_01 为本地局域网的出口路由器，企业网终端连接行政部、研发部和生产部，企业 VPN 网络拓扑如图 9-1 所示，网络功能需要满足以下需求：

（1）各个部门单独划分子网。

（2）总公司和分公司局域网通过互联网络层安全协议（IPSec）隧道构建 VPN，采用较低的成本，实现异地网络数据安全互通。

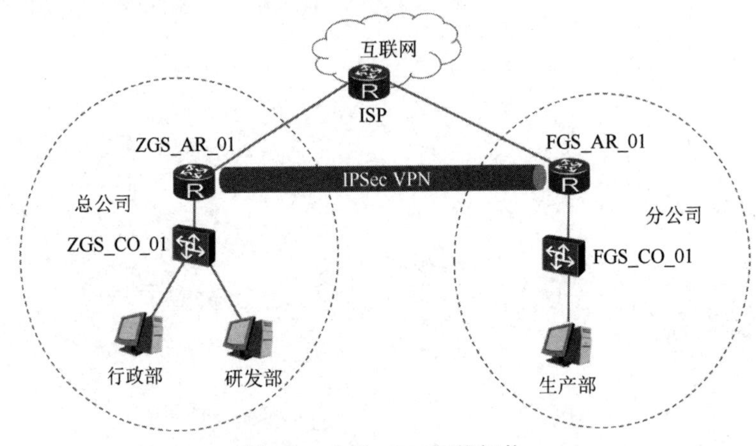

图 9-1　企业 VPN 网络拓扑

项目 9 任务分解如图 9-2 所示。

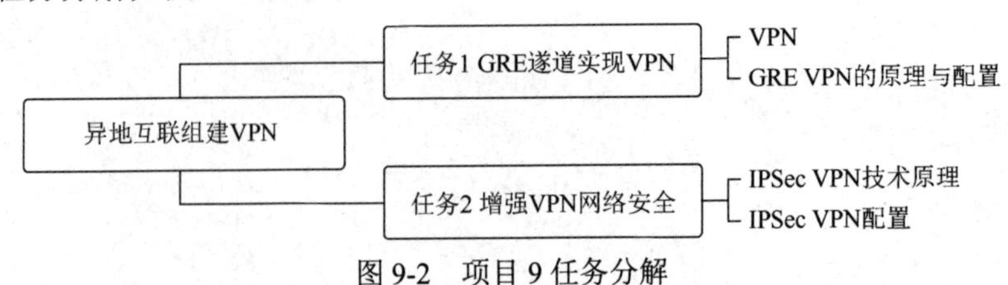

图 9-2　项目 9 任务分解

任务 1 GRE 隧道实现 VPN

任务目标

知识目标：

- 正确描述 VPN 的应用场景、优点和分类。
- 正确描述 GRE VPN 的特点。
- 可描述 GRE 封装报文和解封装的过程。
- 正确判断 GRE 隧道的源地址和目的地址。

技能目标：

- 能配置 GRE 隧道实现 VPN 的网络互联。
- 能使用抓包工具分析 GRE 数据包。

素养目标：

- 具备网络安全的意识。
- 培养严谨细致、精益求精的网络工匠精神。

任务分析

本任务通过学习 VPN 的概念、优点和分类，学习通用路由器封装（GRE）VPN 的应用、报文封装和配置案例，带领大家掌握 GRE 隧道实现 VPN 的网络互联的方法。

9.1.1 VPN

1. VPN 的概念

VPN 技术是指在公用网络中建立专用数据通信网的技术。所谓虚拟是相对物理上端到端的专有连接而言的，其仅在用户通信时才在公共互联网的基础设施上临时创建逻辑通道进行连接；所谓专用是相对共用而言的，是逻辑上的专用，而非物理上的专用。VPN 依靠 ISP 和其他网络服务提供商（NSP），利用虚拟技术建立的一个临时的、安全的、仅供特殊用户使用的网络。通俗一点讲，VPN 类似于在错综复杂的城市交通线路中临时规划公交专用线，其行车安全性、通畅性给乘客的感觉是一条仅供公交车行驶的线路，完全不受其他车辆的干扰，是线路中的线路。目前，VPN 技术是实现安全传输的重要手段之一，利用它可以在远程用户、公司分支机构、商业合作伙伴与公司的内部网之间建立可靠的安全连接，并保护数据的安全传输。同时，通过将数据流转移到低成本的 IP 网络上而大幅度地减少用户在广域网和远程网络连接上的费用。

2. VPN 的优点

VPN 和传统的公共互联网相比具有如下优势。

（1）安全：在远端用户、驻外机构、合作伙伴、供应商与总公司之间建立可靠的连接，保证数据传输的安全性。这对于实现电子商务或金融网络与通信网络的融合特别重要。

（2）成本低：利用公共网络进行信息通信，企业可以用更低的成本连接远程办事机构、出差人员和业务伙伴。

（3）支持移动业务：支持出差用户在任何时间、任何地点的移动设备接入 VPN，能够满足不断增长的移动业务需求。

（4）可扩展性：由于 VPN 是逻辑上的网络，物理网络中增、删或修改节点，不影响 VPN 的部署。

3．VPN 的分类

根据 VPN 建设单位不同，VPN 可以划分为以下两种类型。

（1）租用运营商 VPN 专线搭建企业网络：运营商的专线网络大多数都使用 MPLS VPN。企业通过购买运营商提供的 VPN 专线服务实现总部和分部间的通信需求。VPN 网关为运营商所有，应用场景如图 9-3 所示。

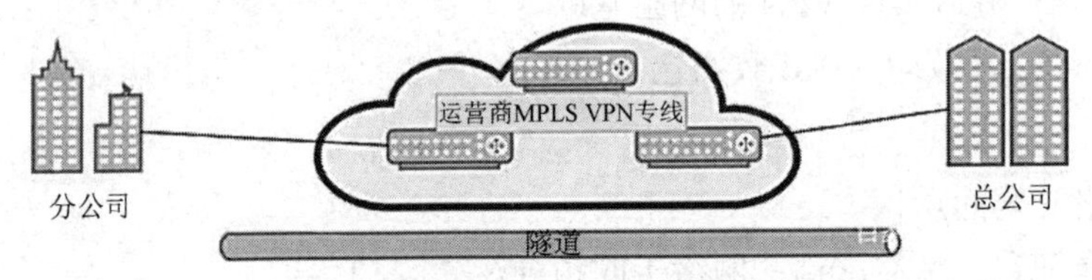

图 9-3　租用运营商 VPN 专线搭建企业网络

（2）企业自建 VPN：企业自己基于互联网自建 VPN，常见的如 IPSec VPN、GRE VPN 等。企业自己购买 VPN 设备，搭建自己的 VPN，实现总公司和分公司的通信，或者满足出差员工和总公司的通信，应用场景如图 9-4 所示。

图 9-4　企业自建 VPN

任务训练

1．说一说 VPN 的应用场景有哪些？
2．VPN 的优点有哪些？
3．企业自建 VPN 会采用哪些方案？

9.1.2　GRE VPN 的原理与配置

1．GRE VPN 的概念

GRE VPN 采用隧道技术对某些网络层协议（如 IP 和 IPX）的数据包进行封装，使这些被封装的数据包能够在另一个网络层协议（如 IP）中传输。GRE VPN 的应用场景如图 9-5 所示，它解决了跨越异种网络的报文传输问题，异种报文传输的通道称为隧道（Tunnel）。

图 9-5　GRE VPN 的应用场景

2. GRE 封装报文

如图 9-6 所示，用 GRE 封装报文时，封装前的报文称为净荷，封装前的报文协议称为乘客协议，先封装 GRE 报文头部，GRE 成为封装协议，也叫作运载协议，负责对封装后的报文进行转发的协议称为传输协议。

图 9-6　GRE 报文结构

用 GRE 封装报文和解封装的过程如下。

（1）路由器从连接私网的接口接收到报文后，先检查报文头中的目的 IP 地址字段，在路由表中查找出接口，发现出接口是隧道接口，将报文发送给隧道模块进行处理。

（2）隧道模块接收到报文后根据乘客协议的类型和当前 GRE 隧道配置的校验和参数，对报文采用 GRE 进行封装，添加 GRE 报头。

（3）路由器给报文添加传输协议报头，即 IP 报头（公有地址）。该 IP 报头的源地址就是隧道源地址，目的地址就是隧道目的地址。

（4）路由器根据新添加的 IP 报头的目的地址，在路由表中查找相应的出接口并发送报文，封装后的报文将在公网中传输。

（5）接收端路由器从连接公网的接口收到报文后，分析 IP 报头，如果发现协议类型字段的值为 47，表示协议为 GRE 协议，于是出接口将报文交给 GRE 模块处理。GRE 模块去掉 IP 报头和 GRE 报头，并根据 GRE 报头的协议类型字段，发现此报文的乘客协议为私网中运行的协议，于是将报文交给对应的协议处理。

需要注意的是，GRE 隧道传输的流量是不加密的，将 IPSec 技术与 GRE 技术相结合，先建立 GRE 隧道对报文采用 GRE 进行封装，再建立 IPSec 隧道对报文进行加密，这样就可以保证报文传输的完整性和安全性。

3. GRE VPN 案例

下面给出一个 GRE VPN 的应用案例，某企业有北京总公司和广州分公司这两个局域网通过互联网连接，路由器 R1 和 R3 是两个局域网的出口路由器，路由器 R2 是互联网中的路由器。现需要在路由器 R1 和 R3 之间建立一条 GRE 隧道穿越公网搭建 VPN，GRE VPN

视频：GRE 隧道实现 VPN

的网络拓扑如图 9-7 所示。

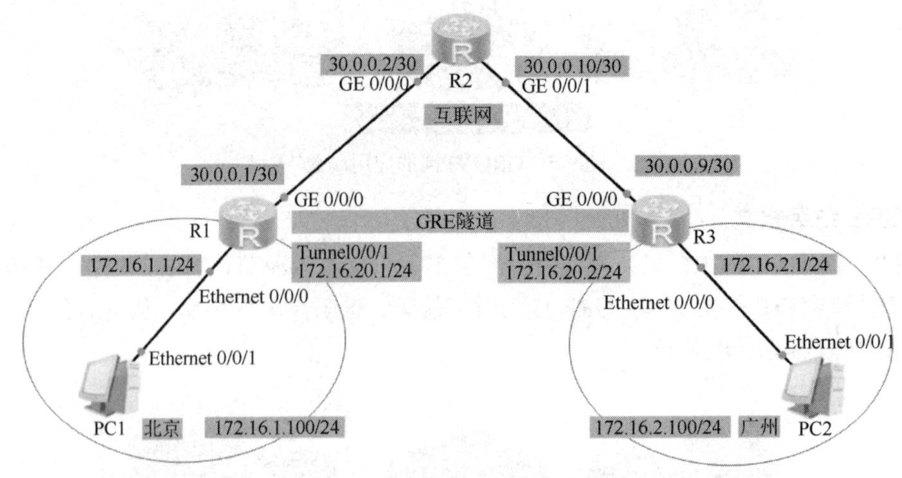

图 9-7　GRE VPN 的网络拓扑

在 eNSP 模拟器中部署网络拓扑，路由器型号采用 Router。

操作步骤：

（1）在路由器 R1 上创建到广州分公司网络的 GRE 隧道接口。

```
[R1]interface Tunnel 0/0/1                  --指定隧道接口编号
[R1-Tunnel0/0/1]tunnel-protocol gre   --隧道使用 GRE 协议
[R1-Tunnel0/0/1]ip address 172.16.20.1 24 --指定隧道接口的 IP 地址
[R1-Tunnel0/0/1]source 30.0.0.1             --指定隧道的起点（源地址）
[R1-Tunnel0/0/1]destination 30.0.0.9        --指定隧道的终点（目的地址）
[R1-Tunnel0/0/1]display this               --查看隧道配置，此命令可以检测当前配置
 #
interface Tunnel0/0/1
 ip address 172.16.20.1 255.255.255.0
 tunnel-protocol gre
 source 30.0.0.1
 destination 30.0.0.9
#
return
```

（2）在路由器 R3 上创建到北京总公司网络的 GRE 隧道接口。

```
[R3]interface tunnel 0/0/1                  --指定隧道接口编号
[R3-Tunnel0/0/1]tunnel-protocol gre   --隧道使用 GRE 协议
[R3-Tunnel0/0/1]ip address 172.16.20.2 24 --指定隧道接口的 IP 地址
[R3-Tunnel0/0/1]source 30.0.0.9              --指定隧道的起点（源地址）
[R3-Tunnel0/0/1]destination 30.0.0.1       --指定隧道的终点（目的地址）
[R3-Tunnel0/0/1]quit
```

（3）路由器 R1 上的接口 IP 地址和路由配置。

```
[R1]interface gigabitethernet 0/0/0
[R1-GigabitEthernet0/0/0]ip address 30.0.0.1 30
[R1-GigabitEthernet0/0/0]interface ethernet 0/0/0
[R1-Ethernet0/0/0]ip address 172.16.1.1 24
```

```
[R1-Ethernet0/0/0]quit
[R1]ip route-static 0.0.0.0 0 30.0.0.2     --配置到互联网的静态路由
[R1]ip route-static 172.16.2.0 24 172.16.20.2  --添加到广州分公司网络的静态路由，数据由
GRE 隧道传输
```

（4）路由器 R2 上的接口 IP 地址和路由配置（互联网上的路由不会添加到本地私有网络的路由）。

```
[R2]interface gigabitethernet 0/0/0
[R2-GigabitEthernet0/0/0]ip address 30.0.0.2 30
[R2-GigabitEthernet0/0/0]interface gigabitethernet 0/0/1
[R2-GigabitEthernet0/0/1]ip address 30.0.0.10 30
```

（5）路由器 R3 上的接口 IP 地址和路由配置。

```
[R3]interface gigabitethernet 0/0/0
[R3-GigabitEthernet0/0/0]ip address 30.0.0.9 30
[R3-GigabitEthernet0/0/0]interface ethernet 0/0/0
[R3-Ethernet0/0/0]ip address 172.16.2.1 24
[R3-Ethernet0/0/0]quit
[R3]ip route-static 0.0.0.0 0 30.0.0.10   --配置到互联网的静态路由
[R3]ip route-static 172.16.1.0 24 172.16.20.1 --配置添加到北京总公司网络的路由，数据由
GRE 隧道传输
```

（6）测试。

先用 PC1 去 ping PC2，可以 ping 通，再抓包分析 GRE 隧道中的数据包格式。选择路由器 R2，先单击数据抓包，再单击接口 GE 0/0/0。开始抓包后，用 PC1 去 ping PC2，观察捕获的数据包，查看 GRE，如图 9-8 所示。

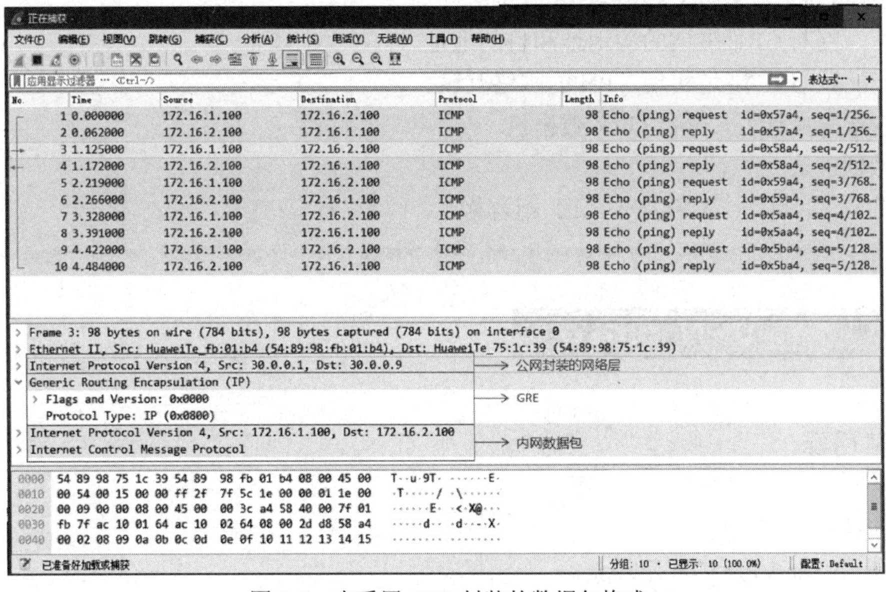

图 9-8　查看用 GRE 封装的数据包格式

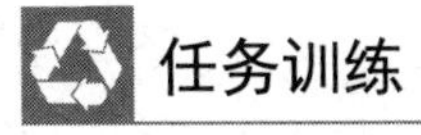

任务训练

按照图 9-9 所示的网络拓扑，在路由器 R1 和 R3 上配置 GRE 隧道搭建 VPN，让 PC1 和 PC2 之间能够互相访问。

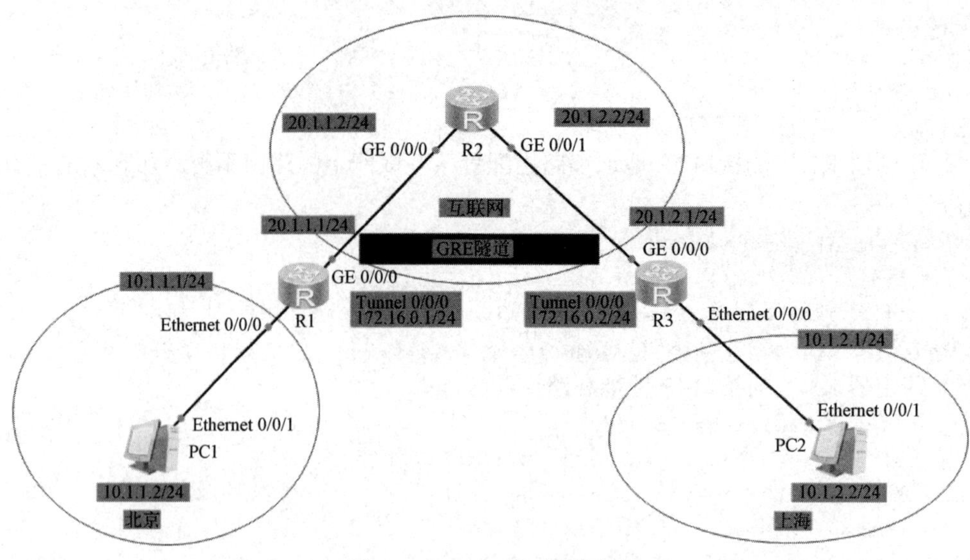

图 9-9　GRE VPN 应用示例

任务评价

1．自我评价

☐ 正确描述 VPN 的应用场景、优点和分类。

☐ 正确描述 GRE VPN 的特点。

☐ 描述 GRE 封装报文和解封装的过程。

☐ 正确判断 GRE 隧道的源地址和目的地址。

☐ 能配置 GRE 隧道实现 VPN 的网络互联。

☐ 能使用抓包工具分析 GER 数据包。

2．教师评价

☐ 优　☐ 良　☐ 合格　☐ 不合格

任务 2　增强 VPN 网络安全

任务目标

知识目标：

- 说出 IPSec VPN 的应用场景。
- 描述 IPSec VPN 两种封装模式的应用。
- 归纳 GRE over IPSec 的配置步骤。

技能目标：

- 能熟练配置隧道模式的 IPSec VPN。
- 能熟练配置 GRE over IPSec 实现数据安全传输。

- 会抓包分析 IPSec VPN 数据包。

素养目标：

- 具备网络安全的意识。
- 培养严谨细致、精益求精的网络工匠精神。

任务分析

本任务通过学习 IPSec VPN 的概念、架构、封装模式和配置案例，带领大家掌握 IPSec VPN 和 GRE over IPSec 的配置，能灵活应用 IPSec VPN 解决实际问题。

9.2.1　IPSec VPN 技术原理

企业对网络安全性的需求日益提升，而传统的 TCP/IP 协议缺乏有效的安全认证和保密机制。IPSec 作为一种开放标准的安全框架结构，可以用来保证 IP 数据包在网络上传输的保密性（Confidentiality）、完整性（Integrity）和防重放（Anti replay）。

1．IPSec VPN 的概念

IPSec 是 IETF 定义的一个框架。通信双方在网络层通过加密、完整性校验、数据源认证等方式，保证了 IP 数据包在网络上传输的保密性、完整性和防重放。

（1）保密性指对数据进行加密保护，用密文的形式传送数据。

（2）完整性指对接收的数据进行认证，以判定数据是否被篡改。

（3）防重放指防止恶意用户通过重复发送捕获到的数据包进行攻击，即接收方会拒绝旧的或重复的数据包。

IPSec VPN 建立的前提：要想在两个站点之间安全地传输 IP 数据包，它们之间必须要先进行协商，协商它们之间所采用的加密算法、封装技术及密钥。

企业远程分支机构可以通过使用 IPSec VPN 建立安全传输通道，接入企业总部网络，IPSec VPN 应用场景如图 9-10 所示。

图 9-10　IPSec VPN 应用场景

2．IPSec VPN 的架构

IPSec 框架由各种协议组合协商而成。该框架涉及的主要内容有加密算法、验证算法、封装协议、封装模式、密钥有效期等。IPSec 通过认证头标（AH）协议和封装安全负载（ESP）协议这两个安全协议来实现 IP 数据包的安全传送、通过互联网密钥交换（IKE）协议提供密钥协商，建立和维护安全关联（SA）等服务，IPSec VPN 的架构如图 9-11 所示。

下面给出 AH 协议、ESP 协议、IKE 协议与 SA 的相关解释。

（1）AH 协议：主要提供的功能有数据源验证、数据完整性校验和防重放功能。然而，AH 协议并不加密所保护的数据包。

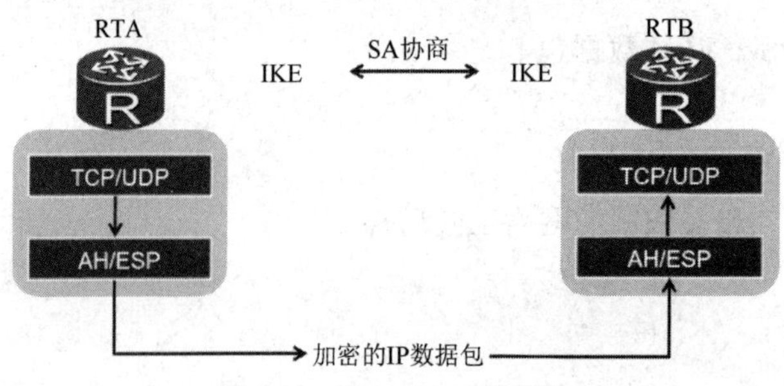

图 9-11　IPSec VPN 的架构

（2）ESP 协议：除了提供 AH 协议所有的功能（但其数据完整性校验不包括 IP 报头），还可提供对 IP 数据包的加密功能。

（3）IKE 协议：用于自动协商 AH 协议和 ESP 协议所使用的密码算法。

（4）SA：定义了 IPSec 通信对等体间将使用的数据封装模式、认证和加密算法、密钥等参数。SA 由一个三元组来唯一标识，这个三元组包括安全参数索引（Security Parameter Index，SPI）、目的 IP 地址、安全协议（AH 协议或 ESP 协议）。

3．IPSec VPN 的两种封装模式

IPSec 有两种封装模式：传输模式和隧道模式。

1）传输模式

传输模式（Transport Mode）是 IPSec 的默认模式，又称为端到端（End-to-End）模式，它只适用于 PC 到 PC 的场景，应用场景如图 9-12 所示。

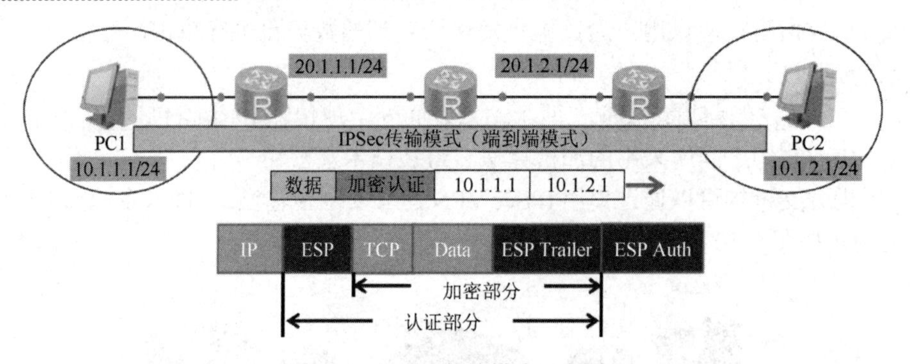

图 9-12　IPSec 传输模式示意图

在传输模式下，AH 或 ESP 报头位于 IP 报头和传输层报头之间。传输模式最显著的特点是 VPN 在整个传输过程中，IP 报头没有被封装，只是传输的实际数据载荷封装在 VPN 报文中。因此，攻击者在截获数据后无法破解数据内容，但可以清楚地了解通信双方的地址信息。

由于传输模式的包装结构相对简单，因此传输效率较高，主要用于通信双方在同一局域网中的场景。例如，网络管理员可以通过网络管理主机登录公司内部网络的服务器进行维护和管理，选用传输模式 VPN 加密其管理流量。

2）隧道模式

隧道模式（Tunnel Mode）使用在两台路由器（网关）之间，是站点到站点（Site-to-Site）的通信。参与通信的两个路由器为本地网络提供安全通信服务，应用场景如图 9-13 所示。

在隧道模式下，IPSec 会另外生成一个新的 IP 报头，并封装在 AH 或 ESP 之前。隧道模式为整个 IP 数据包提供保护，而不只是为上层协议提供安全保护，所以当攻击者截获 IP 数

据包时，他们不仅不能理解实际负载数据的内容，还不能理解实际通信双方的地址信息。

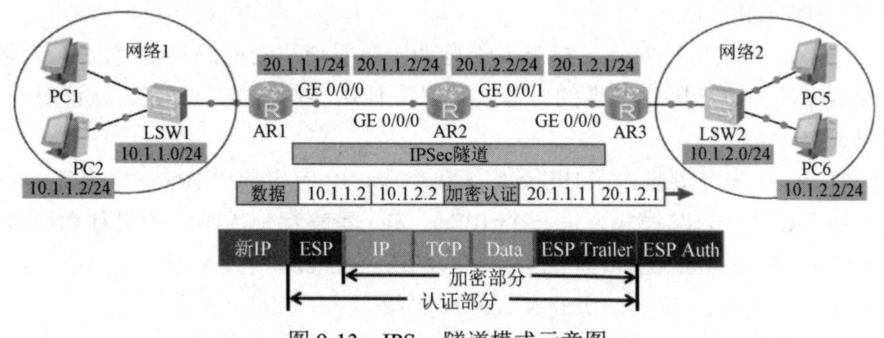

图 9-13　IPSec 隧道模式示意图

由于隧道模式 VPN 在安全性和灵活性方面具有很大的优势，因此广泛应用于企业环境。隧道模式将应用于总公司和分公司跨广域网通信、移动用户访问公司内部资源等多种情况下的 VPN 加密数据传输。

4．GRE over IPSec

GRE 本身并不支持加密，因而通过 GRE 隧道传输的流量是不加密的。将 IPSec 技术与 GRE 技术相结合，可以先建立 GRE 隧道对报文用 GRE 进行封装，再建立 IPSec 隧道对报文进行加密，以保证报文传输的完整性和保密性，这种技术称之为 GRE over IPSec。GRE over IPSec 的应用场景如图 9-14 所示。

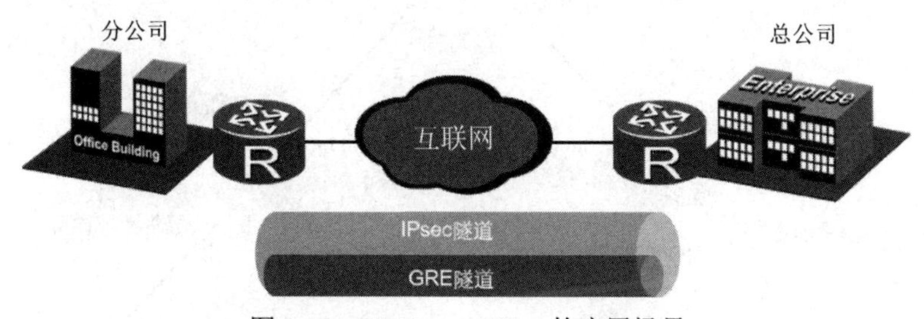

图 9-14　GRE over IPSec 的应用场景

任务训练

1. 简述 IPSec VPN 的技术优势。
2. 说一说，IPSec VPN 的两种传输模式和应用场景。
3. 描述一下 GRE over IPSec 的应用场景。

9.2.2　IPSec VPN 配置

1．IPSec VPN 配置步骤

配置 IPSec VPN 的步骤如下：

（1）定义要保护的数据流。因为部分流量无须满足完整性和保密性要求，所以需要对流量进行过滤，可以通过配置 ACL 来选择出需要 IPSec 保护的数据。

（2）配置 IPSec 安全协议。IPSec 定义了保护数据流所用的安全协议、认证算法、加密算法和封装模式。安全协议包括 AH 协议和 ESP 协议，两者可以单独使用或结合使用。AH 协

议支持 MD5 和 SHA-1 认证算法；ESP 协议支持两种认证算法（MD5 和 SHA-1）和三种加密算法（DES、3DES 和 AES）。

（3）创建 IKE 协议对等实体。指定用于自动协商所使用的密码和隧道的终点地址。为了能正常传输数据流，安全隧道两端的对等实体必须使用相同的安全协议、认证算法、加密算法和封装模式。

（4）配置 IPSec 安全策略。在 IPSec 安全策略中，会应用前面 IPSec 中定义的安全协议、认证算法、加密算法和封装模式。每一个 IPSec 安全策略都使用唯一的名称和序号来标识。IPSec 安全策略可分成 Manual 和 Isakmp 两个模式，Manual 模式是指手动建立 SA 的策略，Isakmp 模式是指由 IKE 协议自动协商生成各参数。

（5）接口应用 IPSec 安全策略。

（6）添加到远程网络的路由。

2. IPSec VPN 配置案例

视频：IPSec VPN 安全配置

下面给出一个 IPSec VPN 的的应用案例，拓扑结构如图 9-15 所示。需要在路由器 AR1 和 AR2 上配置 IPSec 隧道，使得北京总公司和广州分公司的网络能跨 Internet 通信。

在 eNSP 模拟器中部署网络拓扑，路由器型号采用 AR1220。

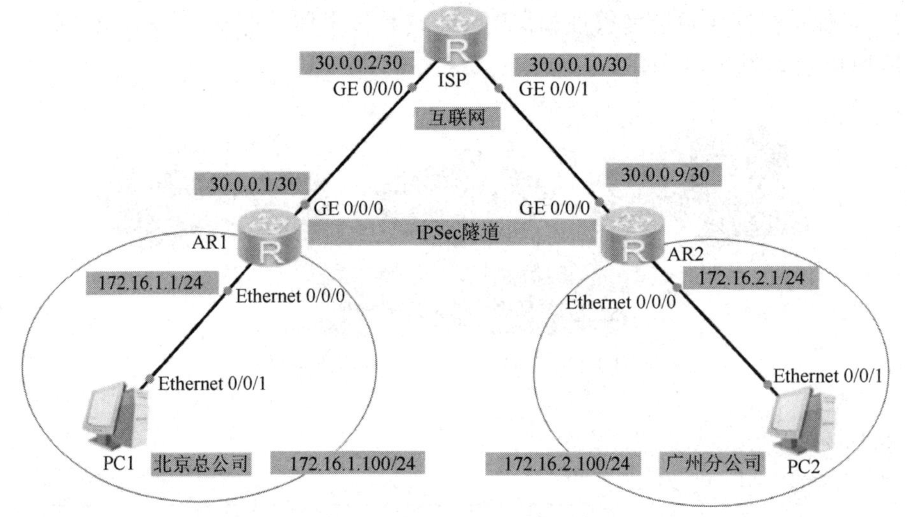

图 9-15　IPSec VPN 网络拓扑

操作步骤：

（1）3 台路由器都配置好接口 IP 地址（略）。

（2）路由器 AR1 上的 IPSec 配置。

① 定义要保护的数据流。

```
[AR1]acl 3000
[AR1-acl-adv-3000]rule permit ip source 172.16.1.0 0.0.0.255 destination 
172.16.2.0 0.0.0.255
[AR1-acl-adv-3000]rule deny ip
[AR1-acl-adv-3000]q
```

② 配置 IPSec 安全协议。

```
[AR1]ipsec proposal pro1      --创建安全协议，命名为pro1
[AR1-ipsec-proposal-pro1]esp authentication-algorithm sha1
```

```
                                               --指定 ESP 协议的身份认证算法为 SHA-1
[AR1-ipsec-proposal-pro1]esp encryption-algorithm aes-128
                                               --指定 ESP 协议的数据加密算法为 AES-128
[AR1-ipsec-proposal-pro1]q
```

③ 创建 IKE 协议对等实体。

```
[AR1]ike peer toguangzhou v1      --创建对等实体名称和版本
[AR1-ike-peer-toguangzhou]pre-shared-key simple 111    --预享密钥为 111
[AR1-ike-peer-toguangzhou]remote-address 30.0.0.9      --指定隧道终点的 IP 地址
[AR1-ike-peer-toguangzhou]q
```

④ 配置 IPSec 安全策略。

```
[AR1]ipsec policy policy1 10 isakmp
                          --策略命名为 policy1，索引号为 10，策略模式为 isakmp
[AR1-ipsec-policy-isakmp-policy1-10]ike-peer toguangzhou   --指定 IKE 协议对等实体
[AR1-ipsec-policy-isakmp-policy1-10]proposal pro1          --指定安全协议
[AR1-ipsec-policy-isakmp-policy1-10]security acl 3000      --指定数据流
[AR1-ipsec-policy-isakmp-policy1-10]q
```

⑤ 接口应用 IPSec 安全策略。

```
[AR1]int g0/0/0
[AR1-GigabitEthernet0/0/0]ipsec policy policy1        --安全策略应用到接口上
[AR1-GigabitEthernet0/0/0]q
```

⑥ 添加到远程网络的路由。

```
[AR1]ip route-static 30.0.0.8 30 30.0.0.2
[AR1]ip route-static 172.16.2.0 24 30.0.0.2
注：只配置一条默认路由也可
```

（3）路由器 AR2 上的 IPSec 配置。

① 定义要保护的数据流。

```
[AR2]acl 3000
[AR2-acl-adv-3000]rule permit ip source 172.16.2.0 0.0.0.255 destination
172.16.1.0 0.0.0.255
[AR2-acl-adv-3000]rule deny ip
[AR2-acl-adv-3000]q
```

② 配置 IPSec 安全协议。

```
[AR2]ipsec proposal pro1
[AR2-ipsec-proposal-pro1]esp authentication-algorithm sha1
[AR2-ipsec-proposal-pro1]esp encryption-algorithm aes-128
[AR2-ipsec-proposal-pro1]q
```

③ 创建 IKE 协议对等实体。

```
[AR2]ike peer tobeijing v1
[AR2-ike-peer-tobeijing]pre-shared-key simple 111 --密钥需和路由器 AR1 上的密钥相同
[AR2-ike-peer-tobeijing]remote-address 30.0.0.1
[AR2-ike-peer-tobeijing]q
```

④ 配置 IPSec 安全策略。

```
[AR2]ipsec policy policy1 10 isakmp
[AR2-ipsec-policy-isakmp-policy1-10]ike-peer tobeijing
[AR2-ipsec-policy-isakmp-policy1-10]proposal pro1
[AR2-ipsec-policy-isakmp-policy1-10]security acl 3000
[AR2-ipsec-policy-isakmp-policy1-10]q
```

⑤ 接口应用 IPSec 安全策略。

```
[AR2]int g0/0/0
[AR2-GigabitEthernet0/0/0]ipsec policy policy1
[AR2-GigabitEthernet0/0/0]q
```

⑥ 添加到远程网络的路由。

```
[AR2]ip route-static 30.0.0.0 30 30.0.0.10
[AR2]ip route-static 172.16.1.0 24 30.0.0.10
注：只配置一条默认路由也可
```

（4）抓包测试。

抓包分析 IPSec 隧道中的数据包格式。右击路由器 ISP，先选择数据抓包，再选择接口 GE 0/0/0 启用抓包软件，这时用 PC1 ping PC2，观察捕获的数据包，如图 9-16 所示。可以看到隧道中的数据包被封装在安全载荷中，不能看到数据包的内网地址信息。

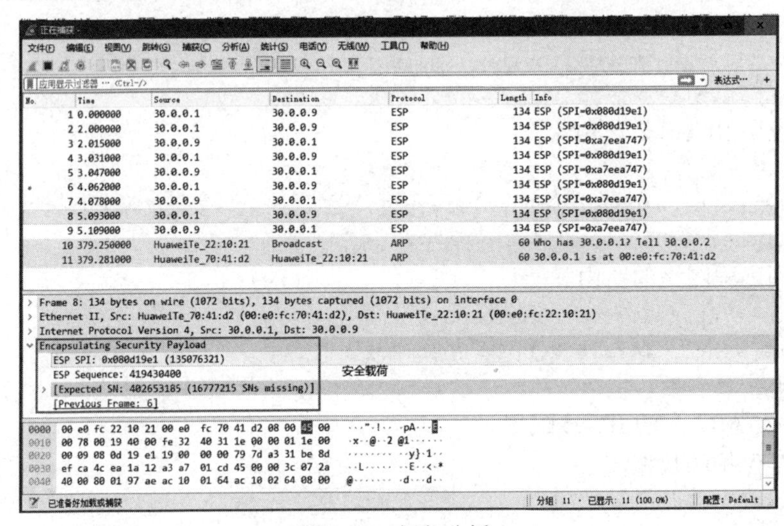

图 9-16 抓包分析

3. GRE over IPSec 配置案例

下面给出一个 GRE over IPSec 配置案例，拓扑结构如图 9-17 所示。在该案例中，先创建好隧道接口，再将 IPSec 策略绑定到隧道接口，通过隧道的数据就是要保护的数据流，这样就不需要使用 ACL 确定要保护的数据流了。在 eNSP 模拟器中部署网络拓扑，路由器型号采用 AR1220。

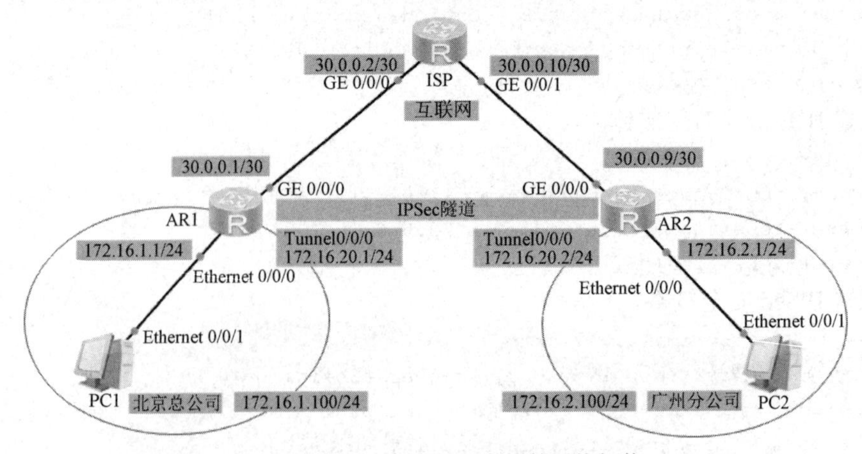

图 9-17 GRE over IPSec 案例的网络拓扑

操作步骤：

（1）在路由器 AR1、AR2、ISP 上配置物理接口的 IP 地址（略）。

（2）路由器 AR1 上的 GRE over IPSec 配置。

① 配置 GRE 隧道接口。

```
[AR1]int Tunnel 0/0/0
[AR1-Tunnel0/0/0]ip add 172.16.20.1 24
[AR1-Tunnel0/0/0]tunnel-protocol ipsec
[AR1-Tunnel0/0/0]source 30.0.0.1
[AR1-Tunnel0/0/0]destination 30.0.0.9
```

② 配置路由。

```
[AR1]ip route-static 0.0.0.0 0 30.0.0.2
[AR1]ip route-static 172.16.2.0 24 172.16.20.2
```

③ 配置 IPSec 安全协议。

```
[AR1]ipsec proposal prop
[AR1-ipsec-proposal-prol]quit
```

④ 创建 IKE 协议对等实体。

```
[AR1]ike peer toguangzhou v2
[AR1-ike-peer-toguangzhou]peer-id-type ip
[AR1-ike-peer-toguangzhou]pre-shared-key simple 111
[AR1-ike-peer-toguangzhou]q
```

⑤ 配置 IPSec 安全策略。

```
[AR1]ipsec profile profile1
[AR1-ipsec-profile-profile1]ike-peer toguangzhou
[AR1-ipsec-profile-profile1]proposal prop
[AR1-ipsec-profile-profile1]q
```

⑥ 在隧道接口上应用安全策略。

```
[AR1]int Tunnel 0/0/0
[AR1-Tunnel0/0/0]ipsec profile profile1
[AR1-Tunnel0/0/0]q
```

（3）路由器 AR2 上的 GRE over IPSec 配置。

① 配置 GRE 隧道接口。

```
[AR2]int Tunnel 0/0/0
[AR2-Tunnel0/0/0]ip add 172.16.20.2 24
[AR2-Tunnel0/0/0]tunnel-protocol ipsec
[AR2-Tunnel0/0/0]source 30.0.0.9
[AR2-Tunnel0/0/0]destination 30.0.0.1
```

② 配置路由。

```
[AR2]ip route-static 0.0.0.0 0 30.0.0.10
[AR2]ip route-static 172.16.1.0 24 172.16.20.1
```

③ 配置 IPSec 安全协议。

```
[AR2]ipsec proposal prop
[AR2-ipsec-proposal-prol]quit
```

④ 创建 IKE 协议对等实体。

```
[AR2]ike peer tobeijing v2
[AR2-ike-peer-tobeijing]peer-id-type ip
[AR2-ike-peer-tobeijing]pre-shared-key simple 111
```

```
[AR2-ike-peer-tobeijing]q
```

⑤ 配置 IPSec 安全策略。

```
[AR2]ipsec profile profile1
[AR2-ipsec-profile-profile1]ike-peer tobeijing
[AR2-ipsec-profile-profile1]proposal prop
[AR2-ipsec-profile-profile1]q
```

⑥ 在隧道接口上应用安全策略。

```
[AR2]int Tunnel 0/0/0
[AR2-Tunnel0/0/0]ipsec profile profile1
[AR2-Tunnel0/0/0]q
```

任务训练

图 9-18 所示为 IPSec VPN 网络拓扑，用户希望数据能安全加密传输，利用 GRE over IPSec 实现北京总公司和上海分公司的网络能跨 Internet 通信。

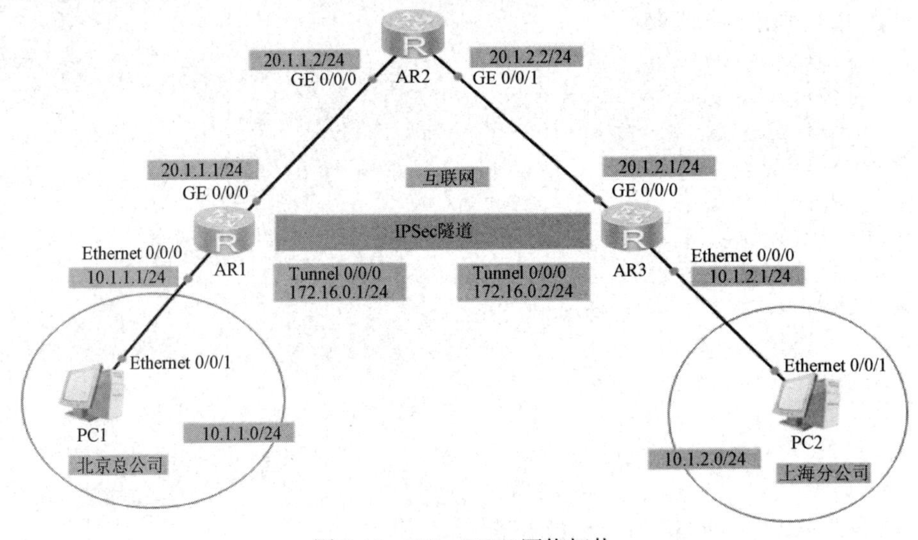

图 9-18 IPSec VPN 网络拓扑

任务评价

1．自我评价

□ 说出 IPSec VPN 的应用场景。

□ 描述 IPSec VPN 两种封装模式的应用。

□ 归纳 GRE over IPSec 的配置步骤。

□ 能熟练配置隧道模式的 IPSec VPN。

□ 能熟练配置 GRE over IPSec 实现数据安全传输。

□ 会抓包分析 IPSec VPN 数据包。

2．教师评价

□ 优　□ 良　□ 合格　□ 不合格

项目实施：异地互联组建 VPN

实施条件

为了能够在 eNSP 模拟器中模拟该项目，需要完成以下准备：

（1）学生 4 人为一组，分别任项目组长、设备工程师、配置工程师、测试工程师职位。

（2）AR1220 路由器 3 台，S5700 交换机 2 台，PC 3 台。

（3）配置线缆若干。

实施步骤

1. 方案选择

为了快速、简单地跨越互联网实现总公司和分公司之间的互联，可在两台路由器 AR1 和 AR2 之间建立 GRE 隧道实现 VPN，但 GRE 本身是明文，所以需要 IPSec 来进行加密保护。故项目可以选择________________________方案。

2. 部署网络拓扑

按照图 9-19 连接硬件。

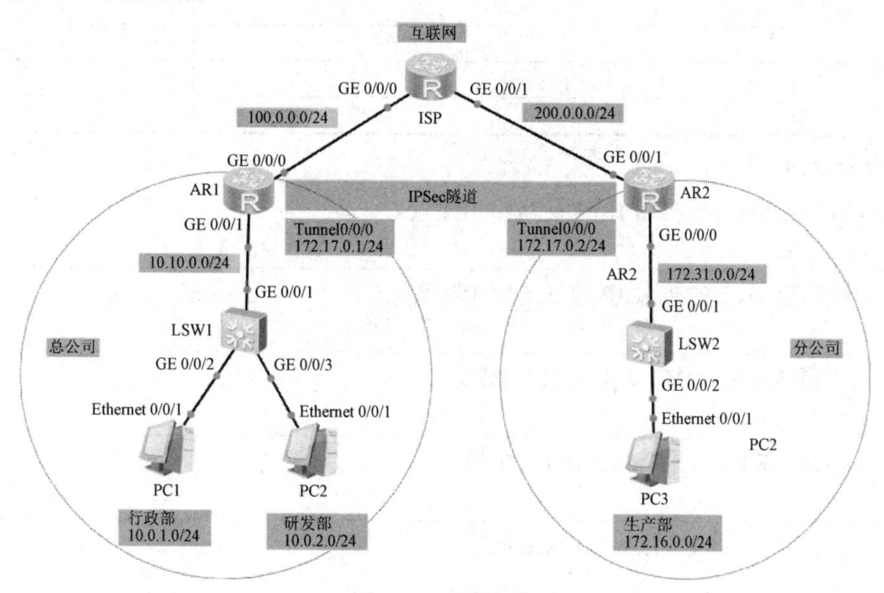

图 9-19　网络拓扑

3. 数据规划

（1）VLAN 及成员端口分配。

根据项目方案的要求，为各子网划分 VLAN，并填写到表 9-1 中。

表 9-1　VLAN 及成员端口分配表

设备节点	子网名称	VLAN 号	对应端口
LSW1	与 AR1 互联子网	VLAN 10	GE 0/0/1
	与 PC1 互联子网		GE 0/0/2
	与 PC2 互联子网		GE 0/0/3

续表

设备节点	子网名称	VLAN 号	对应端口
LSW2	与 AR2 互联子网		
	与 PC3 互联子网		

（2）接口 IP 地址分配。

根据项目要求和网络拓扑中地址规划，为各设备的接口分配 IP 地址，并填写到表 9-2 中。

表 9-2　三层设备和终端的接口 IP 地址分配表

设备节点	接口名称	IP 地址	子网掩码
PC1	Ethernet 0/0/1	10.0.1.2	255.255.255.0
PC2	Ethernet 0/0/1		
PC3	Ethernet 0/0/1		
LSW1	VLAN 10	10.10.0.1	255.255.255.0
LSW2			
AR1			
AR2			
ISP			

4．设备配置

（1）交换机 LSW1 的接口 IP 地址与路由配置。

（2）交换机 LSW2 的接口 IP 地址与路由配置。

（3）路由器 AR1、AR2、ISP 的接口配置。

（4）路由器 AR1 的 GRE over IPSec 配置。

（5）路由器 AR2 的 GRE over IPSec 配置。

（6）测试。

完成以上配置后，PC 终端可以互相 ping 通，通过抓包可以看到 IPSec 封装的数据包。

拓展阅读：正确认识 VPN，拒绝“翻墙”

VPN 最早出现于 20 世纪 90 年代，被用于通过公共网络（如互联网）建立一个临时的、安全的连接，是一条穿过不可信的公共网络的安全、加密隧道。VPN 可以对企业内网进行扩展，帮助远程用户、公司分支机构、合作伙伴及供应商远程的与企业内部网络建立可信的安全连接。

由于“翻墙软件”会用 VPN 来命名，很多对网络知识一知半解的小伙伴错误地将“VPN”

与“翻墙软件”简单画上等号，造成了许多误会。

（1）什么是“翻墙”？

这里“墙”指的是国家公共网络监控系统，俗称国家防火墙。“翻墙”又称“破网”，是指规避国家网络监管，突破 IP 封锁、内容过滤、域名劫持、流量限制等，非法访问国家禁止的境外网站的行为。

（2）哪些行为属于“翻墙”？

有意“翻墙”：有明确目的，主动下载“网络加速器”“VPN”等工具，通过修改网络设置等行为登录境外网站。

无意“翻墙”：在不了解软件实际运行原理下，使用“网络加速器”，或在游戏平台中登录外服服务器，登录涉黄、涉赌等 App。

（3）“翻墙”上网有哪些危害？

① 使用“翻墙”软件容易导致隐私泄露。使用“翻墙”软件时，发送与接收的数据都会通过提供商的设备，用户的账号密码，甚至银行账号信息等个人隐私极易被泄露，每年都有很多人因此被盗取了各种账号和密码。

② “翻墙”接触境外不良信息易造成思想混乱。境外网络和社交媒体上充斥着大量煽动颠覆政权或分裂领土的内容，部分上网人员政治鉴别力不够，受反动思想渗透蛊惑，易沦为错误观点的“二传手”，成为境外间谍情报机关的棋子。

③ 沉迷“翻墙”上网易诱发问题案件。长期“翻墙”上网浏览暴力、颓废、色情等有害信息，容易被违法犯罪分子所利用，引诱参与网络赌博、非法借贷、吸毒嫖娼，可能引发刑事案件和自杀问题。

（4）网络“翻墙”违法吗？

不少人认为，只要自己没有搭建“翻墙”服务，没有利用“翻墙”盈利，没有在境外网站发表不当言论，即使“翻墙”成功也不违法，其实这些观念是完全错误的。

《中华人民共和国计算机信息网络国际联网管理暂行规定》中明确规定：计算机信息网络直接进行国际联网，必须使用邮电部国家公用电信网提供的国际出入口信道。任何单位和个人不得自行建立或者使用其他信道进行国际联网。

《中华人民共和国刑法》第二百八十五条规定：

【非法侵入计算机信息系统罪】违反国家规定，侵入国家事务、国防建设、尖端科学技术领域的计算机信息系统的，处三年以下有期徒刑或者拘役。

【非法获取计算机信息系统数据、非法控制计算机信息系统罪】违反国家规定，侵入前款规定以外的计算机信息系统或者采用其他技术手段，获取该计算机信息系统中存储、处理或者传输的数据，或者对该计算机信息系统实施非法控制，情节严重的，处三年以下有期徒刑或者拘役，并处或者单处罚金；情节特别严重的，处三年以上七年以下有期徒刑，并处罚金。

【提供侵入、非法控制计算机信息系统程序、工具罪】提供专门用于侵入、非法控制计算机信息系统的程序、工具，或者明知他人实施侵入、非法控制计算机信息系统的违法犯罪行为而为其提供程序、工具，情节严重的，依照前款的规定处罚。

单位犯前三款罪的，对单位判处罚金，并对其直接负责的主管人员和其他直接责任人员，依照各该款的规定处罚。

以上可以看出，“VPN”只不过是一种网络通信技术，即在公用网络上建立专用网络，进行加密通信。“翻墙软件”确实会用到这一项技术，但这项技术的应用远远不止这些，很多企业也会运用这一技术实现不同办公地点的远程访问，远程数据传输等。实际上，“VPN”就是组网的一种方式，是一种十分常用的技术。我们也需谨记：翻墙违纪又违法，条令条例要记牢。谨防危险踩红线，安全保密不松懈。

读后思考：

1．VPN 技术可以实现什么业务？

2．非法“翻墙”上网行为有哪些？

课后练习

1．两台主机之间使用 IPSec VPN 传输数据，为了隐藏真实的 IP 地址，使用 IPSec VPN 的（　　）封装较好。

A．AH　　B．传输模式　　C．隧道模式　　D．ESP

2．在两台路由器之间建立 IPSec 隧道时，下列（　　）参数在 IPSec 对等体之间不需要严格一致。

A．所使用的安全协议　　B．Proposal 名字

C．数据封装模式　　D．认证算法

3．图 9-20 所示为数据包在 IPSec VPN 中的封装格式，这种类型的数据包是使用 IPSec VPN 的（　　）模式封装的。

图 9-20　数据包在 IPSec VPN 中的封装格式

A．通用模式　　B．传输模式　　B．隧道模式　　D．此封装错误

4．如果两个 IPSec VPN 对等体希望同时使用 AH 协议和 ESP 协议来保证安全通信，则两个对等体总共需要构建（　　）个 SA。

A．1　　B．2　　C．3　　D．4

5．如图 9-21 所示，两台私网主机之间希望通过 GRE 隧道建立之后，网络管理员需要在 RTA 上配置一条静态路由，将主机 A 访问主机 B 的流量引入隧道，则下列静态路由配置能满足需求的是（　　）。

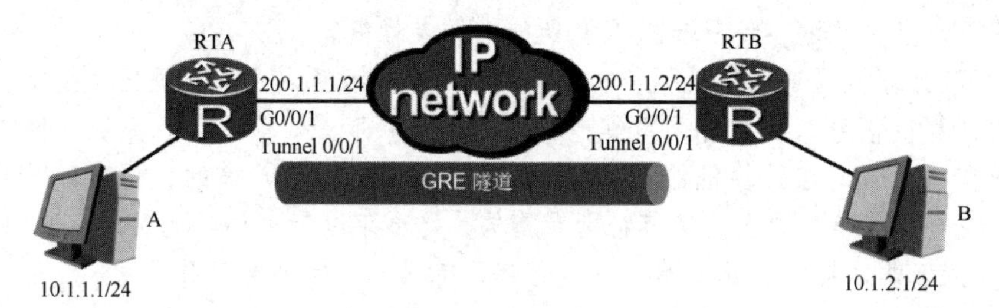

图 9-21　网络拓扑

A．ip route-static 10.1.2.0 24 GigabitEthernet0/0/1

B．ip route-static 10.1.2.0.21 200.2.2.1

C．ip route-static 10.1.2.0.24.200.1.1.1

D．ip route-static 10.1.2.0.21 tunnel 0/0/1

项目 10

升级到 IPv6 局域网

随着互联网规模的扩大，IPv4 地址已经消耗殆尽。针对 IPv4 的地址短缺问题，先后出现过 CIDR 和 NAT 等解决方案，但是 CIDR 和 NAT 都有各自的弊端，并不能作为 IPv4 地址短缺问题的彻底解决方案。另外，安全性、QoS、简便配置等要求也表明需要一个新的协议来从根本上解决目前 IPv4 地址短缺的问题。IETF 在 20 世纪 90 年代提出了下一代互联网协议 IPv6，IPv6 几乎有无限的地址空间。IPv6 使用了全新的地址配置方式，使得配置更加简单。IPv6 还采用了全新的报文格式，提高了报文处理的效率和安全性，也能更好地支持 QoS。因此，企业网升级到 IPv6 势在必行。

项目描述

随着业务的显著增长，为了提高数据处理的效率和安全性，现需要将企业局域网全面升级支持 IPv6。总公司有研发部和生产部两个部门，路由器 AR1 负责子网间的通信互联，总公司路由器 AR1 与分公司路由器 AR2 通过链路相连，企业升级 IPv6 网络拓扑如图 10-1 所示，网络功能需要满足以下需求：

（1）全网采用 IPv6 地址进行数据规划，各个部门单独划分子网，且能数据互通。

（2）为了方便管理，网络终端自动分配 IPv6 地址和 DNS 等其他参数。

（3）路由器 AR2 的接口地址通过自动分配获得。

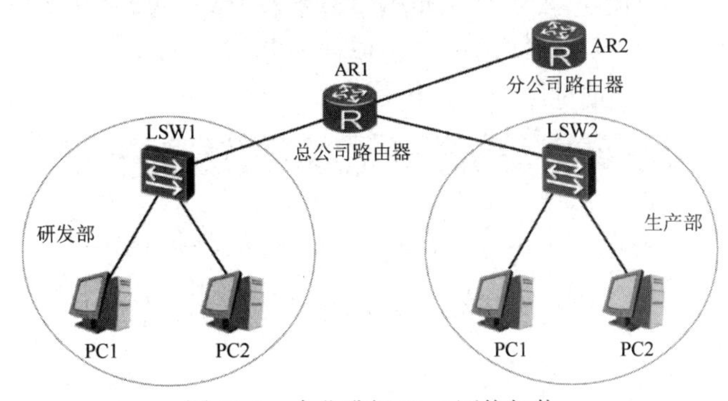

图 10-1　企业升级 IPv6 网络拓扑

项目 10 任务分解如图 10-2 所示。

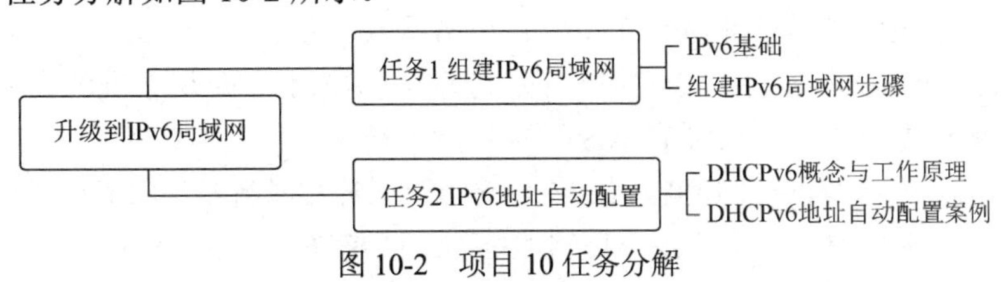

图 10-2　项目 10 任务分解

任务 1　组建 IPv6 局域网

任务目标

知识目标：

- 正确描述 IPv6 地址的结构。
- 归纳 IPv6 地址的类型和作用。
- 正确简写 IPv6 地址。

技能目标：

- 能配置路由器接口的 IPv6 地址。
- 能测试 IPv6 局域网的连通性。

素养目标：

- 树立科技报国、永攀高峰的信念。
- 具备严谨细致、精益求精的网络工匠精神。

任务分析

本任务通过学习 IPv6 的概念、IPv6 的基本报头、IPv6 地址格式、IPv6 地址的简写方法、IPv6 地址的分类和 IPv6 局域网组建案例，带领大家掌握 IPv6 局域网组建的方法。

10.1.1　IPv6 基础

视频：IPv6 基础

1. IPv6 的概念

IPv6 是 IETF 设计的一套规范，它是网络层协议的第二代标准协议，也就是 IPv4 的升级版本。IPv6 与 IPv4 的最显著区别是 IPv4 地址采用 32 位标识，而 IPv6 地址采用 128 位标识。IPv4 地址和 IPv6 地址数量对比如图 10-3 所示。128 位的 IPv6 地址可以划分更多地址层级、拥有更广阔的地址分配空间，并支持地址自动配置。

版本	长度	地址数量
IPv4	32 位	4 294 967 296
IPv6	128 位	340 282 366 920 938 463 374 607 431 768 211 456

图 10-3　IPv4 地址和 IPv6 地址数量对比

2. IPv6 的基本报头

IPv6 报文由 IPv6 基本报头、IPv6 扩展报头、上层协议及数据单元等部分组成，其中，扩展报头不是必须具备的，IPv6 基本报头格式如图 10-4 所示。基本报头中的各字段解释如下。

（1）Version：版本号，长度为 4 位，对于 IPv6 来说该值为 6。

（2）Traffic Class：流类别，长度为 8 位，它等同于 IPv4 报头中的 TOS 字段，表示 IPv6 数据包的类别或优先级，主要应用于 QoS。

（3）Flow Label：流标签，长度为 20 位，它用于区分实时流量。流可以理解为特定应用或进程来自某一源地址发往一个或多个目的地址的连续单播、组播或任播报文。IPv6 中的流标签字段、源地址字段和目的地址字段一起为特定数据流指定了网络中的转发路径。这样，报文在 IP 网络中传输时会保持原有的顺序，提高了处理效率。

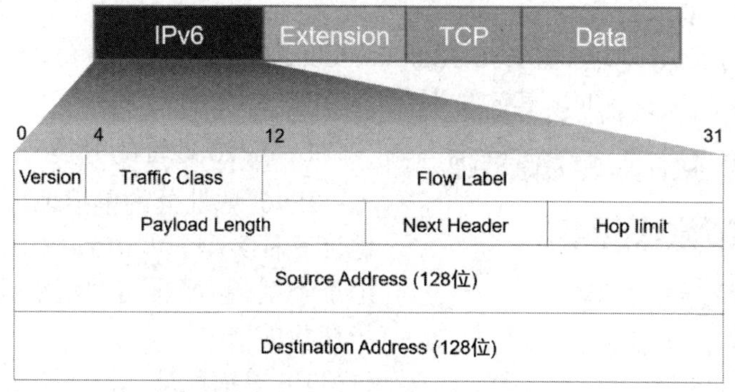

图 10-4　IPv6 基本报头格式

（4）Payload Length：有效载荷长度，长度为 16 位，它是指紧跟 IPv6 报头的数据包的其他部分。

（5）Next Header：下一个报头，长度为 8 位。该字段定义了紧跟在 IPv6 报头后面的第一个扩展报头（如果存在）的类型。

（6）Hop Limit：跳数限制，长度为 8 位，该字段类似于 IPv4 报头中的 Time to Live 字段，它定义了 IP 数据包所能经过的最大跳数。每经过一个路由器，该数值减去 1；当该字段的值为 0 时，数据包将被丢弃。

（7）Source Address：源地址，长度为 128 位，表示发送方的地址。

（8）Destination Address：目的地址，长度为 128 位，表示接收方的地址。

由以上内容可知，与 IPv4 相比，IPv6 报头去除了报头长度、标识符、标志、片移量、报头校验和、数据可选项等冗余字段，只增加了流标签域，因此对 IPv6 报头的处理较 IPv4 大大简化了，提高了处理效率。

3．IPv6 地址格式

IPv6 地址的组成如图 10-5 所示，IPv6 地址长度为 128 位，用于标识一个或一组接口。IPv6 地址通常写作 xxxx:xxxx:xxxx:xxxx:xxxx:xxxx:xxxx:xxxx，其中 xxxx 是 4 个十六进制数，等同于一个 16 位二进制数，8 组 xxxx 共同组成了一个 128 位的 IPv6 地址。一个 IPv6 地址由 IPv6 地址前缀和接口标识组成，IPv6 地址前缀用来标识 IPv6 网络，接口标识用来标识接口。

IPv6 地址的子网掩码使用前缀长度的方式标识。表示形式为 IPv6 地址/前缀长度，其中“前缀长度”是一个十进制数，表示该地址的前多少位是地址前缀。图 10-5 所示的 IPv6 地址前缀有 32 位，可以表示为：2001:0DB8:0000:0000:0000:0000:0346:8D58/32。

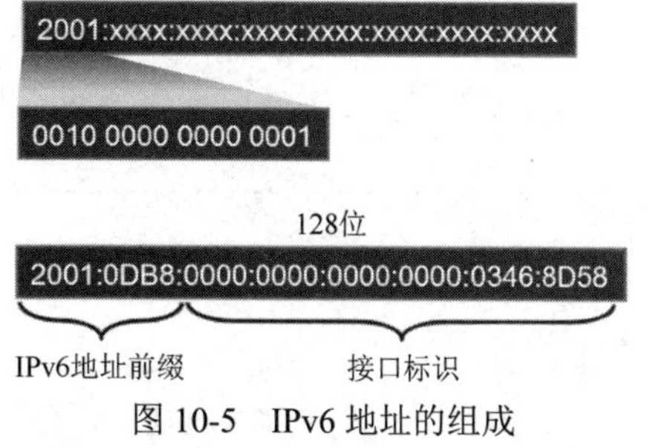

图 10-5　IPv6 地址的组成

4．IPv6 地址的简写方法

由于 IPv6 地址长度为 128 位，书写时会非常不方便。此外，IPv6 地址的巨大地址空间使得地址中往往会包含多个 0。为了应对这种情况，IPv6 提供了压缩方式来简化地址的书写。压缩规则如下：

（1）每 16 位组中的前导 0 可以省略。

（2）地址中包含的连续两个或多个均为 0 的组，可以用双冒号“::”来代替。需要注意的是，在一个 IPv6 地址中只能使用一次双冒号“::”，否则，设备将压缩后的地址恢复成 128 位时，无法确定每段中 0 的个数。

图 10-6 展示的 IPv6 地址 2001:0DB8:0000:0000:0000:0000:0346:8D58 是如何利用压缩规则对 IPv6 地址进行简化表示的，其简写为 2001:DB8::346:8D58。

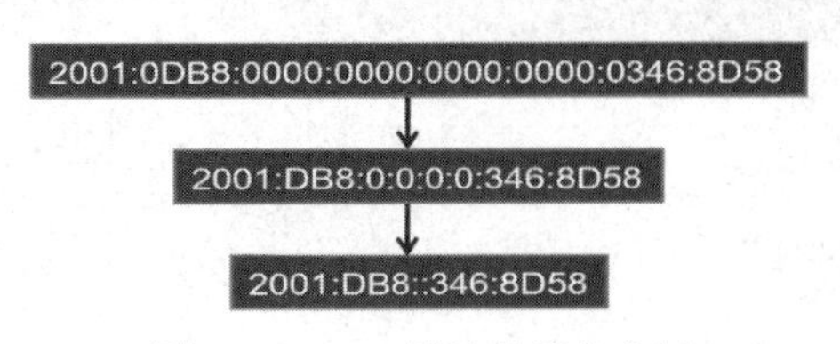

图 10-6　IPv6 地址的简化实例

5. IPv6 地址的分类

IPv6 地址分为单播地址、任播地址和组播地址三种类型。和 IPv4 相比，IPv6 取消了广播地址类型，以更丰富的组播地址代替，同时增加了任播地址。

1）单播地址

单播地址用来标识一个单接口。发送一个单播地址的数据包到由该地址标识的接口上。IPv6 定义了多种单播地址，目前常用的单播地址有以下四种：

（1）未指定地址：IPv6 中的未指定地址即 0:0:0:0:0:0:0:0/128 或者写为::/128。该地址可以表示某个接口或者节点还没有 IP 地址，源 IP 地址是::/128 的数据包不会被路由设备转发。

（2）Loopback 地址：IPv6 中的 Loopback 地址即 0:0:0:0:0:0:0:1/128 或者写为::1/128。Loopback 地址与 IPv4 中的 127.0.0.1 作用相同，主要用于设备给自己发送报文。该地址通常用来作为一个虚接口的地址。实际发送的数据包中不能使用 Loopback 地址作为源 IP 地址或者目的 IP 地址。

（3）全球单播地址：全球单播地址是带有全球单播前缀的 IPv6 地址，其作用类似于 IPv4 中的公有地址。这种类型的地址允许路由前缀的聚合，从而限制了全球路由表项的数量。全球单播地址由全球路由前缀、子网 ID 和接口标识组成，全球单播地址的结构如图 10-7 所示。

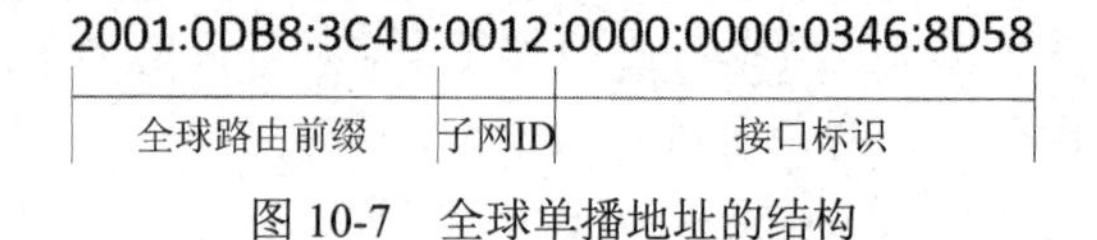

图 10-7　全球单播地址的结构

（4）链路本地地址：链路本地地址是 IPv6 中的应用范围受限制的地址，只能连接在同一本地链路的节点之间使用。它使用了特定的本地链路前缀 FE80::/10（最高 10 位的值为 1111111010），同时将接口标识添加在后面作为地址的低 64 位，类似于 IPv4 中的私有地址，链路本地地址的结构如图 10-8 所示。

当一个节点启动 IPv6 协议栈时，节点的每个接口会自动配置一个链路本地地址（其固定的前缀+EUI-64 规则形成接口标识）。这种机制使得两个连接到同一链路的 IPv6 节点不需要做任何配置就可以通信。所以链路本地地址广泛应用于邻居发现、无状态地址配置等。

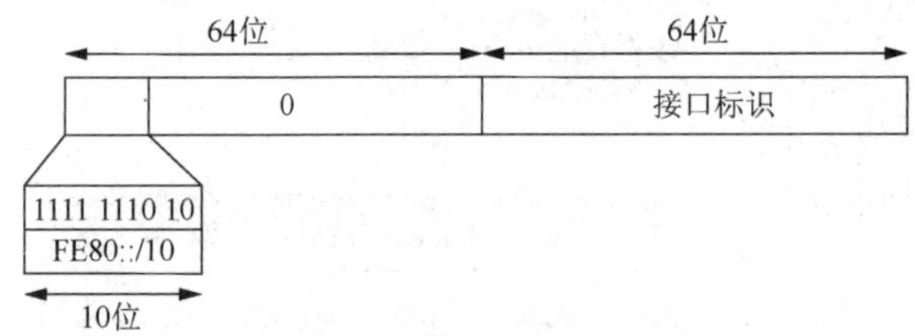

图 10-8　链路本地地址的结构

2）任播地址

任播地址标识一组网络接口（通常属于不同的节点）。从格式上，任播地址与单播地址没有任何差异，当一个单播地址被分配给多于一个的接口时，就将其转换为任播地址。被分配具有任播地址的节点必须得到明确的配置，从而知道它是一个任播地址。

企业网络中运用任播地址有很多优势，任播地址可以在给多个主机或多个节点提供相同服务时提供冗余和负载分担。

图 10-9 所示为任播地址提供冗余的应用场景，区域 X 的 HTTP Server1 和区域 Y 的 HTTP Server2 都使用相同的任播地址 2001:0DB8::84C2，用户可以通过多台使用相同地址的服务器获取同一个 HTTP 服务。如果采用的不是任播地址通信，当其中一台服务器发生故障时，用户需要获取另一台服务器的地址才能重新建立通信。如果采用的是任播地址，当一台服务器发生故障时，任播地址的发起方能够自动与使用相同地址的另一台服务器通信，从而实现业务冗余。

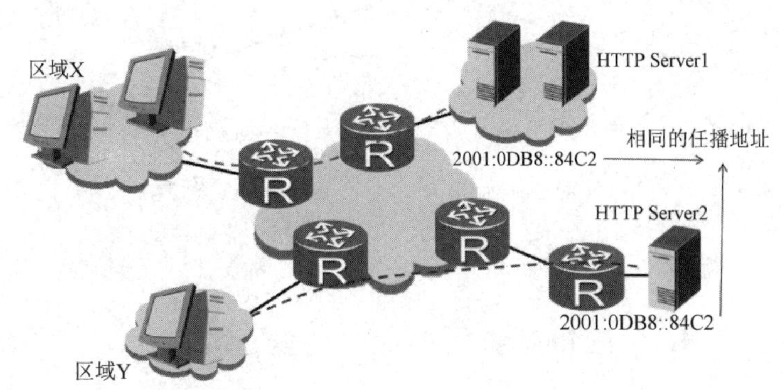

图 10-9　任播地址提供冗余的应用场景

使用多服务器接入还能够提高工作效率。例如，当用户（任播地址的发起方）浏览公司网页时，与相同的任播地址建立一条连接，连接的对端是具有相同任播地址的多个服务器。用户可以从不同的镜像服务器分别下载 HTML 文件和图片。用户利用多个服务器的带宽同时下载网页文件，其效率远远高于使用单播地址进行下载。

3）组播地址

IPv6 的组播功能与 IPv4 相同，用来标识一组接口，一般这些接口属于不同的节点。一个节点可能属于 0 到多个组播组。目的地址为组播地址的数据包会被该组播地址标识的所有接口接收。组播地址以 11111111（FF）开头。

任务训练

1. 写出 IPv6 地址 3100:0000:0000:0000:000F:0000:FE08:9C5A 的简写形式。
2. IPv6 地址有哪些类型？
3. 说一说 IPv6 任播地址的作用。

10.1.2　IPv6 局域网组建案例

图 10-10 所示为 IPv6 局域网的网络拓扑，局域网有研发部和生产部两个子网，路由器 R1 连接两个子网，全网采用了 IPv6 地址进行地址规划。现需要网络设备支持 IPv6，实现能数据互通。

首先在 eNSP 模拟器中部署网络拓扑，路由器型号采用 Router。

主要配置：

（1）路由器 R1 接口的 IPv6 地址配置。

```
[R1]ipv6                                    --全局开启对 IPv6 的支持
[R1]int g0/0/0
[R1-GigabitEthernet0/0/0]ipv6 enable        --在接口上启用对 IPv6 的支持
```

```
[R1-GigabitEthernet0/0/0]ipv6 address 3000::1 64  --添加 IPv6 地址
[R1-GigabitEthernet0/0/0]int g0/0/1
[R1-GigabitEthernet0/0/1]ipv6 enable
[R1-GigabitEthernet0/0/1]ipv6 address 3001::1 64
[R1-GigabitEthernet0/0/1]quit
```

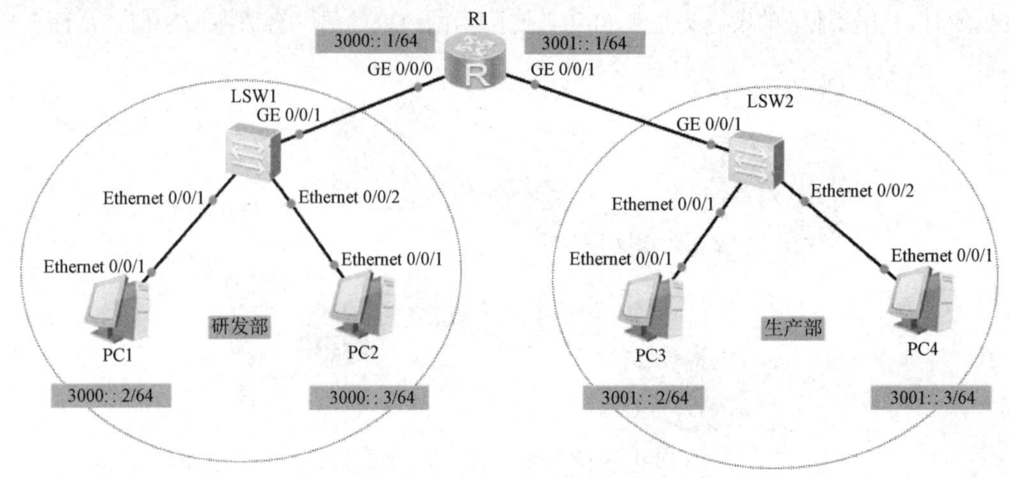

图 10-10　IPv6 局域网的网络拓扑

（2）在所有 PC 上配置 IPv6 地址，图 10-11 所示为 PC1 的静态 IPv6 地址配置。

图 10-11　PC1 的静态 IPv6 地址配置

（3）用 ping 命令测试网络的连通性。图 10-12 所示为研发部主机 PC1 ping 通生产部主机 PC3 的结果截图。

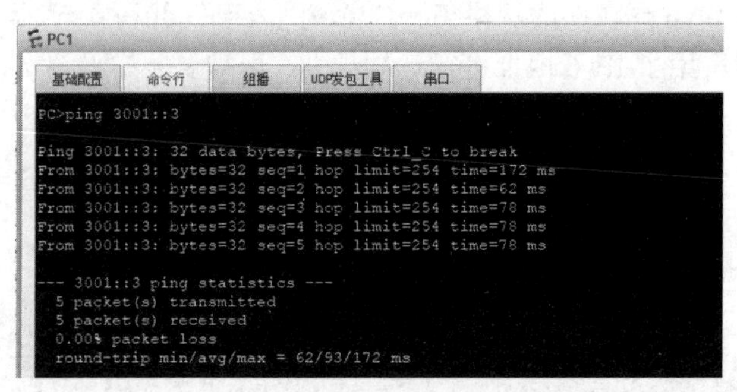

图 10-12　研发部主机 PC1 ping 通生产部主机 PC3 的结果截图

任务评价

1．自我评价

☐ 正确描述 IPv6 地址的结构。

☐ 归纳 IPv6 地址的类型和作用。

☐ 正确简写 IPv6 地址。

☐ 能配置路由器接口的 IPv6 地址。

☐ 能测试 IPv6 局域网的连通性。

2．教师评价

☐ 优　☐ 良　☐ 合格　☐ 不合格

任务 2　IPv6 地址自动配置

任务目标

知识目标：

- 说出 IPv6 地址分配类型与特点。
- 描述 DHCPv6 的路由通告报文的作用。
- 区分有状态和无状态 DHCPv6 配置的不同。

技能目标：

- 能熟练配置 DHCPv6 有状态方式地址分配。
- 能熟练配置 DHCPv6 无状态方式地址分配。
- 会查看 DHCPv6 地址分配结果。

素养目标：

- 树立科技报国、永攀高峰的信念。
- 具备严谨细致、精益求精的网络工匠精神。

任务分析

本任务通过学习 IPv6 地址分配类型、DHCPv6 的基本概念、DHCPv6 的工作原理、DHCPv6 有状态和无状态地址分配的配置案例，带领大家掌握 IPv6 局域网中自动获取 IPv6 地址的实现方式。

10.2.1　DHCPv6 概念与工作原理

1．IPv6 地址分配类型

IPv6 具有地址空间巨大的特点，但同时长达 128 位的 IPv6 地址要求高效、合理的地址自动分配和管理策略。目前 IPv6 地址的分配方法有以下几种：

（1）手动配置。手动配置 IPv6 地址/前缀及其他网络配置参数，如 DNS、网络信息服务

（NIS）、简单网络时间协议（SNTP）服务器地址等参数。

（2）无状态自动地址分配。由接口标识生成链路本地地址，根据路由通告（Router Advertisement，RA）报文包含的前缀信息自动配置本机地址。

（3）有状态自动地址分配，即 DHCPv6 方式。DHCPv6 方式又分为如下两种:

① DHCPv6 有状态自动分配。DHCPv6 服务器自动分配 IPv6 地址/前缀及其他网络配置参数（DNS、NIS、SNTP 服务器地址等参数）。

② DHCPv6 无状态自动分配。主机 IPv6 地址仍然通过 RA 方式自动生成，DHCPv6 服务器只分配除 IPv6 地址外的网络配置参数（DNS、NIS、SNTP 服务器等参数）。

2. DHCPv6 的基本概念

1）DHCPv6 的定义

IPv6 动态主机配置协议（Dynamic Host Configuration Protocol for IPv6，DHCPv6）是针对 IPv6 的编址方案，是为主机分配 IPv6 地址/前缀和其他网络配置参数而设计的协议。

DHCPv6 属于一种有状态地址自动配置协议。在有状态地址配置过程中，DHCPv6 服务器为主机分配一个完整的 IPv6 地址，并提供 DNS 服务器地址等其他配置信息，图 10-13 所示为 DHCPv6 应用示意图。

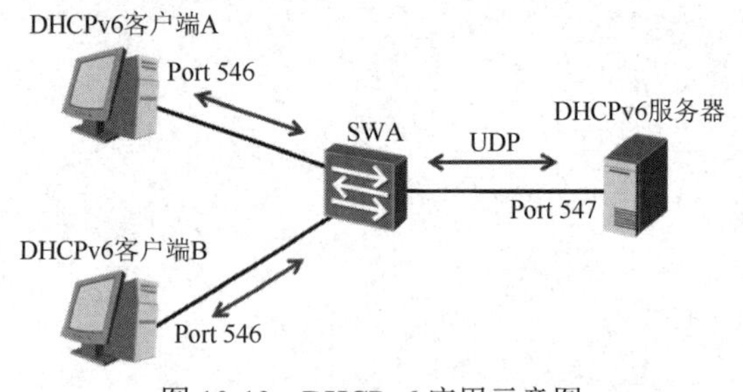

图 10-13　DHCPv6 应用示意图

2）端口号

DHCPv6 服务器与客户端之间使用 UDP 来交互 DHCPv6 报文，客户端使用的 UDP 端口号是 546，服务器使用的 UDP 端口号是 547。

3）DHCPv6 基本协议架构

DHCPv6 基本协议架构主要包括以下三种角色：

（1）DHCPv6 客户端：通过与 DHCPv6 服务器交互，获取 IPv6 地址/前缀和其他网络配置参数，完成自身的地址配置。

（2）DHCPv6 中继：负责转发来自客户端方向或服务器方向的 DHCPv6 报文，协助 DHCPv6 客户端和 DHCPv6 服务器完成地址配置。只有当 DHCPv6 客户端和 DHCPv6 服务器不在同一链路范围内，或者 DHCPv6 客户端和 DHCPv6 服务器无法单播交互的情况下，才需要 DHCPv6 中继的参与。

（3）DHCPv6 服务器：负责处理来自客户端或中继的地址分配、地址续租、地址释放等请求，为客户端分配 IPv6 地址/前缀和其他网络配置参数。

4）DHCP 唯一标识符

DHCP 唯一标识符（DHCP Unique Identifier，DUID）用来标识 DHCPv6 服务器或 DHCPv6 客户端。每台 DHCPv6 服务器或 DHCPv6 客户端有且只有一个 DUID。

DUID 采用以下两种方式自动生成：

（1）基于链路层地址（用 LL 表示）：即采用链路层地址方式来生成 DUID。

（2）基于链路层地址与时间组合（用 LLT 表示）：即采用链路层地址和时间组合方式来生成 DUID。

3. DHCPv6 的工作原理

DHCPv6 自动分配分为 DHCPv6 有状态自动分配和 DHCPv6 无状态自动分配两种。

1）RA 报文中的关键标记

DHCPv6 客户端在向 DHCPv6 服务器发送请求报文之前，会发送路由器请求（RS）报文，在同一链路范围的路由器接收到此报文后会回复 RA 报文。在 RA 报文中包含管理地址配置标记（M）和有状态配置标记（O）。当 M 位为 1 时，启用 DHCPv6 有状态地址配置，即 DHCPv6 客户端需要从 DHCPv6 服务器获取 IPv6 地址；当 M 位为 0 时，启用 IPv6 无状态地址自动分配方案。当 O 位为 1 时，用来定义客户端需要通过有状态的 DHCPv6 来获取其他网络配置参数，如 DNS、NIS、SNTP 服务器地址等；当 O 位为 0 时，启用 IPv6 无状态地址自动分配方案。

2）DHCPv6 有状态自动分配

IPv6 主机通过有状态 DHCPv6 方式获取 IPv6 地址和其他网络配置参数（如 DNS 服务器的 IPv6 地址等）。在有状态自动分配情景下，DHCPv6 服务器为客户端分配地址过程有四步交互和两步交互两种方式。

（1）DHCPv6 四步交互。在多个 DHCPv6 服务器场景下，DHCPv6 服务器常采用四步交互方式为客户端分配地址和网络配置信息，DHCPv6 四步交互地址分配过程如图 10-14 所示。

DHCPv6 四步交互地址分配过程如下：

① DHCPv6 客户端发送 Solicit 报文，请求 DHCPv6 服务器为其分配 IPv6 地址和其他网络配置参数。

② DHCPv6 服务器回复 Advertise 报文，该报文中携带了为客户端分配的 IPv6 地址及其他网络配置参数。

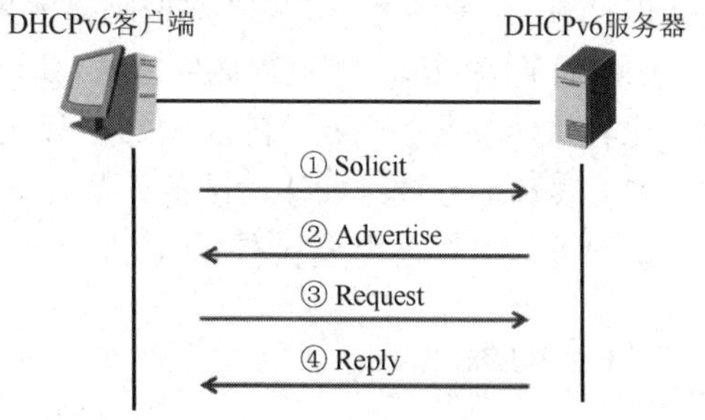

图 10-14　DHCPv6 四步交互地址分配过程

③ DHCPv6 客户端如果接收到了多个 DHCPv6 服务器回复的 Advertise 报文，就会根据 Advertise 报文中的服务器优先级等参数来选择优先级最高的一台 DHCPv6 服务器，并向所有的 DHCPv6 服务器发送 Request 组播报文。

④ 被选定的 DHCPv6 服务器回复 Reply 报文，确认将 IPv6 地址和其他网络配置参数分配给 DHCPv6 客户端使用。

（2）DHCPv6 两步交互。两步交互方式常用于网络中只有一个 DHCPv6 服务器的情况。DHCPv6 客户端首先通过组播发送 Solicit 报文来定位可以为其提供服务的 DHCPv6 服务器，DHCPv6 服务器收到 DHCPv6 客户端的 Solicit 报文后，为其分配 IPv6 地址和网络配置信息，直接回应 Reply 报文，完成地址申请和分配过程。

两步交互方式可以提高 DHCPv6 地址分配的效率，但前提是 DHCPv6 服务器端使能了两步交互，并且客户端报文中包含 Rapid Commit 选项，DHCPv6 两步交互地址分配过程如图 10-15 所示。

3）DHCPv6 无状态自动分配

IPv6 节点可以通过 DHCPv6 无状态方式获取网络配置参数（包括 DNS、SIP、SNTP 服务器等网络配置信息，不包括 IPv6 地址）。DHCPv6 无状态自动分配工作过程如图 10-16 所示。

DHCPv6 无状态自动分配工作过程如下：

① DHCPv6 客户端以组播方式向 DHCPv6 服务器发送 Information-Request 报文，该报文中携带 Option Request 选项，用来指定 DHCPv6 客户端需要从 DHCPv6 服务器获取的网络配置参数。

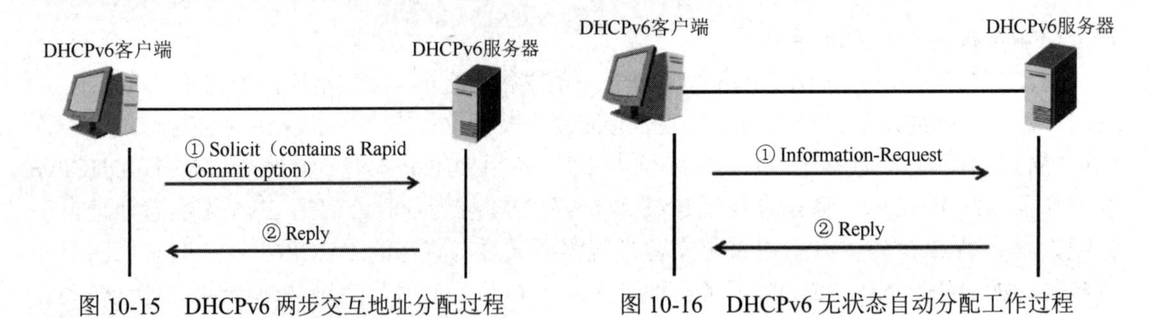

图 10-15　DHCPv6 两步交互地址分配过程　　图 10-16　DHCPv6 无状态自动分配工作过程

② DHCPv6 服务器收到 Information-Request 报文后，为 DHCPv6 客户端分配网络配置参数，并单播发送 Reply 报文，将网络配置参数返回给 DHCPv6 客户端。

③ DHCPv6 客户端根据收到的 Reply 报文中提供的网络配置参数完成 DHCPv6 客户端无状态配置。

4．应用场景选择（无状态还是有状态）

何时采用无状态、何时采用有状态，关键看应用场景。核心在于是否需要控制 IP 地址。例如保持 IP 地址不变，如果需要控制，就采用有状态；如果无须控制，就采用无状态。

（1）服务端领域：如对外提供服务，通常需要采用有状态 IP 地址。因为业务 IP 地址的突然变化容易导致业务中断（除非做好服务发现）。

（2）客户端领域：如移动设备、办公室内的计算机，只需要上 IPv6 互联网，并不需要对外提供服务，可以采用无状态 IP 地址。

任务训练

1. 简述 IPv6 地址分配的三种类型。
2. 说一说 DHCPv6 中 RA 报文的作用。

10.2.2　DHCPv6 地址自动配置案例

视频：DHCPv6 地址自动配置案例

1．DHCPv6 有状态自动配置案例

如图 10-17 所示，通过部署路由器 AR1 为 DHCPv6 服务器，实现路由器 AR2 和 PC1、PC2 通过 DHCPv6 服务器获取 IPv6 地址和 DNS 服务器地址的需求。

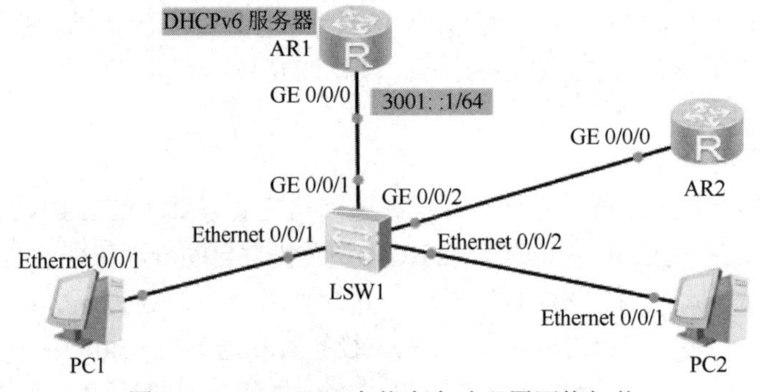

图 10-17　DHCPv6 有状态自动配置网络拓扑

配置思路：

（1）在路由器 AR1 上，配置 DHCPv6 服务器，实现为 DHCPv6 客户端动态分配 IPv6 地址和 DNS 服务器地址。具体配置包括配置接口的 IPv6 地址、配置 IPv6 地址池、使能接口的 DHCPv6 服务器功能。

（2）在路由器 AR2 和 PC 上配置 DHCPv6 客户端功能。

操作步骤：

（1）在路由器 AR1 上，配置 DHCPv6 服务器。

① 配置接口的 IPv6 地址。

```
[AR1]ipv6
[AR1]int g0/0/0
[AR1-GigabitEthernet0/0/0]ipv6 enable
[AR1-GigabitEthernet0/0/0]ipv6 address 3001::1 64
[AR1-GigabitEthernet0/0/0]quit
```

② 配置 IPv6 地址池。

```
[AR1]dhcpv6 pool pool1
[AR1-dhcpv6-pool-pool1]address prefix 3001::/64
[AR1-dhcpv6-pool-pool1]excluded-address 3001::1
[AR1-dhcpv6-pool-pool1]dns-server 3000::10
[AR1-dhcpv6-pool-pool1]quit
```

③ 使能接口的 DHCPv6 服务器功能。

```
[AR1]dhcp enable
[AR1]int g0/0/0
[AR1-GigabitEthernet0/0/0]dhcpv6 server pool1
```

④ 发送 RA 报文，DHCPv6 服务器有状态自动获取 IPv6 地址和其他网络配置参数。

```
[AR1-GigabitEthernet0/0/0]undo ipv6 nd ra halt      --发送 RA 报文
[AR1-GigabitEthernet0/0/0]ipv6 nd autoconfig managed-address-flag   --设置 RA 报文中的有状态自动配置地址的标记位为 1，采用有状态自动配置
[AR1-GigabitEthernet0/0/0]ipv6 nd autoconfig other-flag    --设置有状态配置标记位为 1，需使用 DHCPv6 服务器来配置除 IPv6 地址外的其他网络配置参数，如 DNS、域名、NIS、SNTP 服务器等参数
[AR1-GigabitEthernet0/0/0]quit
```

（2）在路由器 AR2 上配置 DHCPv6 客户端。

① 配置接口的 IPv6 地址。

```
[AR2]ipv6
[AR2]int g0/0/0
[AR2-GigabitEthernet0/0/0]ipv6 enable
[AR2-GigabitEthernet0/0/0]ipv6 address auto link-local  --配置接口自动生成的链路本地地址
[AR2-GigabitEthernet0/0/0]quit
```

② 使能接口的 DHCPv6 客户端功能。

```
[AR2]dhcp enable
[AR2]int g0/0/0
[AR2-GigabitEthernet0/0/0]ipv6 address auto dhcp
```

③ 查看 DHCPv6 客户端的信息。

```
<AR2>display dhcpv6 client
GigabitEthernet0/0/0 is in stateful DHCPv6 client mode.
State is BOUND.
Preferred server DUID   : 0003000100E0FC8B4C52
```

```
  Reachable via address : FE80::2E0:FCFF:FE8B:4C52
IA NA IA ID 0x00000031 T1 43200 T2 69120
  Obtained     : 2023-01-19 14:37:23
  Renews       : 2023-01-20 02:37:23
  Rebinds      : 2023-01-20 09:49:23
  Address      : 3001::4                      --自动分配 IPv6 地址
    Lifetime valid 172800 seconds, preferred 86400 seconds
    Expires at 2023-01-21 14:37:23(172792 seconds left)
DNS server     : 3000::10                     --自动分配 DNS 服务器地址
```

（3）在 PC 上获取并查看 IPv6 地址。

如图 10-18（a）所示，单击“PC1”对话框中的“基础配置”选项卡，在“IPv6 配置”选区中选择“DHCPv6”选项，获取 IPv6 地址。如图 10-18（b）所示，在“PC1”对话框中的“命令行”选项卡界面，输入命令“ipconfig”查看自动分配的 IPv6 地址。

3. DHCPv6 无状态自动配置案例

如图 10-19 所示，路由器 AR1 与 AR2 在同一条链路上。通过部署路由器 AR1 作为 DHCPv6 服务器，路由器 AR2 作为 DHCPv6 客户端，实现路由器 AR2 通过 RA 方式获取 IPv6 地址，通过 DHCPv6 服务器获取 DNS 服务器地址的需求。

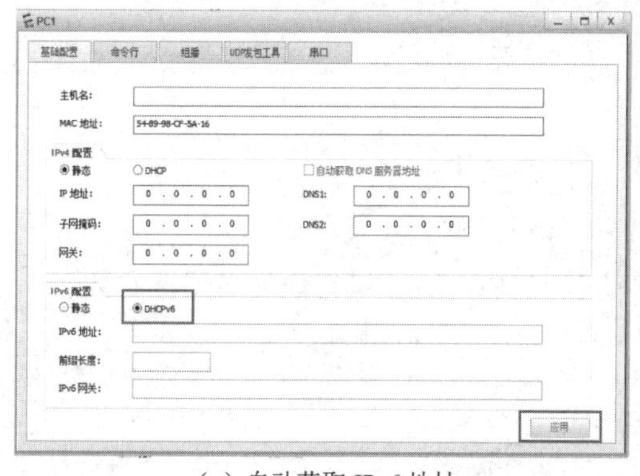

（a）自动获取 IPv6 地址

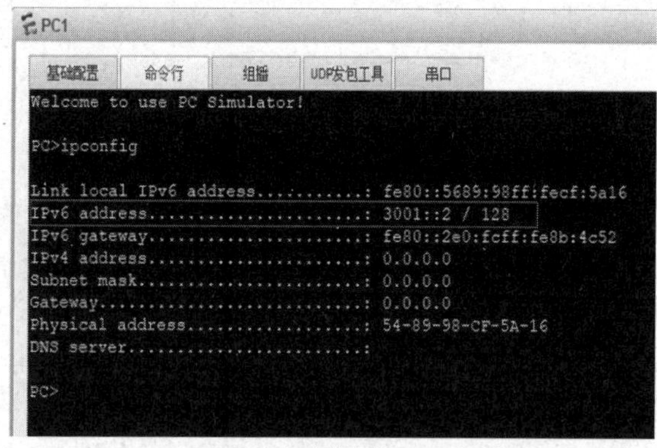

（b）查看自动获取的 IPv6 地址

图 10-18　获取并查看 IPv6 地址

配置思路：

（1）在路由器 AR1 上配置 DHCPv6 服务器功能。实现通过 RA 方式为 DHCPv6 客户端分配 IPv6 地址，通过 DHCPv6 服务器为 DHCPv6 客户端分配 DNS 服务器地址。

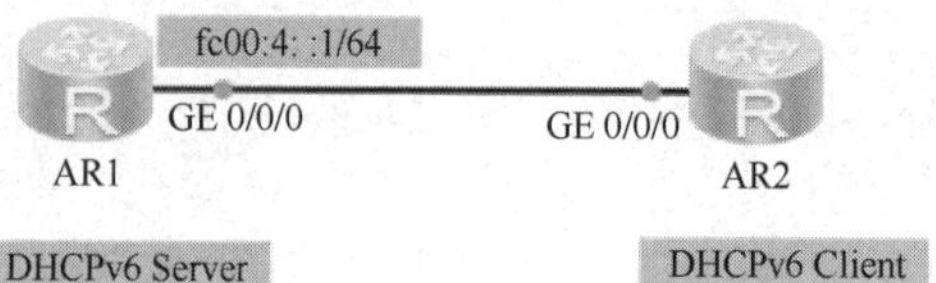

图 10-19　DHCPv6 无状态自动配置网络拓扑

（2）在路由器 AR2 上配置 DHCPv6 客户端功能。实现通过 RA 方式获取 IPv6 地址，通过 DHCPv6 服务器获取 DNS 服务器的地址。

操作步骤：

（1）在路由器 AR1 上配置 DHCPv6 服务器。

① 配置接口的 IPv6 地址。

```
[AR1]ipv6
[AR1]int g0/0/0
[AR1-GigabitEthernet0/0/0]ipv6 enable
[AR1-GigabitEthernet0/0/0]ipv6 address fc00:4::1 64
[AR1-GigabitEthernet0/0/0]q
```

② 配置 IPv6 地址池。

```
[AR1]dhcp enable
[AR1]dhcpv6 pool pool1
[AR1-dhcpv6-pool-pool1]dns-server fc00:3::2
[AR1-dhcpv6-pool-pool1]quit
```

③ 配置通过 RA 方式分配 IPv6 地址，DHCPv6 无状态自动分配其他网络配置参数。

```
[AR1]int g0/0/0
[AR1-GigabitEthernet0/0/0]undo ipv6 nd ra halt
[AR1-GigabitEthernet0/0/0]ipv6 nd autoconfig other-flag
[AR1-GigabitEthernet0/0/0]dhcpv6 server pool1
[AR1-GigabitEthernet0/0/0]quit
```

（2）在路由器 AR2 上配置 DHCPv6 客户端功能。

```
[AR2]ipv6
[AR2]dhcp enable
[AR2]int g0/0/0
[AR2-GigabitEthernet0/0/0]ipv6 enable
[AR2-GigabitEthernet0/0/0]ipv6 address auto global  --使能无状态自动生成 IPv6 全局地址功能
[AR2-GigabitEthernet0/0/0]dhcpv6 client information-request --使能 DHCPv6 客户端以 DHCPv6 无状态自动分配方式获取网络配置参数(不包括 IPv6 地址)
[AR2]display ipv6 int g0/0/0   --查看接口 GE0/0/0 的 IPv6 地址
GigabitEthernet0/0/0 current state : UP
IPv6 protocol current state : UP
IPv6 is enabled, link-local address is FE80::2E0:FCFF:FE07:535F
  Global unicast address(es):
    FC00:4::2E0:FCFF:FE07:535F,
    subnet is FC00:4::/64 [SLAAC 1970-01-01 01:36:50 2592000S]
  Joined group address(es):
    FF02::1:FF07:535F
    FF02::2
    FF02::1
    ......
[AR2]display dhcpv6 client int g0/0/0   --查看 DHCPv6 客户端 DHCPv6 信息
GigabitEthernet0/0/0 is in stateless DHCPv6 client mode.
State is OPEN.
Preferred server DUID   : 0003000100E0FC5C025D
  Reachable via address : FE80::2E0:FCFF:FE5C:25D
Infomation refresh time is 86400 seconds
DNS server     : FC00:3::2            --自动分配的 DNS 地址
```

任务评价

1．自我评价

☐ 说出 IPv6 地址分配类型与特点。

☐ 描述 DHCPv6 的 RA 报文的作用。

☐ 区分有状态和无状态 DHCPv6 自动配置的不同。

☐ 能熟练配置 DHCPv6 有状态方式地址分配。

☐ 能熟练配置 DHCPv6 无状态方式地址分配。
☐ 会查看 DHCPv6 地址分配结果。
2．教师评价
☐ 优　☐ 良　☐ 合格　☐ 不合格

项目实施：升级到 IPv6 局域网

实施条件

为了能够在 eNSP 模拟器中模拟该项目，需要完成以下准备：
（1）学生 4 人为一组，分别任项目组长、设备工程师、配置工程师、测试工程师职位。
（2）AR1220 路由器 2 台，S3700 交换机 2 台，PC 4 台。
（3）配置线缆若干。

实施步骤

1．方案选择

根据项目自动分配 IPv6 地址的需求，若实现网络终端自动分配 IPv6 地址和 DNS 服务器地址等其他网络配置参数，需选用地址分配方案。将路由器 AR1 作为 DHCPv6 服务器，研发部和生产部的主机通过 DHCPv6 有状态自动分配 IPv6 地址，路由器 AR2 通过 DHCPv6 无状态自动分配 IPv6 地址。

2．部署网络拓扑

按照图 10-20 连接硬件。路由器 AR1 需要添加 1GEC 接口卡。

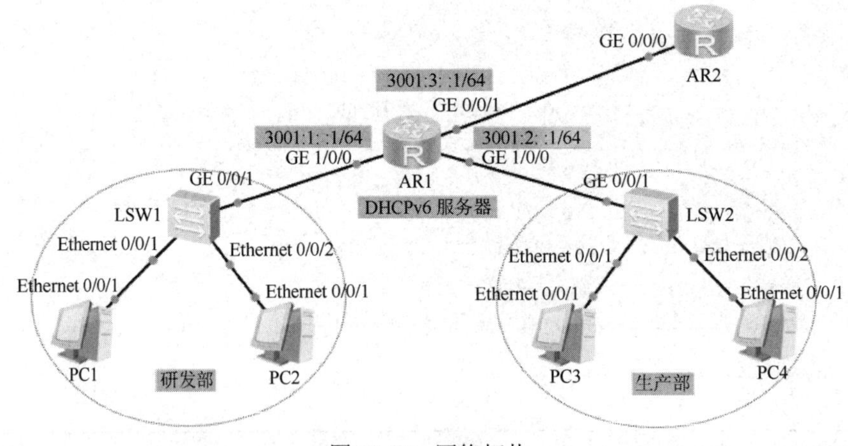

图 10-20　网络拓扑

3．数据规划

（1）DHCPv6 服务器 AR1 接口 IPv6 地址。

根据项目要求和网络拓扑中地址规划，DHCPv6 服务器 AR1 各接口的 IPv6 地址如表 10-1 所示。

表 10-1　DHCPv6 服务器 AR1 各接口的 IPv6 地址

设备节点	接口名称	IPv6 地址	前缀长度
AR1	GE 0/0/0	3001:1::1	64
	GE 1/0/0	3001:2::1	64
	GE 0/0/1	3001:3::1	64

（2）地址池数据规划。

本项目需规划三个地址池，把规划的地址池数据填写在表 10-2 中。

表 10-2　地址池数据规划

地址池名称	应用接口	地址前缀	DNS 地址
Pool1	GE 0/0/0	3001::/64	fc00:3::2
Pool2			
Pool3	GE 0/0/1	—	fc00:3::2

4．设备配置

（1）DHCPv6 服务器 AR1 配置。

____

____

（2）路由器 AR2 配置。

____

____

（3）测试。

完成以上配置后，在 PC 上查看路由器 AR2 自动分配的地址信息。

拓展阅读：“全球 IPv6 发展与标准演进研讨会”成功举办

IPv6 是全球网络第一次也将是未来数十年最后一次换轨升级，IPv6 衍生和融合技术标准的发展将满足未来网络持续扩大的客观要求，助力多领域数字化转型，已成为全球数字技术创新的新赛道。在此背景下，由全球 IPv6 论坛（IPv6 Forum）与下一代互联网国家工程中心（CFIEC）共同主办的“全球 IPv6 发展与标准演进研讨会暨《2022 全球 IPv6 支持度白皮书》发布仪式”于 2023 年 1 月 5 日举行。

中国工程院院士邬贺铨与来自全球 IPv6 论坛、下一代互联网国家工程中心、亚太互联网络信息中心（APNIC）、中国信息通信研究院（CAICT）、IETF、中国通信标准化协会（CCSA）、IEEE、欧洲电信标准化协会 IPv6 增强创新工作组（ETSI IPE）等全球组织机构的专家，以及来自新华三、华为、天融信的企业代表，从“全球 IPv6 发展”和“IPv6 标准演进”两个重要维度，共商 IPv6 发展活力和机遇，加强不同组织机构之间的深入协作，建立完善的 IPv6 衍生和融合技术标准，加速全球 IPv6 规模部署。

1．全球互联网进入 IPv6 主导期，　亚洲增长强劲

IPv6 提供了更多创新能力和发展空间，中国工程院院士邬贺铨在会议上总结了当前 IPv6 发展趋势和特点，他认为全球互联网发展已经进入 IPv6 主导期，主要呈现三个特点：第一，从 IPv4 向 IPv6 的过渡在加速；第二，从 IPv4/IPv6 双栈向 IPv6 单栈发展；第三，IPv6 向 IPv6+

发展，开发 IPv6 地址空间能力并与新一代信息技术全面融合，IPv6 正在发挥乘数效应。

全球 IPv6 论坛副主席、下一代互联网国家工程中心主任刘东在介绍全球 IPv6 部署发展情况中提到："2022 年全球 IPv6 部署速度处在新高位。全球综合 IPv6 部署率在 30%左右的国家或地区已占世界地图面积一半以上，有 26 个国家 IPv6 部署率突破了 40%，对比 21 年增加了 9 个；有 37 个国家部署率超过 30%；51 个国家部署率超过 20%。IPv6 单栈成为全球共识，并已形成规模，应用和用户数量未来将快速增长。"

亚太互联网络信息中心基础资源服务总监潘广亮在会上分享了亚太地区的 IPv6 部署发展情况，他表示："互联网的成长没有停止，也不会停止。随着越来越多的设备接入，IPv6 成为必由之路，并在全球范围内不断增长，其中亚洲地区的整体 IPv6 支持能力增幅强劲。据亚太互联网络信息中心统计，目前亚洲 IPv6 支持能力超过全球平均水平，已接近 40%，以中国、印度、马来西亚为代表的几个国家 IPv6 发展势头迅猛。未来几年，IPv6 的部署将会继续提升，并将出现更多以 IPv6 为基础的创新应用"。

在全球 IPv6 蓬勃发展的大潮中，中国不断展现亮眼的成绩。据中国信息通信研究院标准所互联网中心主任高巍在会上介绍："中国是全球最早开展 IPv6 及下一代互联网技术研究、标准制定、应用开发和规模商用的国家之一。截至 2022 年 12 月，中国 IPv6 用户数已到达 7.18 亿，固定网络 IPv6 流量占比达 12.43%，移动网络 IPv6 流量占比达 46.93%，整体发展势头良好。尤其在云平台 IPv6 改造中取得了阶段性的成功，已有超过 95%的内容分发网络（CDN）节点支持 IPv6，为达到 IPv6 流量提升新时期提供了有力支撑。"

2．IPv6 标准以纯 IPv6 为基线向"云网""算网""安全"演进

数字经济浪潮下，互联网与实体经济的融合不断深入，产业数字化、数字产业化已经成为各行业开新局的时代机遇。作为数字化转型的重要抓手，标准先行更有利于在变局中开辟领先优势。IPv6 衍生和融合技术标准研发和创制同 IPv6 发展部署息息相关。随着 IPv6 在全球范围内的加速部署，IPv6 标准化工作步入新阶段、呈现出新变化。

中国通信标准化协会 TC3 技术委员会主席、IPv6 标准工作组行业标准组组长赵慧玲表示，经过二十年的发展，当前 IPv6 标准已形成体系化、规范化的态势，涵盖了资源、网络、应用、安全和过渡五大类标准。现阶段的标准能够满足 IPv6 网络建设的需要，但在安全类标准和应用类标准方面还需重点发展。同时她提出了新阶段 IPv6 行业标准创制的四个重点方向：第一，云网融合领域，IPv6 支持云网边智能协同，数据算力等新型资源深度融合；第二，万物互联领域，IPv6 支持无缝全球覆盖，任何人在任何地点任何时间可以与任何人进行通信；第三，智能运维领域，IPv6 支持端到端网络质量保障，确保满足企业生产场景上云对网络的诉求；第四，安全可信领域，IPv6 支持端到端安全内生机制，自适应安全框架和安全原子能力，安全防御、检测、响应预测。

IETF 互联网架构委员会（IAB）委员、华为首席 IP 专家李振斌在介绍 IETF 相关标准工作时同样提到："数据通信产业迈向 IPv6+的智能连接时代，IETF 也随之逐步开展了各项 IPv6 标准化工作，IPv6+1.0（SRv6）的标准、IPv6+2.0（5G 和云时代）相关标准等已取得重要成果。现阶段，IPv6 提供了更多差异化的服务能力，云网和算网成为 IPv6 的重点应用，通过 IPv6 的扩展和接入点名称（APN）等技术可实现个性化的网络并满足多样算力的需求。在 APN6 方面，目前已与多家运营商合署标准文稿，成功推动商业机会融合（BOF），这将是未来技术创新和标准创制的重点方向。此外，基于 IPv6 的通用隧道封装技术 GIP6 也值得进一步关注。"

经过多年的部署渗透，IPv6 发展已进入纯 IPv6 演进的绝佳时期。欧洲电信标准化协会 IPv6 增强创新工作组 ISG 副主席、中国电信研究院 IPv6 高级专家解冲锋在介绍 ETSI IPv6 相

关发展情况时表示，网络基础设施均为多域、多场景，为此我们要积极推动面向多域的纯 IPv6 网络架构及技术要求，以标准形式在业界达成共识，助力运营商、OTT（Over The Top）与服务和设备制造商构建纯 IPv6 网络，推动网络基础设施向纯 IPv6 迈进。

读后思考：

1．为什么说全球互联网进入 IPv6 主导期？

2．IPv6 标准的演进方向是什么？

课后练习

1．IPv6 地址中不包括（　　）。

A．单播地址　　B．组播地址　　C．广播地址　　D．任播地址

2．（多选）下面关于 IPv6 描述正确的有（　　）。

A．IPv6 的地址长度为 64 位

B．IPv6 的地址长度为 128 位

C．当一个 IPV6 报文有多个扩展头部时，扩展头部必须有序出现

D．当一个 IPV6 报文有多个扩展头部时，扩展头部可以随机出现

3．（多选）以下哪些 IPv6 地址可以被手动配置在路由器接口上？（　　）。

A．fe80:13dc::1/64　　B．ffO0:8a3c::9b/64

C．::1/128　　D．2001:12e3:1b02::21/64

4．（多选）关于 IPv6 地址 2031:0000:720C:0000:0000:09E0:839A:130B，下面哪些缩写是正确的？（　　）

A．2031:0:720C:0:0:9E0:839A:130　　B．2031:0:720C:0:0:9E:839A:130B

C．2031::720C::9EO:839A:130B　　D．2031:0:720C::9E0:839A:130B

5．（多选）在 VRP 操作系统中配置 DHCPv6，则下列哪些形式的 DUID 可以被配置？（　　）

A．DUID-LL　　B．DUID-LLT　　C．DUID-EN　　D．DUID-LLC

6．若要用一个本地连接 IPv6 地址执行组播，要用哪一个 IPv6 前缀？（　　）

A．FD00::/8　　B．FE80::/10　　C．FEC0::/10　　D．FF00::/8

7．下面 IPv6 地址获取过程正确的是（　　）。

A．无状态环境通过 RA 获取 Global 地址

B．无状态环境通过 DHCPv6 获取 Global 地址

C．有状态环境通过 DHCPv6 获取 NDS 地址

D．无状态环境通过 DHCPv6 获取 NDS 地址

8．如果环境是无状态，那么 RA 报文（　　）。

A．M 位为 1　　B．M 位为 0

C．O 位为 0　　D．O 位为 1

9．下面哪个报文不是 DHCPv6 过程报文？（　　）

A．Discover　　B．Solicit　　C．Request　　D．Advertise

项目 11

IPv6 网络互联

随着人工智能、物联网技术的蓬勃发展，互联网上承载的应用日益繁多，从 IPv4 向 IPv6 演进已是大势所趋。但是，从 IPv4 到 IPv6 的升级，并不仅仅是 IP 地址从 32 位修改为 128 位那么简单，而是涉及网络的方方面面。从个人终端到运营商网络，从各种应用软件到网站服务，都需要全面升级改造。因此，从 IPv4 到 IPv6 的升级绝不是一次性完成的，而是需要逐步、分层次推进。在过渡期间，为了保证 IPv4 与 IPv6 能够共存、互通，出现了 IPv6 over IPv4 隧道等过渡技术。

项目描述

如图 11-1 所示，广州某智慧园区的网络需要进行 IPv6 升级改造，总部需要和分园区互联。由于广域网依然是 IPv4 网络，请使用 IPv6 over IPv4 隧道技术实现总部与分园区的互联互通。

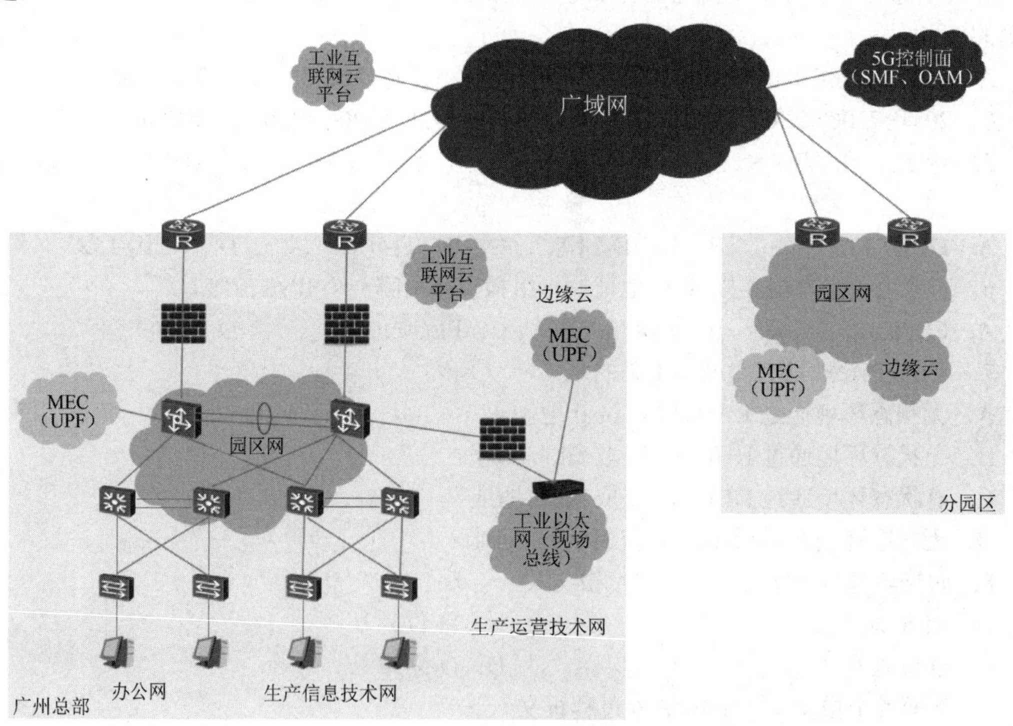

图 11-1　广州某智慧园区网络拓扑图

项目 11 任务分解如图 11-2 所示。

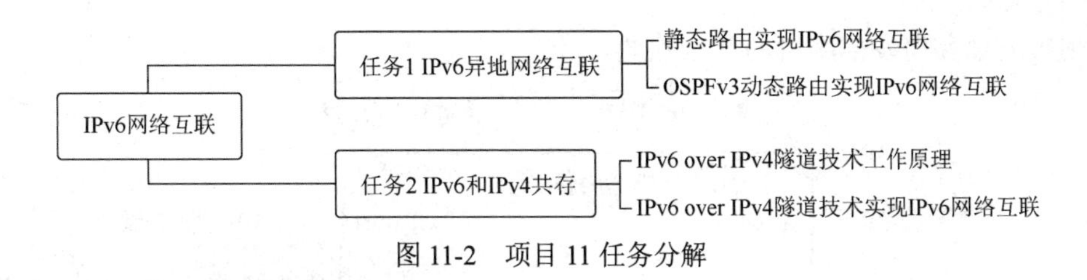

图 11-2 项目 11 任务分解

任务 1 IPv6 异地网络互联

任务目标

知识目标：

- 正确描述 IPv6 静态路由的配置方法。
- 正确归纳 OSPFv3 动态路由配置的步骤。

技能目标：

- 能配置 IPv6 静态路由。
- 能配置 OSPFv3 实现 IPv6 网络互联。
- 能排查 IPv6 网络故障。

素养目标：

- 厚植爱国主义情怀，培养爱国主义精神。
- 增强学生的社会责任意识。

任务分析

本任务首先介绍 IPv6 静态路由与 IPv4 静态路由的区别，然后介绍 IPv6 静态路由实现 IPv6 网络间通信的配置，接着介绍 OSPFv3 动态路由与 OSPFv2 动态路由的异同点，最后介绍 OSPFv3 动态路由实现 IPv6 网络间通信的配置。

11.1.1 静态路由实现 IPv6 网络互联

1. IPv6 静态路由

与 IPv4 网络一样，IPv6 网络也可以配置静态路由实现网络间通信。当 IPv6 网络规模较小时，网络管理员适当地配置静态路由可以改进 IPv6 网络性能，保障重要应用的带宽。只是当网络发生故障或者拓扑结构发生变化时，需要网络管理员手动修改网络配置。

在创建 IPv6 静态路由时，同样需要配置目标网段、地址前缀、下一跳地址或出接口。与 IPv4 静态路由一样，若在串行网络中配置静态路由，可以指定下一跳地址或只配置出接口；若在广播网络中配置静态路由，则必须指定下一跳地址。

IPv6 静态路由与 IPv4 静态路由之间的主要区别是目标网段和下一跳地址不同，IPv6 静态路由使用的是 IPv6 地址，而 IPv4 静态路由使用的是 IPv4 地址。

2. IPv6 静态路由配置

如图 11-3 所示，某公司的市场部和研发部首先完成 IPv6 网络升级改造，现在请配置静态路由实现市场部和研发部主机的互联互通。

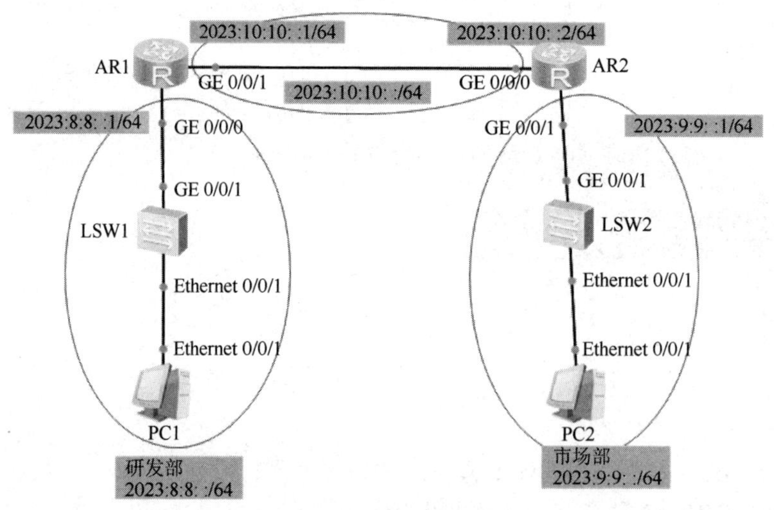

图 11-3　静态路由的网络拓扑

配置分析：

（1）在路由器 AR1 和 AR2 上启用 IPv6，进入对应的接口，启用 IPv6，配置 IPv6 地址。

（2）在路由器 AR1 和 AR2 上配置 IPv6 静态路由。

（3）给 PC1 和 PC2 配置 IPv6 静态地址。

具体步骤：

（1）在路由器 AR1 和 AR2 上启用 IPv6，进入对应的接口，启用 IPv6，配置 IPv6 地址。

① 路由器 AR1 的配置。

```
[AR1]ipv6                                                   --启用 IPv6
[AR1]interface GigabitEthernet 0/0/0
[AR1-GigabitEthernet0/0/0]ipv6 enable             --接口 G0/0/0 启用 IPv6
[AR1-GigabitEthernet0/0/0]ipv6 address 2023:8:8::1 64  --配置 IPv6 地址
[AR1-GigabitEthernet0/0/0]q
[AR1]interface GigabitEthernet 0/0/1
[AR1-GigabitEthernet0/0/1]ipv6 enable
[AR1-GigabitEthernet0/0/1]ipv6 address 2023:10:10::1 64
[AR1-GigabitEthernet0/0/1]q
```

② 路由器 AR2 的配置。

```
[AR2]ipv6
[AR2]interface GigabitEthernet 0/0/0
[AR2-GigabitEthernet0/0/0]ipv6 enable
[AR2-GigabitEthernet0/0/0]ipv6 address 2023:10:10::2 64
[AR2-GigabitEthernet0/0/0]q
[AR2]interface GigabitEthernet 0/0/1
[AR2-GigabitEthernet0/0/1]ipv6 enable
[AR2-GigabitEthernet0/0/1]ipv6 address 2023:9:9::1 64
[AR2-GigabitEthernet0/0/1]q
```

（2）在路由器 AR1 和 AR2 上配置 IPv6 静态路由。

① 路由器 AR1 的配置。

```
[AR1]ipv6 route-static 2023:9:9:: 64 2023:10:10::2
```

② 路由器 AR2 的配置。

```
[AR2]ipv6 route-static 2023:8:8:: 64 2023:10:10::1
```

（3）给 PC1 和 PC2 配置 IPv6 静态地址。

配置 PC1、PC2 的 IPv6 地址，其中，PC1 的 IPv6 地址如图 11-4 所示。

图 11-4　PC1 的 IPv6 地址

（4）验证配置。

使用 PC1 去 ping PC2 发现双方可以互相通信，说明静态路由实现 IPv6 网络间通信配置成功。

任务训练

如图 11-5 所示，请使用 IPv6 静态路由实现三台主机间的互联互通。

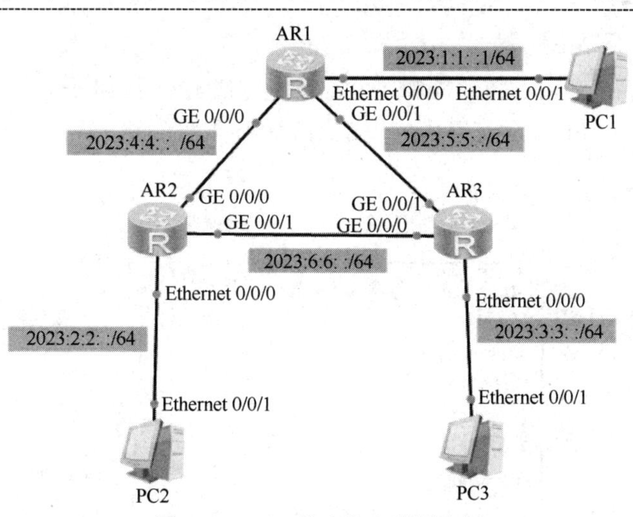

图 11-5　IPv6 静态路由配置案例

11.1.2　OSPFv3 动态路由实现 IPv6 网络互联

1．OSPFv3 动态路由

前面学习过的在 IPv4 网络中运行 OSPF 的协议版本是 OSPFv2，在 IPv6 网络中运行 OSPF

的协议版本是 OSPFv3。OSPFv3 主要是在 IPv6 网络中提供动态路由功能，是 IPv6 网络中的主流路由协议。

OSPFv3 与 OSPFv2 在协议设计思路及工作机制方面有很多相同的地方，如：

（1）报文类型相同：它们都包括 Hello 报文、DBD 报文、LSR 报文、LSU 报文、LSAck 报文五种类型。

（2）区域划分相同。

（3）LSA 泛洪和同步机制相同：为了保证 LSDB 内容的正确性，需要保证 LSA 的泛洪和同步可靠。

（4）路由计算方法相同：都采用最短路径优先算法。

（5）邻居发现和邻接发现机制相同。

（6）选举 DR、BDR 机制相同。

（7）支持的网络类型相同。

为了支持 OSPF 在 IPv6 网络中运行，指导 IPv6 数据包的转发，OSPFv3 在 OSPFv2 的基础上做了一些必要的改进，使得 OSPFv3 能够独立于网络层协议，而且只要稍加扩展，就可以适应各种协议，为将来的扩展提供了可能性。

OSPFv3 相对于 OSPFv2 来说，最大的改进有如下几点：

（1）OSPFv2 基于网段运行，运行 OSPFv2 的两台路由器要形成邻接关系，接口的 IP 地址必须在同一网段且掩码相同。OSPFv3 基于链路运行，不需要接口的 IP 地址在同一网段，即使同一链路上的不同节点具有不同网段的 IPv6 地址，OSPFv3 也可以正常运行。

（2）OSPFv2 的 Router ID 由路由器最大 IP 地址决定（也可以由网络管理员手动指定），而 OSPFv3 的 Router ID 必须由网络管理员指定，这样可以提高网络的稳定性。

（3）OSPFv2 配置时必须宣告直连网段，但 OSPFv3 配置无须宣告直连网段，只需要配置接口 IP 地址。

2. OSPFv3 动态路由配置

视频：OSPFv3 动态路由实现网络互联

如图 11-6 所示，某公司的市场部和研发部首先完成 IPv6 网络升级改造，现在请配置 OSPFv3 动态路由实现市场部和研发部主机的互联互通。

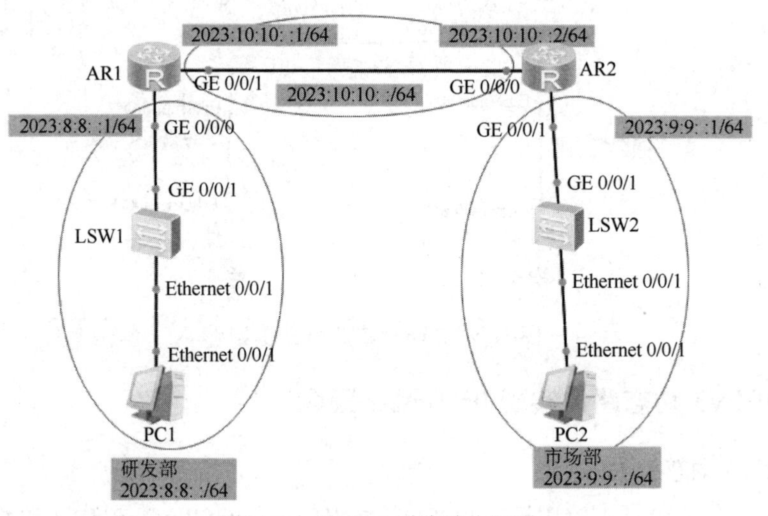

图 11-6　OSPFv3 动态路由配置

配置分析：

（1）在路由器 AR1 和 AR2 上启用 IPv6，进入对应的接口，启用 IPv6，配置 IPv6 地址。

（2）在路由器 AR1 和 AR2 上配置 OSPFv3 路由。

（3）给 PC1 和 PC2 配置 IPv6 静态地址。

具体步骤：

（1）在 AR1 和 AR2 路由器上启用 IPv6，进入对应的接口，启用 IPv6，配置 IPv6 地址。此步骤请参考 11.1.1 节 IPv6 静态路由配置的步骤（1）。

（2）在路由器 AR1 和 AR2 上配置 OSPFv3 路由。

① 路由器 AR1 的配置。

```
[AR1]ospfv3 1
[AR1-ospfv3-1]router-id 1.1.1.1
[AR1-ospfv3-1]quit
[AR1]int g 0/0/0
[AR1-GigabitEthernet0/0/0]ospfv3 1 area 0
[AR1-GigabitEthernet0/0/0]quit
[AR1]int g 0/0/1
[AR1-GigabitEthernet0/0/1]ospfv3 1 area 0
[AR1-GigabitEthernet0/0/1]quit
```

② 路由器 AR2 的配置。

```
[AR2]ospfv3 1
[AR2-ospfv3-1]router-id 2.2.2.2
[AR2-ospfv3-1]quit
[AR2]int g 0/0/0
[AR2-GigabitEthernet0/0/0]ospfv3 1 area 0
[AR2-GigabitEthernet0/0/0]int g 0/0/1
[AR2-GigabitEthernet0/0/1]ospfv3 1 area 0
[AR2-GigabitEthernet0/0/1]quit
```

③ 查看路由器 AR1 通过 OSPFv3 学习到的路由。

```
[AR1]display ipv6 routing-table protocol ospfv3
Public Routing Table : OSPFv3
Summary Count : 3

OSPFv3 Routing Table's Status : < Active >
Summary Count : 1

 Destination  : 2023:9:9::                    PrefixLength : 64
 NextHop      : FE80::2E0:FCFF:FE3C:8031        Preference   : 10
 Cost         : 2                           Protocol     : OSPFv3
 RelayNextHop : ::                            TunnelID     : 0x0
 Interface    : GigabitEthernet0/0/1            Flags        : D

OSPFv3 Routing Table's Status : < Inactive >
Summary Count : 2

 Destination  : 2023:8:8::                    PrefixLength : 64
 NextHop      : ::                          Preference   : 10
 Cost         : 1                           Protocol     : OSPFv3
 RelayNextHop : ::                            TunnelID     : 0x0
```

```
Interface     : GigabitEthernet0/0/0          Flags        :

Destination   : 2023:10:10::                  PrefixLength : 64
NextHop       : ::                            Preference   : 10
Cost          : 1                             Protocol     : OSPFv3
RelayNextHop  : ::                            TunnelID     : 0x0
Interface     : GigabitEthernet0/0/1          Flags        :
```

（3）给 PC1 和 PC2 配置 IPv6 静态地址。

配置 PC1、PC2 的 IPv6 地址，其中，PC1 的 IPv6 地址如图 11-7 所示。

图 11-7 PC1 的 IPv6 地址

（4）验证配置。

使用 PC1 去 ping PC2，发现双方可以互相通信，说明 OSPFv3 动态路由实现 IPv6 网络间通信配置成功。

任务训练

如图 11-8 所示，请使用 OSPFv3 动态路由实现三台主机间的互联互通。

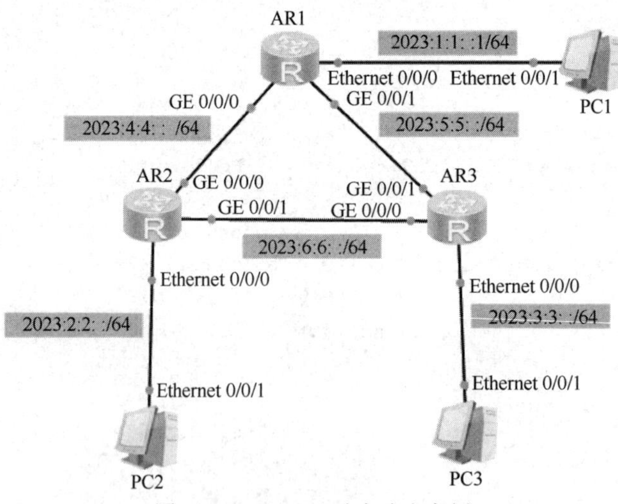

图 11-8 OSPFv3 动态路由案例

任务评价

1．自我评价

□ 正确描述 IPv6 静态路由的配置方法。

□ 正确归纳 OSPFv3 动态路由配置的步骤。

□ 能配置 IPv6 静态路由。

□ 能配置 OSPFv3 实现 IPv6 网络互联。

□ 能排查 IPv6 网络故障。

2．教师评价

□ 优　□ 良　□ 合格　□ 不合格

任务 2　IPv6 和 IPv4 共存

任务目标

知识目标：

- 正确描述 IPv4 向 IPv6 过渡的三种技术。
- 正确归纳 IPv6 over IPv4 隧道技术的工作原理。
- 正确归纳 IPv6 over IPv4 隧道技术的配置步骤。

技能目标：

- 能配置 IPv6 over IPv4 隧道技术实现 IPv6 网络互联。
- 能排查 IPv6 网络故障。

素养目标：

- 厚植爱国主义情怀，培养爱国主义精神。
- 培养求真务实、严谨细致的工作精神。

任务分析

本任务首先介绍了 IPv4 向 IPv6 的过渡技术，然后介绍了 IPv6 over IPv4 隧道技术的工作原理，最后介绍了 IPv6 over IPv4 隧道技术实现 IPv6 网络互联。

11.2.1　IPv6 over IPv4 隧道技术工作原理

1．IPv4 向 IPv6 的过渡技术

在互联网规模空前强大的今天，在几乎每个网络及网络中的节点都支持 IPv4 的前提下，想在一夜之间就完成 IPv4 向 IPv6 的过渡是不可能的。我们必须清醒地认识到，IPv4 向 IPv6 的过渡是一个循序渐进的过程，需要经历很长一段时间。在这很长的一段时间内，将 IPv4 网络安全、平稳地过渡到 IPv6 网络是一件重要且复杂的工作。目前，针对这项工作，主流的 IPv4 向 IPv6 的过渡技术有三种：双栈（Dual Stack）技术、地址协议转换（NAT-PT）技术、隧道

技术。

1）双栈技术

双协议栈模型如图 11-9 所示，双栈技术是指在网络中的每一个节点上同时启用 IPv4 和 IPv6 协议栈。这样，该节点就既能与支持 IPv4 设备通信，又能与支持 IPv6 设备通信。

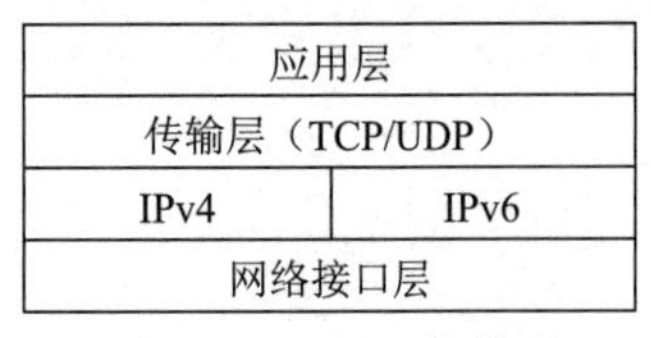

应用层	
传输层（TCP/UDP）	
IPv4	IPv6
网络接口层	

图 11-9　双协议栈模型

双栈技术虽然概念清晰、易于理解且网络规划较简单，但它要求网络中的每一个节点、终端都要同时支持 IPv4 和 IPv6，对节点及终端的要求较高，需要的成本较高且建设周期较长，比较适合于架构和业务相对简单的 IPv6 网络升级改造。

2）NAT-PT 技术

NAT-PT 技术模型如图 11-10 所示，NAT-PT 是指在纯 IPv4 网络和纯 IPv6 网络的边缘部署一台 NAT-PT 翻译网关，负责 IPv4 和 IPv6 网络地址和协议的翻译工作，实现纯 IPv4 节点和纯 IPv6 节点之间的网络通信。

采用 NAT-PT 技术不需要对 IPv4 节点、IPv6 节点进行升级改造，但当 IPv4 节点访问 IPv6 节点时，NAT-PT 翻译网关的实现方法较复杂且进行地址转换和协议转换的开销较大，适用于另外两种过渡方法均不能使用的情况。

3）隧道技术

隧道技术模型如图 11-11 所示，隧道技术实际上是一种封装技术，它将一种网络协议产生的数据包封装到另外一种网络协议中进行传输。封装后的数据包传输的路径称为隧道。隧道是一个虚拟的点到点的连接，隧道的两端需要对数据包进行封装与解封装。隧道技术就是包括了数据封装、传输、解封装等过程的技术。

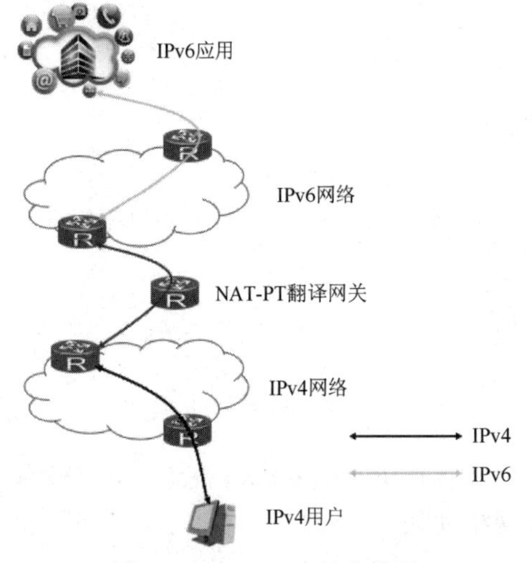

图 11-10　NAT-PT 技术模型

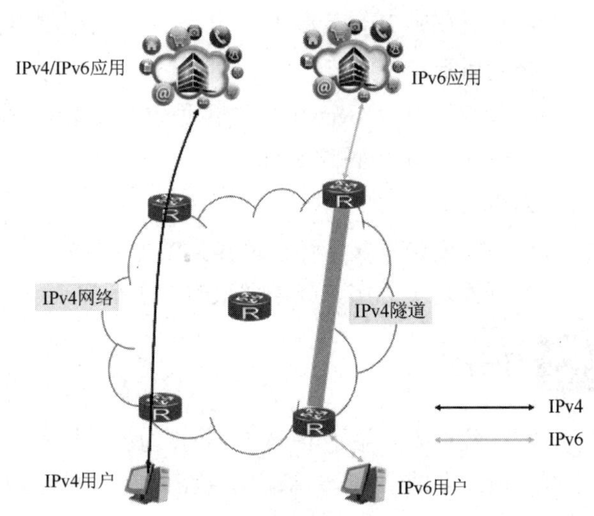

图 11-11　隧道技术模型

采用隧道技术只需要在隧道的入口和出口处对数据包进行封装与解封装，技术难度低，网络运维相对简单，但数据包的转发效率较低，且 IPv4 主机不能与 IPv6 主机直接通信，一般适用于 IPv6 孤岛与 IPv4 网络海洋之间的通信。

2. IPv6 over IPv4 隧道技术的工作原理

IPv6 over IPv4 隧道技术示意图如图 11-12 所示，IPv6 over IPv4 隧道技术的工作原理就是在 IPv6 网络和 IPv4 网络隧道入口处，路由器先将 IPv6 网络发送过来的数据包封装到 IPv4 数据包中，在隧道的出口处再将 IPv4 数据包解封装成 IPv6 数据包，转发给目标 IPv6 网络中的主机节点。其中，IPv4 数据包的源地址和目的地址分别是隧道入口和出口的 IPv4 地址，隧道协议为 IPv6 over IPv4。目前的隧道技术主要实现了将 IPv6 数据包封装到 IPv4 数据包中，随着 IPv6 技术的发展和应用，后期会出现将 IPv4 数据包封装到 IPv6 数据包的技术。

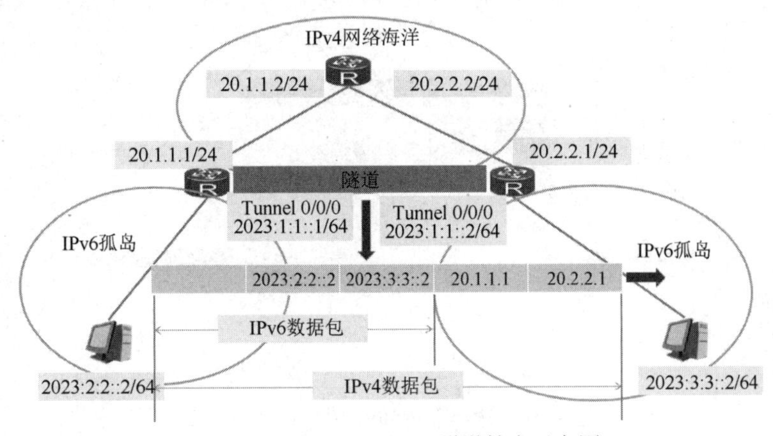

图 11-12　IPv6 over IPv4 隧道技术示意图

任务训练

1. 请归纳 IPv4 向 IPv6 过渡的主流技术。
2. 请查找资料谈谈隧道技术的最新进展。

11.2.2　IPv6 over IPv4 隧道技术实现 IPv6 网络互联

视频：OSPFv3 动态路由实现网络互联

1. IPv6 over IPv4 隧道技术实现 IPv6 网络互联配置

某智慧园区网络拓扑图如图 11-13 所示，智慧园区计划分阶段地将 IPv4 网络升级到 IPv6 网络，但考虑到升级设备与相关生产系统需要很大的投入，为了节约成本，预计先将园区的两个边缘网络升级到 IPv6，要求升级后的 IPv6 网络之间能正常通信，同时不能影响原 IPv4 网络的运行。

图 11-13　某智慧园区网络拓扑图

在分析了 IPv4 向 IPv6 过渡的三种技术及智慧园区的需求后，决定采用 IPv6 over IPv4 隧道技术来实现两个边缘 IPv6 网络的互联，在 eNSP 模拟器中创建网络拓扑，如图 11-14 所示。

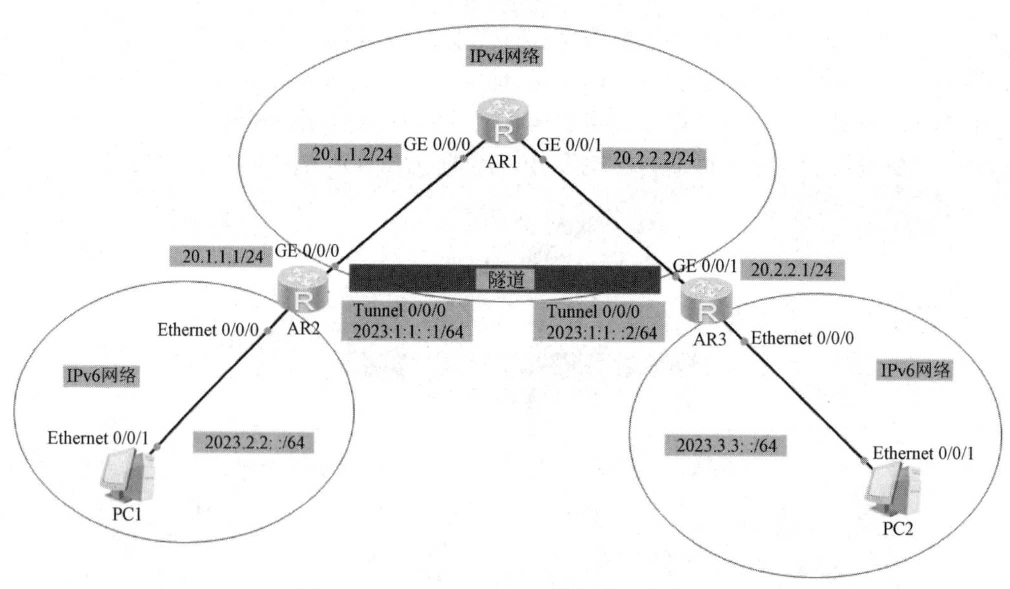

图 11-14　IPv6 over IPv4 隧道技术拓扑图

配置分析：

（1）在路由器 AR1、AR2 和 AR3 上配置接口的 IP 地址。

（2）在路由器 AR2 和 AR3 上配置一条到互联网的静态路由。

（3）在路由器 AR2 和 AR3 上配置 IPv6 over IPv4 隧道。

（4）在路由器 AR2 和 AR3 上配置一条到对方 IPv6 网络的静态路由。

（5）配置主机的 IPv6 地址。

配置步骤：

（1）在路由器 AR1、AR2 和 AR3 上配置接口的 IP 地址。

① 路由器 AR1 的配置。

```
[AR1]interface GigabitEthernet 0/0/0
[AR1-GigabitEthernet0/0/0]ip address 20.1.1.2 24
[AR1-GigabitEthernet0/0/0]quit
[AR1]interface GigabitEthernet 0/0/1
[AR1-GigabitEthernet0/0/1]ip address 20.2.2.2 24
[AR1-GigabitEthernet0/0/1]quit
```

② 路由器 AR2 的配置。

```
[AR2]ipv6
[AR2]interface Vlanif 1
[AR2-Vlanif1]ipv6 enable
[AR2-Vlanif1]ipv6 address 2023:2:2::1 64
[AR2-Vlanif1]quit
[AR2]interface GigabitEthernet 0/0/0
[AR2-GigabitEthernet0/0/0]ip address 20.1.1.1 24
[AR2-GigabitEthernet0/0/0]quit
```

③ 路由器 AR3 的配置。

```
[AR3]ipv6
[AR3]interface Vlanif 1
[AR3-Vlanif1]ipv6 enable
```

```
[AR3-Vlanif1]ipv6 address 2023:3:3::1 64
[AR3-Vlanif1]quit
[AR3]interface GigabitEthernet 0/0/1
[AR3-GigabitEthernet0/0/1]ip address 20.2.2.1 24
[AR3-GigabitEthernet0/0/1]quit
```

（2）在路由器 AR2 和 AR3 上配置一条到互联网的静态路由。

① 路由器 AR2 的配置。

```
[AR2]ip route-static 20.2.2.0 24 20.1.1.2
```

② 路由器 AR3 的配置。

```
[AR3]ip route-static 20.1.1.0 24 20.2.2.2
```

（3）在路由器 AR2 和 AR3 上配置 IPv6 over IPv4 隧道。

① 路由器 AR2 的配置。

```
[AR2]ipv6       --全局启用 IPv6
[AR2]interface Tunnel 0/0/0                        --创建隧道接口，自定义编号
[AR2-Tunnel0/0/0]tunnel-protocol ?                   --查询可以使用的隧道协议
  gre        Generic Routing Encapsulation
  ipsec      IPSEC Encapsulation
  ipv4-ipv6  IP over IPv6 encapsulation   --将 IPv4 数据包封装到 IPv6 数据包中
  ipv6-ipv4  IPv6 over IP encapsulation   --将 IPv6 数据包封装到 IPv4 数据包中
  mpls       MPLS Encapsulation
  none       Null Encapsulation
[AR2-Tunnel0/0/0]tunnel-protocol ipv6-ipv4    --采用 IPv6 over IPv4 隧道技术
[AR2-Tunnel0/0/0]source 20.1.1.1                        --设置隧道的源地址
[AR2-Tunnel0/0/0]destination 20.2.2.1                 --设置隧道的目的地址
[AR2-Tunnel0/0/0]ipv6 enable                          --在隧道接口上启用 IPv6
[AR2-Tunnel0/0/0]ipv6 address 2023:1:1::1 64  --设置隧道接口的 IPv6 地址
[AR2-Tunnel0/0/0]quit
```

② 路由器 AR3 的配置。

```
[AR3]ipv6
[AR3]interface Tunnel 0/0/0
[AR3-Tunnel0/0/0]tunnel-protocol ipv6-ipv4
[AR3-Tunnel0/0/0]source 20.2.2.1
[AR3-Tunnel0/0/0]destination 20.1.1.1
[AR3-Tunnel0/0/0]ipv6 enable
[AR3-Tunnel0/0/0]ipv6 address 2023:1:1::2 64
[AR3-Tunnel0/0/0]quit
```

（4）在路由器 AR2 和 AR3 上配置一条到对方 IPv6 网络的静态路由。

① 路由器 AR2 的配置。

```
[AR2]ipv6 route-static 2023:3:3:: 64 2023:1:1::2
```

② 路由器 AR3 的配置。

```
[AR3]ipv6 route-static 2023:2:2:: 64 2023:1:1::1
```

（5）配置主机的 IPv6 地址。

配置 PC1、PC2 的 IPv6 地址，其中，PC1 的 IPv6 地址如图 11-15 所示。

（6）验证配置。

抓包分析 IPv6 over IPv4 数据包如图 11-16 所示，右击“AR2”图标，在打开的快捷菜单中选择“数据抓包”→“GE 0/0/0”选项。用 PC1 去 ping PC2。

PC1

基础配置 命令行 组播 UDP发包工具 串口

主机名：

MAC 地址： 54-89-98-02-6D-BE

IPv4 配置

静态 DHCP 自动获取 DNS 服务器地址

IP 地址： 0 . 0 . 0 . 0 DNS1： 0 . 0 . 0 . 0

子网掩码： 0 . 0 . 0 . 0 DNS2： 0 . 0 . 0 . 0

网关： 0 . 0 . 0 . 0

IPv6 配置

静态 DHCPv6

IPv6 地址： 2023:2:2::2

前缀长度： 64

IPv6 网关： 2023:2:2::1

应用

图 11-15 PC1 的 IPv6 地址

PC1 ping PC2 的结果如下。

```
PC>ping 2023:3:3::2
Ping 2023:3:3::2: 32 data bytes, Press Ctrl_C to break
Request timeout!
Request timeout!
Request timeout!
From 2023:3:3::2: bytes=32 seq=4 hop limit=253 time=63 ms
From 2023:3:3::2: bytes=32 seq=5 hop limit=253 time=31 ms

--- 2023:3:3::2 ping statistics ---
  5 packet(s) transmitted
  2 packet(s) received
  60.00% packet loss
  round-trip min/avg/max = 0/47/63 ms
```

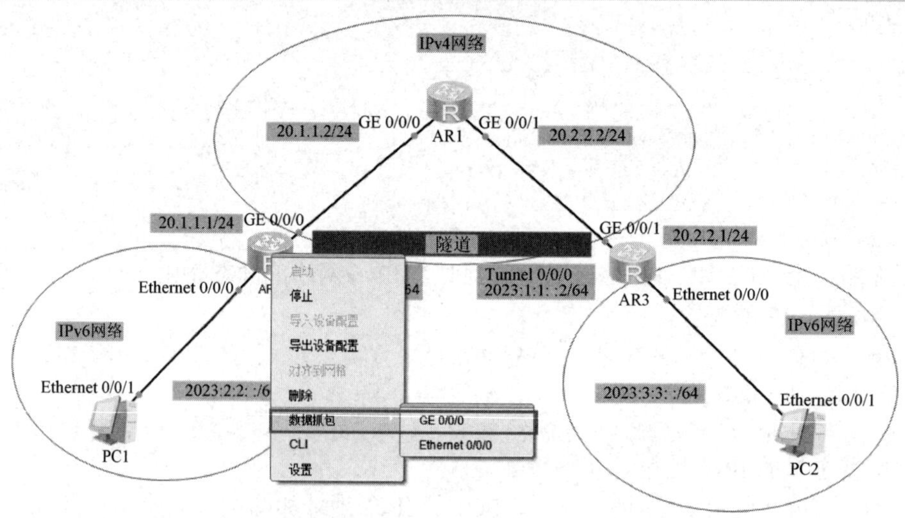

图 11-16 抓包分析 IPv6 over IPv4 数据包

从上述结果中可以看出，PC1 与 PC2 能互相通信，说明 IPv6 over IPv4 隧道技术实现 IPv6 网络通信配置成功。

如图 11-17 所示，可以看出 Wireshark 抓包工具捕获的 ICMP 数据包有两个网络层，IPv4 数据包中有 IPv6 数据包，从这里大家应该能更好地理解 IPv6 over IPv4 隧道技术的工作原理。

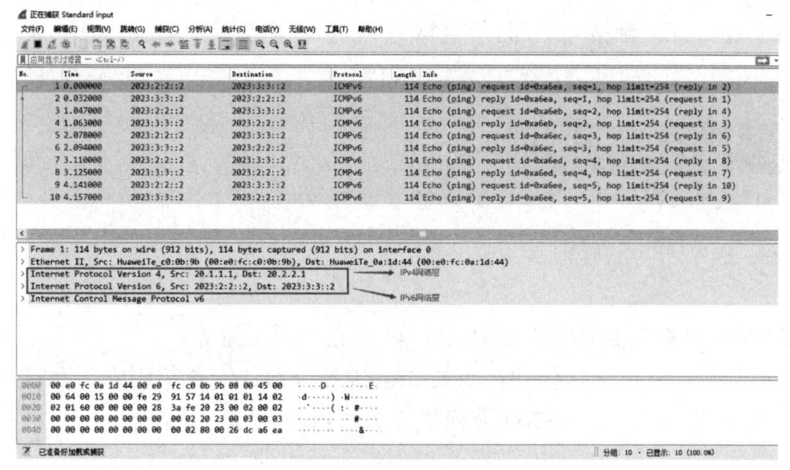

图 11-17　IPv6 over IPv4 数据包的封装

任务训练

如图 11-18 所示，请使用 IPv6 over IPv4 隧道技术实现 IPv6 网络的互联。

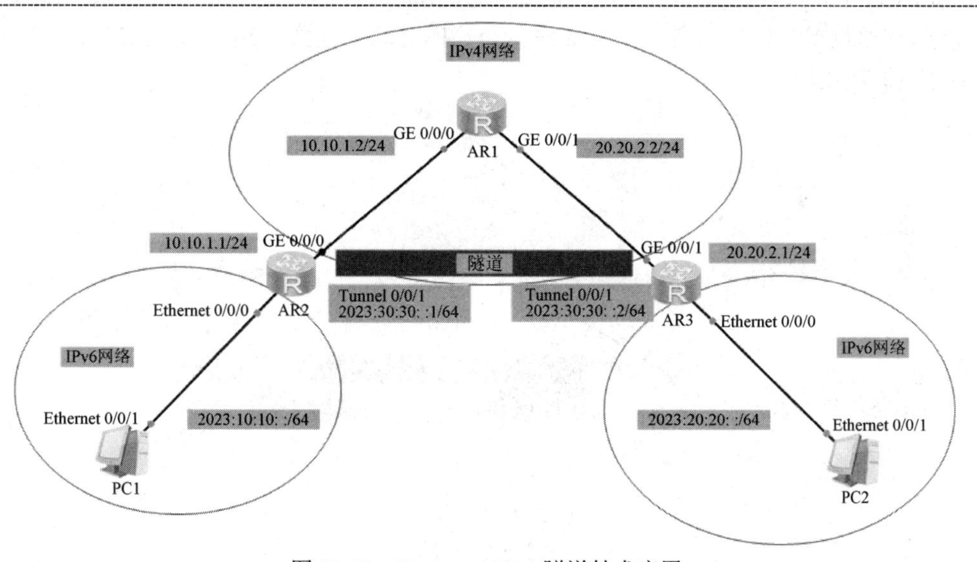

图 11-18　IPv6 over IPv4 隧道技术应用

任务评价

1．自我评价

- ☐ 正确描述 IPv4 向 IPv6 过渡的三种技术。
- ☐ 正确归纳 IPv6 over IPv4 隧道技术的工作原理。
- ☐ 正确归纳 IPv6 over IPv4 隧道技术的配置步骤。
- ☐ 能配置 IPv6 over IPv4 隧道技术实现 IPv6 网络互联。

□ 能排查 IPv6 网络故障。

2．教师评价

□ 优　□ 良　□ 合格　□ 不合格

项目实施：IPv6 网络互联

实施条件

为了能够在 eNSP 模拟器中模拟该项目，需要完成以下准备：

（1）学生 4 人为一组，分别任项目组长、设备工程师、配置工程师、测试工程师职位。

（2）AR1220 路由器 3 台，S3700 交换机 2 台，PC 5 台。

（3）配置线缆若干。

实施步骤

1．部署网络拓扑

按照图 11-19 连接硬件。先实现广州总公司市场部与研发部 IPv6 网络的互联，再通过 IPv6 over IPv4 隧道技术实现广州总公司与珠海分公司的互联。注意：路由器 AR2 要先添加一个 4GEW-T 的扩展模块。

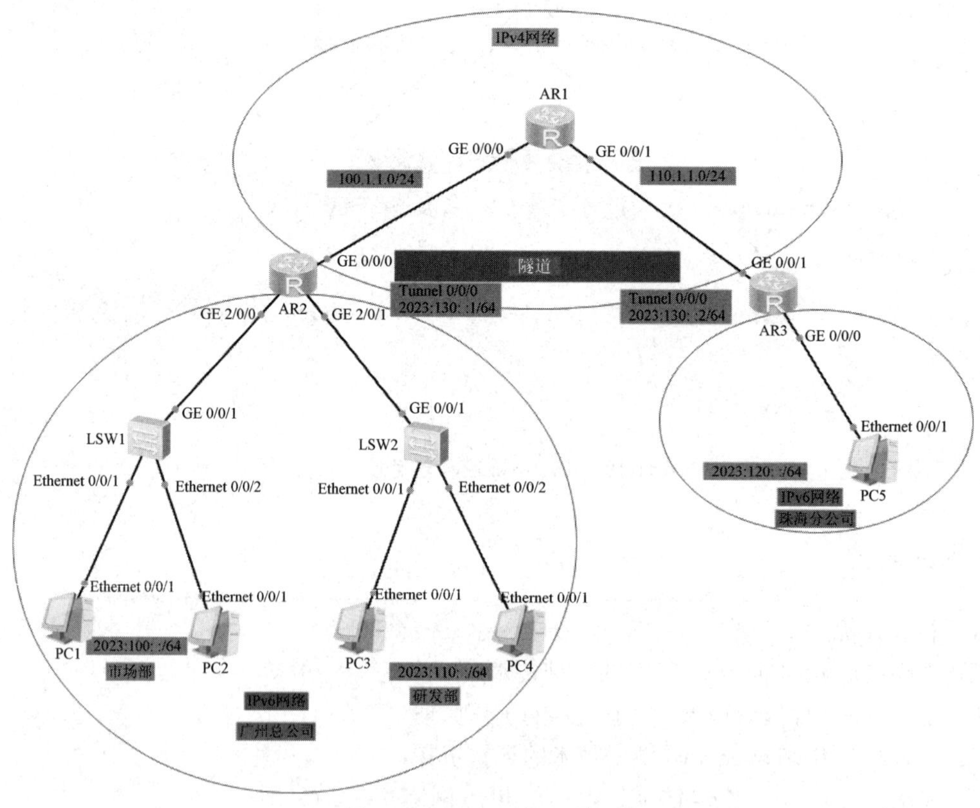

图 11-19　IPv6 网络互联拓扑

2．数据规划

根据项目要求和网络拓扑中地址规划，设备接口 IP 地址分配表如表 11-1 所示。

表 11-1　设备接口 IP 地址分配表

设备节点	接口名称	IP 地址	子网掩码/地址前缀
PC1	Ethernet 0/0/1	2023:100::2	64
PC2	Ethernet 0/0/1	2023:100::3	64
PC3	Ethernet 0/0/1	2023:110::2	64
PC4	Ethernet 0/0/1	2023:110::3	64
PC5	Ethernet 0/0/1	2023:120::2	64
AR1	GE 0/0/0	100.1.1.1	255.255.255.0
	GE 0/0/1	110.1.1.1	255.255.255.0
AR2	GE 0/0/0	100.1.1.2	255.255.255.0
	GE 2/0/0	2023:100::1	64
	GE 2/0/1	2023:110::1	64
AR3	GE 0/0/1	110.1.1.2	255.255.255.0
	GE 0/0/0	2023:120::1	64

3．设备配置

（1）路由器 AR1 配置。

（2）路由器 AR2 配置。

（3）路由器 AR3 配置。

（4）完成以上配置后，PC 终端可以互相 ping 通。

拓展阅读：2022 年十大信息通信技术

2022 年是技术演进风云际会的一年，是技术的理想和现实双向奔赴的一年。在这一年中，5.5G 风起云涌，6G 呼之欲出，算力时代全面加速，千兆光网务实前行，IPv6+大放异彩，开源操作系统大势已成……这里汇总了 2022 年十大信息通信技术，希望行业继续在技术创新的光芒中勇毅奋进。

1．我国在 6G 研发保持领先

2022 年 11 月 15 日，在上海开幕的全球 6G 发展大会上，IMT-2030（6G）推进组和中国通信学会启动面向 6G 的关键技术全球征集，并发布《6G 前沿关键技术研究报告》，由此翻开了我国 6G 发展崭新的一页。

我国 IMT-2030（6G）推进组发布的 6G 白皮书显示，未来 6G 业务将呈现沉浸化、智慧化、全域化等新的发展趋势，形成沉浸式云 XR、全息通信、感官互联、智慧交互、通信感知、普惠智能、数字孪生、全域覆盖八大业务应用。当前，6G 处于早期愿景研究阶段，全球相关组织正在积极讨论 6G 的愿景需求，并进行关键技术的研究，而 6G 将全面支撑全社会的数字化转型，实现物理世界和数字世界的智联。

国家知识产权局知识产权发展研究中心 2021 年发布的《6G 通信技术专利发展状况报告》显示，6G 通信技术领域全球专利申请量超过 3.8 万项，中国是专利申请的主要来源国，专利申请占比为 35%（1.3 万余项，约合 1.58 万件），居全球首位。我国在 6G 研发方面保持领先态势。

2．5.5G 从愿景走向共识

2022 年，业界已经将关注的目光转向了 5.5G，也被称作 5G-Advanced。5.5G 作为 5G 未来的演进方向及迈向智能世界的关键一步，目前已经取得了三大关键进展：其一，标准节奏明确，5.5G 已经开启标准化进程，持续丰富 5.5G 的技术内涵，已经从愿景走向共识；其二，关键技术取得突破，超大带宽和超大规模天线阵列已验证万兆能力；其三，物联全景清晰，5.5G 所支持的窄带物联网（NB-IoT）、降低能力（RedCap）和无源物联（Passive IoT）三类物联技术跨步向前，已具备收编所有物联技术的能力。

2022 年，业界积极推进 5.5G 创新研究，一年来陆续发布了很多研究成果，包括中国移动发布的《5G-Advanced“创新链-产业链”双链融合行动计划年鉴（2022 年版）》，对 2022 年一年以来的成果进行总结。IMT-2020（5G）推进组在 2022 年 11 月正式对外发布《5G-Advanced 场景需求与关键技术白皮书》，倡议产业界提前做好规划开发，协同发展，促使 5.5G 走向商用。

3．C-V2X 加速网联化与智能化融合

“方向盘后无人”车在北京率先开跑，搭载蜂窝车联网（C-V2X）功能的量产车陆续发布，具备组合驾驶辅助功能的乘用车新车渗透率提升至 32.4%，车用操作系统、大算力计算芯片等关键技术取得突破，完成 3500 多千米道路智能化升级改造，装配路侧网联设备 4000 余台，实际道路测试里程超过 1500 万千米……这些亮眼的数据，标志着我国智能网联汽车产业正蓬勃发展，车路云一体化成为智能网联汽车发展的重要方向。

在我国政府指导和产业各界的共同努力下，C-V2X 通信技术持续演进，在技术研发、标准体系建设、产业化等方面快速发展，网联化与智能化逐渐融合。作为实现“人-车-路-云”全方位连接和高效信息交互的关键技术，C-V2X 能够以“聪明的车+智慧的路”降低智能驾驶的实现难度，为车联网与智慧交通、智慧城市协同发展提供良好的基础。

4．存算一体夯实算力之基

在国家的统筹规划下，我国算力基础设施建设稳步推进。目前，我国在用数据中心机架总规模超过 590 万标准机架，服务器规模约 2000 万台，数据中心存储容量年均增长速度超 50%。

发展数字经济，算力是重要支撑。在存储器中嵌入计算能力，以新的运算架构进行二维矩阵和三维矩阵乘法、加法运算——存算一体，作为算力网络的关键技术，能够有效降低“存储-内存-处理单元”过程中的数据流动消耗，有望突破冯·诺依曼计算架构瓶颈，对于构建高效节能的新型算力基础设施具有重要意义。

存算一体技术研究目前正处于多技术路线探索阶段，涉及材料器件、芯片设计、编译器等各个方面多领域学科技术的研究与攻坚。面向未来，存算一体等先进计算技术的不断突破，将提高算力利用效率，促进现有算力规模提升，引发算力体系深刻变革。

5．人工智能“赋智”能力进一步凸显

绘画、写作、聊天，人工智能的现实应用层出不穷；农业、工业、制造业，人工智能深度融入社会生产生活。当前，人工智能既是一个热门的名词，也是一支给社会方方面面注入澎湃动力的强心剂。

时下，我国人工智能正在加速发展，已形成完整的产业体系，一批“专精特新”企业正在茁壮成长。人工智能日益融入经济社会发展各领域全过程，成为推动科技跨越发展、产业优化升级、生产力整体跃升的重要驱动力量。

人工智能大时代来临，研发攻关不断加强，聚焦关键核心技术和重要智能装备，深化产学研用融合创新；智能基础进一步夯实，加快 5G 网络和千兆光网建设，统筹数据中心布局；应用场景不断拓展，让人工智能在制造、交通、医疗、民生服务等垂直行业生根发芽。

6．千兆光网高质量建设提速

千兆光网是新型基础设施的重要组成和承载底座，近段时间以来，我国千兆光网在网络覆盖、技术产业、应用赋能等方面发展迅速，取得积极成效。

中华人民共和国工业和信息化部出台《“十四五”信息通信行业发展规划》《“双千兆”网络协同发展行动计划（2021—2023 年）》，千兆光网建设适度超前。

截至 2022 年 10 月底，全国共有 110 个城市达到千兆城市建设标准，完成总结评估工作，约占所有地级市的三分之一。其中，2021 年度建成 29 个千兆城市，2022 年度建成 81 个千兆城市；我国千兆城市平均家庭千兆光纤网络覆盖率超过 100%，实现城市家庭千兆光网全覆盖。

随着千兆光网建设应用不断加强、宽带品质服务加快升级、长效创新生态和人才机制得到建立，我国千兆光网将迈入高质量发展时代，对夯实我国数字经济发展底座具有重要意义。

7．北斗定位飞入寻常百姓家

北斗“下凡”，飞入寻常百姓家。2022 年，国家标准“基于用户面的定位业务技术要求平台”通过预审查稿，该标准的制定将推动北斗定位在大众消费领域的应用。

在消费层面应用，离不开技术的突破。2022 年 7 月，北斗三号短报文通信服务成果发布，其通信服务覆盖中国及周边国家和地区，可满足在无地面网络覆盖地区的应急通信、搜索救援等服务需要。2022 年 9 月，华为宣布推出 2022 年全新旗舰手机 Mate 50 系列，成为全球首款支持北斗卫星消息的大众智能手机。权威数据显示，截至 2022 年 11 月，北斗卫星在民用导航的日均使用量已超 2100 亿次。导航平均每次定位调用的卫星数量中，北斗卫星最多，比排名第二的 GPS 多出 30%。专家称，目前，我国国内 90%和全球 50%的手机已支持北斗信号。同时，基于北斗系统提供应用服务的相关产品，已进入 120 余个国家和地区。

8．元宇宙从概念走向实践

2022 年，在 5G 连接技术，VR、AR、MR 等知觉交互技术，人工智能、边缘计算等智能算力技术的助力下，元宇宙相关应用从“PPT”走入现实。

2022 年，30 个虚拟数字人亮相北京冬奥会，为观众带去耳目一新的播报方式；通过 5G+无界 XR 技术，“智慧工体”项目引发赛事场景的变革；借助中国移动“5G+超高清+XR”技术，用户可以在元宇宙里身临其境地观看卡塔尔世界杯足球赛……此外，虚拟主持人、虚拟导游、虚拟歌手等在娱乐、消费、电商、教育、医疗、文旅等行业亮相，虚拟人市场迎来爆发元年。

值得一提的是，2022 年元宇宙相关技术产业的发展更为有序。多个城市出台元宇宙行动计划，元宇宙产业投融资市场活跃度显著提升，这些利好为元宇宙相关技术产业的健康发展注入活力。

9．IPv6 跑出全新“+”速度

5G 和云时代蓬勃发展，智能时代已经来临。当前，我国 IPv6“高速公路”已全面建成，多项指标处于全球领先水平。2022 年，我国 IPv6 发展迈入了以升级版本 IPv6+为引领的创新发展之年。

IPv6+，是基于 IPv6 下一代互联网的全面升级，“IPv6+”包括以 SRv6、网络切片、iFIT、BIERv6、APN6 等为代表的协议创新，还包括以网络分析、网络自愈、自动调优等为代表的网络智能化技术创新，在广连接、超宽、自动化、确定性、低时延和安全六个维度全面提升 IP 网络能力。IPv6+已经在全球部署百余张网络，有效支撑了千行百业的数字化转型。2022 年，全行业加快推进 IPv6+创新体系建设，一系列成果在全国范围内的金融、教育、医疗、能源等行业落地。未来，IPv6+将在超大带宽、泛在连接、确定体验、通感一体、智能原生和可信网络等方面持续创新，助力打造无处不在的智能 IP 连接，构建万物互联的智能世界。

无论是政策牵引，还是技术创新、网络和应用升级改造，都将有力驱动我国 IPv6 发展跑出全新的“+”速度，助力经济社会高质量发展。

10．国产操作系统“拥抱”开源

近年来，我国国产基础软件实现了多方面的技术创新与规模应用，而操作系统国产化是软件国产化的根本保障，更是软件行业必须攻克的阵地。

目前，国外操作系统仍然占市场主要地位，国产操作系统在行业细分市场中开始迅速崛起；从产业布局上看，各巨头纷纷加大投入，出现众多场景化的操作系统；从创新模式上看，开源操作系统在整个操作系统技术和产业发展中的地位日益突出，开源社区建设受到普遍重视，基于开源模式的产业生态系统渐成规模。

例如，由华为自主研发的鸿蒙、欧拉操作系统均取得了一定的生态突破：搭载鸿蒙操作系统的华为设备已超过 3.2 亿台，欧拉操作系统累计装机超过 300 万套，2022 年服务器操作系统市场占有率超过 25%，全球版本的下载量超过 100 万。此外，国内开源社区也发展迅速：2022 年 5 月，统信软件宣布打造首个中国桌面操作系统根社区深度操作系统；2022 年 6 月，麒麟软件宣布成立中国桌面操作系统根社区开放麒麟，目前会员已突破 100 家。

开源决定软件未来，软件定义未来世界。可以预见，未来将有越来越多的操作系统采用开源的发展模式，开源正成为软件产业蓬勃发展的新动能。

读后思考：

1．请查找资料，说说我国在 IPv6+方面具体的创新应用。

2．请查找资料，谈谈 2022 年我国在任一领域的一项自主创新技术。

课后练习

1．下面哪条命令是添加 IPv6 默认路由的命令？（　　）。

A．[AR1]ipv6 route-static :: 0 2023:1:2::3

B．[AR1]ipv6 route-static :: 1 2023:1:2::3

C．[AR1]ipv6 route-static :: 64 2023:1:2::3

D．[AR1]ipv6 route-static :: 128 2023:1:2::3

2．（多选）目前主流的 IPv4 向 IPv6 过渡技术有（　　）。

A．双栈技术　　　　B．隧道技术

C．NAT-PT 技术　　　　　　　　　　D．CIDR 技术

3．下面对 OSPFv3 的描述，错误的是（　　）。

A．OSPFv3 是基于链路的链路状态协议

B．在配置 OSPFv3 动态路由时，需要宣告直连网段

C．OSPFv3 采用最短路径优先算法来生成路由表

D．OSPFv3 需要人工指定 Router ID

4．在配置 IPv6 over IPv4 隧道技术实现 IPv6 网络互联时，下面的描述正确的是（　　）。

A．隧道协议应该选择 IPv6-IPv4

B．隧道的源地址是 IPv6 地址

C．不需要给隧道接口配置 IPv6 地址

D．不需要配置到对端网络的路由

5．若在路由器 AR1 上配置了静态路由：[AR1]ipv6 route-static 2023:1:1:: 64 2023:2:2::2，现在发现配置错误需要删除这条命令，正确的删除命令是（　　）。

A．[AR1] undo ipv6 route-static 2023:1:1:: 64 2023:2:2::2

B．[AR1] undo ipv6 route-static 2023:1:1:: 64

C．[AR1] no ipv6 route-static 2023:1:1:: 64 2023:2:2::2

D．[AR1] no ipv6 route-static 2023:1:1:: 64